UPS

电源技术及应用

薛竞翔　主　编

郭彦申　杨贵恒　张颖超　黄徐祎　副主编

化学工业出版社

·北京·

内 容 简 介

《UPS电源技术及应用》主要介绍了UPS各部分电路的工作原理以及典型设备的操作使用与常见故障检修。本书共分为10章：第1章介绍了UPS的功能、性能指标、基本结构形式及其发展趋势；第2章至第5章讨论了UPS常用电力电子器件、功率变换电路、控制技术以及UPS其他主要电路；第6章介绍了蓄电池及其管理系统；第7章介绍了UPS的选型、安装、使用与维护；第8章至第10章进行了典型UPS实例剖析。UPS的生产厂家及其品牌很多，UPS实例剖析部分本着按类选取的原则，既有小功率UPS，又有中、大型UPS；既有后备式UPS，又有在线式UPS。这些实例是从编者维修和教学实践过程中接触较多的UPS产品中选取的，通过UPS实例剖析，读者可掌握典型UPS的技术参数与基本结构、电路工作原理及常见故障检修。

本书在编写过程中力争做到注重内容的先进性与实用性，理论联系实际，图文并茂、通俗易懂，便于教学与自学。本书既可作为UPS维护与管理人员的参考图书，也可作为高等学校电气工程及其自动化、通信工程、工业自动化等相关专业的专业课教材。

图书在版编目（CIP）数据

UPS电源技术及应用/薛竞翔主编. —北京：化学工业出版社，2021.7（2025.1重印）
ISBN 978-7-122-38805-6

Ⅰ.①U… Ⅱ.①薛… Ⅲ.①不停电电源 Ⅳ.①TN86

中国版本图书馆CIP数据核字（2021）第057690号

责任编辑：张绪瑞　刘　哲	文字编辑：宋　旋　陈小滔
责任校对：宋　夏	装帧设计：韩　飞

出版发行：化学工业出版社（北京市东城区青年湖南街13号　邮政编码100011）
印　　装：北京七彩京通数码快印有限公司
787mm×1092mm　1/16　印张23　字数596千字　2025年1月北京第1版第5次印刷

购书咨询：010-64518888　　　　　　　　售后服务：010-64518899
网　　址：http://www.cip.com.cn

凡购买本书，如有缺损质量问题，本社销售中心负责调换。

定　价：89.00元　　　　　　　　　　　　　　　版权所有　违者必究

前　言

随着信息技术的不断发展和计算机的日益普及，一般的高新技术产品和设备对供电质量提出了越来越严格的要求。如计算机、工业自动化过程控制系统、医用控制系统、数据通信处理系统、航空管理系统和精密测量系统等均要求交流电网对其提供稳压、稳频、无浪涌和无尖锋干扰的优质交流电。这是因为当供电的突然中断或供电质量严重超出设备（系统）的标准要求时，轻者造成数据丢失、系统运行异常和生产不合格产品，重者则会造成系统瘫痪或造成难以估量的损失。然而普通电网供电时，因受自然界的风、雨、雷电等自然灾害的影响以及受某些用户负载、人为因素或其他意外事故的影响，势必造成所提供的交流电不能完全满足负载要求。为了保证负载供电的连续性，为负载提供符合要求的优质电源，满足一些重要负载对供电电源提出的严格要求，从 20 世纪 60 年代开始出现了一种新型的交流不间断电源系统（UPS——uninterruptible power system/uninterruptible power supply），与那些昂贵的设备相比，配置 UPS 的费用相对较低，为保护关键设备配置 UPS 是非常值得的。尤其是近年来，UPS 技术得到了迅速发展，在通信、电力、军工、航空、航天和现代化办公等领域已成为必不可少的电源设备。

UPS 是一种涉及数字与模拟电路、电力电子电路、化学电源、数字通信以及计算机控制技术等多学科的技术密集型电子产品。本书共分为 10 章来讨论 UPS 电源技术及应用。第 1 章介绍了 UPS 的功能、性能指标、基本结构形式及其发展趋势；第 2 章至第 5 章讨论了 UPS 常用电力电子器件、功率变换电路、控制技术以及 UPS 其他主要电路；第 6 章介绍了蓄电池及其管理系统；第 7 章介绍了 UPS 的选型、安装、使用与维护；第 8 章至第 10 章进行了典型 UPS 实例剖析。UPS 的生产厂家及其品牌很多，UPS 实例剖析部分本着按类选取的原则，既有小功率 UPS，又有中、大型 UPS；既有后备式 UPS，又有在线式 UPS。这些实例是从编者维修和教学实践过程中接触较多的 UPS 产品中选取的，通过 UPS 实例剖析，读者可掌握典型 UPS 的技术参数与基本结构、电路工作原理及常见故障检修方法。

　　本书由薛竞翔（中电莱斯信息系统有限公司）主编，郭彦申、杨贵恒、张颖超和黄徐祎副主编，参加编写的还有李琳骏、从明、胡翊珊、向成宣、张红涛、刘桃生、何养育、郑真福、张飞、李龙、宋思洪、刘鹏、龚利红、曹均灿、张瑞伟、阮喻、钟进、甘剑锋、文武松、聂金铜、詹天文、张迁、陈美伊、游家兴、孙翔、成春晟、时良振和戴中晔等。另外，在本书编写过程中，陈四雄、张黎鸿（科华恒盛股份有限公司），鲁卫东、郑钟鹏（深圳科士达科技股份有限公司）、楼志强（双登集团股份有限公司）、吴兰珍、李光兰、温中珍、杨楚渝、温廷文、杨胜、杨沙沙、杨洪、汪二亮、杨蕾、邓红梅、杨昆明和杨新等提供了大量的产品资料并参与了部分文字整理工作，在此表示衷心的感谢！

　　由于 UPS 涉及的知识面广，相关技术发展迅猛，再加之编者的水平和经验有限，书中难免存在不足之处，恳请广大读者批评指正。

编者
2021 年

目　录

第4章 UPS控制技术   126

第5章 UPS其他主要电路   154

第7章　UPS选型、安装、使用与维护　230

第8章　科华UPS实例剖析　248

第10章　其他品牌UPS实例剖析　　293

参考文献　　355

第 **1** 章

绪 论

随着信息技术的不断发展和计算机的日益普及，一般的高新技术产品和设备对供电质量提出了越来越严格的要求。如工业自动化过程控制系统、数据通信处理系统、航空管理系统和精密测量系统等均要求交流电网对其提供稳压、稳频、无浪涌和无尖锋干扰的交流电。这是因为当供电的突然中断或供电质量严重超出设备（系统）的标准要求时，轻者造成数据丢失、系统运行异常和生产出不合格产品，重者则会造成系统瘫痪或造成难以估量的损失。然而普通电网供电时，因受自然界的风、雨、雷电等自然灾害的影响以及受某些用户负载、人为因素或其他意外事故的影响，势必造成所提供的交流电不能完全满足负载要求。为了保证负载供电的连续性，为负载提供符合要求的优质电源，满足一些重要负载对供电电源提出的严格要求，从 20 世纪 60 年代开始出现了一种新型的交流不间断电源系统（UPS——uninterruptible power system/uninterruptible power supply），与那些昂贵的设备相比，配置 UPS 的费用相对较低，为保护关键设备配置 UPS 是非常值得的。近年来，UPS 得到了迅速发展，在电力、军工、航空、航天和现代化办公等领域已成为必不可少的电源设备。

1.1 UPS 的定义与作用

1.1.1 UPS 的定义

所谓不间断电源（系统）是指当交流电网输入发生异常时，可继续向负载供电，并能保证供电质量，使负载供电不受影响的供电装置。不间断电源依据其向负载提供的是交流还是直流可分成两大类型，即交流不间断电源系统和直流不间断电源系统，但人们习惯上总是将交流不间断电源系统简称为 UPS。

1.1.2 UPS 的作用

理想的交流电源输出电压是纯粹的正弦波，即在正弦波上没有叠加任何谐波，且无任何瞬时的扰动。但实际电网因为许多内部原因和外部干扰，其波形并非标准的正弦波，而且因电路阻抗所限，其电压也并非稳定不变。造成干扰的原因很多，发电厂本身输出的交流电不是纯正的正弦波、电网中大电机的启动、开关电源的运用、各类开关的操作以及雷电、风雨等都可能对电网产生不良影响。

UPS 作为一种交流不间断电源设备，其作用有二：一是在市电供电中断时能继续为负载提供合乎要求的交流电能；二是在市电供电没有中断但供电质量不能满足负载要求时，应具有稳压、稳频等交流电的净化作用。

净化作用是指：当市电电网提供给用户的交流电不是理想的正弦波，而是存在着频率、电压、波形等方面异常时，UPS可将市电电网不符合负载要求的电能处理成完全符合负载要求的交流电。市电供电异常主要体现在以下几个方面（如图1-1所示）。

① 电压尖峰（spike）：指峰值达到6000V、持续时间为0.01～10ms的尖峰电压。它主要由于雷击、电弧放电、静电放电以及大型电气设备的开关操作而产生。

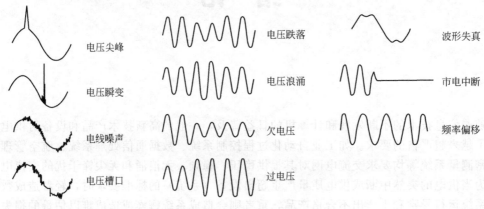

图1-1　各种电网干扰示意图

② 电压瞬变（transient）：指峰值电压高达20kV、持续时间为1～100μs的脉冲电压。其产生的主要原因及可能造成的破坏类似于电压尖峰，只是在量上有所区别。

③ 电线噪声（electrical line noise）：指射频干扰（RFI）和电磁干扰（EMI）以及其他各种高频干扰。当电动机运行、继电器动作以及广播发射等都会引起电线噪声干扰。电网电线噪声会对负载控制线路产生影响。

④ 电压槽口（notch）：指正常电压波形上的开关干扰（或其他干扰），持续时间小于半个周期，与正常极性相反，也包括半周期内的完全失电压。

⑤ 电压跌落（sag or brownout）：指市电电压有效值介于额定值的80%～85%之间，并且持续时间超过一个至数个周期。大型设备开机、大型电动机启动以及大型电力变压器接入电网都会造成电压跌落。

⑥ 电压浪涌（surge）：指市电电压有效值超过额定值的110%，并且持续时间超过一个至数个周期。电压浪涌主要是因电网上多个大型电气设备关机，电网突然卸载而产生的。

⑦ 欠电压（under voltage）：指低于额定电压一定百分比的稳定低电压。其产生原因包括大型设备启动及应用、主电力线切换、大型电动机启动以及线路过载等。

⑧ 过电压（over voltage）：指超过额定电压一定百分比的稳定高电压。一般是由接线错误、电厂或电站误调整以及附近重型设备关机引起。对单相电而言，可能是由三相负载不平衡或中线接地不良等原因造成的。

⑨ 波形失真（harmonic distortion）：指市电电压相对于线性正弦波电压的偏差，一般用总谐波畸变（THD——total harmonic distortion）来表示。产生的原因一方面是发电设备输出电能本身不是纯正的正弦波，另一方面是电网中的非线性负载对电网的影响。

⑩ 市电中断（power fail）：指电网停止电能供应且至少持续两个周期到数小时。产生的原因主要有线路上的断路器跳闸、市电供应中断以及电网故障等。

⑪ 频率偏移（frequency variation）：指市电频率的偏移超过2Hz（<48Hz或>52Hz）以上。这主要是由应急发电机的不稳定运行或由频率不稳定的电源供电所致。

以上污染或干扰对计算机及其他敏感仪器设备所造成的危害不尽相同。电源中断可能造成硬件损坏；电压跌落可能造成硬件提前老化、文件数据丢失；过电压、欠电压以及电压浪涌可能会损坏驱动器、存储器、逻辑电路，还可能产生不可预料的软件故障；电线噪声和瞬变电压可能会损坏逻辑电路和文件数据。

1.2 UPS 的分类

UPS 自问世以来，其发展速度非常快。初期的 UPS 是一种动态的不间断电源。在市电正常时，用市电驱动电动机，电动机带动发电机发出交流电。该交流电一方面向负载供电，同时带动巨大的飞轮使其高速旋转。当市电变化时，由于飞轮的巨大惯性对电压的瞬时变化没有反应，因此保证了输出电压的稳定。在市电停电时，依赖飞轮的惯性带动发电机继续向负载供电，同时启动与飞轮相连的备用发电机组。备用发电机组带动飞轮旋转并因此带动交流发电机向负载供电。如图 1-2(a) 所示。但在以上方案中，依靠动能储存的飞轮来延长市电断电时的供电时间势必受到限制，为了进一步延长供电时间，后来采用如图 1-2(b) 所示的结构。市电经整流后一路给蓄电池充电，另一路为直流电动机供电，直流电动机又拖动交流发电机输出稳压、稳频的交流电，一旦市电中断，依靠蓄电池组存储的能量维持交流发电机继续运行，达到负载供电不间断的目的。这种动态不间断电源设备存在噪声大、效率低、切换时间长、笨重等缺点，未被广泛采用。随着半导体技术的迅速发展，利用各种电力电子器件的静态 UPS 很快取代了早期的动态 UPS，静态 UPS 依靠蓄电池存储能量，通过静止逆变器变换电能维持负载电能供应的连续性。相对于动态 UPS，静态 UPS 体积小、重量轻、噪声低、操控方便、效率高、后备时间长。本书后续所述及的 UPS 均指静态 UPS。

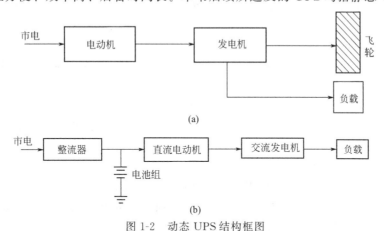

图 1-2 动态 UPS 结构框图

UPS 分类方法很多，按输出容量大小可分为：小容量（10kV·A 以下）UPS、中容量（10～100kV·A）UPS 和大容量（100kV·A 以上）UPS；按输入、输出电压相数不同可分为单进单出型 UPS、三进三出型 UPS 和三进单出型 UPS；按输出波形不同可分为：方波UPS、梯形波 UPS 和正弦波 UPS；但人们习惯上按 UPS 电路结构形式进行分类，可分为后备式 UPS、互动式 UPS 和在线式 UPS。

1.2.1 后备式 UPS

后备式 UPS（passive stand-by UPS）是指交流输入正常时，通过稳压装置对负载供电；交流输入异常时，电池通过逆变器对负载供电。后备式 UPS 是静态 UPS 的最初形式，它是一种以市电供电为主的电源形式，主要由充电器、蓄电池、逆变器以及变压器抽头调压式稳压电源四部分组成，其工作原理框图如图1-3所示。

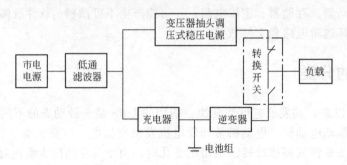

图1-3　后备式UPS工作原理框图

(1) 正常工作模式（normal mode of operation）

当输入交流电压、频率在允许范围内时，首先经由低通滤波器对来自电网的高频干扰进行适当的衰减抑制后分两路去控制后级电路的正常运行。

① 经充电器对蓄电池组进行充电，以备市电中断时有能量继续支持UPS正常运行。

② 经位于交流旁路通道上的"变压器抽头调压式稳压电源"对起伏变动较大的市电电压进行稳压处理。然后，在UPS逻辑控制电路的作用下，经稳压处理的市电电源经转换开关向负载供电。

此时，逆变器仅处于空载运行状态，不向外输出能量，严格意义上讲，逆变器不工作。

(2) 逆变工作模式（stored energy mode of operation）

当输入交流电压或频率异常时，在UPS逻辑控制电路作用下，UPS将按下述方式运行。

① 充电器停止工作。

② 转换开关在切断交流旁路供电通道的同时，将负载与逆变器输出端连接起来，从而实现由市电供电向逆变器供电的转换。

③ 逆变器吸收蓄电池中存储的直流电，变换为稳定的交流电（如50Hz/220V）维持对负载的电能供应。根据负载的不同，逆变器输出电压可以是正弦波，也可以是方波。

根据后备式UPS的工作原理，可知其性能特点如下。

① 电路简单，成本低，可靠性较高。

② 当市电正常时，逆变器仅处于空载运行状态，整机效率可达98%。

③ 因大多数时间为市电供电，UPS输出能力强，对负载电流的波峰系数、浪涌系数、输出功率因数、过载等没有严格要求。

④ 输出电压稳定精度较差，但能满足负载要求。

⑤ 输出有转换开关，市电供电中断时输出电能有短时间的间断，并且受切换电流能力和动作时间的限制，增大输出容量有一定的困难。因此，后备式正弦波输出UPS容量通常在3kV·A以下，而后备式方波输出UPS容量通常在1kV·A以下。

1.2.2　在线式UPS

在线式UPS（online UPS）是指交流电输入正常时，通过整流、逆变装置对负载供电；交流电输入异常时，电池通过逆变器对负载供电。在线式UPS又称为双变换在线式或串联调整式UPS。目前大容量UPS大多采用此结构形式。该型UPS通常由整流器、充电器、蓄电池、逆变器等部分组成，它是一种以逆变器供电为主的电源形式。其工作原理如图 1-4 所示。

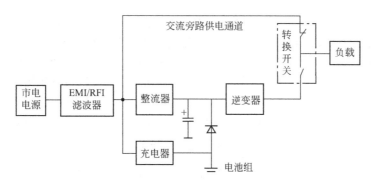

图 1-4 在线式 UPS 工作原理框图

（1）正常工作模式（normal mode of operation）

当输入交流电压、频率在允许范围内，首先经由 EMI/RFI 滤波器对来自电网的传导型电磁干扰和射频干扰进行适当的衰减抑制后分三路去控制后级电路的正常运行。

① 直接连接交流旁路供电通道，作为逆变器通道故障时的备用电源。

② 经充电器对位于 UPS 内的蓄电池组进行浮充电，以便市电中断时，蓄电池有足够的能量来维持 UPS 的正常运行。

③ 经过整流器和大电容滤波变为较为稳定的直流电，再由逆变器将直流电变换为稳压稳频的交流电，通过转换开关输送给负载。

（2）逆变工作模式（stored energy mode of operation）

当输入交流电压或频率异常时，在逻辑控制电路作用下，UPS 将按下述方式运行。

① 关充电器，停止对蓄电池充电。

② 逆变器改为由蓄电池供电，将蓄电池中存储的直流电转化为负载所需的交流电，用来维持负载电能供应的连续性。

（3）旁路工作模式（bypass mode of operation）

市电供电正常情况下，如果系统出现下列情况之一：①在 UPS 输出端出现输出过载或短路故障；②由于环境温度过高和冷却风扇故障造成位于逆变器或整流器中的功率开关管温度超过安全界限；③UPS 中的逆变器本身故障，则 UPS 将在逻辑控制电路调控下转为市电旁路直接给负载供电。

（4）ECO 模式（ECO mode of operation）

交流输入正常情况下，UPS 通过静态旁路向负载供电；当交流输入异常时，UPS 切换至逆变器供电的工作模式。

根据在线式 UPS 的工作原理，可知其性能特点如下。

① 不论市电正常与否，负载的全部功率均由逆变器给出。所以，在市电产生故障的瞬间，UPS 的输出不会产生任何间断。

② 输出电能质量高。UPS 逆变器采用高频正弦脉宽调制和输出波形反馈控制，可向负载提供电压稳定度高、波形畸变率小、频率稳定以及动态响应速度快的高质量电能。

③ 全部负载功率都由逆变器提供，UPS 的容量裕量有限，输出能力不够理想。所以对负载的输出电流峰值系数、过载能力、输出功率因数等提出限制条件，输出有功功率小于标定的千伏安数，应对冲击负载的能力较差。

④ 整流器和逆变器都承担全部负载功率，整机效率低。

1.2.3 互动式UPS

互动式UPS（line interactive UPS）是指交流输入正常时，通过稳压装置对负载供电，变换器只对电池充电；交流输入异常时，电池通过变换器对负载供电。互动式UPS又称为在线互动式UPS或并联补偿式UPS。与（双变换）在线式UPS相比，该UPS省去了整流器和充电器，而由一个可运行于整流状态和逆变状态的双向变换器配以蓄电池构成。当市电输入正常时，双向变换器处于反向工作（即整流工作状态），给电池组充电；当市电异常时，双向变换器立即转换为逆变工作状态，将电池电能转换为交流电输出。其工作原理如图1-5所示。

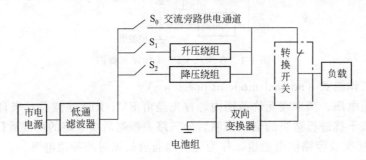

图1-5 互动式UPS工作原理框图

(1) 正常工作模式（normal mode of operation）

当输入交流电压、频率在允许范围内（如市电电压在150～276V之间）时，市电电源经低通滤波器对从市电电网窜入的射频干扰及传导型电磁干扰进行适当衰减抑制后，将按如下调控通道去控制UPS的正常运行。

① 当市电电压处于176～264V之间时，在UPS逻辑控制电路作用下，将开关S_0置于闭合状态的同时，闭合位于UPS市电输出通道上的转换开关。这样，把一个不稳压的市电电源直接送到负载上。

② 当市电电压处在150～176V之间时，鉴于市电输入电压偏低，在UPS逻辑控制电路作用下，将开关S_0置于分断状态的同时，闭合升压绕组输入端的开关S_1，使幅值偏低的市电电源经升压处理后，将一个幅值较高的电压经转换开关送到负载。

③ 当市电电压处在264～276V之间时，为防止输出电压过高而损坏负载，在UPS逻辑控制电路作用下，将开关S_0置于分断状态的同时，闭合降压绕组输入端的开关S_2，使幅值偏高的市电电源经降压处理后再经转换开关送到负载，达到用户负载安全运行的目的。

④ 经过处理后的市电电源除了供给负载电能以外，同时作为双向逆变器的交流输入电源。双向逆变器运行于整流状态，从电网吸收能量存储在蓄电池组中，以便在市电不正常时提供足够的直流能量。

(2) 逆变工作模式（stored energy mode of operation）

当输入交流电压或频率异常（如市电输入电压低于150V或高于276V）时，在机内逻辑控制电路的作用下，UPS的各关键部件将完成如下操作。

① 切断连接负载和市电旁路通道的转换开关。

② 双向变换器由原来的整流工作模式转化为逆变工作模式。也就是说，此时系统不再对蓄电池进行充电，而是吸收蓄电池存储的直流电能，经正弦波逆变转化为稳压、稳频的交流电能输出给负载。

根据互动式UPS的工作原理，可知其性能特点如下。

① 效率高，可达 98% 以上。

② 电路结构简单，成本低，可靠性高。

③ 输入功率因数和输出电流谐波成分取决于负载电流，UPS 本身不产生附加的输入功率因数和谐波电流失真。

④ 输出能力强，对负载电流峰值系数、浪涌系数、过载等无严格限制。

⑤ 变换器直接接在输出端，并且处于热备份状态，对输出电压尖峰干扰有滤波作用。

⑥ 大部分时间为市电供电，仅对电网电压稍加稳压处理，输出电能质量差。

⑦ 市电供电中断时，因为交流旁路开关存在断开时间，导致 UPS 输出存在一定时间的电能中断，但比后备式 UPS 的转换时间短。

1.3　UPS 的性能指标

一般来说，UPS 生产厂家为了说明其产品的性能都在产品说明书中指出其产品已达到的某些标准或给出方便用户的指标性能说明，这些往往都在产品指标栏中给出。UPS 用户通过阅读产品说明书中的指标栏，就可以很快地了解产品概况，这对选用设备和使用维护都是非常必要的。因此下面对 UPS 的指标给予简要介绍。

1.3.1　输入指标

（1）输入电压范围

输入电压这项指标说明 UPS 产品适应什么样的供电制式。指标中除应说明输入交流电压是单相还是三相外，还应说明输入交流电压的数值，如 220V、380V、110V 等；同时还要给出 UPS 对电网电压变化的适应范围，如标明在额定电压基础上 ±10%、±15%、±20%、±35% 等。当然，在产品说明书中也可将相数和输入额定电压分开给出。UPS 输入电压的上下限表示市电电压超出此范围时，UPS 就断开市电而由蓄电池供电。后备式和互动式 UPS 的输入电压范围应不窄于 176～264V，在线式 UPS 的输入电压范围如表 1-1 所示。

表 1-1　在线式 UPS 的输入电压范围

项目	技术要求		备注
	I 类	II 类	
输入电压范围	176～264V	187～242V	相电压：输入电压范围应根据使用电网环境进行选择
	304～456V	323～418V	线电压：输入电压范围应根据使用电网环境进行选择

（2）输入频率范围

输入频率范围指标说明 UPS 产品所适应的输入交流电频率及其允许的变化范围。在我国大陆地区，标准值为 50Hz，输入频率范围如 50Hz±1Hz、50Hz±2Hz、50Hz±3Hz 等，这表示 UPS 内部同步锁相电路的同步范围，即当市电频率在变化范围之内时，UPS 逆变器的输出与市电同步；当频率超出该范围时，逆变器的输出不再与市电同步，其输出频率由 UPS 内部 50Hz 正弦波发生器决定。通信用 UPS 的输入频率范围为 48～52Hz。

（3）输入功率因数及输入电流谐波成分

在电路原理中，线性电路的功率因数（power factor）习惯用 $\cos\varphi$ 表示，其中 φ 为正弦电压与正弦电流间的相差角。对非线性电路而言，尽管输入电压为正弦波，电流却可能是非

正弦波，因此对非线性电路必须考虑电流畸变。一般定义为

$$PF = P/S$$

式中，PF 为功率因数；P 为有功功率；S 为视在功率。

在非线性电路中，若定义基波电流有效值与非正弦电流有效值之比为畸变因数，则电流畸变因数 d（distortion）为：

$$d = \frac{I_1}{\sqrt{I_1^2 + I_2^2 + \cdots + I_n^2}}$$

式中，I_1，I_2，$\cdots$，I_n 分别表示 1，2，$\cdots$，n 次谐波电流有效值。若再假设基波电流与电压的相位差为 φ，则功率因数 PF 可表示为：

$$PF = P/S = UI_1\cos\varphi/UI = d\cos\varphi$$

即非线性电路的功率因数为畸变因数与位移因数（$\cos\varphi$）之积。

输入功率因数是指 UPS 中整流充电器的输入功率因数和输入电流质量，表示电源从电网吸收有功功率的能力及对电网的干扰。输入功率因数越高，输入电流谐波成分含量越小，表征该电源对电网的污染越小。在线式 UPS 的输入功率因数应符合表 1-2 的要求，输入电流谐波成分应符合表 1-3 的要求。

表 1-2　UPS 的输入功率因数

输入功率因数	技术要求			备注
	Ⅰ 类	Ⅱ 类	Ⅲ 类	
100%非线性负载	≥0.99	≥0.95	≥0.90	—
50%非线性负载	≥0.97	≥0.93	≥0.88	—
30%非线性负载	≥0.94	≥0.90	≥0.85	—

表 1-3　UPS 的输入电流谐波成分

输入电流谐波成分	技术要求			备注
	Ⅰ 类	Ⅱ 类	Ⅲ 类	
100%非线性负载	<5%	<8%	<15%	2～39 次谐波
50%非线性负载	<8%	<15%	<20%	2～39 次谐波
30%非线性负载	<11%	<22%	<25%	2～39 次谐波

1.3.2　输出指标

（1）输出电压

① 标称输出电压值：单相输入单相输出型 UPS 或三相输入单相输出型 UPS 为 220V；三相输入三相输出型 UPS 为 380V，采用三相三线制或三相四线制输出方式。用户可根据自己设备所需的电压等级和供电制式选取相应的 UPS 产品。

② 输出电压（精度/范围）：指 UPS 在稳态工作时受输入电压变化、负载改变以及温度影响造成输出电压变化的大小。对于后备式和互动式 UPS，输出电压（精度/范围）应在 198～242V 范围内。对于在线式 UPS，输出电压精度应符合表 1-4 的要求。

③ 动态电压瞬变范围：指 UPS 在 100%突加减载时或执行市电旁路供电通道与逆变器供电通道的转换时，输出电压的波动值。UPS 动态电压瞬变范围≤5%。

表 1-4 在线式 UPS 的输出电压精度

项目	技术要求			备注
	Ⅰ类	Ⅱ类	Ⅲ类	
输出稳压精度	$|S|\leqslant1\%$	$|S|\leqslant1.5\%$	$|S|\leqslant2\%$	等级按照$|S|$的最大值划分

④ 电压瞬变恢复时间（transient recovery time）：在输入电压为额定值，输出接阻性负载，输出电流由零至额定电流和额定电流至零突变时，输出电压恢复到（220±4.4）V 范围内所需要的时间。后备式和互动式 UPS 的电压瞬变恢复时间应≤60ms，在线式 UPS 电压瞬变恢复时间应符合表 1-5 的要求。

表 1-5 在线式 UPS 电压瞬变恢复时间

项目	技术要求			备注
	Ⅰ类	Ⅱ类	Ⅲ类	
电压瞬变恢复时间	≤20ms	≤40ms	≤60ms	—

⑤ 输出电压频率：频率跟踪范围（range of frequency synchro）指交流供电时，UPS 输出频率跟踪输入频率变化的范围。UPS 的频率跟踪范围应满足 48～52Hz，且范围可调。频率跟踪速率（rate of frequency synchro）指 UPS 输出频率与输入交流频率存在偏差时，输出频率跟踪输入频率变化的速度，用 Hz/s 表示。UPS 的频率跟踪速率应在 0.5～2Hz/s 范围内。当工作在逆变器输出状态时频率（稳定度），应不宽于（50±0.5）Hz。

⑥ 输出（电压）波形及失真度：根据用途不同，输出电压不一定是正弦波，也可以是方波或梯形波。后备式 UPS 输出波形多为方波，在线式 UPS 输出波形一般为正弦波。波形失真度一般是对正弦波输出 UPS 来说的，指输出电压谐波有效值的二次方和的平方根与基波有效值的比值。UPS 输出波形失真度技术要求如表 1-6 所示。

表 1-6 UPS 输出波形失真度技术要求

UPS 类型	负载类型	输出波形失真度技术要求			备注
后备式和互动式	100%阻性负载	≤5%			—
	100%非线性负载	≤8%			—
在线式	在线式 UPS 的类别	Ⅰ类	Ⅱ类	Ⅲ类	—
	100%阻性负载	≤1%	≤2%	≤4%	
	100%非线性负载	≤3%	≤5%	≤7%	

⑦ 输出电压不平衡度（three phase unbalance）：三相输出的 UPS 各相电压在幅值上不同，相位差不是 120°或兼而有之的程度。互动式 UPS 输出电压幅值不平衡度≤3%，相位偏差≤2°。在线式 UPS 输出电压幅值不平衡度≤3%，相位偏差≤1°。

（2）输出容量

容量是 UPS 的首要指标，包括输入容量和输出容量，一般指标中所给出的容量是输出容量，是指输出电压的有效值与输出最大电流有效值的乘积，也称视在功率。容量的单位一般用伏安（V·A）表示，这是因为 UPS 的负载性质因设备的不同而不同，因而只好用视在功率来表示容量。生产厂家均按 UPS 的不同容量等级将产品划分为多个类别，用户可根据实际需要对 UPS 进行选型，并留一定的裕量。

（3）输出过载能力

UPS 启动负载设备时，一般都有瞬时过载现象发生，输出过载能力表示 UPS 在工作过程中，可承受瞬时过载的能力与时间。超过 UPS 允许的过载量或允许过载时间容易导致 UPS 损坏。后备式和互动式 UPS 的过载能力应符合表 1-7 的要求，在线式 UPS 的过载能力应符合表 1-8 的要求。

表 1-7　后备式和互动式 UPS 的过载能力要求

项目	技术要求	备注
过载能力	≥1min	过载 125%，电池逆变模式
	≥10min	过载 125%，正常工作模式

表 1-8　在线式 UPS 的过载能力要求

项目	技术要求			备注
	I 类	II 类	III 类	
过载能力	≥10min	≥1min	≥30s	125%额定阻性负载

（4）输出电流峰值系数

输出电流峰值系数指当 UPS 输出电流为周期性非正弦波电流时，周期性非正弦波电流的峰值与其有效值之比。UPS 输出电流峰值系数应≥3。

（5）并机负载电流不均衡度

并机负载电流不均衡度指当两台以上（含两台）具有并机功能的 UPS 输出端并联供电时，所并联各台中电流值与平均电流偏差最大的偏差电流值与平均电流值之比。UPS 并机负载电流不均衡度应≤5%。此值越小越好，说明并机系统中的每台 UPS 所输出的负载电流的均衡度越好。

1.3.3　电池指标

（1）蓄电池的额定电压

UPS 所配蓄电池组的额定电压一般随输出容量的不同而有所不同，大容量 UPS 所配蓄电池组的额定电压较小容量的 UPS 高些。小型后备式 UPS 多为 24V，通信用 UPS 的蓄电池电压为 48V，某些大中型 UPS 的蓄电池电压为 72V、168V 或 220V 等。给出该数值，一方面为外加电池延长备用时间提供依据，另一方面为今后电池的更替提供方便。

（2）蓄电池的备用时间

该项指标是指当 UPS 所配置的蓄电池组满荷电状态时，在市电断电时改由蓄电池组供电的状况下，UPS 还能继续向负载供电的时间。一般在 UPS 的说明书中给出该项指标时，均给出满载后备时间，有时还附加给出半载时的后备时间。用户在了解该项指标后，就可根据该指标合理安排 UPS 的工作时间，在 UPS 停机前做好文件的保存工作。用户要注意的是该指标随蓄电池的荷电状态及蓄电池的新旧程度而有所变化。

（3）蓄电池类型

UPS 说明书中给出的蓄电池类型是对 UPS 所使用的蓄电池类型给予说明。用户在使用或维修以及扩展后备时间时可参考该项说明。

UPS 多采用阀控密封式铅酸蓄电池，一方面是因为阀控密封式铅酸蓄电池的性能比以前有较大改善，另一方面则是因为阀控密封式铅酸蓄电池的价格比较便宜。目前，通信用 UPS 也有采用锂离子电池（磷酸铁锂电池）的。

（4）蓄电池充电电流限流范围

避免充电电流过大而损坏蓄电池，其典型值为 10%~25% 的标称输入电流。

1.3.4 其他指标

（1）效率与有功功率

效率是 UPS 的一个关键指标，尤其是大容量 UPS。它是指在不同负载情况下，输出有功功率与输入有功功率之比。一般来说，UPS 的标称输出功率越大，其系统效率也越高。在线式 UPS 的效率应符合表 1-9 的要求；后备式和互动式 UPS 的效率应符合表 1-10 的要求。

表 1-9 在线式 UPS 的效率要求

项目		技术要求			备注
		Ⅰ类	Ⅱ类	Ⅲ类	
效率	100％阻性负载	≥90％	≥86％	≥82％	额定输出容量≤10kV·A
		≥94％	≥92％	≥90％	10kV·A<额定输出容量<100kV·A
		≥95％	≥93％	≥91％	额定输出容量≥100kV·A
	50％阻性负载	≥88％	≥84％	≥80％	额定输出容量≤10kV·A
		≥92％	≥89％	≥87％	10kV·A<额定输出容量<100kV·A
		≥93％	≥90％	≥88％	额定输出容量≥100kV·A
	30％阻性负载	≥85％	≥80％	≥75％	额定输出容量≤10kV·A
		≥90％	≥86％	≥83％	10kV·A<额定输出容量<100kV·A
		≥91％	≥87％	≥84％	额定输出容量≥100kV·A

表 1-10 后备式和互动式 UPS 的效率要求

项目	技术要求	备注
效率	≥80％	电池组电压≥48V
	≥75％	电池组电压<48V

后备式和互动式 UPS 输出有功功率≥额定容量×0.74kW/(kV·A)；在线式 UPS 输出有功功率应符合表 1-11 的要求。

表 1-11 在线式 UPS 输出有功功率的要求

项目	技术要求			备注
	Ⅰ类	Ⅱ类	Ⅲ类	
输出有功功率	≥额定容量×0.9kW/(kV·A)	≥额定容量×0.8kW/(kV·A)	≥额定容量×0.7kW/(kV·A)	—

（2）不同运行状态之间的转换时间

① 市电/电池转换时间。对于在线式 UPS 而言，其市电/电池转换时间应为 0；对于后备式和互动式 UPS 而言，其市电/电池转换时间应≤10ms。

② 旁路/逆变转换时间。对于在线式 UPS 而言，其旁路/逆变转换时间应符合表 1-12 的要求。

表 1-12 在线式 UPS 旁路/逆变转换时间

项目	技术要求			备注
	Ⅰ类	Ⅱ类	Ⅲ类	
旁路/逆变转换时间	<1ms	<2ms	<4ms	额定输出容量>10kV·A
	<1ms	<4ms	<8ms	额定输出容量≤10kV·A

③ ECO 模式转换时间。当具有 ECO 模式时，ECO 模式与其他模式之间的转换时间应符合表 1-13 的要求。

表 1-13 ECO 模式转换时间

项目	技术要求			备注
	Ⅰ类	Ⅱ类	Ⅲ类	
ECO 模式转换时间	<1ms	<2ms	<4ms	—

（3）可靠性要求（平均无故障间隔时间 MTBF）

指用统计方法求出的 UPS 工作时两个连续故障之间的时间，它是衡量 UPS 工作可靠性的一个指标。在线式 UPS 在正常使用环境条件下，MTBF 应不小于 100000h（不含蓄电池）。互动式与后备式 UPS 在正常使用环境条件下，MTBF 应不小于 200000h（不含蓄电池）。

（4）振动与冲击

振动：振幅为 0.35mm，频率 10～50Hz（正弦扫频），3 个方向各连续 5 个循环。

冲击：峰值加速度 $150m/s^2$，持续时间 11ms，3 个方向各连续冲击 3 次。容量≥20kV·A 的 UPS，可应用运输试验进行替代。

（5）音频噪声

UPS 输出接额定阻性负载，在设备正前方 1m，高度为 1/2 处用声级计测量的噪声值，称为 UPS 的音频噪声。后备式和互动式 UPS 的音频噪声应小于 55dB（A），在线式 UPS 的音频噪声应符合表 1-14 的要求。

表 1-14 在线式 UPS 的音频噪声要求

项目	技术要求			备注
	Ⅰ类	Ⅱ类	Ⅲ类	
音频噪声	≤55dB(A)	≤65dB(A)	≤70dB(A)	400kV·A 及以上除外

（6）遥控与遥信功能

① 通信接口。UPS 应具备 RS485、RS232、RS422、以太网、USB 标准通信接口（至少具备其一），并提供与通信接口配套使用的通信线缆和各种告警信号输出端子。

② 遥测。UPS 遥测内容如下：a. 在线式与互动式 UPS，交流输入电压、直流输入电压、输出电压、输出电流、输出频率、输出功率因数（可选）、充电电流、蓄电池温度（可选）；b. 后备式 UPS，输出电压、输出电流、输出频率、蓄电池电压。

③ 遥信。UPS 遥信内容如下：a. 在线式 UPS，同步/不同步、UPS 旁路供电、过载、蓄电池放电电压低、市电故障、整流器故障、逆变器故障、旁路故障和运行状态记录；b. 互动式与后备式 UPS，交流/电池逆变供电、过载、蓄电池放电电压低、逆变器或变换器故障。

④ 电池组智能管理功能（在线式 UPS）。容量大于 20kV·A 的 UPS 应其有定期对电池组进行自动浮充、均充转换，电池组自动温度补偿及电池组放电记录功能。电池维护过程中不应影响系统输出。

（7）保护与告警功能

① 输出短路保护。负载短路时，UPS 应自动关断输出，同时发出声光告警。

② 输出过载保护。当输出负载超过 UPS 额定功率时，应发出声光告警。超过过载能力时，在线式 UPS 应转旁路供电；后备式和互动式 UPS 应自动关断输出。

③ 过热（/温度）保护。UPS 机内运行温度过高时，发出声光告警。在线式 UPS 应转

旁路供电；后备式和互动式 UPS 应自动关断输出。

④ 电池电压低保护。当 UPS 在电池逆变工作方式时，电池电压降至保护点时，发出声光告警，停止供电。

⑤ 输出过欠压保护。当 UPS 输出电压超过设定过电压阈值或低于设定欠电压阈值时，发出声光告警。在线式 UPS 应转旁路供电；后备式和互动式 UPS 应自动关断输出。

⑥ 风扇故障告警。风扇故障停止工作时，应发出声光告警。

⑦ 防雷保护。UPS 应具备一定的防雷击和电压浪涌的能力。UPS 耐雷电流等级分类及技术要求应符合 YD/T 944—2007 中第 4 节、第 5 节的要求。

⑧ 维护旁路功能。容量大于 20kV·A 的 UPS 应具备维护旁路功能，当有对 UPS 的维护需求时，应能通过维护旁路开关直接给负载供电。

（8）电磁兼容限值

一方面指 UPS 对外产生的传导干扰和电磁辐射干扰应小于一定的限度，另一方面对 UPS 自身抗外界干扰的能力提出一定的要求。

① 传导骚扰限值。在 150kHz～30MHz 频段内，系统交流输入电源线上的传导干扰电平应符合 YD/T 983—2018 中 8.1 的要求。

② 辐射骚扰限值。在 30～1000MHz 频段内，系统的电磁辐射干扰电压电平应符合 YD/T 983—2018 中 8.2 的要求。

③ 抗扰性要求。针对系统外壳表面的抗扰性有：静电放电抗扰性以及辐射电磁场抗扰性，系统在进行以上各种抗扰性试验中或试验后应符合 YD/T 983—2018 中 9.1.1 的要求；针对系统交流端口的抗扰性有：电快速瞬变脉冲群抗扰性、射频场感应的传导骚扰抗扰性、电压暂降和电压短时中断抗扰性、浪涌（冲击）抗扰性，系统在进行以上各种抗扰性试验中或试验后应符合 YD/T 983—2018 中 9.1.4 的要求；针对系统直流端口的抗扰性有：电快速瞬变脉冲群抗扰性和射频场感应的传导骚扰抗扰性，系统在进行以上抗扰性试验中或试验后应符合 YD/T 983—2018 中 9.1.5 的要求。

（9）安全要求

① 外壳防护要求。UPS 保护接地装置与金属外壳的接地螺钉应具有可靠的电气连接，其连接电阻应不大于 0.1Ω。

② 绝缘电阻。UPS 的输入端、输出端对外壳，施加 500V 直流电压，绝缘电阻应大于 2MΩ；UPS 的电池正、负接线端对外壳施加 500V 直流电压，绝缘电阻应大于 2MΩ。

③ 绝缘强度。UPS 的输入端、输出端对地施加 50Hz、2000V 的交流电压 1min，应无击穿、无飞弧、漏电流小于 10mA；或 2820V 直流电压 1min，应无击穿、无飞弧、漏电流小于 1mA。

④ 接触电流和保护导体电流。UPS 的保护地（PE）对输入的中性线（N）的接触电流应不大于 3.5mA；当接触电流大于 3.5mA 时，保护导体电流的有效值不应超过每相输入电流的 5%；如果负载不平衡，则应采用三个相电流的最大值来计算，在保护导体大电流通路上，保护导体的截面积不应小 1.0mm²；在靠近设备的一次电源连接端处，应设置标有警告语或类似词语的标牌，即"大接触电流，在接通电源之前必须先接地"。

（10）环境条件

要使 UPS 能够正常工作，就必须使 UPS 工作的环境条件符合规定要求，否则 UPS 的各项性能指标便得不到保证。通常不可能将影响 UPS 性能的环境条件一一列出，而只给出相应的环境温度和湿度要求，有时也对大气压力（海拔高度）提出要求。

① 温度。温度包括工作温度和存储温度。工作温度就是指 UPS 工作时应达到的环境温

度条件，一般该项指标均给出一个温度范围，室内通信用 UPS 的运行温度一般为 5～40℃。工作温度过高不但使半导体器件、电解电容的漏电流增加，还会导致半导体器件的老化加速、电解电容及蓄电池寿命缩短；工作温度过低则会导致半导体器件性能变差、蓄电池充放电困难且容量下降等一系列严重后果。通信用 UPS 存储温度为−25～55℃（不含电池）。

② 相对湿度。湿度是指空气内所含水分的多少。说明空气中所含水分的数量可用绝对湿度（空气中所含水蒸气的压力强度）或相对湿度（空气中实际所含水蒸气与同温下饱和水蒸气压强的百分比）表示。UPS 说明书一般给出的是相对湿度，工作相对湿度：≤90%［(40±2)℃］，无凝露；存储相对湿度：≤95%［(40±2)℃］，无凝露。

③ 海拔高度。UPS 说明书中所注明的海拔高度（大气压力）是保证 UPS 安全工作的重要条件。之所以强调海拔高度是因为 UPS 中有许多元器件采用密封封装。封装一般都是在一个大气压下进行的，封装后的器件内部是一个大气压。由于大气压随着海拔高度的增加而降低，海拔过高时会形成器件壳内向壳外的压力，严重时可使器件产生变形或爆裂而损坏。UPS 满载运行时海拔高度应不超过 1000m，若超过 1000m 时应按 GB/T 3859.2—2013 半导体变流器　通用要求和电网换相变流器　第1-2 部分：应用导则的规定降容使用。

(11) 外观与结构

机箱镀层牢固，漆面匀称，无剥落、锈蚀及裂痕等现象。机箱表面平整，所有标牌、标记、文字符号应清晰、易见、正确、整齐。

1.4　UPS 的发展趋势

UPS 自问世以来，已从最初的动态式，经采用 SCR 的静止型 UPS，发展到现在采用全控型功率器件的具有智能化的 UPS 产品。UPS 之所以发展得如此迅速，主要得益于电子技术、器件制造技术、控制技术的飞速发展；得益于电源技术人员对电能变换方式和方法的不断深入研究；得益于信息产业的迅猛发展为 UPS 产品提供了广阔的应用领域。随着现代通信、电子仪器、计算机、工业自动化、电子工程、国防和其他高新技术的发展，对供电质量及可靠性要求越来越高，尤其是要求供电的连续性必须有保障。因而 UPS 作为交流不间断电源系统，今后必将得到持续发展。目前，电源技术人员对 UPS 的拓扑结构、使用的器件和材料、采用的控制方法和手段等方面的研究仍在不断深入，旨在提高 UPS 产品的性能、拓宽其应用领域、提高其可靠程度、增强其适应能力。根据现在的研究结果，可以预期 UPS 产品今后的发展主要围绕以下几个方面进行。

1.4.1　高频化

UPS 的高频化一方面是指逆变器开关频率的提高，这样可以有效地减小装置的体积和重量，并可消除变压器和电感的音频噪声，同时可改善输出电压的动态响应能力。由于新型开关器件 IGBT 等的广泛使用，中小容量 UPS 逆变器的开关频率已经可做到 20kHz 以上。采用高频 SPWM 逆变来提高逆变器开关频率现在已经是非常成熟的技术。

在中小容量 UPS 中，为了进一步减小装置的体积和重量，必须去掉笨重的工频隔离变压器，采用高频隔离是 UPS 高频化的真正意义所在。高频隔离可采用两种方式实现：一是在整流器与逆变器之间加一级高频隔离的 DC/DC 变换器，另一种是采用高频链逆变技术，如图 1-6 所示。

如图 1-6(a) 所示为在通用（双变换）在线式 UPS 中插入一级高频 DC/DC 隔离变换构成的高频隔离 UPS，其特点是结构简单，控制方便。缺点是系统中存在两级高频变换，导致整个装置损耗增加，效率明显降低。如图 1-6（b）所示的高频链逆变器形式就解决了这个问题，它将高频隔离和正弦波逆变结合在一起，经过一级高频变换得到 100Hz 的脉动直流电，再经一级工频逆变而得到所需的正弦波电压。相对于高频直流隔离来说，高频链逆变器形式只采用了一级高频变换，提高了系统效率。但是，这种形式控制相对复杂，目前只有少量的 UPS 应用了此项技术。

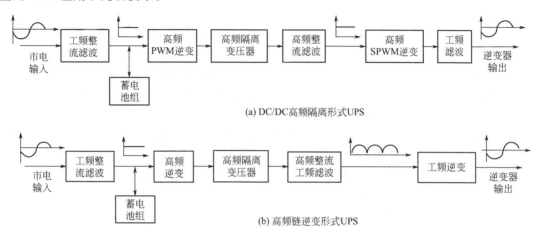

(a) DC/DC高频隔离形式UPS

(b) 高频链逆变形式UPS

图 1-6　高频隔离 UPS 结构框图

1.4.2　绿色化

随着现代电力电子制造技术的发展，许多高性能、低污染和高效利用电能的现代电力电子装置不断涌现，例如网侧电流非常接近正弦的程控开关电源、具有高功率因数的 UPS、采用 IGBT 器件的变频调速器、高频逆变式整流焊机以及兆赫级 DC/DC 变换器等。这些基于高频变换技术的现代电源装置和系统具有一个突出的特点：高效节能和无污染。这正是电源产品绿色化的目标。

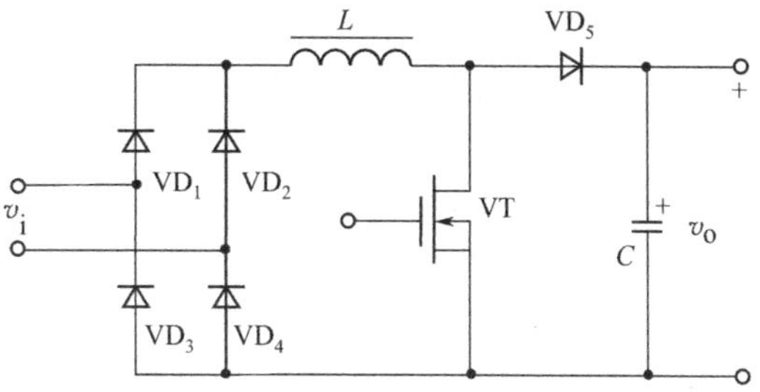

图 1-7　Boost 型 PFC 电路结构图

要实现 UPS 产品的绿色化，最主要的工作是提高网侧功率因数以减少电力污染，其次是利用先进的变换技术改善功率开关器件的工作状态，以降低功率开关器件的损耗和开关器件在开与关过程中所产生的干扰。对小型 UPS 而言，要提高其网侧功率因数可采用有源功率因数校正（APFC）方法，最成熟的就是采用升压型（Boost）功率因数校正（PFC），其基本结构如图 1-7 所示。要改善功率开关器件的工作状态、提高变换效率、减少干扰，可以利用软开关技术使功率开关器件工作在软开关状态。

1.4.3　智能化

大多数 UPS，特别是大容量 UPS 的工作是长期连续的。对运行中 UPS 状态的检测、UPS 出现故障时的及时发现和及时处理，减少 UPS 因故障或检修而造成的间断时间，使其真正成为不间断电源，是 UPS 研制和生产的目标之一，也是广大 UPS 用户最关注的。为了实现这些功能，采用普通的硬件电路是难以实现的，只有借助于计算机技术，充分发挥硬件和软件的各自特点，使 UPS 智能化，才能实现上述要求。

智能化 UPS 的硬件部分基本上是由普通 UPS 加上微机系统组成。微机系统通过对各类信息的分析综合，除完成 UPS 相应部分正常运行的控制功能外，还应完成以下功能。

① 对运行中的 UPS 进行监测，随时将采样点的信息送入计算机进行处理。一方面获取电源工作时的有关参数，另一方面监视电路中各部分的工作状态，从中分析出电路各部分是否工作正常。

② 在 UPS 发生故障时，根据检测结果，进行故障诊断，指出故障的部位，给出处理故障的方法与途径。

③ 完成部分控制工作，在 UPS 发生故障时，根据现场需要及时采取必要的自身应急保护控制动作，以防故障影响面的扩大。此外，通过对整流部分的控制，按照对不同蓄电池的不同要求，自动完成对蓄电池的分阶段恒流充电。

④ 自动显示所检测的数据信息，在设备运行异常或发生故障时，能够实时自动记录有关信息，并形成档案，供工程技术人员查阅。

⑤ 按照技术说明书给出的指标，自动定期地进行自检，并形成自检记录文件。

⑥ 能够用程序控制 UPS 的启动或停止，实现无人值守。

⑦ 具有交换信息功能，可随时向计算机输入信息或从计算机获取信息。

习题与思考题

1. 简述 UPS 的定义与作用。
2. 简述 UPS 的分类。
3. 简述后备式 UPS 的工作原理。
4. 画出在线式 UPS 电路组成框图，简述其工作原理。
5. 简述互动式 UPS 的工作原理。
6. 简述 UPS 的主要输入和输出指标。
7. 简述 UPS 的遥控与遥信功能。
8. 简述 UPS 的发展趋势，并画出高频隔离 UPS 结构框图。

第 2 章

常用电力电子器件

UPS 是现代电力电子技术的产物，是典型的电力电子设备之一，其本质依然是利用电力电子器件构成相应的拓扑电路，通过一定的控制策略，对输入交流或直流形式的电能进行变换和处理，从而为负载提供优质不间断交流电能的设备。一代电力电子器件决定一代电力电子技术，而一代电力电子技术决定着一代电力电子设备。因此，电力电子器件是 UPS 设备的基础，也可以说是 UPS 和其他电力电子装置的"CPU"。实践证明，由电力电子器件产生的故障往往对 UPS 是致命的，其可靠性往往决定了 UPS 设备的可靠性。了解和熟悉 UPS 中电力电子器件的类别、特性、参数是我们掌握 UPS 工作原理的前提。

UPS 中直接承担电能变换的电路称为主电路（power circuit）。电力电子器件是构成 UPS 主电路的功率开关器件。电力电子器件往往专指电力半导体器件，与普通半导体器件一样，目前电力半导体器件所采用的主要材料仍然是硅。由于电力电子器件直接用于处理电能的主电路，因而同处理信息的电子器件相比，它一般具有如下的特征。

① 电力电子器件所能处理电功率的大小，即承受电压和电流的能力是最重要的参数。其处理电功率的能力小至毫瓦级，大至兆瓦级，一般都远大于处理信息的电子器件。

② 因为处理的电功率较大，所以为了减小本身的损耗，提高效率，电力电子器件一般都工作在开关状态。导通时（通态）其阻抗较小，接近于短路，管压降接近于零，而电流由外电路决定；阻断时（断态）其阻抗较大，接近于断路，电流几乎为零，而管子两端电压由外电路决定；就像普通晶体管的饱和与截止状态一样。

③ 在实际应用中，电力电子器件往往需要由信息电子电路来控制。由于电力电子器件所处理的电功率较大，因此普通的信息电子电路信号一般不能直接控制其导通或关断，需要一定的中间电路对这些信号进行适当放大，这就是所谓的电力电子器件驱动电路。

④ 尽管电力电子器件通常工作在开关状态，但是其自身的功率损耗仍远大于信息电子器件，因而为了保证不至于因损耗散发的热量导致器件温度过高而损坏，不仅在器件封装上比较讲究散热设计，而且在其工作时，一般都还需要安装散热器。

按照电力电子器件能够被控制电路信号所控制的程度不同，通常将电力电子器件分为以下三种类型。

① 通过控制信号可控制其导通，而不能控制其关断的电力电子器件被称为半控型器件，这类器件主要是指晶闸管（thyristor）及其大部分派生器件，器件的关断完全是由其在主电路中承受的电压和电流决定的。

② 通过控制信号既可以控制其导通，又可以控制其关断的电力电子器件被称为全控型器件，与半控型器件相比，由于可以由控制信号控制其关断，因此又称其为自关断器件。这

类器件品种很多，目前较常用的全控型器件有电力场效应管（Power MOSFET——power mental oxide semiconductor effect transistor）和绝缘栅双极晶体管（IGBT——insulated-gate bipolar transistor）。

③ 也有不能用控制信号来控制其通断的电力电子器件，这类器件也就不需要驱动电路，这就是电力二极管（power diode），电力二极管又被称为不可控功率器件。这种器件只有两个端子，其基本特性与信息电子电路中的普通二极管一样，器件的导通和关断完全是由其在主电路中承受的电压和电流决定的。

正如前文所提，电力电子器件是电力电子电路的基础，掌握好常用电力电子器件的工作原理和正确使用方法是我们学好 UPS 的前提。本章将重点介绍 UPS 中要经常用到的电力电子器件——电力二极管、晶闸管、电力场效应管和绝缘栅双极晶体管的工作原理、基本特性、主要参数以及选择与使用过程中应注意的问题。

2.1 电力二极管

电力二极管自 20 世纪 50 年代初期就获得了应用，当时也被称为半导体整流器（SR——semiconductor rectifier），并开始逐步取代以前的汞弧整流器。虽然是不可控器件，但其结构和原理简单，工作可靠，所以，直到现在电力二极管仍然大量应用于许多电气设备中，特别是快恢复二极管和肖特基二极管，仍分别在中、高频整流和逆变以及低压高频整流的场合具有不可替代的地位。

2.1.1 工作原理

电力二极管的基本结构和工作原理与信息电子电路中的二极管一样，都是以半导体 PN 结为基础的。电力二极管实际上是由一个面积较大的 PN 结和两根引线封装组成的。图 2-1 所示分别为电力二极管的外形和电气图形符号。二极管有两个极，分别称为阳极（或正极）A 和阴极（或负极）K。

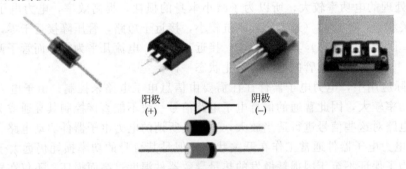

阳极　　　　　　　　　阴极
(+)　　　　　　　　　(−)

图 2-1　电力二极管的外形和电气图形符号

在电力电子器件中，半导体材料用得最多的是硅和锗。纯净的硅和锗称其为本征半导体，其导电性能很不好。如果给本征半导体掺入 3 价的杂质（如硼或铟），就会在半导体中产生大量的带正电荷的空穴，其导电能力则会大大增强，这种半导体称为 P 型半导体。如果给本征半导体掺入 5 价的杂质（如磷或砷），就会在半导体中产生大量的带负电荷的电子，其导电能力也会大大增强，这种半导体称为 N 型半导体。在 P 型半导体中，有大量的带正电的空穴，称为多数载流子，带负电的自由电子称为少数载流子。在 N 型半导体中有大量的带负电的自由电子称为多数载流子，带正电的空穴称为少数载流子。

将一块 N 型半导体和一块 P 型半导体接触，就会在接触面上产生一个带电区域，如图 2-2(a) 所示，它是由空穴和电子扩散而形成的。P 型半导体区域（简称 P 区）的多数载流子（空穴）会扩散到 N 型半导体区域（简称 N 区），N 区的多数载流子（电子）会扩散到 P 区（扩散运动是由浓度高的地方向浓度低的地方运动），这样，在 P 型半导体和 N 型半导体接触面上形成了一个带电区域，称其为 PN 结或阻挡层。PN 结内的电场是由 N 区指向 P 区，扩散运动并不能无休止地进行，PN 结形成的电场（也叫内电场）对扩散运动形成了阻力，所以扩散到一定的程度，就会达到电场力的平衡，扩散运动就会停止。

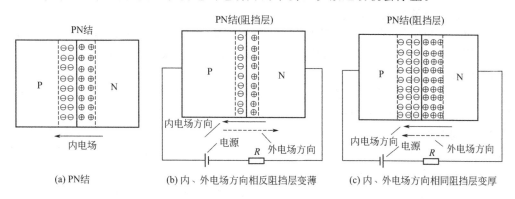

图 2-2　电力二极管的工作原理

将一直流电源接到 PN 结的两端，如图 2-2(b) 所示，P 区接电源的正极，N 区接电源的负极，即所加的外电场方向与 PN 结的内电场方向相反，使 PN 结的内电场变弱，阻挡层变薄，多数载流子进行扩散运动，电流大增，称之为正向导通。

如果将直流电源反接，如图 2-2(c) 所示，P 区接电源的负极，N 区接电源的正极。此时内电场方向和外电场方向一致，相当于 PN 结（阻挡层）变厚，多数载流子的扩散运动无法进行，使其无法通过 PN 结，电流几乎等于 0，称之为反向截止。

由以上可以看出，当 PN 结加正向电压［如图 2-2(b) 所示］产生较大电流，相当于 PN 结电阻很小，当 PN 结加反向电压［如图 2-2(c) 所示］产生电流很小，相当于 PN 结电阻很大。这种正向导通、反向截止的导电现象称之为 PN 结的单向导电性。电力二极管的内部就是由一个 PN 结所构成的。

2.1.2　伏安特性

电力二极管的主要特性是单向导电特性。即元件的阳极、阴极两端加正向电压时，便有电流通过，相当于短路；反之，其两端加反向电压，便没有电流通过，相当于开路。其伏安特性如图 2-3 所示。当电力二极管承受的正向电压大到一定值（门槛电压 U_{TO}），正向电流才开始明显增加，处于稳定导通状态。与正向电流 I_F 对应的电力二极管两端的电压 U_F 即为其正向电压降。当电力二极管承受反向电压时，只有微小而数值恒定的反向漏电流。当外加反向电压增加到某一电压时（常称击穿电压），反向电流突然增大，这种现象称为反向击穿，此时对应的电压称为反向击穿电压。

2.1.3　主要参数

（1）正向平均电流 $I_{F(AV)}$ 与浪涌电流 I_{FSM}

正向平均电流 $I_{F(AV)}$ 是指电力二极管长期运行时，在指定的管壳温度和散热条件下，其允许流过的最大工频正弦半波电流的平均值。在此电流下，因管子的正向压降引起的损耗造成的结温升高不会超过所允许的最高工作结温。这也是标称其额定电流的参数。而浪涌电流 I_{FSM} 是指电力二极管所能承受的最大连续一个或几个工频周期的过电流。

（2）正向压降 U_F

正向压降 U_F 是指电力二极管在指定温度下，流过某一指定的稳态正向电流时对应的正向压降。有时其参数表中也给出在指定温度下流过某一瞬态正向大电流时电力二极管的最大瞬时正向压降。

（3）反向重复峰值电压 U_{RRM}

反向重复峰值电压 U_{RRM} 是指对电力二极管所能重复施加的反向最高峰值电压，通常是其雪崩击穿电压 U_B 的 2/3。使用时应注意不要超过此值，否则将导致元件损坏。

（4）最高工作结温 T_{JM}

结温是指管芯 PN 结的平均温度，用 T_J 表示。最高工作结温是指在 PN 结不致损坏的前提下所能承受的最高平均温度，用 T_{JM} 表示。T_{JM} 通常在 125～175℃ 范围内。

（5）反向恢复时间（t_{rr}）

电流流过零点由正向转换成反向，再由反向到规定的反向恢复电流 I_{rr} 值所需的时间，称为反向恢复时间（t_{rr}），如图 2-4 所示，I_F 为正向电流，I_{RM} 为最大反向恢复电流。通常规定 $I_{rr}=0.1I_{RM}$，当 $t=t_0$ 时，由于加在二极管上的正向电压突然变成反向电压，因此正向电流突然降低，并在 $t=t_1$ 时，$I=0$。然后二极管上流过反向电流 I_R，I_R 逐渐增大，在 $t=t_2$ 时，达到最大反向恢复电流 I_{RM}。此后二极管受正电压的作用，反向电流逐渐减小。在 $t=t_3$ 时，$I_R=I_{rr}$，由 t_1～t_3 所用的时间即为二极管的反向恢复时间。

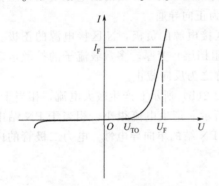

图 2-3　电力二极管的伏安特性

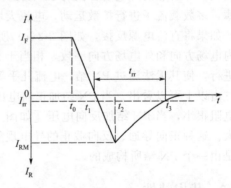

图 2-4　二极管反向恢复时间示意图

2.1.4　主要类型

电力二极管在电力电子电路中都有着广泛的应用。电力二极管可在交流-直流变换电路中作为整流元件，也可在电感元件的电能需要适当释放的电路中作为续流元件，还可在各种变流电路中作为电压隔离、钳位或保护元件。在应用过程中，应根据不同场合的不同要求，选择不同类型的电力二极管。下面按照正向压降、反向耐压和反向漏电流等性能，特别是反向恢复特性的不同，介绍几种常用的电力二极管。当然，从根本上讲，性能上的不同都是由半导体物理结构和工艺上的差别造成的，只不过这些结构和工艺差别不是我们一般工程技术人员所关心的主要问题，有兴趣的读者可参考有关专门论述半导体物理和器件的文献。

（1）普通二极管

普通二极管（general purpose diode）又称整流二极管（rectifier diode），多用于开关频

率不高（1kHz以下）的整流电路中。其反向恢复时间较长，一般在5μs以上，这在开关频率不高时并不重要，在参数表中甚至不列出这一参数。但其正向电流定额和反向电压定额却可以达到很高，分别可达数千安和数千伏以上。

（2）快恢复二极管

恢复过程很短，特别是反向恢复过程很短（一般在5μs以下）的二极管被称为快恢复二极管（FRD——fast recovery diode），简称快速二极管。工艺上多采用了掺金措施，结构上有的采用PN结型结构，也有的采用对此加以改进的PiN结构。特别是采用外延型PiN结构的所谓的快恢复外延二极管（FRED——fast recovery epitaxial diodes），其反向恢复时间更短（可低于50ns），正向压降也很低（0.9V左右），但其反向耐压多在1200V以下。不管是什么结构，快恢复二极管从性能上分为快恢复和超快恢复两个等级。前者反向恢复时间为数百纳秒或更长，后者则在100ns以下，甚至达到20～30ns。

（3）肖特基二极管

以金属和半导体接触形成的势垒为基础的二极管称为肖特基势垒二极管（SBD——schottky barrier diode），简称为肖特基二极管。肖特基二极管在信息电子电路中早就得到了应用，但是直到20世纪80年代，由于工艺的发展才得以在电力电子电路中广泛应用。与以PN结为基础的电力二极管相比，其优点在于：反向恢复时间短（10～40ns）、效率高。肖特基二极管在正向恢复过程中不会有明显的电压过冲，在反向耐压较低的情况下其正向压降也很小，明显低于快恢复二极管。因此，其开关损耗和正向导通损耗都比快速二极管还要小。其弱点在于：当所能承受的反向耐压提高时，其正向压降也会高得不能满足要求，因此多用于200V以下的低压场合；反向漏电流较大且对温度敏感，因此其反向稳态损耗不能忽略，而且必须更严格地限制其工作温度。

2.1.5　检测方法

对二极管的检测主要使用万用表，可分为不在路和在路两种检测方法。

（1）不在路检测

不在路检测主要是用万用表欧姆挡（$R \times 1k$）挡测量二极管的正、反向电阻来判断其质量好坏，如图2-5所示。图2-5（a）是测量二极管正向电阻示意图，黑表棒接二极管的正极，红表棒接二极管的负极，此时表内电池给二极管加的是正向偏置电压（万用表内黑表棒接表内电池的正极，黑表棒接正极是给二极管加上正向偏置电压），表针所指示的正向电阻阻值较小，一般为几千欧。若测量二极管的正向电阻值为零说明二极管已短路；若测量的正向电阻值很大（几百千欧），则说明二极管的性能已变差；若测量二极管的正向电阻值为无穷大，则说明二极管开路。如图2-5（b）所示为测量二极管反向电阻的示意图。在测量二极管反向电阻时，黑表棒接二极管的负极，红表棒接二极管的正极，此时表内电池给二极管加的是反向偏置电压，表针所指示的反向电阻阻值较大，一般为几百千欧以上。若测量的正、反向电阻值均很小，则说明二极管已击穿短路。

（2）在路检测

a. 断电下的检测。此时是测量二极管的正、反向电阻，具体方法与不在路时的方法相同，只是要注意外电路对测量结果的影响，测得的阻值为整个电路的等效电阻，只能供参考，要根据电路结构和经验来进行二极管的在路检测判断，如果无法判断，只能将二极管焊下，对其进行不在路检测。

b. 通电情况下的检测。此时主要是测量二极管的管压降。由二极管特性可知，二极管导通后的管压降是基本不变的，若这一管压降是正常的，便可以说明二极管在电路中工作是

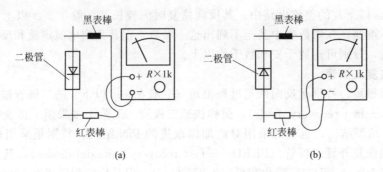

图 2-5　万用表测量二极管示意图

基本正常的，依据这一原理可以在通电时测量二极管的好坏，具体方法是：给电路通电，用万用表的直流电压挡，红表棒接二极管的正极，黑表棒接二极管的负极，此时表针所指示的电压值为二极管上的正向电压降。对硅二极管而言，这一压降应该为 0.6～0.7V 左右，否则说明二极管可能出现了故障。若电压降为远大于 0.6～0.7V，说明二极管已开路。若电压降远小于 0.6～0.7V，有可能是二极管击穿，也有可能是其他电路的故障，此时最好改用不在路测量其正、反向电阻，进一步判断其质量优劣。

2.2　晶闸管

晶闸管是晶体闸流管的简称，通常又称作可控硅整流器（SCR——silicon controlled rectifier），以前被简称为可控硅。在电力二极管开始得到应用后不久，1956 年美国贝尔实验室（Bell Laboratories）发明了晶闸管，到 1957 年美国通用电气公司（General Electric Company）开发出了世界上第一只晶闸管产品，并于 1958 年使其商业化。由于其开通时刻可以控制，而且各方面性能均明显胜过以前的汞弧整流器，因而立即受到普遍欢迎，从此开辟了电力电子技术迅速发展和广泛应用的崭新时代，有人把以晶闸管为代表的电力半导体器件的广泛应用，称之为继晶体管发明和应用之后的又一次电子技术革命。

晶闸管是一种大功率半导体器件，它具有体积小、重量轻、耐压高、容量大、使用简单和控制灵敏等优点。单独用晶闸管或者用晶闸管与整流二极管相结合构成的各种整流电路可以通过控制电路方便地调节输出电压，达到可控整流的目的。因而晶闸管被广泛用于直流稳压电源、电机调速、直流斩波器、交流调压器和无触点开关等方面。

2.2.1　工作原理

如图 2-6 所示为晶闸管的外形、结构和电气图形符号。从外形上看，晶闸管主要有螺栓型和平板型两种封装形式，均引出三个电极：阳极 A、阴极 K 和门极（或称控制极）G。晶闸管是大功率半导体器件，它在工作过程中会有比较大的损耗，因而产生大量的热，需依靠与晶闸管紧密接触的散热器，将这些热量传递给冷却介质。对于螺栓型晶闸管来说，螺栓是晶闸管的阳极 A（它与散热器紧密连接），粗辫子线是晶闸管的阴极 K，细辫子线是门极 G。螺栓型晶闸管在安装和更换时比较方便，但散热效果较差。对于平板型晶闸管来说，它的两个平面分别是阳极和阴极，而细辫子线则是门极。使用时，两个互相绝缘的散热器把晶闸管紧紧地夹在中间。平板型晶闸管的散热效果较好，但安装和更换比较麻烦。额定通态平均电流小于 200A 的一般不采用平板型结构。

晶闸管内部是 PNPN 四层半导体结构，分别命名为 P_1、N_1、P_2、N_2 四个区。P_1 区引出阳极 A，N_2 区引出阴极 K，P_2 区引出门极 G。四个区形成 J_1、J_2、J_3 三个 PN 结。如果正向电压（阳极电压高于阴极电压）加到器件上，则 J_2 处于反向偏置状态，器件 A、K 两端之间处于阻断状态，只能流过很小的漏电流。如果反向电压加到器件上，则 J_1 和 J_3 处于反向偏置状态，器件 A、K 两端之间同样处于阻断状态，也只有很小的漏电流通过。

晶闸管导通的工作原理可以用双晶体管模型来解释，如图 2-7 所示。如在器件上取一倾斜的截面，则晶闸管可以看作由 $P_1N_1P_2$ 和 $N_1P_2N_2$ 构成的两个晶体管 VT_1、VT_2 组合而成。如果外电路向门极注入电流 I_G，也就是注入驱动电流，则 I_G 流入晶体管 VT_2 的基极，即产生集电极电流 I_{C2}，它构成晶体管 VT_1 的基极电流，进而放大成集电极电流 I_{C1}，I_{C1} 又进一步增大 VT_2 的基极电流，如此形成强烈的正反馈，最后 VT_1 和 VT_2 进入完全饱和状态，即晶闸管导通。此时如果撤掉外电路注入门极的电流 I_G，晶闸管内部形成的强烈正反馈仍然会维持其导通状态。而要使其关断，就必须去掉阳极所加的正电压，或者给阳极施加反压，或者设法使流过晶闸管的电流降低到接近于零的某一数值以下，晶闸管才能关断。所以，对晶闸管的驱动过程更多的是称为触发，产生注入门极触发电流 I_G 的电路称为门极触发电路。也正是由于通过门极只能控制其开通，不能控制其关断，晶闸管才被称为半控型器件。

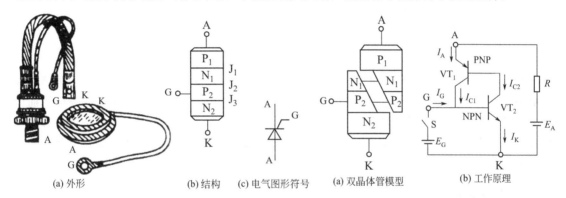

(a) 外形　　(b) 结构　(c) 电气图形符号

图 2-6　晶闸管的外形、结构和电气图形符号

(a) 双晶体管模型　　　(b) 工作原理

图 2-7　晶闸管的双晶体管模型及其工作原理

2.2.2　伏安特性

总结前述晶闸管的工作原理，可以归纳出晶闸管正常工作时的特性如下。

① 当晶闸管承受反向电压时，不论门极是否有触发电流，晶闸管都不会导通。

② 当晶闸管承受正向电压时，仅在门极有触发电流的情况下，晶闸管才能导通。

③ 晶闸管一旦导通，门极就失去控制作用，不论其门极触发电流是否还存在，晶闸管都将保持导通状态。

④ 若要使已导通的晶闸管关断，只能利用外加电压和外电路的作用，使流过晶闸管的电流降到接近于零的某一数值以下。

以上特性反映到晶闸管的伏安特性上则如图 2-8 所示。位于第Ⅰ象限的是正向特性，位于第Ⅲ象限的是反向特性。当 $I_G=0$ 时，若在器件两端施加正向电压，则晶闸管处于正向阻断状态，只有很小的正向漏电流流过。若正向电压超过临界极限即正向转折电压 U_{bo}，则漏电流急剧增大，器件开通（由高阻区经虚线负阻区到低阻区）。随着门极电流幅值的增大，正向转折电压降低。导通后的晶闸管特性和二极管的正向特性相仿。即使通过较大的阳极电流，晶闸管本身的压降也很小，在 1V 左右。导通期间，若门极电流为零，并且阳极电流降至接近于零的某一数值 I_H 以下，则晶闸管又回到正向阻断状态。I_H 称为维持电流。当在晶闸管上施加反向电压时，其伏安特性类似二极管的反向特性。晶闸管处于反向阻断状态时，只有极小的反向漏电流通过。当反向电压超过一定限度，达到反向击穿电压后，外电路如无限制措施，则反向漏电流急剧增大，必将导致晶闸管发热损坏。

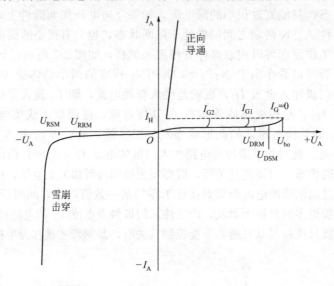

图 2-8　晶闸管的伏安特性（$I_{G2} > I_{G1} > I_G$）

晶闸管的门极触发电流是从门极流入晶闸管，从阴极流出的。阴极是晶闸管主电路与控制电路的公共端。门极触发电流也往往是通过触发电路在门极与阴极之间施加触发电压而产生的。从晶闸管的结构图可以看出，门极与阴极之间是一个 PN 结 J_3，其伏安特性称为门极伏安特性。为了保证可靠、安全地触发，门极触发电路所提供的触发电压、触发电流和功率都应限制在晶闸管门极伏安特性曲线中的可靠触发区内。

2.2.3　主要参数

普通晶闸管在反向稳态下一定处于阻断状态。而与电力二极管不同的是，晶闸管在正向工作时不但可能处于导通状态，也可能处于阻断状态。因此在提到晶闸管的参数时，断态和通态都是为了区分正向的不同状态，因此"正向"二字可省去。此外，各参数的给出往往与晶闸管的结温相联系，在实际应用时都应注意参考器件参数和特性曲线的具体规定。

（1）电压参数

① 断态重复峰值电压 U_{DRM}。断态重复峰值电压是在门极断路而结温为额定值（100A以上为 115℃，50A 以下为 100℃）时，允许重复加在器件上的正向峰值电压，如图 2-8 所示。国标规定重复频率为 50Hz，每次持续时间不超过 10ms，断态重复峰值电压 U_{DRM} 为断态不重复峰值电压（即断态最大瞬时电压）U_{DSM} 的 90%。断态不重复峰值电压应低于正向转折电压 U_{bo}，所留裕量大小由各生产厂家自行规定。

② 反向重复峰值电压 U_{RRM}。反向重复峰值电压是在门极断路而结温为额定值时，允许重复加在器件上的反向峰值电压，如图 2-8 所示。规定反向重复峰值电压 U_{RRM} 为反向不重复峰值电压（即反向最大瞬态电压）U_{RSM} 的 90%。反向不重复峰值电压应低于反向击穿电压，所留裕量大小由各生产厂家自行规定。

③ 通态平均电压 $U_{T(AV)}$。晶闸管正向通过正弦半波额定平均电流，结温稳定时的阳极与阴极之间电压的平均值。习惯上称其为晶闸管导通时的管压降，这个值越小越好。

④ 通态（峰值）电压 U_{TM}。通态（峰值）电压是晶闸管通以某一规定倍数的额定通态

平均电流时的瞬态峰值电压。

⑤ 门极触发电压 U_G。在室温下，晶闸管阳极与阴极间加 6V 正电压，使晶闸管从关断变为导通所需要的最小门极直流电压。一般 U_G 为 1～5V。在实际应用过程中，为了保证晶闸管可靠触发，其门极触发电压往往比额定值大。

通常取晶闸管的 U_{DRM} 和 U_{RRM} 中较小的标值作为该器件的额定电压。选用时，额定电压要留有一定裕量，一般取额定电压为正常工作时晶闸管所承受峰值电压的 2～3 倍。

（2）电流参数

① 通态平均电流 $I_{T(AV)}$。国家标准规定通态平均电流为晶闸管在环境温度为 40℃和规定的冷却状态下，稳定结温不超过额定结温时所允许流过的最大工频正弦半波电流的平均值。这也是标称其额定电流的参数，通常所说的"多少安的晶闸管"就是指此值。同电力二极管一样，这个参数是按照正向电流造成器件本身通态损耗的发热效应来定义的。因此在使用时同样应按照实际波形的电流与通态平均电流所造成的发热效应相等，即有效值相等的原则来选取晶闸管的此项电流定额，并应留一定的裕量。一般取其通态平均电流为按此原则所得计算结果的 1.5～2 倍。

② 门极触发电流 I_G。在室温下，晶闸管阳极与阴极间加 6V 正电压，使晶闸管从关断变为导通所需要的最小门极直流电流。一般 I_G 为几十到几百毫安。

③ 维持电流 I_H。维持电流是指使晶闸管维持导通所必需的最小电流，一般为几十到几百毫安。I_H 与结温有关，结温越高，则 I_H 越小。

④ 擎住电流 I_L。擎住电流是晶闸管刚从断态转入通态并移除触发信号后，能维持导通所需的最小电流。对同一晶闸管来说，通常 I_L 约为 I_H 的 2～4 倍。

⑤ 浪涌电流 I_{TSM}。浪涌电流是指由于电路异常情况引起的使结温超过额定结温的不重复性最大正向过载电流。浪涌电流有上下两个级，这个参数可用来作为设计保护电路的依据。

（3）动态参数

晶闸管的主要参数除电压和电流参数外，还有动态参数：开通时间 t_{gt}、关断时间 t_q、断态电压临界上升率 du/dt 和通态电流临界上升率 di/dt 等。

① 开通时间 t_{gt}。在室温和规定的门极触发信号作用下，使晶闸管从断态变成通态的过程中，从门极电流阶跃时刻开始，到阳极电流上升到稳态值的 90% 所需的时间称为晶闸管开通时间 t_{gt}。开通时间与门极触发脉冲的前沿上升的陡度与幅值的大小、器件的结温、开通前的电压、开通后的电流以及负载电路的时间常数有关。

② 关断时间 t_q。在额定的结温时，晶闸管从切断正向电流到恢复正向阻断能力这段时间称为晶闸管关断时间 t_q。晶闸管关断时间 t_q 与管子的结温、关断前阳极电流及所加的反向电压的大小有关。

③ 断态电压临界上升率 du/dt。在额定的结温和门极开路的情况下，使晶闸管保持断态所能承受的最大电压上升率。如果该 du/dt 数值过大，即使此时晶闸管阳极电压幅值并未超过断态正向转折电压，晶闸管也可能造成误导通。使用中，实际电压的上升率必须低于此临界值。

④ 通态电流临界上升率 di/dt。在规定条件下，晶闸管用门极触发信号开通时，晶闸管能够承受而不会导致损坏的通态电流最大上升率。

2.2.4　派生器件

晶闸管这个名称往往专指晶闸管的一种基本类型——普通晶闸管。但从广义上讲，晶闸管还包括许多类型的派生器件，下面对其常见的派生器件：快速晶闸管、双向晶闸管、逆导晶闸管和光控晶闸管作一简要介绍。

（1）快速晶闸管

快速晶闸管（FST——fast switching thyristor）是指专为快速应用而设计的晶闸管，有常规的快速晶闸管和工作在更高频率的高频晶闸管，可分别应用于 400Hz 和 10kHz 以上的斩波或逆变电路中。由于对普通晶闸管的管芯结构和制造工艺进行了改进，快速晶闸管的开关时间以及 du/dt 和 di/dt 的耐量都有了明显的改善。从关断时间来看，普通晶闸管一般为数百微秒，快速晶闸管为数十微秒，而高频晶闸管则为十微秒左右。与普通晶闸管相比，高频晶闸管的不足之处在于其电压和电流的定额都不易做高。由于工作频率较高，在选择快速晶闸管和高频晶闸管的通态平均电流时不能忽略其开关损耗的发热效应。

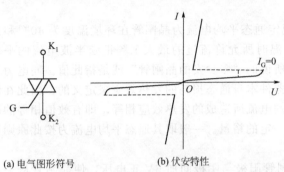

(a) 电气图形符号 (b) 伏安特性

图 2-9　双向晶闸管的电气图形符号和伏安特性

（2）双向晶闸管

双向晶闸管（TRIAC——triode AC switch 或 bidirectional triode thyristor）可以认为是一对反并联的普通晶闸管的集成，其电气图形符号和伏安特性如图 2-9 所示。它有两个主电极 K_1 和 K_2，一个门极 G。门极使器件在主电极的正反两方向均可触发导通，所以双向晶闸管在第一象限和第三象限有对称的伏安特性。同容量双向晶闸管与一对反并联的晶闸管相比价格要低，而且控制电路比较简单，所以在交流调压电路、固态继电器（SSR——solid state relay）和交流电动机调速等领域应用较多。由于双向晶闸管通常用在交流电路中，因此不用平均值而用有效值来表示其额定电流值。

（3）逆导晶闸管

逆导晶闸管（RCT——reverse conducting thyristor）是将普通晶闸管反并联一个二极管，并将两者制作在同一个管芯上的功率集成器件，这种器件不具有承受反向电压的能力，一旦承受反向电压即开通，逆导晶闸管的电气图形符号和伏安特性如图 2-10 所示。与普通晶闸管相比，逆导晶闸管具有正向压降小、关断时间短、高温特性好、额定结温高等优点，可用于不需要阻断反向电压的电路中。逆导晶闸管的额定电流有两个，一个是晶闸管电流，一个是与之反并联的二极管的电流。

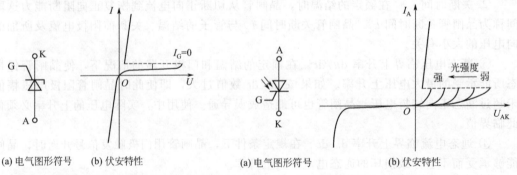

(a) 电气图形符号 (b) 伏安特性　　　　　(a) 电气图形符号 (b) 伏安特性

图 2-10　逆导晶闸管的电气图形符号和伏安特性　　图 2-11　光控晶闸管的电气图形符号和伏安特性

（4）光控晶闸管

光控晶闸管（LTT——light triggered thyristor）又称光触发晶闸管，是利用一定波长的光照信号触发导通的晶闸管，其电气图形符号和伏安特性如图 2-11 所示。小功率光控晶闸管只有阳极和阴极两个端子，大功率光控晶闸管还带有光缆，光缆上装有作为触发光源的发光二极管或半导体激光器。由于采用光触发，保证了主电路与控制电路之间的绝缘，而且可以避免电磁干扰的影响，因此光控晶闸管目前在高压大功率的场合，如高压直流输电和高压核聚变装置中，占据重要的地位。

2.2.5 检测方法

对晶闸管性能检测的主要依据是：当其截止时，漏电流是否很小；当其触发导通后，压降是否很小。若这两者都很小，则说明晶闸管具有良好的性能，否则说明晶闸管的性能不好。对晶闸管的检测主要包括三个方面：晶闸管极性的判别、晶闸管好坏的判别以及晶闸管触发导通能力的判别，通常用万用表对晶闸管进行检测。

（1）用万用表判断晶闸管的极性

螺栓型和平板型晶闸管的三个电极外部形状有很大区别，因此根据其外形便基本上可把它们的三个电极区分开来。对于螺栓型晶闸管而言，螺栓是其阳极 A，粗辫子线是其阴极 K，细辫子线是其门极 G；对于平板型晶闸管而言，它的两个平面分别是阳极 A 和阴极 K（阳极和阴极的区分方法同下面的塑封型晶闸管），细辫子线是其门极 G；塑封型晶闸管三个电极的引脚在外形上是一致的，对其极性的判定，可通过指针式万用表的欧姆挡或数字式万用表的二极管挡、PNP 挡（或 NPN 挡）来检测。首先将塑封晶闸管三个电极的引脚编号为 1、2 和 3，然后根据前面所讲的晶闸管工作原理，晶闸管门极 G 与阴极 K 之间有一个 PN 结，类似一个二极管，有单向导电性；而阳极 A 与门极 G 之间有多个 PN 结，这些 PN 结是反向串接起来的，正、反向阻值都很大，根据此特点就可判断出晶闸管的各个电极。

当用指针式万用表的欧姆挡检测晶闸管的极性时，其检测方法如图 2-12 所示。把万用表拨至 $R \times 100$ 或 $R \times 1k$ 挡（在测量过程中要根据实际需要变换万用表的电阻挡），然后用万用表的红、黑两只表笔分别接触编号 1、2 和 3 之中的任意两个。测量它们之间的正、反向阻值。若某一次测得的正、反向阻值都接近无穷大，则说明与红、黑两只表笔相接触的两个引脚是阳极 A 和阴极 K，另一个引脚是门极 G。然后，再用黑表笔去接触门极 G，用红表笔分别接触另两极。在测得的两个阻值中，较小的一次与红表笔接触的引脚是晶闸管的阴极 K（一般为几千欧至几十千欧），另一个引脚就是其阳极 A（一般为几十千欧至几百千欧）。

当用数字式万用表的二极管挡进行判别时，将数字式万用表拨至二极管挡，先把红表笔接编号 1，黑表笔依次接编号 2 和 3。在两次测量中，若有一次电压显示为零点几伏，则说明编号 1 是门极，与黑表笔相接的是阴极，另一编号是阳极；若两者都显示溢出，则说明编号 1 不是门极。此时，再把红表笔接编号 2，黑表笔依次接编号 1 和 3。在这两次测量中，若有一次电压显示为零点几伏，则说明编号 2 是门极，与黑表笔相接的另一编号是阴极，很显然，第三个编号就是阳极；若两次都显示溢出，则说明编号 2 不是门极，但由上述可知，编号 3 肯定是门极。然后，把红表笔接编号 3，黑表笔依次接编号 1 和 2，若有一次电压显示为零点几伏，则说明与黑表笔相接的另一编号是阴极；若显示溢出，则说明与黑表笔相接的另一编号是阳极。

当用数字式万用电表的 PNP 挡进行判别时，将数字式万用表拨至 PNP 挡，把晶闸管的任意两个引脚分别插入 PNP 挡的 c 插孔和 e 插孔，然后用导线把第三个引脚分别和前两个引脚相接触。反复进行上述过程，直到屏幕显示从"000"变为显示溢出符号"1"为止。此时，插在 c 插孔的引脚是阴极 K，插在 e 插孔的引脚是阳极 A，很显然，第三个引脚是门极

G。当然也可以用数字式万用电表的NPN挡进行检测，其测试步骤与上述方法相同。但所得结论的不同点是：插在e插孔的引脚是阴极K，插在c插孔的引脚是阳极A。

（2）用万用表判断晶闸管的好坏

用万用表可以大致测量出晶闸管的好与坏。测试方法如图2-13所示。如果测得阳极A与门极G以及阳极A与阴极K之间正、反向电阻值均很大，而门极G与阴极K之间有单向导电现象时，说明晶闸管是好的。

测量晶闸管门极G与阴极K之间的正、反向电阻时，一般而言，其正、反向电阻值相差较大，但有的晶闸管G、K间正、反向电阻值相差较小，只要反向电阻值明显比正向电阻值大就可以了。晶闸管一般测试数据如表2-1所示。

表2-1　晶闸管的测试数据

测量电极	正向电阻值	反向电阻值	晶闸管好坏的判别
A、K间	接近∞	接近∞	正常
G、K间	几千欧至几十千欧	几十千欧至几百千欧	正常
A、K间,G、K间,G、A间	很小或接近零	很小或接近零	内部击穿短路
A、K间,G、K间,G、A间	∞	∞	内部开路

（3）用万用表测试晶闸管的触发导通能力

对小功率的晶闸管而言，使用万用表很容易测试其触发导通能力。测试方法如图2-14所示。将万用表置于$R \times 1$挡（或$R \times 100$挡），黑表笔接阳极A，红表笔接阴极K，此时万用表指示的阻值较大。用一根导线（用一螺钉旋具或用一个开关S连接也可）短路一下门极G和阳极A，即给门极G施加一个正向触发电压，万用表指针就会向右偏转一个角度（电阻值变小），此时撤掉A、G间的短接导线，若万用表指示的电阻值不变，则说明晶闸管已经触发导通，而且去掉触发电压，晶闸管仍保持导通状态。有的晶闸管，尤其是大功率的晶闸管，当撤去触发电压时就不能导通，万用表指针立即回到开始状态（阻值很大），这是由于导通电流太小（小于维持电流），致使晶闸管立即转变为阻断状态的缘故。

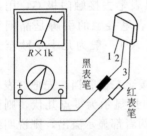

图2-12　晶闸管电极判断

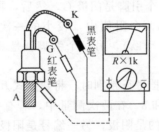

图2-13　晶闸管好坏判断

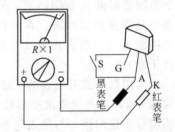

图2-14　晶闸管触发导通能力判断

2.2.6　触发电路

晶闸管最重要的特性是可控的正向导通特性。当晶闸管阳极加上正向电压后，还必须在门极与阴极间加上一个具有一定功率的正向触发电压才能导通，这一正向触发电压由触发电路提供，根据具体情况这个电压可以是交流、直流或脉冲。由于晶闸管被触发导通以后，门极的触发电压即失去控制作用，所以为了减少门极的触发功率，常用脉冲触发。触发脉冲的宽度要能维持到晶闸管彻底导通后才能撤掉，晶闸管对触发脉冲的幅度要求是：在门极上施加的触发电压（电流）应大于产品目录提供的数据，但也不能太大，以防损坏其控制极，在有晶闸管串并联的场合，触发脉冲的前沿越陡越有利于晶闸管的同时触发导通。

（1）对触发电路的要求

为了保证晶闸管电路能正常、可靠地工作，触发电路必须满足以下要求：

① 触发脉冲应有足够的功率，触发脉冲的电压和电流应大于晶闸管产品目录提供的数据，并留有一定的裕量。

晶闸管的门极伏安特性曲线如图 2-15 所示。由于同一型号晶闸管的门极伏安特性分散性比较大，所以规定晶闸管的门极阻值在某高阻（曲线 OD）和低阻（曲线 OG）之间才算是合格的产品。晶闸管器件出厂时，所标注的门极触发电流 I_G、门极触发电压 U_G 是指该型号所有合格器件都能被触发导通的最小门极电流、电压值，所以在接近坐标原点处 I_G 和 U_G 为界划出 $OABCO$ 区域，在此区域内为不可靠触发区。在器件门极极限电流 I_{GFM}、门极极限电压 U_{GFM} 和门极极限功率曲线的包围下，面积 $ABCDEFG$（图中阴影部分）为可靠触发区，所有合格晶闸管器件的触发电压与触发电流都应在这个区域内，在使用时，触发电路提供的门极触发电压与触发电流都应处于这个区域内。

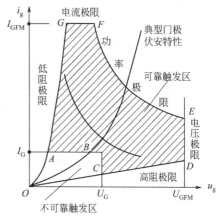

图 2-15　晶闸管的门极伏安特性曲线

再者，温度对晶闸管门极的影响也比较大，即使是同一器件，温度不同时，器件的触发电流与电压值也不同。一般可以这样估算，在 100℃ 高温时，触发电流、电压值比室温时低 2~3 倍，而在 -40℃ 低温时，触发电流、电压值比室温时高 2~3 倍。所以为了使晶闸管可靠地触发，触发电路送出的触发电流、电压值都必须大于晶闸管器件门极规定的触发电流 I_G、触发电压 U_G 值，并且要留有足够的余量。如触发信号为脉冲时，在触发功率不超过规定值的情况下，触发电压、电流的幅值在短时间内可大大超过额定值。

② 触发脉冲应有一定的宽度且脉冲前沿应尽可能陡。由于晶闸管触发有一个过程，也就是晶闸管的导通需要一定的时间，只有当晶闸管的阳极电流即主回路电流上升到晶闸管的擎住电流 I_L 以上时，晶闸管才能导通，所以触发信号应有足够的宽度才能保证被触发的晶闸管可靠导通，对于感性负载，脉冲的宽度要宽些，一般为 0.5~1ms，相当于 50Hz、18° 电角度。为了可靠、快速地触发大功率晶闸管，常在触发脉冲的前沿叠加上一个强触发脉冲，其波形如图 2-16 所示。图中 t_1~t_2 为脉冲前沿的上升时间（<1μs），t_2~t_3 为强脉冲的宽度；I_M 为强脉冲的幅值（$3I_G$~$5I_G$）；t_1~t_4 为脉冲的宽度；I 为脉冲平均幅值（$1.5I_G$~$2I_G$）。

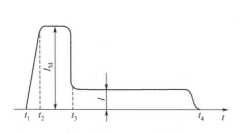

图 2-16　理想晶闸管触发脉冲电流波形

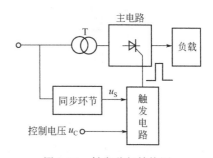

图 2-17　触发移相结构图

③ 触发脉冲的相位应能在规定范围内移动。例如单相全控桥整流电路阻性负载时，要

求触发脉冲的移相范围是0°～180°，感性负载时，要求移相范围是0°～90°；三相半波可控整流电路阻性负载时，要求移相范围是0°～150°，感性负载时，要求移相范围是0°～90°。

④ 触发脉冲与晶闸管主电路电源必须同步。为了使晶闸管在每个周期都能够以相同的控制角 α 被触发导通，触发脉冲必须与电源同步，两者的频率应相同，而且要有固定的相位关系，以使每一周期都能在同样的相位上触发。其触发移相结构图如图2-17所示，触发电路同时受控制电压 u_c 与同步环节电压 u_s 的控制。

（2）触发电路的种类

晶闸管的门极触发电路，根据控制晶闸管的通断状况不同，可分为移相触发与过零触发两类。移相触发就是改变晶闸管每周期导通的起始点即触发延迟角 α 的大小，以达到改变输出电压、功率的目的；而过零触发是晶闸管在设定的时间间隔内，通过改变导通的周波数来实现电压或功率的控制。

如果按触发电路组成的元器件来分，又可分为分立元器件构成的触发电路、集成电路构成的触发电路、专用集成触发电路以及微机触发电路等几种。

触发信号又可分为模拟式和数字式两种。阻容移相桥、单结晶体管触发电路以及利用锯齿波移相电路或利用正弦波移相电路均为模拟式触发电路；而数字逻辑电路乃至微处理器控制的移相触发电路则属于数字式触发电路。

由单结晶体管组成的触发电路，具有简单、可靠、触发脉冲前沿陡、抗干扰能力强以及温度补偿性能好等优点，在单相与要求不高的三相晶闸管装置中得到广泛应用，但单结晶体管触发电路只能产生窄脉冲。对于电感较大的负载，由于晶闸管在触发导通时阳极电流上升较慢，在阳极电流还未到达管子擎住电流 I_L 时，触发脉冲已经消失，使晶闸管在触发期间导通后又重新关断。所以单结晶体管如不采用脉冲扩宽措施，是不宜触发感性负载的。为了克服单结晶体管触发电路的缺点，在要求较高、功率较大的晶闸管装置中，大多采用晶体管组成的触发电路，目前都用以集成电路形式出现的集成触发器。本节重点分析单结晶体管触发电路、锯齿波同步触发电路以及集成触发电路。

（3）单结晶体管触发电路

① 单结晶体管的结构及特性。单结晶体管有三个电极，两个基极（第一基极 b_1、第二基极 b_2）和一个发射极 e，因此也称为双基极二极管，其结构、等效电路、电气符号及其引脚如图2-18所示。

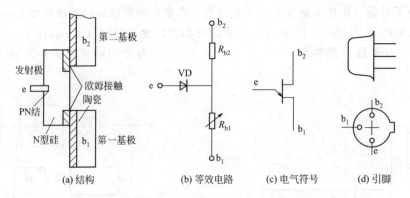

图2-18　单结晶体管的结构、等效电路、电气符号及其引脚图

在一块高电阻率的N型硅半导体基片上，引出两个欧姆接触极：第一基极 b_1、第二基极 b_2，这两个基极之间的电阻 R_{bb} 就是基片的电阻，其值约为2～12kΩ。在两基片间，靠近 b_2 处设法掺入P型杂质——铝，引出电极称为发射极 e，e对 b_1 或 b_2 就是一个PN结，具

有二极管的导电特性，又称双基极二极管。其等效电路如图 2-18（b）所示，图中 R_{b1}、R_{b2} 分别为发射极 e 与第一基极 b_1、第二基极 b_2 之间的电阻。

单结晶体管的实验电路和伏安特性如图 2-19 所示。

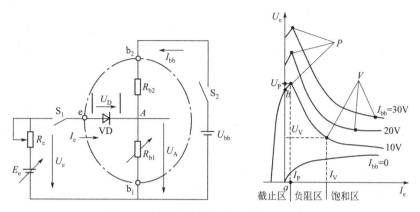

图 2-19　单结晶体管实验电路与伏安特性

a. 当 S_1 闭合、S_2 断开时，$I_{bb}=0$，二极管 VD 与 R_{b1} 组成串联电路，U_e 与 I_e 的关系曲线与二极管正向特性曲线接近。

b. 当 S_1 断开、S_2 闭合时，外加基极电压 U_{bb} 经过 R_{b1}、R_{b2} 分压，则 A 点对 b_1 之间的电压 U_A 为

$$U_A = \frac{R_{b1}}{R_{b1}+R_{b2}} U_{bb} = \eta U_{bb}$$

式中，$\eta = R_{b1}/(R_{b1}+R_{b2})$，称为单结晶体管的分压比，$\eta$ 是由单结晶体管的内部结构决定，一般为 0.3～0.9。

c. S_1 闭合、S_2 也闭合，即单结晶体管加上一定的基极电压 U_{bb}。

U_e 从零开始逐渐增大，当 $U_e < U_A$ 时，二极管 VD 处于反偏，VD 不导通，只有很小的反向漏电流，如图 2-19 所示。

当 $U_e = U_A$ 时，二极管 VD 处于零偏，电流 $I_e = 0$，如图 2-19 中的 b 点，管子仍处于截止状态。当 U_e 再增大，$U_A < U_e < U_A + U_D$ 时（U_D 为硅二极管的导通压降，一般为 0.7V），二极管 VD 开始正偏，但管子仍处于截止状态，只有很小的正向漏电流流过，即 $I_e > 0$。

当 U_e 继续增大，达到 U_P 值（图中 P 点）时，$U_P = U_A + U_D$，二极管充分导通，I_e 显著增大，当 I_e 继续增大时，发射极 P 区的空穴不断地注入 N 区，与基片中的电子不断汇合，使 N 区 R_{b1} 段中的载流子大量增加，使 R_{b1} 阻值迅速减小，U_A 降低，I_e 进一步增大，而 I_e 的增大又进一步使 R_{b1} 减小，形成强烈的正反馈。随着 I_e 的增大，U_A 降低，又由于 $U_e = U_A + U_D$，所以 U_e 不断减小，从而得出单结晶体管的发射极 e 与第一基极 b_1 之间的动态电阻 $\Delta R_{eb1} = \Delta U_e / \Delta I_e$ 为负值，这就是单结晶体管特有的负阻特性。如图 2-19 所示，在曲线上对应的 P、V 两点之间的区域，称为负阻区，U_P 称为峰点电压，U_V 为谷点电压。

进入负阻区后，当 I_e 继续增大，即注入 N 区的空穴增大到一定量时，一部分空穴来不及与基区电子复合，从而剩余一部分空穴，使继续注入空穴受到阻力，相当于 R_{b1} 变大，因此，在谷点 V 之后，单结晶体管工作工作状态由负阻区进入饱和区，又恢复其正阻特性，这时 U_e 随 I_e 的增大而逐渐增大。显而易见，U_V 是维持单结晶体管导通所需的最小发射极电压，一旦出现 $U_e < U_V$ 时，单结晶体管将重新截止，一般 U_V 为 2～5V。

当 U_{bb} 改变时，U_P 也随之改变。这样，改变 U_{bb} 就可以得到一组伏安特性曲线。对晶闸管触发电路来说，最希望选用分压比 η 较大、谷点电压 U_V 小一点的单结晶体管，从而使输出脉冲幅值及调节电阻范围比较宽。

② 单结晶体管自激振荡电路。如图 2-20 所示是单结晶体管自激振荡电路。当电源未接通时，电容上的电压为零。当电源接通后，一路经 R_1、R_2 在单结晶体管的两个基极间按分压比 η 进行分压，另一路通过 R_e 对电容 C 进行充电，充电时间常数 $\tau_1 = R_e C$，发射极电压 u_e 为电容两端电压 u_C。u_C 逐渐升高，当 u_C 上升到峰点电压 U_P 之前，单结晶体管处于截止状态，当达到峰点电压 U_P 时，单结晶体管导通，电容经过 e、b_1 向电阻 R_1 放电，放电时间常数 $\tau_2 = (R_{b1} + R_1)C$，由于放电回路电阻 $R_{b1} + R_1$ 很小，放电时间很短，所以 R_1 上得到很窄的尖脉冲。随着电容放电的进行，当 $u_C = U_V$ 并趋于更低时，单结晶体管截止，R_1 上的脉冲电压结束。此后电源又重新对电容充电，当充电到 U_P 时，单结晶体管又导通，此过程周而复始，这样，在 R_1 上就得到一系列的脉冲电压，由于电容上的放电时间常数 τ_2 远小于充电时间常数 τ_1，电容上的电压为锯齿波振荡电压，电压波形如图 2-20(c) 所示。

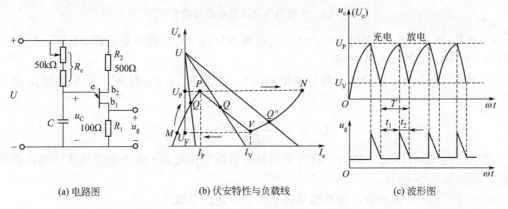

(a) 电路图   (b) 伏安特性与负载线   (c) 波形图

图 2-20　单结晶体管自激振荡电路与波形

由图 2-20(c) 中的锯齿波形可知，自激振荡电路的周期 T 为充电时间常数 τ_1 和放电时间常数 τ_2 之和，即 $T = \tau_1 + \tau_2 = R_e C + (R_{b1} + R_1)C$，由于 $R_e \gg R_{b1} + R_1$，即 $\tau_1 \gg \tau_2$，所以 $T \approx \tau_1$。在充电过程中

$$u_e = u_C = U(1 - e^{-t/R_e C})$$

当 u_C 充电至峰点电压 U_P 时所需要的时间为 $\tau_1 = T$，所以

$$U_P = \eta U = U(1 - e^{-T/R_e C})$$

则

$$1 - \eta = e^{-T/R_e C}$$

$$T = R_e C \ln\left(\frac{1}{1-\eta}\right)$$

$$f = \frac{1}{R_e C \ln\left(\dfrac{1}{1-\eta}\right)}$$

由上式可知，调节电阻 R_e 的大小就能改变自激振荡电路的振荡频率。当 R_e 增大时，输出脉冲的频率减小，脉冲数减少；当 R_e 减小时，输出脉冲的频率增大，脉冲数增多。但是，其频率调节有一定的范围，所以 R_e 不能选得太大，也不能太小，否则单结晶体管自激振荡电路将无法形成振荡。

如图 2-20（b）所示，在单结晶体管的伏安特性上作负载线，其方程式为

$$U = i_e R_e + u_e$$

静态工作点只能选在负阻区，即 Q 点，自激振荡电路才能产生振荡，若电阻 R_e 选得过大，则静态工作点在 Q' 点，使电容上的电压充不到 U_P，不能使单结晶体管导通，没有振荡产生，也就没有脉冲输出。若电阻 R_e 选得过小，则静态工作点在 Q'' 点，此时单结晶体管能导通一次，输出一个脉冲后，稳定工作在 Q'' 点，电路不振荡。

因此，电阻 R_e 必须保证当 $u_e = U_P$ 时，流过 R_e 的充电电流要大于峰点电流 I_P，才能使管子导通，即

$$(U - U_P)/R_{emax} > I_P$$

所以

$$R_{emax} < (U - U_P)/I_P$$

而当 u_e 下降到谷点电压 U_V 时，必须使 I_e 小于谷点电流 I_V 才能保证单结晶体管可靠地截止，即

$$(U - U_V)/R_{emin} < I_V$$

所以

$$R_{emin} > (U - U_V)/I_V$$

综上所述，若使电路保持振荡，R_e 必须满足以下条件：

$$(U - U_V)/I_V < R_e < (U - U_P)/I_P$$

为了保证 R_e 调到最小时仍能使电路振荡，输出脉冲，应按上式算出保持 R_e 振荡的最小 R_e 值，作为串联的固定电阻。

输出电阻 R_1 的大小直接影响输出脉冲的宽度和幅值，所以，在选择 R_1 时必须保证可靠触发晶闸管所需的脉冲宽度，若 R_1 太小，放电太快，脉冲太窄，不易触发晶闸管。若 R_1 太大，则在单结晶体管未导通时，电流 I_{bb} 在 R_1 上的压降太大，可能造成晶闸管的误导通，通常 R_1 取 $50 \sim 100\Omega$。电阻 R_2 用来补偿温度对 U_P 的影响，即用来稳定振荡频率，R_2 通常取 $200 \sim 600\Omega$。电容 C 的取值与脉冲宽度及 R_e 的大小有关，通常取 $0.1 \sim 1\mu F$。

③ 单结晶体管同步触发电路。要想使充电电路对晶闸管整流电路的输出进行有效而准确的控制，则要求触发电路送出的触发脉冲必须与晶闸管阳极电压同步，例如在单相半控桥式整流电路中，应保证晶闸管在每个周期承受正向阳极电压的半周内以控制角 α 相同的脉冲触发晶闸管。

图 2-21（a）所示为单相半控桥式整流电路单结晶体管触发电路。图 2-21（b）、（c）给出了电路中各点的波形。同步变压器 T、整流桥以及稳压管 VZ 组成同步电路，同步变压器与主回路接在同一个电源上，从变压器 T 的二次绕组获得与主回路同频率、同相序的交流电压，此交流电压经过桥式不控整流（电压波形 u_A）与稳压管削波（电压波形 u_B）后得到梯形波电压 u_V，此梯形波既是同步信号又是触发电路的电源，每当梯形波电压 u_V 过零时，即 $u_V = u_{bb} = 0$ 时，单结晶体管的内部 A 点电压 $U_A = 0$（参见图 2-19），e 与第一基极 b_1 之间导通，电容 C 上的电荷很快经 e、b_1 和 R_1 放掉，使电容每次都能从零开始充电，这样就保证了每次触发电路送出的第一个脉冲与电源过零点的时刻（即 α）一致，从而获得了同步。

如果要进行移相控制，即控制整流输出电压 U_d 的大小，调节电阻 R_e 即可。当 R_e 增大时，电容 C 上的电压上升到峰点电压的时间延长，则第一个脉冲出现的时刻后移，即控制角 α 增大，整流电路的输出电压 U_d 减小。相反，当 R_e 减小时，则控制角 α 减小，输出电压 U_d 增大。为了简化电路，单结晶体管输出的脉冲要同时触发晶闸管 VT_1、VT_2，因为只有阳极电压为正的晶闸管才能被触发导通，所以能保证半控桥式整流的两个晶闸管轮流导

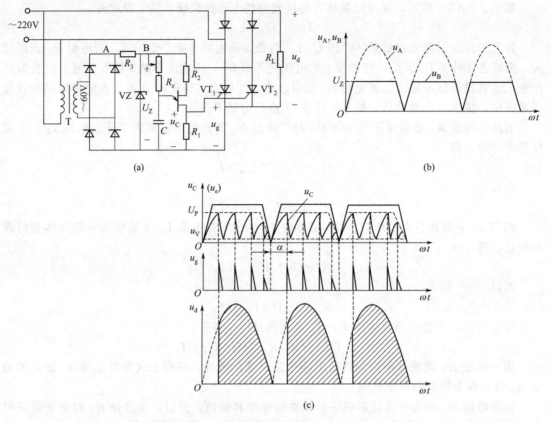

图 2-21　单相半控桥式单结晶体管同步触发电路及其波形

通。为了扩大移相范围，要求同步电压梯形波 u_V 的两腰边要接近垂直，这里可采用提高同步变压器二次电压 U_2 的方法，电压 U_2 通常要大于 60V。

从以上分析可以看出：单结晶体管触发电路的优点是电路结构简单、使用元器件少、体积小、脉冲前沿陡、峰值大；缺点是只能产生窄脉冲，对于大电感负载，由于晶闸管在触发导通时阳极电流上升较慢，在阳极电流还没有上升到擎住电流 I_L 时，脉冲就已经消失，使晶闸管在触发导通后又重新关断，所以，单结晶体管触发电路多用于 50A 以下的晶闸管装置及非大电感负载的电路中。

（4）锯齿波同步触发电路

图 2-22 为锯齿波同步触发电路，该触发电路分为三个基本环节：脉冲形成与放大、锯齿波形成与脉冲移相以及同步电压环节。此外，锯齿波同步触发电路中还有强触发和双窄脉冲形成环节，下面分别进行分析。

① 脉冲形成与放大环节。脉冲形成环节由晶体管 VT_4、VT_5 组成（将晶体管 VT_5 的发射极直接接 15V，暂不考虑 VT_6），晶体管 VT_7 和 VT_8 组成脉冲功率放大环节。控制电压 u_{ct} 和负偏移电压 u_p 分别经过电阻 R_6、R_7、R_8 并联接入 VT_4 基极。在分析该环节时，暂不考虑锯齿波电压 u_{e3} 和负偏移电压 u_p 对电路的影响即：设 $u_{e3}=0$，$u_p=0$。

当控制电压 $u_{ct}=0$ 时，VT_4 截止，+15V 电源通过电阻 R_{11} 供给 VT_5 一个足够大的基极电流，使 VT_5 饱和导通，VT_5 的集电极电压 u_{c5} 接近－15V（忽略 VT_5、VT_6 的饱和压降），所以 VT_7、VT_8 截止，无脉冲输出。同时，+15V 电源经 R_9 和饱和导通晶体管 VT_5 及－15V 电源对电容 C_3 进行充电，充电结束后，电容两端电压为 30V，其左端为＋15V，

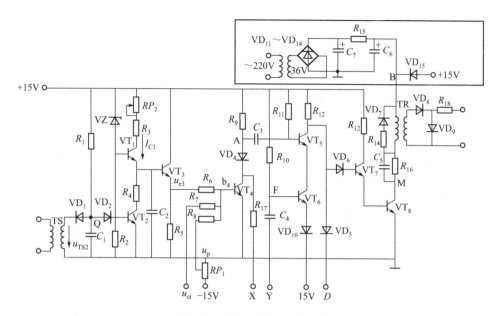

图 2-22 锯齿波同步触发电路

右端为 $-15V$。

调节控制电压 u_{ct}，当 $u_{ct} \geqslant 0.7V$ 时，VT_4 由截止变为饱和导通，其集电极 A 端电压 u_A 由 $+15V$ 迅速下降至 $1V$ 左右（二极管 VD_4 压降及 VT_4 饱和压降之和），由于电容 C_3 上的电压不能突变，C_3 右端的电压也由开始的 $-15V$ 下降至约 $-30V$，VT_5 的基-射结由于受到反偏而立即截止，其集电极电压 u_{c5} 由开始的 $-15V$ 左右迅速上升，当 $u_{c5} > 2.1V$（VD_6、VT_7、VT_8 三个 PN 结正向压降之和）时，VT_7、VT_8 导通，脉冲变压器 TR 一次侧流过电流，其二次侧有触发脉冲输出。同时，电容 C_3 通过 VD_4、VT_4、接地点及 R_{11} 放电，即 $+15V$ 电源经该回路给电容 C_3 反向充电使 VT_5 的基极电压 u_{b5} 由 $-30V$ 开始逐渐上升，当 $u_{b5} > -15V$ 时，VT_5 又重新导通，u_{c5} 又变为 $-15V$，使 VT_7、VT_8 截止，输出脉冲结束。由此可见，VT_4 导通的瞬间决定了脉冲发出的时刻，到 VT_5 截止的时间即是脉冲的宽度，而 VT_5 截止时间的长短是由 C_3 反向充电时间常数 $R_{11}C_3$ 决定的。

② 锯齿波形成与脉冲移相环节。该环节主要由 VT_1、VT_2、VT_3、C_2、VZ 等元器件组成，锯齿波是由恒流源电流对 C_2 充电形成的。在图 2-22 中，VZ、RP_2、R_3、VT_1 组成了一个恒流源电路，当 VT_2 截止时，恒流源电流 I_{C1} 对电容 C_2 进行充电，电容 C_2 两端的电压 u_{c2} 为

$$u_{c2} = \frac{1}{C_2} \int i_{C1} \, dt = \frac{1}{C_2} I_{C1} t$$

可见，u_{c2} 是随时间线性变化的，其充电斜率为 I_{C1}/C_2。当 VT_2 导通时，由于电阻 R_4 的阻值很小，所以，电容 C_2 经 R_4 及 VT_2 迅速放电，当 VT_2 周期性的关断与导通时，电容 C_2 两端就得到了线性很好的锯齿波电压，要想改变锯齿波的斜率，只要改变充电电流的大小，即只要改变 RP_2 的阻值即可。该锯齿波电压经过由 VT_3 管组成的射极跟随器后，u_{e3} 仍是一个与原波形相同的锯齿波电压。

u_{e3}、u_p、u_{ct} 三个信号通过电阻 R_6、R_7、R_8 的综合作用成为 u_{b4}，它控制 VT_4 的导通与关断。根据电路叠加原理，在考虑一个信号在 b_4 点的作用时，可将另外两个信号接地，而三个信号在 b_4 点作用的综合电压 u_{b4} 才是控制 VT_4 的真正信号。

当只考虑 u_{e3} 单独作用时，它在 b_4 点形成的电压 u'_{e3} 为

$$u'_{e3}=\frac{R_7/\!/R_8}{R_6+R_7/\!/R_8}u_{e3}$$

可见，u'_{e3} 仍为一锯齿波，但其斜率要比 u_{e3} 低些。

当只考虑 u_{ct} 单独作用时，它在 b_4 点形成的电压 u'_{ct} 为

$$u'_{ct}=\frac{R_6/\!/R_8}{R_7+R_6/\!/R_8}u_{ct}$$

可见，u'_{ct} 仍为与 u_{ct} 平行的一条直线，即数值较 u_{ct} 小一些的直流控制电压。

同理，当只考虑 u_p 单独作用时，它在 b_4 点形成的电压 u'_p 为

$$u'_p=\frac{R_6/\!/R_7}{R_8+R_6/\!/R_7}u_p$$

可见，u'_p 仍为与 u_p 平行的一条直线，即电压绝对值较 u_p 小一些的负直流偏移电压。

由以上分析可知，晶体管 VT_4 的基极电压 u_{b4} 为锯齿波电压 u'_{e3}、直流电压 u'_{ct} 和负直流偏移电压 u'_p 三者的叠加。

当 $u_{ct}=0$ 时，晶体管 VT_4 的基极电压 u_{b4} 的波形由 $u'_{e3}+u'_p$ 决定，如图 2-23 所示。控制偏移电压 u_p 的大小（u_p 为负值），使锯齿波向下移动。当 u_{ct} 从 0 增加时，VT_4 的基极电位 u_{b4} 的波形就由 $u'_{e3}+u'_p+u'_{ct}$ 决定，由于 VT_4 基极电压的实际波形与 $u'_{e3}+u'_p+u'_{ct}$ 所确定的波形有些差异，即当 $u_{b4}>0.7V$ 以后，VT_4 由截止转为饱和导通，这时，u_{b4} 被钳位在 $0.7V$，u_{b4} 实际波形如图 2-23 所示，图中 u_{b4} 电压上升到 $0.7V$ 的时刻，即为 VT_4 由截止转为导通的时刻，也就是在该时刻电路输出脉冲。如果把偏移电压 u_p 调整到某特定值而固定时，调节控制电压 u_{ct} 就能改变 u_{b4} 波形上升到 $0.7V$ 的时间，也就改变了 VT_4 由截止转为导通的时间，即改变了输出脉冲产生的时刻，也就是说，改变控制电压 u_{ct} 就可以移动脉冲的相位，从而达到脉冲移相的目的。由上述分析及图 2-23 所示波形可知，电路中设置负偏移电压 u_p 的目的是确定 $u_{ct}=0$ 时脉冲的初始相位。

③ 同步电压环节。如图 2-22 所示，锯齿波是由开关管 VT_2 控制的，VT_2 由导通变截止期间产生锯齿波，VT_2 截止持续时

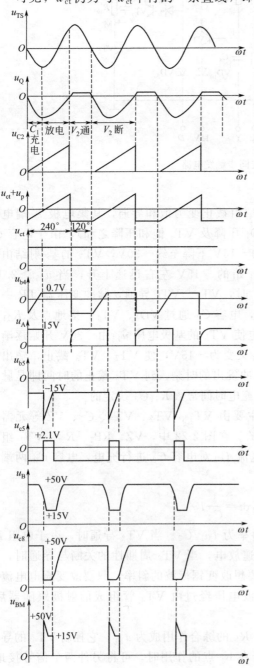

图 2-23 锯齿波触发器各点电压波形

间就是锯齿波的宽度，VT_2 开关的频率就是锯齿波的频率，要使触发脉冲与主回路电源同步，使 VT_2 开关的频率与主回路电源同步就可实现。

为了控制 VT_2 的开关频率与主回路电源频率相同，同步环节需要设置一个同步变压器 TS，用同步变压器 TS 的二次电压来控制 VT_2 的通断，从而就保证了触发电路发出的脉冲与主回路电源同步。

当同步变压器二次电压 u_{TS2} 波形在负半周下降沿时，VD_1 导通，u_{TS2} 通过 VD_1 为 C_1 充电，其极性为下正上负，如忽略 VD_1 的正向压降，则 Q 点的波形与 u_{TS2} 波形一致，这时，VT_2 管基极反向偏置截止。当 u_{TS2} 波形在负半周上升沿时，+15V 电压经 R_1 为 C_1 反向充电，由于受电容 C_1 反向充电时间常数 R_1C_1 的影响，Q 点电压 u_Q 比 u_{TS2} 上升缓慢，所以 VD_1 反向偏置截止。当 Q 点电位被反向充电上升到 1.4V 左右时，VT_2 导通，Q 点电位被钳位在 1.4V，直到 u_{TS2} 下一个负半周开始时，VD_1 重新导通、VT_2 重新截止，以后重复前面的过程，这样在一个正弦波周期内，VT_2 管工作在截止与导通的两个状态。这两个状态刚好对应锯齿波电压波形的一个周期，从而与主回路电源频率完全一致，达到了同步的目的。锯齿波宽度由电容 C_1 的反向充电时间常数 R_1C_1 决定。

④ 强触发环节。强触发环节可以缩短晶闸管的开通时间，提高晶闸管承受 di/dt 的能力，有利于改善串并联器件的动态均压和均流，其电路如图 2-22 右上角所示。

根据强触发脉冲形成特点，在脉冲初期阶段输出约为通常情况下的 5 倍脉冲幅度，时间只占整个脉冲宽度的很小一部分（10μs 左右），以减小门极损耗，其前沿陡度在 1A/μs 左右。电路设计时要考虑能瞬时输出足够高的驱动电压和电流。

本电路强触发环节由单相桥式不控整流电路（$VD_{11} \sim VD_{14}$）获得 50V 电源。在 VT_8 导通前 50V 电源已通过 R_{15} 向电容 C_6 充电。所以 B 点电位已升到 50V。当 VT_8 导通时，C_6 经过脉冲变压器 TR、R_{16}（C_5）、VT_8 迅速放电。由于放电回路电阻很小，电容 C_6 两端电压衰减很快，u_B 电位迅速下降。当 u_B 稍低于 15V 时，二极管 VD_{15} 由截止变为导通。虽然这时 50V 电源电压较高，但它向 VT_8 提供较大的负载电流，在 R_{15} 上的电阻压降较大，不可能向 C_6 提供超过 15V 的电压，因此 u_B 电位被钳位在 15V，形成如图 2-23 底部 u_{BM} 所示强触发脉冲波形，当 VT_8 由导通变为截止时，50V 电源又通过 R_{15} 向 C_6 充电，使 B 点电位再升到 50V，准备下一次强触发。电容 C_5 是为提高强触发脉冲前沿陡度而附加的。

⑤ 双窄脉冲形成环节。三相全控桥式电路要求触发电路提供宽脉冲（60° < 脉宽 < 120°）或间隔为 60° 的双窄脉冲，前者要求触发电路的输出功率较大，所以采用较少，一般多采用后者。触发电路实现间隔 60° 发出两个脉冲是该技术的关键。对于三相全控桥，与六个晶闸管对应要有六个如图 2-24 所示的触发单元，VT_5、VT_6 构成一个"或"门电路，不论哪一个管子截止，都能使 VT_7 和 VT_8 管导通，触发电路输出脉冲。所以，本相触发单元发出第一个脉冲以后，间隔 60° 的第二个脉冲是由滞后 60° 相位的后一相触发单元在产生自身第一个脉冲时，同时将信号通过 Y 端引至本相触发单元 T_1、T_2 的基极，使 VT_6 瞬间截止，于是本相触发单元的 VT_8 管又一次导通，第二次输出一个脉冲，因而得到间隔 60° 的双窄脉冲，其中 VD_4 和 R_{17} 的作用主要是防止双脉冲信号相互干扰。

在三相全控桥式整流电路中，六个晶闸管的触发顺序是 VT_1、VT_2、VT_3、VT_4、VT_5 和 VT_6，而且彼此间隔 60°，所以与六个晶闸管对应的各相触发单元之间信号传送线路的具体连接方法是：后一个触发单元的 X 端接至前一个触发单元 Y 端。例如：VT_2 管触发单元的 X 端应接至 VT_1 管触发单元的 Y 端，而 VT_1 管触发单元的 X 端应接至 VT_6 管触发单元的 Y 端，各相触发单元之间双脉冲环节的连接方法如图 2-24 所示。

(5) 集成触发电路

电力电子器件及其门控电路的集成化和模块化是电力电子技术的发展方向，集成化晶闸管移相触发电路具有线性度好、性能稳定可靠、体积小、温度漂移小等特点。集成化晶闸管移相触发电路主要有 KC、KJ 系列，用于各种移相触发、过零触发、双脉冲形成以及脉冲列调制等场合。本节介绍较常用的两种含有集成触发器的工作原理。

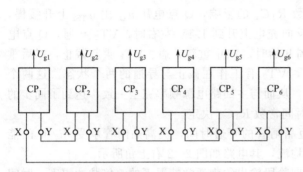

图 2-24 触发电路 X、Y 端的连线

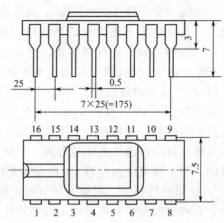

图 2-25 KC04 移相集成触发器外形及引脚图

① KC04 移相集成触发器。KC04 移相集成触发器为 16 脚双列直插式封装，其外形及引脚图如图 2-25 所示，原理电路如图 2-26 所示，集成电路各引脚的工作波形如图 2-27 所示。KC04 移相集成触发器与分立元器件组成的锯齿波同步触发电路一样，由同步信号、锯

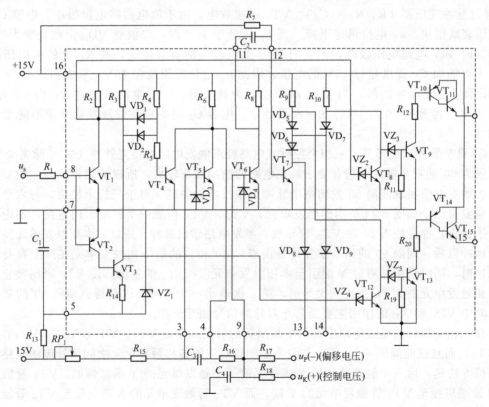

图 2-26 KC04 移相集成触发器原理电路

齿波产生、移相控制、脉冲形成和整形放大输出等环节组成。

同步信号单元由晶体管 $VT_1 \sim VT_4$ 组成。外接同步正弦电压 U_s 经 R_1 接到 KC04 移相集成触发器的引脚8，即加到 VT_1 和 VT_2 的基极。当 U_s 为正半周时，VT_1 导通，VT_4 截止；当 U_s 为负半周时，VT_2、VT_3 导通，VT_4 还是截止，只有当同步电压 $|U_s| <$ 0.7V 时，VT_1、VT_2 和 VT_3 才同时处于截止状态，VT_4 导通。用 VT_4 导通作为同步电压过零的检测标志。

锯齿波形成单元由晶体管 VT_5 及外接电容 C_3 组成。外接电容 C_3 通过集成电路的引脚3和4接至 VT_5 的基极和集电极之间，构成电容负反馈的锯齿波发生器。当同步检测晶体管 VT_4 截止时，电容 C_3 充电，充电回路为 +15V 电源、R_6、C_3、R_{15}、RP_1 至 $-15V$ 电源，C_3 两端电压即集成电路引脚4电压线性增长，形成了锯齿波的上升沿（见图 2-26 中 VT_4），当 VT_4 导通时，电容 C_3 经 VT_4 及二极管 VD_3 迅速放电，形成锯齿波的下降沿。锯齿波电压的斜率由充电回路的相关参数 C_3、R_6、R_{15}、RP_1 的数值决定。

移相控制单元由晶体管 VT_6 及外接元件构成。上述在 VT_5 集电极形成的锯齿波电压 U_4 和外接偏移电压 U_P、移相控制电压 U_K，

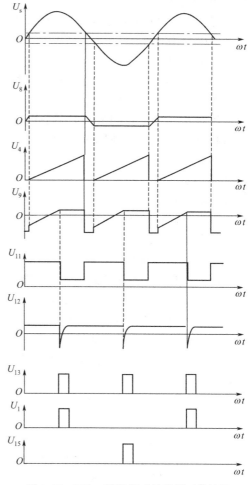

图 2-27 KC04 移相集成触发器工作波形

分别经过电阻 R_{16}、R_{17}、R_{18} 由集成电路的引脚9加至 VT_6 的基极，也就是当集成电路引脚9电压 $U_9 > 0.7V$ 时，VT_6 导通。如果偏移电压 U_P 和锯齿波电压 U_4 为定值，那么改变 U_K 的大小即可改变 VT_6 管的导通时刻，即改变脉冲产生的时刻，起到移相控制的作用。

脉冲形成单元由 VT_7 及外接元件构成。外接电容 C_2 通过集成电路引脚11、12接至 VT_6 的集电极和 VT_7 的基极，平时由于 +15V 电压经外接电阻 R_7 向 VT_7 提供基极电流，因此 VT_7 是导通的。当 VT_6 截止时，C_2 充电，极性为左正右负，充电回路为 +15V 电源、R_8、C_2 和 VT_7 的 B、E 极至地；当 VT_6 导通时，C_2 上所充电压经 VT_6 管使 VT_7 管的发射极承受反向电压而截止，此时电容 C_2 又经 +15V 电源、R_7、C_2、VT_6 的 C、E 极至地反方向充电，当充到集成电路的引脚12电压（C_2 的一端）$> 0.7V$ 时，VT_7 重新导通，于是在 VT_7 管的集电极上就得到一个脉宽固定的移相脉冲（见图 2-27），该脉冲的宽度由时间常数 C_2、R_7 决定。

功率放大单元由脉冲分选和功率放大两部分组成。VT_8 和 VT_{12} 承担脉冲分选任务，在同步电压的一个周期内，VT_7 管集电极上形成的是脉宽一定、相位相差 180° 的两个脉冲。经 VT_8 和 VT_{12} 分选，在 U_s 的正半周时，由于 VT_1 导通而使 VT_8 截止，由 VT_7 集电极来的脉冲经由二极管 VD_7、稳压二极管 VZ_3 使晶体管 VT_9 导通，VT_9 导通使得复合管 VT_{10}、VT_{11} 导通，触发脉冲由集成电路引脚1输出（见图 2-27 中 U_1）；与此同时，由于 VT_2、

VT_3 截止使得 VT_{12} 导通，将 VT_7 集电极来的脉冲钳制在"0"电位，所以 VT_{13}、VT_{14}、VT_{15} 均截止，集成电路的引脚 15 无脉冲输出。同理，在 U_s 的负半周，由于 VT_1 截止，VT_2、VT_3 导通，使 VT_{12} 截止而 VT_8 导通，触发脉冲由引脚 15 输出（见图 2-27 中 U_{15}），而引脚 1 无脉冲输出。

KC04 移相触发器主要用于单相或三相桥式装置，其主要技术数据如下：

电源电压：DC±15V，允许波动±5％。

电源电流：正电流≤15mA，负载电流≤8mA。

移相范围：≥170°（同步电压 30V，R_1 取 15kΩ）。

脉冲宽度：400μs～2ms。

脉冲幅度：≥13V。

最大输出能力：100mA。

正负半周脉冲相位不均衡范围：±3°。

环境温度：−10～70℃。

② 数字式移相触发器。前述的 KC04 移相集成触发器属于模拟量控制电路，其缺点是易受电网的影响，元器件参数的变化可能影响移相角的变化；如果是多相整流，可能因不同相的移相角的差异而使直流波形变差，抗干扰能力差。

采用数字触发电路具有以下特点：晶闸管移相控制精度高；对多相整流电路，各相脉冲分布均衡，直流波形较好；如果同时采用强触发脉冲，并联晶闸管导通角趋于一致，均流系数好，无需另加均流措施；抗干扰能力强；操作控制方便。

数字式移相触发电路工作原理如图 2-28 所示。图中 A/D 为模数转换器，它将控制电压 V_C 转换为频率与 V_C 成正比的计数脉冲。当 $V_C = 0$ 时，计数脉冲频率 $f_1 = 13\sim14$kHz；当 $V_C = 10$V 时，计数脉冲频率 $f_1 = 130\sim140$kHz，将此频率的脉冲分别送到三个分频器 f_1/f_2（7 位二进制计数器）。分频器每输入 128 个脉冲后输出第一个脉冲至脉冲发生器，发生器将此脉冲转换成触发脉冲。脉冲发生器平时处于封锁状态，由正弦同步电压滤波经移相器补偿移相后削波限幅，形成梯形同步电压 V_T，V_T 过零时对分频器清零，同时使脉冲发生器解除封锁，使 A/D 输入计数器的脉冲开始计数，在计至 128 个脉冲时，脉冲发生器输出触发脉冲。电压 V_C 升高，脉冲频率 f_1、f_2 增大，同样出现 128 个脉冲的时间缩短，产生第一脉冲的时间提前，即 α 减小。脉冲发生器每半周输出脉冲经脉冲选择、整形放大，正

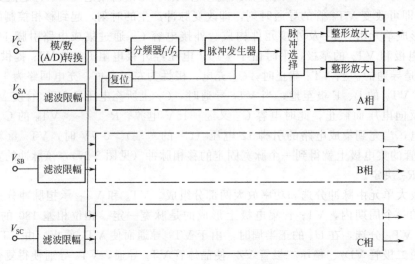

图 2-28　数字式移相触发原理图

半周输出脉冲触发其阴极组晶闸管，负半周输出脉冲触发其阳极组晶闸管，达到控制三相桥式高精度移相触发的目的。

(6) 触发电路与主回路的同步

由前面分析可知，要想有效而准确地控制晶闸管变流装置的输出，触发电路应能发出与相应晶闸管阳极电压有一定相位关系的脉冲，触发电路送出初始脉冲的时刻是由输入到该触发电路的同步电压来确定的。所以，必须根据被触发晶闸管阳极电压的相位要求，正确供给各相应触发电路特定的同步电压，才能使触发电路分别在晶闸管需要触发脉冲的时刻输出触发脉冲，这种正确选择同步电压相位以及获取不同相位同步电压的方法叫作晶闸管触发电路的同步或定相。

① 触发电路同步电压的确定。下面以感性负载的三相全控桥式电路来分析。如图 2-29 (a) 所示为主电路连接图，主电路整流变压器 TR 的接法为 $\triangle/\text{Y-11}$，电网电压为 u_{U1}、u_{V1}、u_{W1}，经 TR 供给三相全控桥式电路，对应电压为 u_U、u_V、u_W，其波形如图 2-29(b) 所示，假设控制角 $\alpha=0°$，则 $u_{g1}\sim u_{g6}$ 六个触发脉冲应出现在各自的自然换流点，依次相隔 60°，获得六个同步电压的方法通常采用具有两组二次绕组的三相变压器来得到，这样，只要一个触发电路的同步电压相位符合要求，那么，其他五个同步电压的相位肯定符合要求。

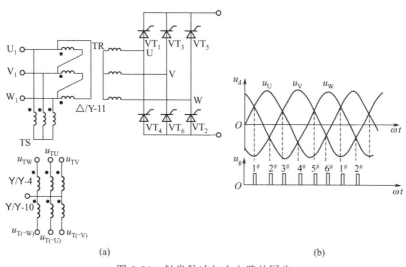

图 2-29 触发脉冲与主电路的同步

触发电路采用图 2-22 所示的锯齿波触发电路，假设同步变压器 TS 二次相电压 u_T 经过阻容滤波后为 U'_T（U'_T 滞后 u_T 30°）再接入触发电路。这里以 VT_1 管为例来分析。由图 2-29 (a) 可知，三相全控桥式整流电路电感性负载，要求同步电压与晶闸管的阳极电压相差 180°，使 $\alpha=90°$ 时刻正好近似在锯齿波的中点 [ωt_3 时刻，如图 2-30(a) 所示]。因电压 u_{TU} 经阻容滤波后已滞后 30°，为 U'_{TU}，输入到触发电路，所以 u_{TU} 与 u_U 只需相差 150° 即可，如图 2-30(b) 所示，即 u_{TU} 滞后 u_U 150° 即可满足要求。

由上面得出的晶闸管触发电路的同步电压与阳极电压的相位关系可知：可以用具有特定的方式连接三相同步变压器来获得满足要求的同步电源。

根据图 2-29(a) 中电源变压器 $\triangle/\text{Y-11}$ 的接法，画出一、二次电压矢量图，如图 2-30 (b) 所示，晶闸管 VT_1 的阳极电压 $\dot{U}_U$ 与 $\dot{U}_{U1V1}$ 同相，在滞后 $\dot{U}_U$ 150° 的位置上画出需要的同步电压 $\dot{U}_{TU}$，则对应的线电压 $\dot{U}_{TUV}$ 超前 $\dot{U}_{TU}$ 30°，正好在 4 点钟的位置，则 $\dot{U}_{T(-UV)}$ 在 10 点钟的位置，所以同步变压器两组二次绕组中一组为 Y/Y-4，另一组为 Y/Y-10。Y/Y-4

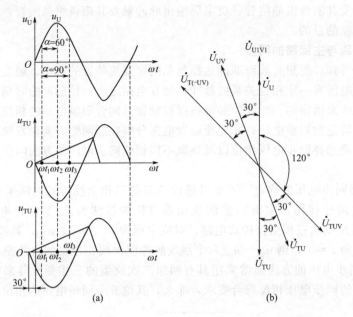

图 2-30　同步电压 u_{TU} 与主电路电压 u_{TU} 的关系及向量图

为 u_{TU}、u_{TV}、u_{TW} 经阻容滤波滞后 30°以后接晶闸管 VT_1、VT_3、VT_5 的触发电路的同步信号输入端，Y/Y-10 为 $u_{T(-U)}$、$u_{T(-V)}$、$u_{T(-W)}$ 经阻容滤波滞后 30°以后接晶闸管 VT_4、VT_6、VT_2 的触发电路的同步信号输入端，这样，晶闸管电路就能正常工作。

②　确定同步电压的具体步骤。经过上面的分析可以得出确定触发电路同步电压的具体步骤如下。

a. 根据主电路的结构、负载的性质、触发电路的形式及脉冲移相范围的要求，确定该触发电路的同步电压 u_T 与对应的晶闸管阳极电压之间的相位关系。

b. 根据电源变压器 TR 的接法，以电网某线电压作为参考矢量，画出电源变压器二次电压也就是晶闸管阳极电压的矢量图，再根据步骤①确定的同步电压 u_T 与晶闸管阳极电压的相位关系，画出对应的同步相电压和同步线电压矢量，如图 2-30(b) 所示。

c. 根据同步变压器二次线电压矢量位置，定出同步变压器 TR 钟点数的接法，然后确定出 u_{TU}、u_{TV}、u_{TW} 分别接到晶闸管 VT_1、VT_3、VT_5 触发电路的同步信号输入端；确定出 $u_{T(-U)}$、$u_{T(-V)}$、$u_{T(-W)}$ 分别接到晶闸管 VT_4、VT_6、VT_2 触发电路的同步信号输入端，这样就能保证触发电路与主电路同步。

2.3　功率场效应晶体管

功率场效应晶体管（Power MOSFET——power mental oxide semiconductor field effect transistor）是一种多子导电的单极型电压控制器件，它具有开关速度快、高频性能好、输入阻抗高、驱动功率小、热稳定性好、无二次击穿、安全工作区宽、易于并联等特点，但其电压和电流容量相对较小，广泛应用于中小容量 UPS 的主功率变换电路和大功率 UPS 的充电电路。

2.3.1　工作原理

功率 MOSFET 也是一种功率集成器件，它由成千上万个小 MOSFET 元胞组成，每个元胞的形状和排列方法，不同的生产厂家采用了不同的设计。图 2-31(a) 所示为 N 沟道

MOSFET 的元胞结构剖面示意图。两个 N+ 区分别作为该器件的源区和漏区,分别引出源极 S 和漏极 D。夹在两个 N+(N−)区之间的 P 区隔着一层 SiO₂ 的介质作为栅极。因此栅极与两个 N+ 区和 P 区均为绝缘结构。因此,MOS 结构的场效应晶体管又称绝缘栅场效应晶体管。

由图 2-31(a) 可知,功率 MOSFET 的基本结构仍为 N+(N−)PN+ 形式,其中掺杂较轻的 N− 区为漂移区。设置 N− 区可提高器件的耐压能力。在这种器件中,漏极和源极间有两个背靠背的 PN 结存在,在栅极未加电压信号之前,无论漏极和源极之间加正电压或负电压,该器件总是处于阻断状态。为使漏极和源极之间流过可控的电流,必须具备可控的导电沟道才能实现。

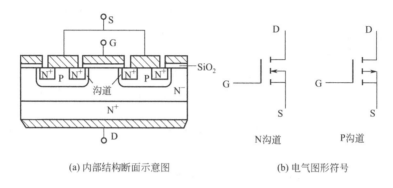

(a) 内部结构断面示意图　　　(b) 电气图形符号

图 2-31　功率 MOSFET 的结构和电气图形符号

MOS 结构的导电沟道是由绝缘栅施加电压之后感应产生的。在如图 2-31(a) 所示的结构中,若在 MOSFET 栅极与源极之间施加一定大小的正电压,这时栅极相对于 P 区则为正电压。由于夹在两者之间的 SiO₂ 层不导电,聚集在电极上的正电荷就会在 SiO₂ 层下的半导体表面感应出等量的负电荷,从而使 P 型材料变成 N 型材料,进而形成反型层导电沟道。若栅压足够高,由此感应而生的 N 型层同漏与源两个 N+ 区构成同型接触,使常态中存在的两个背靠背 PN 结不复存在,这就是该器件的导电沟道。由于导电沟道必须与源漏区导电类型一致,所以 N-MOSFET 以 P 型材料为衬底,栅源之间要加正电压;反之,P-MOSFET 以 N 型材料为衬底,栅源之间要加负电压。

根据载流子的类型不同,功率 MOSFET 可分为 N 沟道和 P 沟道两种,应用最多的是绝缘栅 N 沟道增强型。图 2-31(b) 所示为功率 MOSFET 的电气图形符号,图形符号中的箭头表示电子在沟道中移动的方向。左图表示 N 沟道,电流的方向是从漏极出发,经过 N 沟道流入 N+ 区,最后从源极流出;右图表示 P 沟道,电流方向是从源极出发,经过 P 沟道流入 P+ 区,最后从漏极流出。不论是 N 沟道的 MOSFET 还是 P 沟道的 MOSFET,只有一种载流子导电,故称其为单极型器件。这种器件不存在像双极型器件那样的电导调制效应,也不存在少子复合问题,所以它的开关速度快、安全工作区宽并且不存在二次击穿问题。因为它是电压控制型器件,使用极为方便。此外,功率 MOSFET 的通态电阻具有正温度系数,因此它的漏极电流具有负温度系数,便于并联应用。

功率 MOSFET 需要在 G 极与 S 极之间有一定的电压 V_{GS} 或 $-V_{GS}$,才有相应的漏极电流 I_D 或 $-I_D$。对 N 沟道的导通条件是:$V_G > V_S$,$V_{GS} = 0.45 \sim 3V$。V_{GS} 越大,I_D 越大;对 P 沟道的导通条件是:$V_G < V_S$,即 V_{GS} 是负的,通常用 $-V_{GS}$ 来表示。$-V_{GS} = 0.45 \sim 3V$ 时才导通。$-V_{GS}$ 越大,$-I_D$ 越大。

2.3.2 主要特性

功率 MOSFET 的特性包括静态特性和动态特性，输出特性和转移特性属静态特性，而开关特性则属动态特性。

（1）输出特性

输出特性也称漏极伏安特性，它是以栅源电压 U_{GS} 为参变量，反映漏极电流 I_D 与漏源极电压 U_{DS} 间关系的曲线簇，如图 2-32 所示。由图可见输出特性分三个区。

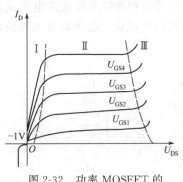

图 2-32　功率 MOSFET 的
输出特性

① 可调电阻区 Ⅰ：U_{GS} 一定时，漏极电流 I_D 与漏源极电压 U_{DS} 几乎呈线性关系。当 MOSFET 作为开关器件应用时，工作在此区内。

② 饱和区 Ⅱ：在该区中，当 U_{GS} 不变时，I_D 几乎不随 U_{DS} 的增加而加大，I_D 近似为一个常数。当 MOSFET 用于线性放大时，则工作在此区内。

③ 雪崩区 Ⅲ：当漏源电压 U_{DS} 过高时，使漏极 PN 结发生雪崩击穿，漏极电流 I_D 会急剧增加。在使用器件时应避免出现这种情况，否则会使器件损坏。

功率 MOSFET 无反向阻断能力，因为当漏源电压 $U_{DS}<0$ 时，漏区 PN 结为正偏，漏源间流过反向电流。因此，功率 MOSFET 在应用过程中，若必须承受反向电压，则 MOSFET 电路中应串入快速二极管。

（2）转移特性

转移特性是指在一定的漏极与源极电压 U_{DS} 下，功率 MOSFET 的漏极电流 I_D 和栅极电压 U_{GS} 的关系曲线。如图 2-33(a) 所示。该特性表征功率 MOSFET 的栅源电压 U_{GS} 对漏极电流 I_D 的控制能力。由图 2-33(a) 可见，只有当漏源电压 $U_{GS}>U_{GS(th)}$ 时，器件才导通，$U_{GS(th)}$ 称为开启电压。图 2-33(b) 所示为壳温 T_C 对转移特性的影响。由图可见，在低电流区，功率 MOSFET 具有正电流温度系数，在同一栅压下，I_D 随温度的上升而增大；而在大电流区，功率 MOSFET 具有负电流温度系数，在同一栅压下，I_D 随温度的上升而下降。在电力电子电路中，功率 MOSFET 作为开关元件通常工作于大电流开关状态，因而具有负温度系数。此特性使功率 MOSFET 具有较好的热稳定性，芯片热分布均匀，从而避免了由于热电恶性循环而产生的电流集中效应所导致的二次击穿现象。

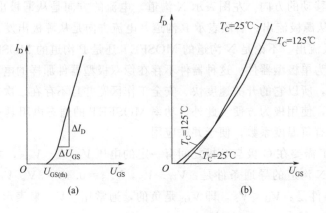

图 2-33　功率 MOSFET 的转移特性

（3）开关特性

功率 MOSFET 是一个近似理想的开关，具有很高的增益和极快的开关速度。这是由于它是单极型器件，依靠多数载流子导电，没有少数载流子的存储效应，与关断时间相联系的储存时间大大减小。它的开通与关断只受到极间电容影响，与极间电容的充放电情况有关。

功率 MOSFET 内寄生着两种类型的电容：一种是与 MOS 结构有关的 MOS 电容，如栅源电容 C_{GS} 和栅漏电容 C_{GD}；另一种是与 PN 结有关的电容，如漏源电容 C_{DS}。功率 MOSFET 极间电容的等效电路如图 2-34 所示。输入电容 C_{iss}、输出电容 C_{oss} 和反馈电容 C_{rss} 是应用中常用的参数，它们与极间电容的关系定义为

$$C_{iss}=C_{GS}+C_{GD}; \quad C_{oss}=C_{DS}+C_{GD}; \quad C_{rss}=C_{GD}$$

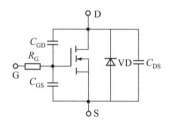

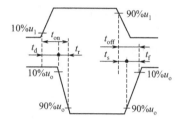

图 2-34 功率 MOSFET 极间电容的等效电路 　　图 2-35 功率 MOSFET 开关过程的电压波形

功率 MOSFET 的开关过程的电压波形如图 2-35 所示。开通时间 t_d 分为延时时间 t_d 和上升时间 t_r 两部分，t_{on} 与功率 MOSFET 的开启电压 $U_{GS(th)}$ 和输入电容 C_{iss} 有关，并受信号源的上升时间和内阻的影响。关断时间 t_{off} 可分为储存时间 t_s 和下降时间 t_f 两部分，t_{off} 则由功率 MOSFET 漏源间电容 C_{DS} 和负载电阻决定。通常功率 MOSFET 的开关时间为 $10\sim100ns$，而双极型器件的开关时间则以微秒计，甚至达到几十微秒。

2.3.3　主要参数

（1）通态电阻 R_{on}

通态电阻 R_{on} 是与输出特性密切相关的参数，是指在确定的栅源电压 U_{GS} 下，功率 MOSFET 由可调电阻区进入饱和区时的集射极间的直流电阻。它是影响最大输出功率的重要参数。在开关电路中它决定了输出电压幅度和自身损耗大小。

在相同的条件下，耐压等级愈高的器件，其通态电阻愈大，且器件的通态压降愈大。这也是功率 MOSFET 电压难以提高的原因之一。

由于功率 MOSFET 的通态电阻具有正电阻温度系数，当电流增大时，附加发热使 R_{on} 增大，对电流的增加有抑制作用。

（2）开启电压 $U_{GS(th)}$

开启电压 $U_{GS(th)}$ 为转移特性曲线与横坐标交点处的电压值，又称阈值电压。在实际应用中，通常将漏栅短接条件下 I_D 等于 1mA 时的栅极电压定义为开启电压 $U_{GS(th)}$，它随结温升高而下降，具有负的温度系数。

（3）跨导 g_m

跨导定义为 $g_m=\Delta I_D/\Delta U_{GS}$，即为转移特性的斜率，单位为西门子（S）。$g_m$ 表示功率 MOSFET 的放大能力，故跨导 g_m 的作用与 GTR 中电流增益 β 相似。

（4）漏源击穿电压 BU_{DS}

漏源击穿电压 BU_{DS} 决定了功率 MOSFET 的最高工作电压，它是为了避免器件进入雪崩区而设的极限参数。BU_{DS} 主要取决于漏区外延层的电阻率、厚度及其均匀性。由于电阻

率随温度不同而变化，因此当结温升高，BU_{DS} 随之增大，耐压提高。这与双极型器件如 GTR 和晶闸管等随结温升高耐压降低的特性恰好相反。

（5）栅源击穿电压 BU_{GS}

栅源击穿电压 BU_{GS} 是为了防止绝缘栅层因栅漏电压过高而发生介电击穿而设定的参数。一般栅源电压的极限值为 $\pm 20V$。

（6）最大功耗 P_{DM}

功率 MOSFET 最大功耗为

$$P_{DM}=(T_{jM}-T_{C})/R_{TjC}$$

式中，T_{jM} 为额定结温（$T_{jM}=150℃$）；T_C 为管壳温度；R_{TjC} 为结到壳间的稳态热阻。

由上式可见，器件的最大耗散功率与管壳温度有关。在 T_{jM} 和 R_{TjC} 为定值的条件下，P_{DM} 将随 T_C 的增高而下降，因此，器件在使用中散热条件是十分重要的。

（7）漏极连续电流 I_D 和漏极峰值电流 I_{DM}

漏极连续电流 I_D 和漏极峰值电流 I_{DM} 表征功率 MOSFET 的电流容量，它们主要受结温的限制。功率 MOSFET 允许的漏极连续电流 I_D 是

$$I_D=\sqrt{P_{DM}/R_{on}}=\sqrt{(T_{jM}-T_C)/R_{on}R_{TjC}}$$

实际上功率 MOSFET 的漏极连续电流 I_D 通常没有直接的用处，仅作为一个基准。这是因为许多实际应用的 MOSFET 是工作在开关状态中，因此在非直流或脉冲工作情况，其最大漏极电流由额定峰值电流 I_{DM} 定义。只要不超过额定结温，峰值电流 I_{DM} 可以超过连续电流。在 $25℃$ 时，大多数功率 MOSFET 的 I_{DM} 大约是连续电流额定值的 $2\sim4$ 倍。

此外值得注意的是：随着结温 T_j 升高，实际允许的 I_D 和 I_{DM} 均会下降。如型号为 IRF330 的功率 MOSFET，当 $T_C=25℃$ 时，I_D 为 5.5A，当 $T_C=100℃$ 时，I_D 为 3.3A。所以在选择器件时必须根据实际工作情况考虑裕量，防止器件在温度升高时，漏极电流降低而损坏。

2.3.4 检测方法

（1）判别管脚

① 判别栅极 G。将万用表置于 $R\times1k$ 挡，分别测量 3 个管脚间的电阻，如果测得某管脚与其余两管脚间的电阻值均为无穷大，且对换表笔测量时阻值仍为无穷大，则证明此脚是栅极 G。因为从结构上看，栅极 G 与其余两脚是绝缘的。但要注意，此种测量法仅对管内无保护二极管的 VMOS 管适用。

② 判定源极 S 和漏极 D。由 VMOS 管结构可知，在源-漏极之间有一个 PN 结，因此根据 PN 结正、反向电阻存在差异的特点，可准确识别源极 S 和漏极 D。将万用表置于 $R\times1k$ 挡，先用一表笔将被测 VMOS 管 3 个电极短接一下，然后用交换表笔的方法测两次电阻，如果管子是好的，必然会测得阻值为一大一小。其中阻值较大的一次测量中，黑表笔所接的为漏极 D，红表笔所接的为源极 S，而阻值较小的一次测量中，红表笔所接的为漏极 D，黑表笔所接的为源极 S，这种规律还证明，被测管为 N 沟道管。如果被测管子为 P 沟道管，则所测阻值的大小规律正好相反。

（2）好坏的判别

用万用表 $R\times1k$ 挡去测量场效应管任意两引脚之间的正、反向电阻值。如果出现两次及两次以上电阻值较小（几乎为 0Ω），则该场效应管损坏；如果仅出现一次电阻值较小（一般为数百欧），其余各次测量电阻值均为无穷大，还需作进一步判断。以 N 沟道管为例，可

依次做下述测量，以判定管子是否良好。

① 将万用表置于 $R\times1k$ 挡。先将被测 VMOS 管的栅极 G 与源极 S 用镊子短接一下，然后将红表笔接漏极 D，黑表笔接源极 S，所测阻值应为数千欧，如图 2-36 所示。

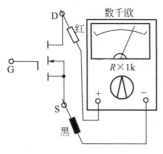
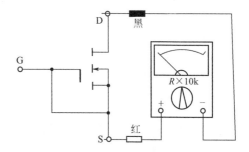

图 2-36 测 VMOS 管 R_{SD} 图 2-37 短接 G 与 S，测 VMOS 管 R_{DS}

② 先用导线短接 G 与 S，将万用表置于 $R\times10k$ 挡，红表笔接 S，黑表笔接 D，阻值应接近无穷大，否则说明 VMOS 管内部 PN 结的反向特性较差，如图 2-37 所示。

③ 紧接上述测量，将 G 与 S 间短路线去掉，表笔位置不动，将 D 与 G 短接一下再脱开，相当于给栅极注入了电荷，此时阻值应大幅度减小并且稳定在某一阻值。此阻值越小说明跨导值越高，管子的性能越好。如果万用表指针向右摆幅很小，说明 VMOS 管的跨导值较小。具体测试操作如图 2-38 所示。

④ 紧接上述操作，表笔不动，电阻值维持在某一数值，用镊子等导电物将 G 与 S 短接一下，给栅极放电，万用表指针应立即向左转至无穷大。具体操作如图 2-39 所示。

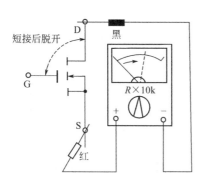
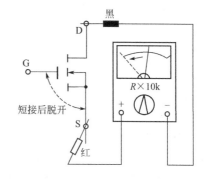

图 2-38 D 与 G 短接，测 VMOS 管 R_{DS} 图 2-39 G 与 S 短接时的测试情况

上述测量方法是针对 N 沟道 VMOS 场效应管而言，若测量 P 沟道管，则应将万用表两表笔的位置调换。

2.3.5 驱动电路

功率 MOSFET 栅极驱动电路的形式各种各样，按驱动电路与栅极的连接方式可分为三类：直接驱动、隔离驱动和集成驱动。

（1）直接驱动电路

① TTL 驱动电路。图 2-40(a) 是最简单的 TTL 驱动电路，它应能输出开通驱动电流 $I_{G(on)}$ 和吸取关断电流 $I_{G(off)}$。图中 TTL 电路可以是驱动器、缓冲器或其他逻辑电路。这种开集电极的驱动器末级是单管输出，受其灌电流的限制外接电阻 R 都在数百欧。用这种驱动器驱动功率 MOSFET 开通时，因 R 阻值较大，因此器件的开通时间较长。

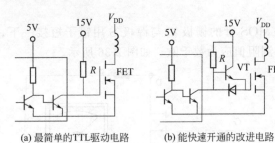

(a) 最简单的TTL驱动电路　　　(b) 能快速开通的改进电路

图 2-40　TTL 驱动电路

图 2-40(b) 所示为能快速开通的改进电路,它减小了 TTL 上的功耗。当 TTL 输出管导通时,功率 MOSFET 的输入电容被短路至地,这时吸收电流的能力受该导通管的 β 和它可能得到的基极电流的限制。而 TTL 输出为高电平时,栅极通过附加的晶体管 VT 获得电压及电流,充电能力提高,因而开通速度加快。

② 互补输出驱动电路。图 2-41(a) 所示为由晶体管组成的互补输出电路,采用这种电路不但可提高开通时的速度,而且也可提高关断速度。在这种电路中输出晶体管 VT 是作为射极跟随器工作的,不会出现饱和,因而不影响功率 MOSFET 的开关频率。

图 2-41(b) 所示为由 MOS 管组成的互补驱动电路,由于采用了 $-V_E$ 电源,在关断驱动时,可加速栅极输入电容的放电,缩短关断时间。

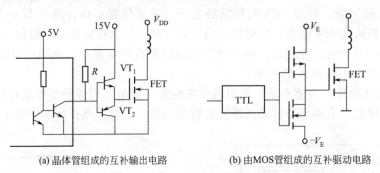

(a) 晶体管组成的互补输出电路　　　(b) 由MOS管组成的互补驱动电路

图 2-41　互补输出驱动电路

③ CMOS 驱动电路。直接用 CMOS 器件也可以驱动功率 MOSFET,而且它们可以共用一组电源。栅极电压在小于 10V 时,MOSFET 将处于电阻区不需要外接电阻,电路更简单。不过开关速度低并且驱动功率要受电流源和 CMOS 器件吸收电容量的限制。

(2) 隔离驱动电路

隔离式栅极驱动电路根据隔离元件的不同,可分为电磁隔离和光电隔离两种。

① 脉冲变压器隔离驱动电路。脉冲变压器是典型的电磁隔离元件,如图 2-42 示出了几种脉冲变压器驱动的形式。如图 2-42(a) 所示是利用续流二极管 VD 限制了驱动晶体管 VT 中出现的过电压、关断时间较长。如图 2-42(b) 所示的电路,在续流二极管 VD 支路中串接一只稳压管 VZ,当 VT 关断时起钳位作用,从而缩短了关断时间。如图 2-42(c) 所示电路是在栅极电阻上并联了加速二极管 VD_S,使充电电流经过它向输入电容充电,增大了充电电流,加快了 MOSFET 的开通速度。如图 2-42(d) 是用互补型式驱动功率 MOSFET 的栅极,由于关断时利用二次绕组 W_2 形成的反向电压,因此明显地降低了关断过程的时间延迟。

② 光耦合器驱动电路。利用光耦合器的隔离驱动电路如图 2-43 所示。图 2-43(a) 为标准的光耦合电路,通过光耦合器将控制信号回路与驱动回路隔离,使得输出级设计电阻值减小,从而解决了栅极驱动源低阻抗的问题,但由于光耦合器响应速度慢,因此使开关延迟时间加长,限制了使用频率。图 2-43(b) 为改进的光耦合电路,此电路使阻抗进一步降低,因而使栅极驱动的关断延迟时间进一步缩短,延迟时间的数量级仍为微秒级。

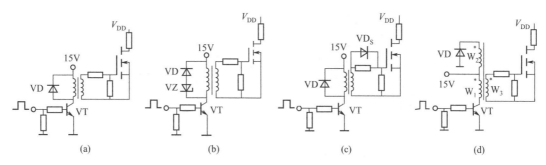

图 2-42 几种脉冲变压器隔离驱动电路

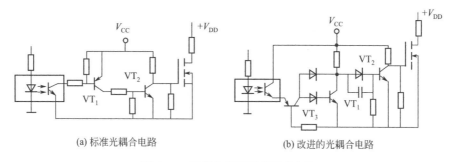

(a) 标准光耦合电路   (b) 改进的光耦合电路

图 2-43 光耦合器的隔离驱动电路

（3）集成驱动电路

① IR2125 芯片驱动电路。IR2125 是一种单片高压高速单通道功率 MOSFET 驱动器，它包括输入/输出逻辑、保护电路、电平移位电路、输出驱动和自举电源等部分。

图 2-44 给出了 IR2125 的典型驱动电路。其浮置电压是通过一个自举电路从固定电源来的。图中的充电二极管 VD_1 的耐压必须大于高压直流母线上的尖峰电压，为防止自举电容 C_3 放电，必须使用快恢复二极管。自举电容 C_3 的大小与开关频率、占空比和被驱动功率

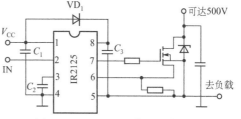

图 2-44 IR2125 的典型驱动电路

MOSFET 的栅极电荷要求有关，电容 C_3 上的电压降不能低于欠压锁定门限。

V_{CC} 的旁路电容 C_1 和 C_2 应能为自举电源提供足够的瞬态电流。C_1 和 C_2 的值一般取自举电容 C_3 值的 10 倍左右。

② IR2130 芯片驱动电路。IR2130 可直接驱动中小容量的功率 MOSFET。它有六路输入信号和输出信号，其中六路输出信号中的三路具有电平转换功能，因而 IR2130 芯片驱动电路既能驱动桥式电路中低压侧的功率器件，又能驱动高压侧的功率元件。也就是说，该驱动器可共地运行，且只需一路控制电源，而常规的驱动系统通常包括光电隔离器件或者脉冲变压器，同时还必须向驱动电路提供相应的隔离电源。

图 2-45 所示为 IR2130 在直流永磁无刷电机控制系统中的应用电路图。UC3625 为无刷直流电机控制器，其 H_1、H_2、H_3 为转子位置检测输入端，其输出端的信号经电平变换后送至 IR2130 输入端，再经三相桥式逆变电路后驱动电机，实现转速或转矩调节。

③ UC3724/3725 芯片驱动电路。UC3724/3725 一起配对组成隔离的 MOSFET 栅极驱动电路，特别适合于驱动全桥变换器的高压侧 MOSFET，典型应用电路如图 2-46 所示。

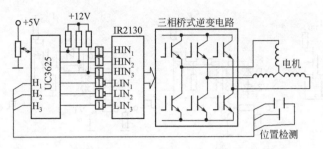

图 2-45   IR2130 在直流永磁无刷电机控制系统中的应用

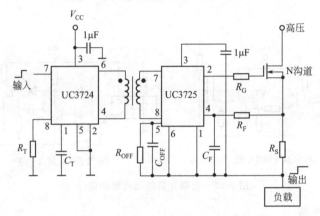

图 2-46   UC3724/3725 配对典型应用电路

该电路驱动参数如下：

a. 200mW 平均栅极驱动功率；

b. 100kHz 的开关频率；

c. 15V 供电；

d. 1kV 的隔离电压。

(4) 实用驱动电路举例

① 正反馈型驱动电路。如图 2-47 所示为正反馈型驱动电路。正反馈信号的获得是通过二次绕组 W_3 实现的。当输入信号为高电平时，反相器 II 的输出为高电平，在该驱动信号作用下出现漏极电流，此时一次绕组 W_1 中感生出星号端为正的反电动势，在变压器二次绕组

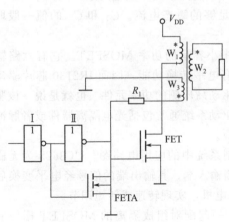

图 2-47   正反馈型驱动电路

W_3 中也感生出相应极性的电势，并通过 R_1 向功率 MOSFET 的输入电容充电，随着功率 MOSFET 的导通不停地给栅极施以正反馈，加速了功率 MOSFET 的开通过程，缩短了开通时间。当输入信号为低电平时，使功率 MOSFET 关断，反相器 I 输出高电平并使辅助管 FETA 开通，从而将功率 MOSFET 的栅极接地，迫使其输入电容迅速放电，加速功率 MOSFET 的关断速度，由此可见这种电路是一种高速开关电路。

② 窄脉冲自保护驱动电路。如图 2-48 所示为一种具有过载和短路保护功能的窄脉冲驱动电路。当输入信号 v_i 由低变高时，晶体管 VT_1 导通，

脉冲变压器一次绕组上的电压为电源电压 V_{C1} 在电阻 R_2、R_3 上取得的分压值。脉冲变压器可以做得很小，故在很短时间内就会饱和，耦合到其二次绕组的电压是一个正向尖脉冲，该尖脉冲使 VT_2 导通，VT_2、VT_3 组成两级正反馈互锁电路，由于互锁作用 VT_2、VT_3 将保持导通，因而 VT_4 导通使功率 MOSFET 导通。当 v_i 由高电平变低时，脉冲变压器一次侧磁恢复，在二次侧感应出一个负向尖脉冲，使 VT_2 截止，从而使 VT_3、VT_4 截止，VT_5 瞬时导通，关断功率 MOSFET。在该电路中 R_6、VD_3、VD_4 构成自保护驱动。参考点 A 的电位由电阻 R_4、R_5 分压获得，在正常工作时功率 MOSFET 的漏极 D 点电位低于 A 点电位，因而二极管 VD_4 截止，电源 V_{C2} 经电阻 R_6、二极管 VD_3 到功率 MOSFET 流过电流。当短路或过载时，功率 MOSFET 的 V_{DS} 上升，当 $V_D = V_A$ 时，二极管 VD_4 导通，R_6 和 R_8 上的分压使 A 点电位升高，由 VT_2、VT_3 构成的互锁电路翻转，使 VT_5 瞬时导通，关断功率 MOSFET，使之得到有效保护。

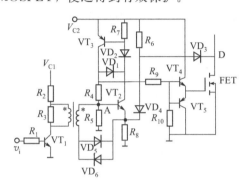

图 2-48　具有过载和短路保护功能的窄脉冲驱动电路

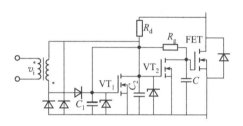

图 2-49　窄脉冲 MOS 化驱动电路

③ 窄脉冲 MOS 化驱动电路。可以利用互锁电路的保持功能实现用窄脉冲驱动功率 MOSFET。互锁电路由两个小功率 MOSFET 管的栅源交叉连接组成，如图 2-49 所示。这样组成了一个无源双稳态电路，C_1、C_2、C 是储能元件，它们可以是外接电容器，也可利用 VT_1、VT_2 和功率 MOSFET 的寄生电容。在输入信号 v_i 的上升沿，脉冲变压器的二次侧产生一个正向尖脉冲使 C_1 充电，VT_1 开通，C_2 通过 VT_1 放电使 VT_2 关断，C 由窄脉冲通过 R_g 充电使功率 MOSFET 导通。反之，在输入信号 v_i 的下降沿，脉冲变压器的二次侧产生一个负向尖脉冲使 C_2 充电 VT_2 导通，C_1 和 C 通过 VT_2 放电，最终 VT_1 和功率 MOSFET 关断。增大 C_1、C_2 或改变 R_g 还可以对导通及关断时间进行调整。当电路开始接电时，VT_1、VT_2、功率 MOSFET 均处于关断状态，由于功率 MOSFET 的栅极都处于高阻抗状态，极易因干扰或噪声而使电容 C_1 和 C_2 充电，造成功率 MOSFET 误导通。为此设置了电阻 R_d、C_2，通过 R_d 对 C_2 自动充电保证功率 MOSFET 处于关断状态。

(5) 功率 MOSFET 应用举例

① 功率 MOSFET 的并联应用。功率 MOSFET 在并联应用中的关键问题是要做好电流的动态均衡分配。所谓动态电流不仅指开通和关断期间的电流，还指窄脉冲和占空比很小的峰值电流。影响动态电流均衡的因素主要是：跨导、开启电压、通态电阻和开关速度等。因此在使用中首先应使并联器件的参数分散性尽可能小，特别是转移特性最好一致。但是，要寻求参数完全相同的器件是很困难的，实际上只要在选取与匹配参数时考虑在电流分配不均的情况下负担最重的器件保证在安全水平之内即可。电路结构不同，对动态均流的影响也不同，若为电感性负载，将会造成十分明显的影响，选配器件时必须考虑这一因素。由于功率

MOSFET 的寄生电容较大，工作频率又高，引线及各种寄生电感极易造成寄生振荡，必须采取措施加以消除。

a. 并联功率 MOSFET 的各栅极分别用电阻分开，栅极驱动电路的输出阻抗应小于串入的电阻值。

b. 在每个栅极引线上设置铁氧体磁珠，即在导线上套一磁环形成有损耗阻尼环节。

c. 必要时在各个器件的漏栅之间接入数百皮法的小电容以改变耦合电压的相位关系。

d. 在源极接入适当的电感。

e. 精心布局，尽量做到器件完全对称、连线长度相同，减短加粗和使用多股绞线。

② 开关稳压电源。高频开关稳压电源和线性稳压电源相比，具有效率高、体积小、重量轻等优点；但也存在着电路复杂、纹波大、射频干扰和电磁干扰大等缺点。

下面以典型的三片式开关电源为例予以介绍。所谓三片式开关电源，是指电源是以三个集成芯片为主，辅以极少分立元件构成的闭环控制系统。这种电路不仅结构简单，而且性能优越，因此具有代表性。

图 2-50 所示为美国 MOTOROLA 公司生产的 100kHz、60W 的三片式开关稳压电源的原理框图。图 2-51 为该电源的原理电路。电路中的开关器件为功率 MOSFET。MC34060 型 PWM 控制器为双列直插 14 脚型式。它只有一个输出端，电源电压最高为 40V，输出最大电流为 250mA，工作频率范围为 1～300kHz。

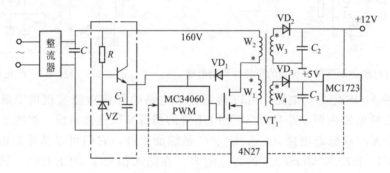

图 2-50　三片式开关直流稳压电源的原理框图

本电源有四路输出电压：±5V 和±12V。开关器件 VT_1 采用 MTP5N40 型功率 MOS-FET，其容量为 4A，400V；通态电阻为 1Ω。5V 组整流器采用肖特基管 MBR1035，12V 组整流器采用 MVR805 型快速恢复二极管。输出滤波电容采用高频电容器。

主电路由功率 MOSFET 管 VT_1 和变压器 T 的一次绕组 W_1、W_2 以及二极管 VD_2 构成准推挽式电路，T 的二次绕组 W_3、W_4 和 W_6、W_7 分别构成了±5V 和±12V 两组电压源。控制电路的工作电源由高压晶体管 VT_2 获得，VT_2 接成射极输出器的形式，其基极电位由 12V 稳压管 VZ 确定，而发射极接 MC34060 的电源端，同时接至变压器 T 的反馈绕组 W_3。当绕组中有感应电压而使二极管 VD_7 导通时，可使 VT_2 反向偏置。电容 C_{13} 为软启动电容。刚接通电源时，反馈信号尚未出现，只有电阻 R_6 和 R_7 组成的分压网络来控制死区时间，使导通脉冲占空比不超过 45%。随着输出电压的建立，由+5V 电压输出端取出反馈信号，经 MC1723 放大，4N27 隔离后引入 MC34060 的 PWM 比较器，调制控制脉冲的占空比，使输出电压稳定在规定值上。

③ 高频自激振荡电源。图 2-52 是由功率 MOSFET 构成的用于节能型荧光灯电源的高频自激振荡器。以往老式的荧光灯都用镇流器限制灯管电流，镇流器不仅笨重，消耗硅钢片和铜，而且其功耗约占灯具总功耗的 30%。若用图中所示的高频电源供给高发光效能的节

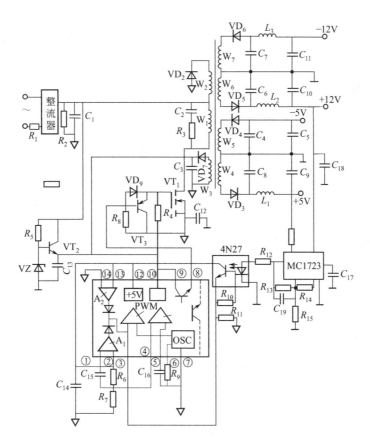

图 2-51　三片式开关直流稳压电源的原理电路

能型荧光灯管,可以大大提高气体电离的效率,因而在同样的发光强度下,灯管电流比低频供电时小,并且发光没有闪烁感,同时还可即时启动。

　　该电路工作原理如下:当 220V 交流电接通时,VT_1 和 VT_2 两器件电流的开通滞后时间和上升时间不可能完全一致,其中开通时间短的管子(假如 VT_2)电流上升得快,则变压器星号端感应高电位。于是通过磁通耦合,使 VT_2 栅极电位也上升,VT_2 漏极电流进一步增大;而 VT_1 栅极电位下降并趋向截止。随着 VT_2 漏极电流增大,变压器磁路趋向饱和,磁通变化率 $d\phi/dt$ 急剧减小,因而 VT_2 栅极电压随之迅速降低,而 VT_1 栅极电位上升,使 VT_2 漏极电流减小,于是变压器一次绕组感应电动势反向。通过耦合,VT_2 栅极电压

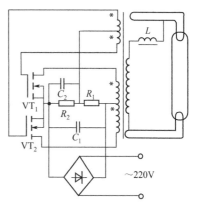

图 2-52　由功率 MOSFET 构成的高频自激振荡器

也反向,迫使 VT_2 截止,VT_1 栅极电压上升而导通,完成一次换相,可以看出,利用变压器磁路饱和,电路可以连续振荡,振荡频率由变压器二次侧负载电阻、高频扼流圈 L 和变压器漏感决定。

　　交流电源输入经整流和电容器 C_1 滤波后的直流电压在 R_1、R_2 和 C_2 上分压,R_2、C_2 两端电压同时加到两只功率 MOSFET 的栅极,其值略大于器件的开启电压 V_T 值,以便在启动时,VT_1、VT_2 同时出现电流,再利用电路的自然不对称和正反馈作用引起振荡。

由于这类高频振荡电源摆脱了笨重的变压器和滤波器，所以十分轻便，制造也简单。这类电源的缺点是高频振荡会干扰电网，也会通过空间电磁辐射干扰通信，所以应注意屏蔽和交流电源输入端的滤波。

2.3.6 保护电路

（1）过压保护电路

加到 MOSFET 上的浪涌电压，有开关与其他 MOSFET 等部件产生的浪涌电压，有 MOSFET 自身关断时产生的浪涌电压，有 MOSFET 内部二极管的反向恢复特性产生的浪涌电压等，这些过电压会损坏元件，因此要降低这些电压的影响。

过电压保护基本电路如图 2-53 所示，其中图 2-53(a) 所示电路是用 RC 吸收浪涌电压的方式，图 2-53(b) 所示电路是再接一只二极管 VD 抑制浪涌电压，为防止浪涌电压的振荡，VD 要采用高频开关二极管。图 2-53(c) 所示电路是用稳压二极管钳位浪涌电压的方式，而图 2-53(d)、图 2-53(e) 所示电路是如果 MOSFET 上加的浪涌电压超过规定值，就使 MOSFET 导通的方式。图 2-53(f) 和图 2-53(g) 所示电路在逆变器电路中使用，在正负母线间接电容而吸收浪涌电压。特别是图 2-53(g) 所示电路能吸收高于电源电压的浪涌电压，吸收电路的损耗小。图 2-53(h) 所示电路是对于在感性负载上并联二极管 VD，能消除来自负载的浪涌电压。图 2-53(i) 所示电路是栅极串联电阻 R_G，使栅极反向电压 $-V_{GS}$ 选用最佳值，延迟关断时间而抑制浪涌电压的发生。

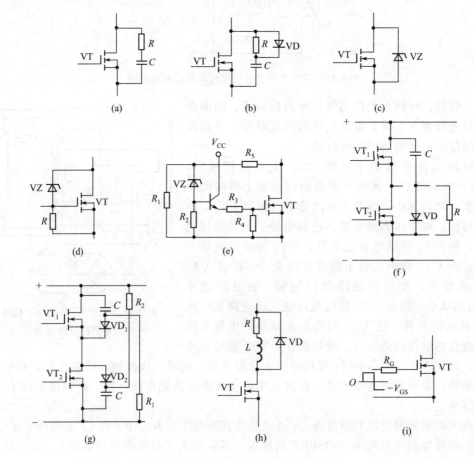

图 2-53　各种形式的过电压保护电路

对于任何保护电路来说，过电压抑制电路中的接线都要尽可能地短，尽量靠近MOSFET 的电极，另外，主回路接线也要尽量短，采用粗线与多股绞合线，若采用平行线时，需要减小接线电感。

（2）过电流保护电路

MOSFET 的过电流有两种情况，即负载短路与负载过大时产生的过电流。过电流保护的基本电路如图 2-54 所示，由电流互感器（CT）检测过电流，从而切断 MOSFET 的栅极信号。也可用电阻或霍尔元件替代 CT。

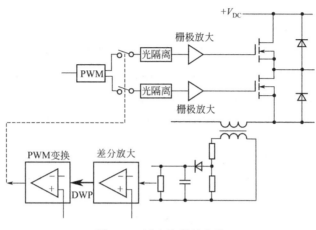

图 2-54　过电流保护电路

2.4　绝缘栅双极晶体管

绝缘栅双极晶体管（IGBT——insulated gate bipolar transistor），是 20 世纪 80 年代发展起来的一种新型复合器件。IGBT 综合了功率 MOSFET 高输入阻抗和 GTR 低导通压降两方面的优点，驱动功率小而饱和压降低，具有良好的特性，有更广泛的应用领域。目前IGBT 的电流和电压等级已达 2500A/4500V，关断时间已缩短到 10ns 级，工作频率达50kHz，擎住现象得到改善，安全工作区（SOA）扩大。这些优越的性能使得 IGBT 成为中大容量 UPS 中主流应用的功率器件。

2.4.1　工作原理

一种由 N 沟道功率 MOSFET 与电力（双极型）晶体管组合而成的 IGBT 的基本结构如图 2-55（a）所示。将这个结构与功率 MOSFET 结构相对照，不难发现这两种器件的结构十分相似，不同之处在于 IGBT 比功率 MOSFET 多一层 P^+ 注入区，从而形成一个大面积的P^+N 结 J_1，这样就使得 IGBT 导通时可由 P^+ 注入区向 N 基区发射少数载流子（即空穴），对漂移区电导率进行调制，因而 IGBT 具有很强的电流控制能力。

介于 P^+ 注入区与 N^+ 漂移区之间的 N^+ 层称为缓冲区。有无缓冲区可以获得不同特性的 IGBT。有 N^+ 缓冲区的 IGBT 称为非对称型（也称穿通型）IGBT。它具有正向压降小、关断时间短、关断时尾部电流小等优点，但反向阻断能力相对较弱。无 N^+ 缓冲区的 IGBT称为对称型（也称非穿通型）IGBT。这种 IGBT 具有较强的正反向阻断能力，但其他特性却不及非对称型 IGBT。目前以上两种结构的 IGBT 均有产品。在图 2-55（a）中，C 为集电极，E 为发射极，G 为栅极（也称门极）。该器件的电气图形符号如图 2-55（c）所示，图中所示箭头表示 IGBT 中电流流动的方向（P 沟道 IGBT 的箭头与其相反）。

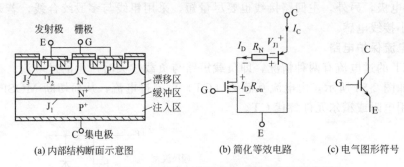

图 2-55　IGBT 的结构、简化等效电路和电气图形符号

简单来说，IGBT 相当于一个由 MOSFET 驱动的厚基区 PNP 晶体管。它的简化等效电路如图 2-55（b）所示，图中 R_N 为 PNP 晶体管基区内的调制电阻。从该等效电路可以清楚地看出，IGBT 是用晶体管和功率 MOSFET 组成的复合器件。因为图中的晶体管为 PNP 型晶体管，MOSFET 为 N 沟道场效应晶体管，所以这种结构的 IGBT 称为 N 沟道 IGBT。类似地还有 P 沟道 IGBT。IGBT 是一种场控器件，它的开通和关断由栅极和发射极间电压 U_{GE} 决定。当栅射极电压 U_{GE} 为正且大于开启电压 $U_{GE(th)}$ 时，MOSFET 内形成沟道并为 PNP 晶体管提供基极电流进而使 IGBT 导通。此时，从 P^+ 区注入 N^- 的空穴（少数载流子）对 N^- 区进行电导调制，减小 N^- 区的电阻 R_N，使高耐压的 IGBT 也具有很低的通态压降。当栅射极间不加信号或加反向电压时，MOSFET 内的沟道消失，则 PNP 晶体管的基极电流被切断，IGBT 即关断。由此可见，IGBT 的驱动原理与 MOSFET 基本相同。

2.4.2　基本特性

（1）静态特性

IGBT 的静态特性包括转移特性和输出特性。

① 转移特性。IGBT 转移特性是描述集电极电流 I_C 与栅射电压 U_{GE} 之间的相互关系，如图 2-56（a）所示。此特性与功率 MOSFET 的转移特性相似。由图 2-56（a）可知，I_C 与 U_{GE} 基本呈线性关系，只有当 U_{GE} 在 $U_{GE(th)}$ 附近时才呈非线性关系。当栅射电压 U_{GE} 小于 $U_{GE(th)}$ 时，IGBT 处于关断状态；当 U_{GE} 大于 $U_{GE(th)}$ 时，IGBT 开始导通。由此可知，$U_{GE(th)}$ 是 IGBT 能实现电导调制而导通的最低栅射电压。$U_{GE(th)}$ 随温度升高略有下降，温度每升高 1℃，其值下降 5mV 左右。在 25℃ 时，IGBT 的开启电压 $U_{GE(th)}$ 一般为 2～6V。

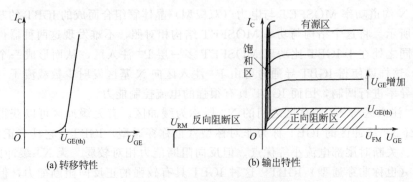

图 2-56　IGBT 的静态特性曲线

② 输出特性。IGBT 的输出特性也称伏安特性。它描述的是以栅射电压 U_{GE} 为控制变量

时集电极电流 I_C 与集射极间电压 U_{CE} 之间的关系，IGBT 的输出特性如图 2-56（b）所示。此特性与 GTR 的输出特性相似，不同的是控制变量。IGBT 为栅射电压 U_{GE} 而晶体管为基极电流 I_B。IGBT 的输出特性分正向阻断区、有源区和饱和区。当 $U_{GE}<0$ 时，IGBT 为反向阻断工作状态。由图 2-55（a）可知，此时 P^+N 结（J_1 结）处于反偏状态，因而不管 MOSFET 的沟道体区中有没有形成沟道，均不会有集电极电流出现。由此可见，IGBT 由于比 MOSFET 多了一个 J_1 结而获得反向电压阻断能力，IGBT 能够承受的最高反向阻断电压 U_{RM} 取决于 J_1 结的雪崩击穿电压。当 $U_{CE}>0$ 而 $U_{GE}<U_{GE(th)}$ 时，IGBT 为正向阻断工作状态。此时 J_2 结处于反偏状态，且 MOSFET 的沟道体区内没有形成沟道，IGBT 的集电极漏电流 I_{CES} 很小。IGBT 能够承受的最高正向阻断电压 U_{FM} 取决于 J_2 的雪崩击穿电压。如果 $U_{CE}>0$ 且 $U_{GE}<U_{GE(th)}$ 时，MOSFET 的沟通体区内形成导电沟道，IGBT 进入正向导通状态。此时，由于 J_1 结处于正偏状态，P^+ 区将向 N 基区注入空穴。当正偏压升高时，注入空穴的密度也相应增大，直到超过 N 基区的多数载流子密度为止。在这种状态工作时，随着栅射电压 U_{GE} 的升高，向 N 基区提供电子的导电沟道加宽，集电极电流 I_C 将增大，在正向导通的大部分区域内，I_C 与 U_{GE} 呈线性关系，而与 U_{CE} 无关，这部分区域称为有源区或线性区。IGBT 的这种工作状态称为有源工作状态或线性工作状态。对于工作在开关状态的 IGBT，应尽量避免工作在有源区（线性区），否则 IGBT 的功耗将会很大。饱和区是指输出特性比较明显弯曲的部分，此时集电极电流 I_C 与极射电压 U_{GE} 不再呈线性关系。在电力电子电路中，IGBT 工作在开关状态，因而 IGBT 是在正向阻断区和饱和区之间来回转换。

（2）动态特性

图 2-57 给出了 IGBT 开关过程的波形图。IGBT 的开通过程与 MOSFET 的开通过程很相似。这是因为 IGBT 在开通过程中大部分时间是作为 MOSFET 运行的。开通时间 t_{on} 定义为从驱动电压 U_{GE} 的脉冲前沿上升到 $10\%U_{GEM}$（幅值）处起至集电极电流 I_C 上升到 $90\%I_{CM}$ 处止所需要的时间。开通时间 t_{on} 又可分为开通延迟时间 $t_{d(on)}$ 和电流上升时间 t_r 两部分。$t_{d(on)}$ 定义为从 $10\%U_{GE}$ 到出现 $10\%I_{CM}$ 所需要的时间；t_r 定义为集电极电流 I_C 从 $10\%I_{CM}$ 上升至 $90\%I_{CM}$ 所需要的时间。集射电压 U_{CE} 的下降过程分成 t_{fV1} 和 t_{fV2} 两段，t_{fV1} 段曲线为 IGBT 中 MOSFET 单独工作的电压下降过程；t_{fV2} 段曲线为 MOSFET 和 PNP 晶体管同时工作的电压下降过程。t_{fV2} 段电压下降变缓的原因有两个：其一是 U_{CE} 电压下降

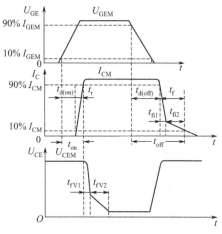

图 2-57 IGBT 的动态特性

时，IGBT 中 MOSFET 的栅漏电容增加，致使电压下降变缓，这与 MOSFET 相似；其二是 IGBT 的 PNP 晶体管由放大状态转换到饱和状态要有一个过程，下降时间变长，这也会造成电压下降变缓。由此可知 IGBT 只有在 t_{fV2} 结束才完全进入饱和状态。

IGBT 关断时，从驱动电压 U_{GE} 的脉冲后沿下降到 $90\%U_{GEM}$ 处起，至集电极电流下降到 $10\%I_{CM}$ 处止，这段过渡过程所需要的时间称为关断时间 t_{off}。关断时间 t_{off} 包括关断延迟时间 $t_{d(off)}$ 和电流下降时间 t_f 两部分。其中 $t_{d(off)}$ 定义为从 $90\%U_{GEM}$ 处起至集电极电流下降到 $90\%I_{CM}$ 处止的时间间隔；t_f 定义为集电极电流从 $90\%I_{CM}$ 处下降至 $10\%I_{CM}$ 处的时间间隔。电流下降时间 t_f 又可分为 t_{fi1} 和 t_{fi2} 两段，t_{fi1} 对应 IGBT 内部的 MOSFET 的关断过程，

t_{fi2}对应于 IGBT 内部的 PNP 晶体管的关断过程。

IGBT 的击穿电压、通态压降和关断时间都是需要折中的参数。高压器件的 N 基区必须有足够的宽度和较高的电阻率，这会引起通态压降的增大和关断时间的延长。在实际电路应用中，要根据具体情况合理选择器件参数。

2.4.3 擎住效应

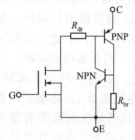

图 2-58　IGBT 实际结构的等效电路

为简明起见，我们曾用图 2-55(b) 的简化等效电路说明 IGBT 的工作原理，但是 IGBT 的更实际的工作过程则需用图 2-58 来说明。如图 2-58 所示，IGBT 内还含有一个寄生的 NPN 晶体管，它与作为主开关器件的 PNP 晶体管一起将组成一个寄生晶闸管。

在 NPN 晶体管的基极与发射极之间存在着体区短路电阻 R_{br}。在该电阻上，P 型体区的横向空穴电流会产生一定压降〔参见图 2-55(a)〕。对 J_3 结来说，相当于施加一个正偏置电压。在额定的集电极电流范围内，这个正偏压很小，不足以使 J_3 结导通，NPN 晶体管不起作用。如果集电极电流大到一定程度，这个正偏压将上升，致使 NPN 晶体管导通，进而使 NPN 和 PNP 晶体管同时处于饱和状态，造成寄生晶闸管开通，IGBT 栅极失去控制作用，这就是所谓的擎住效应（latch），也称为自锁效应。IGBT 发生擎住效应后，器件失控，集电极电流很大，造成过高的功耗，能导致器件损坏。由此可知集电极电流有一个临界值 I_{CM}，大于此值后 IGBT 会产生擎住效应。为此，器件制造厂必须规定集电极电流的最大值 I_{CM} 和相应的栅射电压的最大值。集电极通态电流的连续值超过临界值 I_{CM} 时产生的擎住效应称为静态擎住效应。值得指出的是，IGBT 在关断的动态过程中会产生所谓关断擎住或称动态擎住效应，这种现象在负载为感性时更容易发生。动态擎住所允许的集电极电流比静态擎住时还要小，因此制造厂所规定的 I_{CM} 值是按动态擎住所允许的最大集电极电流而确定的。

绝缘栅极双极晶体管（IGBT）产生动态擎住现象的主要原因是器件在高速关断时，电流下降太快，集射电压 U_{CE} 突然上升，du_{CE}/dt 很大，在 J_2 结引起较大的位移电流，当该电流流过 R_{br} 时，可产生足以使 NPN 晶体管开通的正向偏置电压，造成寄生晶闸管自锁。为了避免发生动态擎住现象，可适当加大栅极串联电阻 R_{dr}，以延长 IGBT 的关断时间，使电流下降速度变慢，因而使 du_{CE}/dt 减小。

2.4.4 主要参数

（1）集射极击穿电压 BU_{CES}

集射极击穿电压 BU_{CES} 决定了 IGBT 的最高工作电压，它是由器件内部的 PNP 晶体管所能承受的击穿电压确定的，具有正温度系数，其值大约为 0.63V/℃，即 25℃ 时，具有 600V 击穿电压的器件，在 −55℃ 时，只有 550V 的击穿电压。

（2）开启电压 $U_{GE(th)}$

开启电压 $U_{GE(th)}$ 为转移特性与横坐标交点处的电压值，是 IGBT 导通的最低栅射极电压。$U_{GE(th)}$ 随温度升高而下降，温度每升高 1℃，$U_{GE(th)}$ 值下降 5mV 左右。在 25℃ 时，IGBT 的开启电压一般为 2~6V。

（3）通态压降 $U_{CE(on)}$

IGBT 的通态压降 $U_{CE(on)}$ 为

$$U_{CE(on)} = V_{J1} + U_{R_N} + I_D R_{on}$$

式中，V_{J1} 为 J_1 结的正向压降，约 $0.7 \sim 1V$；U_{R_N} 为 PNP 晶体管基区内的调制电阻 R_N 上的压降；R_{on} 为 MOSFET 的沟道电阻。

通态压降 $U_{CE(on)}$ 决定了通态损耗。通常 IGBT 的 $U_{CE(on)}$ 为 $2 \sim 3V$。

（4）最大栅射极电压 U_{GES}

栅极电压是由栅氧化层的厚度和特性所限制的。虽然栅氧化层介电击穿电压的典型值大约为 80V，但为了限制故障情况下的电流和确保长期使用的可靠性，应将栅极电压限制在 20V 之内，其最佳值一般取 15V 左右。

（5）集电极连续电流 I_C 和峰值电流 I_{CM}

集电极流过的最大连续电流 I_C 即为 IGBT 的额定电流，其表征 IGBT 的电流容量，I_C 主要受结温的限制。

为了避免擎住效应的发生，规定了 IGBT 的最大集电极电流峰值 I_{CM}。由于 IGBT 大多工作在开关状态，因而 I_{CM} 更具有实际意义，只要不超过额定结温（150℃），IGBT 可以工作在比连续电流额定值大的峰值电流 I_{CM} 范围内，通常峰值电流为额定电流的 2 倍左右。

与 MOSFET 相同，参数表中给出的 I_C 为 $T_C = 25℃$ 或 $T_C = 100℃$ 时的值，在选择 IGBT 的型号时应根据实际工作情况考虑裕量。

2.4.5 安全工作区

IGBT 具有较宽的安全工作区。因 IGBT 常用于开关工作状态。它的安全工作区分为正向偏置安全工作区（FBSOA——forward biased safe operating area）和反向偏置安全工作区（RBSOA——reverse biased safe operating area）。图 2-59(a)、(b) 分别为 IGBT 的正向偏置安全工作区（FBSOA）和反向偏置安全工作区（RBSOA）。

正向偏置安全工作区（FBSOA）是 IGBT 在导通工作状态的参数极限范围。FBSOA 由导通脉宽的最大集电极电流 I_{CM}、最大集射极间电压 U_{CES} 和最大功耗 P_{CM} 三条边界线包围而成。FBSOA 的大小与 IGBT 的导通时间长短有关。导通时间越短，最大功耗耐量越高。图 2-59(a) 示出了直流（DC）和脉宽（PW）分别为 $100\mu s$、$10\mu s$ 三种情况的 FBSOA，其中直流的 FBSOA 为最小，而脉宽为 $10\mu s$ 的 FBSOA 最大。反向偏置安全工作区（RBSOA）是 IGBT 在关断工作状态下的参数极限范围。RBSOA 由最大集电极电流 I_{CM}、最大集射极间电压 U_{CES} 和电压上升率 du/dt 三条极限边界线所围而成。如前所述，过高的 du_{CE}/dt 会使 IGBT 产生动态擎住效应。du_{CE}/dt 越大，RBSOA 越小。

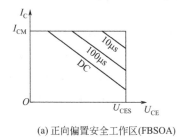

(a) 正向偏置安全工作区(FBSOA)　　　(b) 反向偏置安全工作区(RBSOA)

图 2-59　IGBT 的安全工作区

绝缘栅双极晶体管（IGBT）的最大集电极电流 I_{CM} 是根据避免动态擎住而确定的，与此相应确定了最大栅射极间电压 U_{GES}。IGBT 的最大允许集射极间电压 U_{GES} 是由器件内部的 PNP 晶体管所能承受的击穿电压确定的。

2.4.6 检测方法

(1) 判断极性

首先将万用表拨在 $R \times 1k\Omega$ 挡，用万用表测量时，若某一极与其他两极的阻值均为无穷大，调换表笔后该极与其他两极的阻值仍为无穷大，则可判断此极为栅极（G）。其余两极再用万用表测量，若测得阻值为无穷大，调换表笔后测量阻值较小。在测量阻值较小的一次中，则可判断红表笔接的为集电极（C）；黑表笔接的为发射极（E）。

(2) 判断好坏

将万用表拨在 $R \times 10k\Omega$ 挡，用黑表笔接 IGBT 的集电极（C），红表笔接 IGBT 的发射极（E），此时万用表的指针在零位。用手指同时触及一下栅极（G）和集电极（C），这时 IGBT 被触发导通，万用表的指针摆向阻值较小的方向，并能指示在某一位置不动。然后再用手指同时触及一下栅极（G）和发射极（E），这时 IGBT 被阻断，万用表的指针回零。此时即可判断 IGBT 是好的。否则，IGBT 有问题。

(3) 注意事项

任何指针式万用表皆可用于检测 IGBT。注意判断 IGBT 好坏时，一定要将万用表拨在 $R \times 10k\Omega$ 挡，并上好 9V 电池，因 $R \times 1k\Omega$ 挡以下各挡万用表内部电池电压太低，检测好坏时不能使 IGBT 导通，而无法判断 IGBT 的好坏。

2.4.7 驱动电路

绝缘栅双极晶体管（IGBT）的输入特性几乎和 MOSFET 相同，所以用于 MOSFET 的驱动电路同样可以用于 IGBT。

(1) 光电隔离驱动电路

在用于驱动电动机的逆变器电路中，为使 IGBT 能够稳定工作，要求 IGBT 的驱动电路采用正负偏压双电源的工作方式。为了使门极驱动电路与信号电路隔离，应采用抗噪声能力强、信号传输时间短的光耦合器件。门极和发射极的引线应尽量短，门极驱动电路的输出线应为绞合线，其具体电路如图 2-60(a) 所示。为抑制输入信号的振荡现象，在图中的门源端并联一阻尼网络，即由 1Ω 电阻和 $0.33\mu F$ 电容器组成阻尼滤波器。另外驱动电路的输出级与 IGBT 输入端之间的连接串有一只 10Ω 的门极电阻。

图 2-60(b) 为采用光耦合器使信号电路与门极驱动电路进行隔离。驱动电路的输出级采用互补电路的型式以降低驱动源的内阻，同时加速 IGBT 的关断过程。

(2) 脉冲变压器驱动电路

如图 2-61 所示为应用脉冲变压器直接驱动 IGBT 的电路。电路中由控制脉冲形成单元产生的脉冲信号经晶体管 VT 进行功率放大后加到脉冲变压器 T，并由 T 隔离耦合经稳压管 VZ_1、VZ_2 限幅后驱动 IGBT。由于是电磁隔离方式，驱动级不需要专门的直流电源，简化了电源结构，且工作频率较高，可达 100kHz 左右。这种电路的缺点是由于漏感和集肤效应的存在，使绕组的绕制工艺复杂，并易于出现振荡。

(3) 专用驱动模块

大多数 IGBT 生产厂家为了解决 IGBT 的可靠性问题，都生产与其相配套的混合集成驱动电路，如日本富士的 EXB 系列、日本东芝的 TK 系列、美国摩托罗拉的 MPD 系列等。这些专用驱动电路抗干扰能力强、集成化程度高、速度快、保护功能完善，可实现 IGBT 的最优驱动。在这里重点介绍一下应用较为广泛的由光耦器件作为隔离元件的厚膜驱动器，其

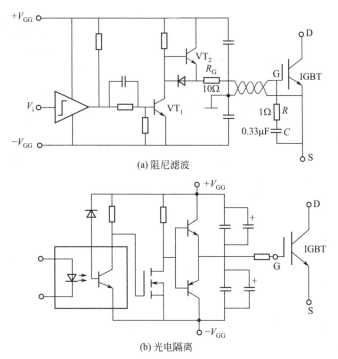

(a) 阻尼滤波

(b) 光电隔离

图 2-60 IGBT 门极驱动电路

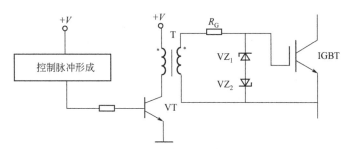

图 2-61 IGBT 脉冲变压器直接驱动电路

典型新产品为日本富士公司研制的 EXB840 和 EXB841。EXB840 能驱动 300A、1200V 的 IGBT 器件。工作电源为 20V，开关频率在 20kHz 以下，信号延迟时间小于 $1.5\mu s$，内有过流检测及过载慢速关栅等控制功能。EXB840 内部结构简图如图 2-62 所示，典型应用电路如图 2-63 所示，各引脚功能如表 2-2 所示。

表 2-2　EXB840 系列引脚功能表

引脚号	功能说明	引脚号	功能说明
1	连接用于反向偏置电源的滤波电容，与 IGBT 的发射极相接	7、8	可不接
2	电源正端，一般为 20V	9	电源地端
3	驱动输出，经栅极电阻 R_G 与 IGBT 相连	10、11	可不接
4	外接电容器，防止过流保护环节误动作	12、13	空
5	内设的过流保护输出端	14	驱动输入（一）
6	经快速二极管连到 IGBT 的集电极，监视集电极电源，作为过流信号之一	15	驱动输入（＋）

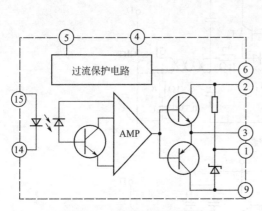

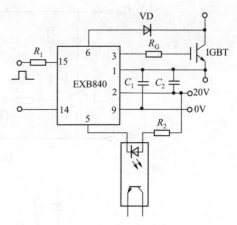

图 2-62　EXB840 内部结构　　　　图 2-63　EXB840 的典型应用

在图 2-63 中，当 IGBT 出现过流时，6 脚外接二极管导通，5 脚呈现低电平，过流检测光耦导通向控制电路送出过流信号。另一方面，当 6 脚外接二极管导通后，EXB840 内部立即开始缓降栅压对 IGBT 实行软关断。

除日本富士 EXB84 系列驱动器外，采用光耦隔离元件的集成驱动器还有日本英达 HR065、日本三菱 M57959L～M57962 以及国产的 HL402 等。使用这些驱动器时，读者可查阅有关商家的产品手册，在此不一一介绍。

最后要说明的是，光耦驱动器虽然具有很多优点，但需要较多的电源且信号传输延迟时间较长。采用变压器耦合驱动时可克服光耦驱动器的诸多不足，驱动电路结构简单和工作电源少是其突出优点。但是变压器耦合驱动器不能自动实现过流保护和任意脉宽输出，尤其是很难对 SPWM 信号脉冲的传输实现隔离。美国 Unitrode 公司的 UC3726/3727 就是专为克服不能实现任意脉宽输出而设计的，但其外围电路稍显过多，因而在目前传输信号频率不太高的场合还是多用光耦器件进行隔离。

2.4.8　保护电路

将 IGBT 用于电力变换器时，应采取保护措施以防损坏器件，常用的保护措施有：

① 通过检出的过电流信号切断门极控制信号，实现过电流保护；

② 利用缓冲电路抑制过电压并限制过量的 $\mathrm{d}V/\mathrm{d}t$；

③ 利用温度传感器检测 IGBT 的壳温，当超过允许温度时主电路跳闸，实现过热保护。

下面简单介绍三种保护电路。

如图 2-64 所示是一种实用的 IGBT 过电流保护电路，由图可知，漏极电压与门极驱动信号相"与"后输出过电流信号，将此过电流信号反馈至主控电路切断门极信号，以保护 IGBT 不受损坏。

如图 2-65 所示为另一种实用的 IGBT 过电流保护电路。当 IGBT 的漏极电流小于限流阈值时，比较器同相端电位低于反相端电位，其输出为低电平，VT_3 关断，当驱动信号为高电平时，VT_2 导通，驱动信号使 IGBT 导通；当驱动信号由高电平变为低电平时，VT_2 的寄生二极管导通，驱动信号将 IGBT 关断。这时 IGBT 仅受驱动信号控制。

当导通的 IGBT 源极电流超过限流阈值，电流经电流互感器 T、二极管 VD_3 在电阻 R_5 上产生的压降传送到比较器同相端，其电位将超过反相端电位，比较器输出由低电平翻转到高电平，VT_1 导通迅速泄放 VT_2 的栅极电荷，VT_2 迅速关断，阻断了驱动信号传送到

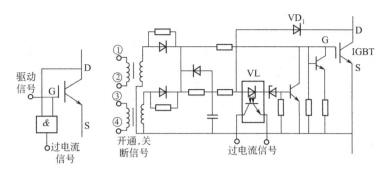

图 2-64 IGBT 过电流保护电路（1）

IGBT 的门极；同时 VT_1 驱动 VT_2 迅速导通，将 IGBT 的门极电荷迅速泄放，使 IGBT 关断；正反馈电阻 R_2 使比较器在 IGBT 过电流被关断后保持输出高电平，以确保 IGBT 在本次开关周期内不再导通。当驱动信号由高电平变为低电平，比较器输出端随之变为低电平，同相端电位下降并低于反相端电位，过电流保护电路复位，为下一个开关周期的正常运行和过电流保护做好准备。当驱动信号再次变为高电平时，经导通的 VT_2 驱动 IGBT 导通，如 IGBT 的源极电流不超过限流阈值，则过电流保护电路不动作；如电流超过限流阈值，则过电流保护电路动作将 IGBT 再次关断。这样过电流

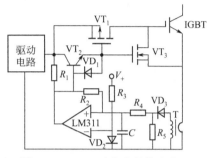

图 2-65 IGBT 过电流保护电路（2）

保护电路实现了逐个脉冲电流限制。电流的限流阈值可通过调整电阻 R_5 任意设置，由于采用了逐个脉冲电流限制，可将限流阈值设置在最大工作电流的 1.1 倍，这样既可确保 IGBT 在任何负载状态下电流被限制在限流阈值内，又不影响电路正常工作，因此具有较高的可靠性。

第三种电路就是浪涌电压吸收电路，如图 2-66 所示。

如图 2-66(a) 所示是最简单的浪涌电压吸收电路，只是在直流端子间接入小容量电容而已，适用于 50A 系列以下的 IGBT；如图 2-66(b) 所示的电路是用 RCD 电路吸收较大的浪涌能量，用电容吸收高频浪涌电压，这种方式适用于中等容量变换器的 IGBT；如图 2-66(c) 所示的电路在各臂上接有 RCD 的电路，元件并联时对应于 1~2 个元件接入一组 RCD 电路，采用高速并且具有软恢复特性二极管较佳。另外可在二极管两端并联陶瓷电容从而减小浪涌电压；如图 2-66(d)、(e) 所示电路的吸收浪涌电压效果好，但其损耗比较大，因此应用于 IGBT 耐压余量较小的场合。

2.5 智能功率模块

1980 年，美国通用电气（GE）公司首次发布功率器件智能化（intelligent）的概念。如前文所述，在电力电子变换电路中，电力电子器件必须有驱动电路、控制电路和保护电路的配合，才能按照人们的要求实现一定的电能控制功能，UPS 也不例外。传统电力电子器件和配套控制电路是用半导体分立器件（MOSFET/IGBT）构成的，可靠性、集成度都不高，且线路中杂散、寄生参数对变换电路的性能影响严重。而将功率器件和驱动电路、保护、控制等集成在一个模块中，则特别适应电力电子技术高频化发展方向的需要。由于其高度集成化，且结构紧凑，从而避免了由于分布参数、保护延迟所带来的一系列问题。

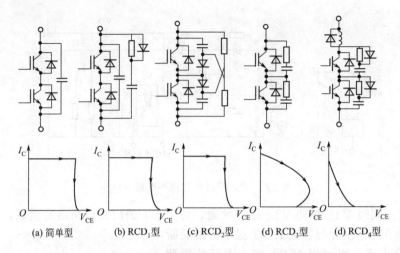

(a) 简单型　　(b) RCD₁型　　(c) RCD₂型　　(d) RCD₃型　　(d) RCD₄型

图 2-66　典型的浪涌电压吸收电路

　　智能功率模块（IPM——intelligent power module），是以功率器件 IGBT 为主体，同时把驱动电路和过流保护、短路保护、过热保护、欠压保护等多种保护集成在同一模块内的新型混合集成电路。IPM 是一种先进的功率开关器件，内部集成了逻辑、控制、检测和保护等电路，使用起来很方便，不仅减小了系统的体积以及开发时间，也大大增强了系统可靠性，适应了当今功率器件的发展方向——模块化、复合化和功率集成电路（PIC），在 UPS 等电力电子领域得到了越来越广泛的应用。

2.5.1　基本原理

　　IPM 的基本结构如图 2-67 所示，是由高速 IGBT 芯片和优选的门级驱动及相应的保护电路构成。

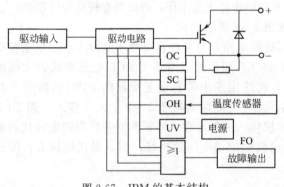

图 2-67　IPM 的基本结构

　　IPM 内置的驱动和保护电路使系统硬件电路简单、可靠，缩短了系统开发时间，也提高了模块自我保护能力。与普通的 IGBT 模块相比，IPM 在系统性能及可靠性方面都有进一步的提高。

　　IPM 的保护电路一般可以实现控制电源欠压保护、过热保护、过流保护和短路保护。一旦 IPM 模块中只要有一种保护电路动作，IGBT 栅极驱动单元就会关断门极电流并输出一个故障信号（FO）。各种保护功能具体如下。

　　① 控制电压欠压保护（UV）：IPM 使用单一的＋15V 供电，通常若供电电压低于12.5V，且时间超过 10ms，则模块认为发生了电源欠压保护，保护电路将封锁门极驱动电路，同时输出故障信号。

　　② 过温保护（OH）：IPM 封装时在靠近 IGBT 芯片的绝缘基板上安装了一个温度传感器，当 IPM 温度传感器测出其基板的温度超过温度值时，将触发过温保护，封锁门极驱动电路，同时输出故障信号。

　　③ 过流保护（OC）：若 IGBT 的电流值超过过流动作电流，则发生过流保护，封锁门

极驱动电路，输出故障信号。为避免发生过大的 di/dt，大多数 IPM 采用两级关断模式。其中，VG 为内部门极驱动电压，ISC 为短路电流值，IOC 为过流电流值，IC 为集电极电流，IFO 为故障输出电流。

④ 短路保护（SC）：若负载发生短路或控制系统故障导致短路，流过 IGBT 的电流值超过短路动作电流，则立刻发生短路保护，封锁门极驱动电路，输出故障信号。跟过流保护一样，为避免发生过大的 di/dt，大多数 IPM 采用两级关断模式。即在检测到过流时，通过降低栅极电压实现软关断，如果过流现象持续，则封锁门极驱动信号。

当 IPM 发生 UV、OC、OH、SC 中任一故障时，其故障输出信号持续时间为 1.8ms（SC 持续时间会长一些），此时间内 IPM 会封锁门极驱动，关断 IPM；故障输出信号持续时间结束后，IPM 内部自动复位，门极驱动通道开放。

可以看出，器件自身产生的故障信号是非保持性的，如果故障输出信号持续时间结束后故障源仍旧没有排除，IPM 就会重复自动保护的过程，反复动作。过流、短路、过热保护动作都是非常恶劣的运行状况，应避免其反复动作，因此仅靠 IPM 内部保护电路还不能完全实现器件的自我保护。要使系统真正安全、可靠运行，需要辅助的外围保护电路。

2.5.2　主要类型

IPM 根据内部功率电路配置的不同可分为四类：H 型（内部封装一个 IGBT）、D 型（内部封装两个 IGBT）、C 型（内部封装六个 IGBT）和 R 型（内部封装七个 IGBT），常见的 IPM 品牌有三菱、英飞凌和富士等。C 型和 R 型 IPM 通常是专为变频器而设计的，一般需要四组隔离的供电电源，其中 R 型多出来的 IGBT 为负载向直流侧馈能时的电能释放提供通路，用于驱动电机时起到制动释能作用；H 型和 D 型 IPM 则在三相大功率电力电子装置中应用，以避免噪声。小功率的 IPM 使用多层环氧绝缘，中大功率的 IPM 一般使用陶瓷绝缘。四类 IPM 的等效结构图如图 2-68 所示：

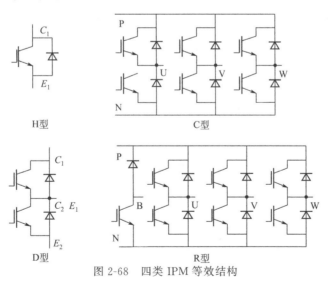

图 2-68　四类 IPM 等效结构

2.5.3　技术参数

以三菱 PM150RG1B065 型 IPM 为例，其内部功能结构如图 2-69 所示，有七个 IGBT。其主要参数分为五个部分，分别是逆变器部分、制动部分、控制部分、总系统和热阻等，如

表 2-3 所示。

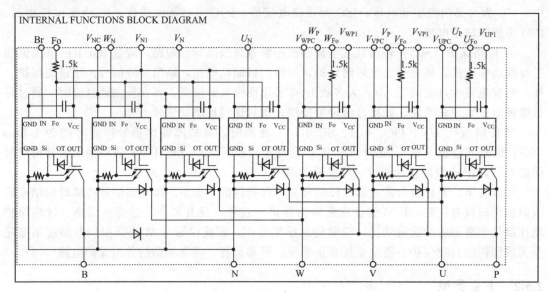

图 2-69 PM150RG1B065 型 IPM 内部功能结构

表 2-3 PM150RG1B065 型 IPM 主要参数

逆变器部分		
符号	参数	定义
V_{CES}	集电极-发射极电压	关断时集电极到发射极最大允许峰值电压
I_C	集电极电流	$T_C=25℃$时,最大允许集电极和 FWD 直流电流
P_{tot}	总功耗	$T_C=25℃$时,IGBT 最大允许功耗
I_E	发射极电流	$T_C=25℃$时,IGBT 发射极电流
T_{Vj}	结温	工作时,IGBT 结温的允许范围
制动部分		
符号	参数	定义
$V_{R(DC)}$	二极管反向电压	$T_C=25℃$时,续流二极管额定反向直流电压
I_F	二极管正向电流	$T_C=25℃$时,续流二极管电流
控制部分		
符号	参数	定义
V_D	供电电压	V_{UP1}-V_{UPC}、V_{VP1}-V_{VPC}、V_{WP1}-V_{WPC}、V_{N1}-V_{NC}之间电压
V_{CIN}	输入电压	U_P-V_{UPC}、V_P-V_{VPC}、W_P-V_{WPC}、V_{N1}-V_{NC}、U_N、V_N、W_N、Br-V_{NC}之间电压
V_{FO}	故障输出电压	U_{FO}-V_{UPC}、V_{FO}-V_{VPC}、W_{FO}-V_{WPC}、FO-V_{NC}之间电压
I_{FO}	故障输出电流	U_{FO}、V_{FO}、W_{FO}、FO 端电流
总系统		
符号	参数	定义
V_{CC}	受 SC 保护的供电电压	受 SC 保护时,P-N 之间的母线电压
T_{stg}	存储温度	不加电压电流时保存温度
T_C	模块外壳的工作温度	基板最大允许壳温
V_{isol}	绝缘耐压	基板和模块端子之间的绝缘耐压

续表

热阻		
符号	参数	定义
$R_{th(j-c)}$	结壳之间的热阻	每一个 IGBT 和 FWD 的结壳之间的热阻
$R_{th(c-s)}$	接触热阻	每一个开关单元的外壳和散热片之间的热阻

2.6 宽禁带半导体功率器件

在电力电子技术发展史上，硅一直是电力电子器件所采用的主要半导体材料。然而，传统的硅功率器件的物理性能已随其结构设计和制造工艺的完善而逼近其理论极限，很难再大幅提升硅基电力电子装置的性能。以碳化硅 SiC 和氮化镓 GaN 为代表的第三代宽禁带半导体材料具有宽带隙、高饱和漂移速度、高临界击穿电场等一系列突出的优点，成为制作大功率、高频、高压、高温及抗辐照电子器件的理想替代材料。宽禁带半导体功率器件具有高温、高压、高电流、低导通电阻以及高开关频率等特性，可广泛应用在高压、高频、高温以及高可靠性等领域，因此成为电力电子器件新的研究发展方向。目前宽禁带半导体功率器件越来越成熟，价格也一直在下降，未来大规模应用于 UPS 电源也指日可待。

2.6.1 基本原理

原子中的电子在原子核外分布在不同的能层上，同一能层中又有不同的能级，能层数等于所具有的能级数，能级有 s、p、d、f 等，能量由低到高，分别能容纳不同的电子数，能层 $n=1$ 时，具有能级 s，能容纳 2 个电子；能层 $n=2$ 时，具有能级 s 和 p，能容纳 $2+6=8$ 个电子；能层 $n=3$ 时，具有能级 s、p 和 d，能容纳 $2+6+10=18$ 个电子，依次类推；电子的排布遵循能量最低原理，即电子在原子核外排布时，要尽可能地使整个原子的能量处于最低状态，其排布依次是 1s、2s、2p、3s、3p、4s、3d…，如图 2-70 所示。

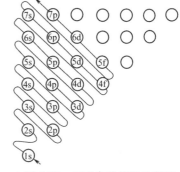

固体中含有大量的原子，原子聚集会相互影响，电子状态与单个原子时有所不同，特别是最外层电子会有显著的变化，当原子互相接近形成晶体时，不同原子会相互影

图 2-70　原子中的能级示意图

响，形成能级的分裂，就是一个能级分裂成多个能级，组成一个由多个能级组成的带子，物理学将之称之为能带。

电子在能带上依旧满足泡利不相容原理和能量最低原理，能带可依据含有电子数分类，如图 2-71 所示：所有都被电子占据的能带叫作满带；所有都没有被电子占据的叫作空带；由于每个能级变成的能带，两个相邻的能带间，不能被电子占据的能带范围就叫作禁带。原子中最外层的电子，在化学中称之为价电子，由原子中价电子的能级分裂成的能带，称之为价带，价带可以是满带，比如金刚石，也可以不是满带，比如碱金属。固体的导电是因为电子可自由移动，所以具有导电能力的电子所处的能带就成为导带。

根据能量理论，若电子处于未被填满的能带中，则在外电场的作用下，电子可以跃迁进能带较高的空能级中，从而参与导电。通常，未被填满的价带是导带，但位于满带上方的空带，在外界光或热等能量的激发下，有电子跃入时，也被称为导带。

在导体中，如图 2-72 所示，或是价带未被填满，直接是导带，或是价带与上方的空带交叠，使得价电子都能参与导电，具有良好的导电性能。而在半导体中，价带已满，但上方的禁带宽度较小，在常温下有一定数量的电子从价带跃入上方的空带，能参与导电，但导电性能不及导体。同样在绝缘体中，价带已满，且上面的禁带宽度较大，在常温下只有极少数电子能从价带跃入上方的空带，导电性能很差。

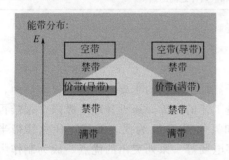

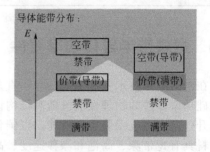

图 2-71　能带分布图　　　　　　　　　　图 2-72　导体能带分布图

因此，禁带宽度的大小决定了材料是半导体还是绝缘体。在半导体中，禁带表示在能带结构中价带和导带之间的能态密度为零的能量区间，电子可以处于价带中，也可以处于导带中，这取决于电子吸收的能量，电子获得足够的能量，就可以从价带跳到导带中，电子从价带最顶层，到导带最底层的能量就是禁带宽度，禁带宽度越大，意味着从价带跃迁到导带所需的能量越大，也意味着材料越不容易成为导体。

半导体之所以称为半导体，是因为它本身不导电，但是在一定的状况下，却可以导电。这就需要掺杂。对于一个碳或者硅，是ⅣA 族元素，它们可以和旁边的四个原子，通过价键连接起来，成为晶体。如果特别纯，那么这就不是导体。例如金刚石和纯的硅，都不是导体。但是如果掺入了ⅤA 族元素，例如磷或砷，磷最外层有五个电子，它用四个和周围的硅连接起来了，但是多出一个电子，这个电子就没有处于价态中，于是就提供了自由电子，这种材料称为 N 型。同理，如果掺入ⅢA 族元素，例如硼或铝，那么它和周围的硅连起来后，还差一个电子，于是就提供一个空穴，这个空穴就需要电子填满，这种材料称为 P 型。

对于一个半导体，我们需要的是它掺杂的元素能够导通，而不是半导体本来的元素本身导通，如果半导体本来的元素导通，比如，硅完全导通，意味着硅形成的价键中的电子全部成为自由电子，化学键破裂了，化学键一旦破裂，意味着发生了化学反应，材料本身就变性了。表现在外，就是材料本身被击穿了，这种击穿是不可逆的，因为一旦化学键破裂，就会和环境中的其他原子，例如氧，形成新的化学键，就不再是晶体了，因此，我们需要它本身仍然能够维持着原来的状态。

禁带宽度表示材料从不导通状态激发到导通状态所需的能量，禁带越宽，材料需要的导通能量就越大，材料不被击穿时能承受的能量就越大，就可以耐受更高的温度和电压。因此，我们需要能够承受更高温度和电压的半导体材料，就是需要禁带越宽的半导体材料。

对于半导体而言，禁带宽度是一个重要特征参量，其大小主要决定于半导体的能带结构，即与晶体结构和原子的结合性质等有关。禁带宽度的大小实际上是反映了价电子被束缚强弱程度的一个物理量，也就是产生本征激发所需的最小能量。Ge、Si、GaAs、GaN 和金刚石的禁带宽度在室温下分别为 0.66eV（电子伏特）、1.12eV、1.42eV、3.44eV 和 5.47eV。

禁带宽度 $E_g < 2eV$，则称其为窄禁带半导体，如锗（Ge）、硅（Si）以及砷化镓（GaAs）等；若禁带宽度 $E_g > 2eV$，则称其为宽禁带半导体，如碳化硅（SiC）、氮化镓

（GaN）、4H 碳化硅（4H-SiC）、6H 碳化硅（6H-SiC）、氮化铝（AlN）以及氮化镓铝（AlGaN）等。

2.6.2 主要类型

目前的宽禁带半导体功率器件主要是碳化硅（SiC）和氮化镓（GaN）电力电子器件，随着 SiC 单晶生长技术和 GaN 异质结外延技术的不断成熟，宽禁带半导体功率器件的研制和应用在近年来得到迅速发展，其中 SiC 技术最为成熟，研究进展也较快；GaN 技术应用广泛，尤其在光电器件应用方面研究比较深入。

SiC 半导体的优异性能使得基于碳化硅的电力电子器件（简称碳化硅基器件）与硅基器件相比具有突出的优点，如更低的导通电阻、更高的击穿电压、更低的结-壳热阻、极限工作温度有望达到 600℃以上、抗辐射能力较强、正向和反向特性随温度的变化很小、更高的稳定性、开关损耗小和在几十千瓦功率等级能够工作在硅器件难以实现的更高开关频率（大于 20kHz）状态等。

GaN 具有禁带宽度宽、饱和电子漂移速度高、临界击穿电场大和化学性质稳定等特点。因此，基于 GaN 材料制造的电力电子器件具有通态电阻小、开关速度快、高耐压及耐高温性能好等特点。与 SiC 材料不同，GaN 除了可以利用 GaN 材料制作器件外，还可以利用 GaN 所特有的异质结结构制作高性能器件。GaN 可以生长在 Si、SiC 及蓝宝石上，由于在价格低、工艺成熟且直径大的 Si 衬底上生长，GaN 具有低成本、高性能的优势，因此受到广大研究人员和电力电子厂商的青睐。

在 SiC 商业化生产基础上，各种 SiC 功率开关器件（如 MOSFET、MESFET、JFET、IGBT、SIT、GTO、BJT 等）相继研制成功。虽然近年来 SiC 功率开关器件取得了长足的进步，各种 SiC 功率开关器件的特性和功率容量不断提高，但大规模商业化 SiC 功率开关器件还依赖于高质量、大面积无缺陷及低成本 SiC 材料的发展以及器件结构优化和可靠性机理的研究。随着 LED 应用的迅速发展，GaN 材料及器件正成为功率半导体的发展热点。基于 AlGaN/GaN 材料的器件具有比 SiC 更低的导通电阻和大直径硅基 GaN 外延技术的成熟并逐步商业化，使得 GaN 功率半导体从微波功率器件向功率整流、功率开关和功率集成发展。

SiC 和 GaN 宽禁带半导体功率器件在将来虽不太可能全面取代硅功率 MOSFET、IGBT 和 GTO（包括 IGCT）。但是从长远看，有可能形成如下一种格局：SiC 电力电子器件将主要用于 1200V 以上的高压工业应用领域；GaN 电力电子器件将主要用于 900V 以下的消费电子、计算机、服务器电源应用领域。

2.6.3 SiC 宽禁带半导体功率器件

SiC 宽禁带半导体器件主要包括功率整流器（SBD、PiN 和 JBS 等）、单极型功率晶体管（MOSFET、JFET 等）和双极型载流子功率晶体管（BJT、IGBT 和 GTO 等）。

SiC 功率二极管主要有三种类型：肖特基二极管（SBD——schottky barrier diode）、PiN 二极管和结势垒肖特基二极管（JBS——junction barrier schottky）。肖特基二极管 SBD 开关速度快、导通压降低，但阻断电压偏低、漏电流较大；PiN 二极管阻断电压高、漏电流小，但工作过程中反向恢复严重；JBS 二极管结合了肖特基二极管所拥有的出色的开关特性和 PiN 结二极管所拥有的低漏电流的特点。把 JBS 二极管结构参数和制造工艺稍做调整就可以形成混合 PiN-肖特基结二极管（MPS——merged PiN schottky）。目前，商业化的 SiC 二极管主要是肖特基二极管，Infineon、Cree 和 Rohm 等半导体器件公司已可提供电压等级为 600V、1200V 和 1700V 的 SiC SBD 商业化产品。

SiC MOSFET 基于 SiC 其高临界击穿场强的特点，结合与传统 Si 材料同量级的介电常数和电子迁移率，在同等工作电压环境中，SiC MOSFET 的漂移层可以做得更薄，从而得到比 Si MOSFET 低的导通电阻。同时，SiC 材料的耐高温特性也进一步扩大了 SiC MOSFET 的应用优势，在极端情况下其工作特性依然稳定。此外，SiC MOSFET 的二极管几乎没有反向恢复情况，更加有利于 SiC MOSFET 实际应用中开关频率的提高和系统整体效率的提高。SiC MOSFET 目前面临的两个主要挑战是栅氧层的长期可靠性问题和沟道电阻问题。目前上市的 SiC MOSFET 商业化产品的电压定额主要是 900V、1200V、1700V 等。

SiC JFET 是碳化硅结型场效应管，具有导通电阻低、开关速度快、耐高温及热稳定性高等优点，具有常开和常闭两种类型。常开型 SiC JFET 在没有驱动信号时处于导通状态，容易造成桥臂的直通危险，降低了功率电路的安全可靠性。对此，Semisouth 公司推出了常闭型 SiC JFET，但这种器件的栅极开启电压阈值太低（典型值为 1V），在实际应用中容易产生误导通现象。

与传统 Si BJT 相比，SiC BJT 具有更高的电流增益、更快的开关速度及较小的温度依赖性，不存在二次击穿问题，并且具有良好的短路能力，是 SiC 可控开关器件中很有应用潜力的器件之一。

在高压领域，SiC IGBT 将具有明显的优势。由于受到工艺技术的限制，SiC IGBT 的起步较晚，高压 SiC IGBT 面临两个挑战：第一个挑战与 SiC MOSFET 器件相同，沟道缺陷导致的可靠性以及低电子迁移率问题；第二个挑战是 N 型 IGBT 需要 P 型衬底，而 P 型衬底的电阻率比 N 型衬底的电阻率高 50 倍。目前，在实验室条件下，高压 SiC IGBT 器件已达到 27.5kV 耐压水平。

在大功率开关应用中，晶闸管以其耐压高、通态压降小及通态功耗低而具有较大优势。对碳化硅 SiC 晶闸管的研究主要集中在 GTO 上。国外 SiC 器件发展较为迅速，多家公司都已推出商业化 SiC GTO 产品，并建立了强大的研发支撑力量。

2.6.4 GaN 宽禁带半导体功率器件

与 SiC 器件类似，GaN 器件是半导体器件的另一研究热点。GaN 宽禁带半导体功率器件主要包括：GaN 功率整流器（SBD 和 PiN 二极管）、GaN HEMT 和 GaN MOSFET 等结构。

GaN 功率二极管包括两种类型：GaN 肖特基二极管和 PiN 二极管。目前，商业化的 GaN SBD 的耐压限制在 600V，600V 到 1.2kV 耐压范围内的商用 GaN SBD 在不久的将来也会问世。在 GaN PiN 研究方面，由于在 GaN 材料上形成 PN 结技术不成熟，因此报道较少。

在 GaN 所形成的异质结中，极化电场显著调制了能带和电荷的分布。即使整个异质结构没有掺杂，也能够在 GaN 界面形成密度高达 $1 \times 10^{13} \sim 2 \times 10^{13}$ cm^{-2} 且具有高迁移率的二维电子气（2DEG）。2DEG 沟道比体电子沟道更有利于获得强大的电流驱动能力，因此 GaN 晶体管以 GaN 异质结场效应管（HEMT）为主，该器件结构又称为高电子迁移率晶体管（HEMT）。GaN HEMT 有常通型和常断型两种，常通型 GaN HEMT 使用的较少，而击穿电压在 30~600V 范围内的常断型 GaN HEMT 的器件已经商业化。比如 EPC 公司供应从 30V/9.5A 到 300V/6.3A 的常断型 GaN HEMT；GaN Systems 公司提供耐压 650V 的增强型 GaN HEMT。

在高压功率开关场合，横向 GaN MOSFET 表现出常断和大的导带偏移等优点，使得它们不易受到热电子注入和其他可靠性问题如表面状态和电流崩溃的影响，成为替代 SiC MOSFET 和 GaN HEMT 的较好选择。

习题与思考题

1. 电力电子器件与处理信息的电子器件相比具有哪些特征？按照电力电子器件能够被控制电路信号所控制的程度不同，电力电子器件可分为哪几种类型？

2. 简述电力二极管的主要类型及其检测方法。

3. 晶闸管的导通条件是什么？简述晶闸管正常工作时的特性。

4. 简述晶闸管对触发电路的要求及晶闸管触发电路的种类。

5. 简述用万用表判断晶闸管的极性和好坏的方法。

6. 简述功率场效应晶体管（MOSFET）的工作原理与主要特性。

7. 简述功率场效应晶体管（MOSFET）的主要性能参数。

8. 简述功率场效应晶体管（MOSFET）的检测方法。

9. 简述绝缘栅极双极晶体管（IGBT）的基本工作原理及其检测方法。

10. 简述电力电子器件对驱动电路的基本要求，其驱动电路有哪几种类型？并各举一个例子讲述其工作原理。

11. 简述智能功率模块的基本原理和主要类型。

12. 简述宽禁带半导体功率器件的基本原理和主要类型。

第 **3** 章

常用功率变换电路

在 UPS 设备中，要经常用到以下三种电路：将交流变换为直流的电路——整流电路；对直流电压幅值或极性进行变换的电路——直流/直流变换电路以及将直流变换为交流的电路——逆变电路。本章着重讲述以上三种电路的基本工作原理。

3.1 整流电路

整流电路是一种将交流电能变换为直流电能的变换电路。其应用非常广泛，如通信系统的基础电源、同步发动机的励磁、电池充电机、电镀和电解电源等。整流电路的形式有很多种类。按组成整流的器件分，可分为不可控、半控和全控整流三种。不可控整流电路的整流器件全部由整流二极管组成，全控整流电路的整流器件全部由晶闸管或是其他可控器件组成，半控整流电路的整流器件则由二极管和晶闸管混合组成。按输入电源的相数分，可分为单相和多相电路。按整流输出波形和输入波形的关系分，可分为半波和全波整流。本节主要介绍常用的几种单相、三相不可控整流电路，分析其工作原理、不同性质负载时整流电路电压和电流波形，并给出相关电量的基本数量关系，并对同步整流电路加以简要介绍。

3.1.1 单相整流电路

(1) 单相半波不可控整流电路

单相不可控整流电路是指输入为单相交流电，而输出直流电压大小不能控制的整流电路。单相不可控整流电路主要有单相半波、单相全波和单相桥式等几种形式，其中以单相半波不可控整流电路最为基本。

利用整流二极管的单相导电性可以非常简单地实现交直流变换。但是二极管是不可控器件，所以由其组成的整流电路输出的直流电压只与交流输入电压的大小有关，而不能调节其数值，故称为不可控整流。

如前所述，二极管有两种工作状态：当施加正向电压时导通，两端电压降为零，交流电源电压可以通过二极管加到负载上；当二极管承受反向电压时，它立即截止，两端阻抗为无穷大，相当于断开状态，使交流电源与负载断开。图 3-1 是分析二极管不可控整流的一个基本电路——单相半波不可控整流电路，下面分两种情况来说明。

① 阻性负载。如图 3-1 所示，当电源电压 u_s 为正半周时，二极管 VD 承受正向电压导通，二极管导通时，通常导通压降为 1V 左右，若忽略此通态压降，则电源电压全部加到负

载上。当 u_s 为负半周时，二极管 VD 承受反压关断。二极管关断时，负载电压为零。在阻性负载下，负载电流与电压波形相同，图 3-2 是单相半波不可控整流电路阻性负载时的电压、电流波形。阻性负载下，负载上的直流平均电压为：

$$U_d = \frac{1}{2\pi} \int_0^\pi U_{max} \sin\omega t \, \mathrm{d}\omega t = \frac{U_{max}}{\pi} = \frac{\sqrt{2} U_s}{\pi} = 0.45 U_s$$

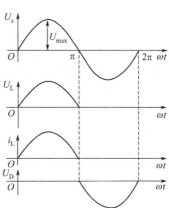

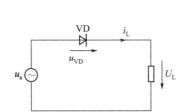

图 3-1　单相半波不可控整流电路　　　　　图 3-2　单相半波不可控整流电路
　　　（阻性负载）　　　　　　　　　　　（阻性负载）波形

式中，U_{max} 为电源电压 u_s 的幅值；U_s 为电源电压 u_s 的有效值；U_d 为二极管压降；二极管承受的最大反压为 U_{max}，即为 $\sqrt{2} U_s$。

② 感性负载。如图 3-3 所示，当负载的电抗 ωL 和电阻 R 的大小相比不可忽略时，这类负载就称为感性负载。整流电路带感性负载时的工作情况与阻性负载有很大的差异。感性负载可等效为一个电阻 R 和一个电感 L 的串联。负载电压 u_L 和负载电流 i_L 的关系可用下式表示：

$$u_L = R i_L + L \frac{\mathrm{d}i_L}{\mathrm{d}t}$$

电感对电流变化有抗拒作用。在电源电压 u_s 的正半周，当瞬时值上升时，负载电流 i_L 缓慢上升；当电源电压 u_s 下降时，i_L 缓慢下降。电感的感应电势方向如图 3-3 所示。当 u_s 过零变负时，电感中的电流还没有降为零，储存在电感 L 中的能量要继续释放，直到储能放完，电流才为零。

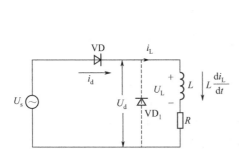

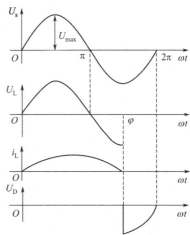

图 3-3　单相半波不可控整流电路（感性负载）　图 3-4　单相半波不可控整流电路（感性负载）波形

图 3-4 是单相半波不可控整流电路感性负载时的电压、电流波形。由图可知，当 $\omega t = \varphi$ 时，电感中电流衰减为零，二极管 VD 截止。故感性负载与纯阻性负载情况不同，负载电压波形不但有正半周的，而且还有负半周的一部分，所以平均电压较阻性负载时要小。感性负载时的负载直流平均电压为

$$U_d = \frac{1}{2\pi}\int_0^\varphi U_{max}\sin\omega t\,\mathrm{d}\omega t = \frac{U_s}{\sqrt{2}\,\pi}(1-\cos\varphi) = 0.225U_s(1-\cos\varphi)$$

这种情况是不希望出现的，因此通常在电路中加入续流二极管 VD_1，如图 3-3 中虚线所示，使电源电压负半周期期间，负载电流 i_L 经 VD_1 续流，保持负载上不出现负电压。

（2）单相桥式不可控整流电路

图 3-5 为单相桥式不可控整流电路，二极管 VD_1、VD_2 串联构成一个桥臂，VD_3、VD_4 构成另一个桥臂。将 VD_1、VD_3 的阴极连在一起，构成共阴极组。将 VD_2、VD_4 的阳极连在一起，构成共阳极组。交流电源 u_s 与整流桥之间接有变压器 T_r，一次电压 $u_1 = u_s$，二次电压为 u_2，感性负载可等效为 L 和 R 的串联，跨接于共阴极组与共阳极组之间。

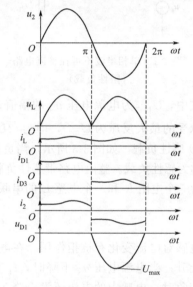

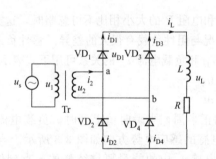

图 3-5 单相桥式不可控整流电路　　　　图 3-6 单相桥式不可控整流电路波形

当 u_2 为正半周时（如图 3-5 所示），VD_1、VD_4 导通，$u_L = u_2$。当 u_2 为负半周时，VD_3、VD_2 导通，$u_L = -u_2$。负载得到的是电源电压的全部波形，只是将电源的负半周电压反了 $180°$ 加到负载上。图 3-6 给出了单相桥式不可控整流电路的电压、电流波形。

负载直流平均电压：

$$U_d = \frac{1}{\pi}\int_0^\pi U_{max}\sin\omega t\,\mathrm{d}\omega t = \frac{1}{\pi}\int_0^\pi \sqrt{2}U_2\sin\omega t\,\mathrm{d}\omega t = 0.9U_2$$

由上式可知，负载直流平均电压比半波整流高了一倍。由于是感性负载，电源电压过零时，负载电流不为零。当负载电感很大时，负载电流 i_L 近似为平稳直流。而变压器绕组电流近似为交变的方波电流。正半周时，VD_1、VD_4 导通，所以流经这两个管子中的电流等于负载电流 i_L，而此时 VD_2、VD_3 的电流为零；负半周时，情况正好相反。

二极管承受反压的情况为：当 u_2 为正半周时，由于 VD_1、VD_4 导通，所以这两个二极管的电压均下降到近似为零，即 $u_{D1} = u_{D4} = 0$，而此时 VD_3、VD_2 两个二极管的电压降为 $u_{D3} = u_{D2} = -u_2$；当 u_2 为负半周时，VD_3、VD_2 导通，所以 $u_{D3} = u_{D2} = 0$，$u_{D1} = u_{D4} =$

u_2。由此可见，每只整流管承受的最大反向电压为电源电压 u_2 的峰值电压。

上面介绍的不可控整流电路的输出直流电压中含有很多低频谐波电压，因此在应用时需要在整流电路与负载间接入 LC 滤波器。由于滤波电感在体积和重量上要比滤波电容大得多，所以常采用大电容和小电感构成滤波器，或者是不用电感而直接用电容来滤波。这种整流电路常应用于交—直—交变频器、UPS 和开关电源等场合，采用不可控整流电路整流，然后再经电容滤波后提供直流电源，供后级的逆变器、斩波器等使用。图 3-7 为电容滤波的单相桥式不可控整流电路及波形图，主要用于小功率场合。

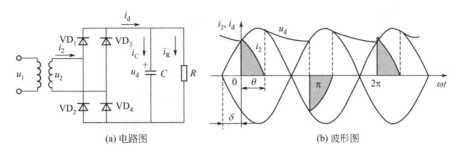

(a) 电路图　　　　　　　(b) 波形图

图 3-7　电容滤波的单相桥式不可控整流电路及波形图

在 u_2 正半周过零点至 $\omega t = 0$ 期间，因 $u_2 < u_d$，故二极管均不导通，此阶段电容 C 向 R 放电，提供负载所需的电流，同时 u_d 会下降。到 $\omega t = 0$ 之后，$u_2 > u_d$，此时 VD_1 和 VD_4 导通，$u_d = u_2$，交流电源向电容 C 充电，同时向负载 R 供电。同理可知，在 u_2 负半周时，仅在 $|u_2| > u_d$ 时，VD_2 和 VD_3 导通，$u_d = -u_2$，交流电源向电容 C 充电，同时向负载 R 供电。在 $|u_2| < u_d$ 时，VD_2 和 VD_3 截止，电容 C 向 R 放电，为负载续流。图中 u_2 的初始相位角为 δ，且 VD_1 和 VD_4 在 $\omega t = 0$ 时刻导通，则有

$$u_2 = \sqrt{2} U_2 \sin(\omega t + \delta) = u_d = u_{d0} + \frac{1}{C} \int_0^T i_c \, dt$$

$\omega t = 0$ 时，$u_{d0} = \sqrt{2} U_2 \sin\delta$，电容电流

$$i_C = C \frac{du_2}{dt} = \sqrt{2} \omega C U_2 \cos(\omega t + \delta)$$

负载电流

$$i_R = \frac{U}{R} = \frac{\sqrt{2} U_2}{R} \sin(\omega t + \delta)$$

流经二极管的电流为（见图 3-7 中电流的参考方向）

$$i_d = i_C + i_R = \sqrt{2} \omega C U_2 \cos(\omega t + \delta) + \frac{\sqrt{2} U_2}{R} \sin(\omega t + \delta)$$

设 VD_1 和 VD_4 的导通角为 θ，则当 $\omega t = \theta$ 时，VD_1 和 VD_4 截止，将 $i_d(\theta) = 0$ 代入上式得

$$\tan(\theta + \delta) = -\omega RC$$

电容被充电到 $\omega t = \theta$ 时，$u_d = u_2 = \sqrt{2} U_2 \sin(\theta + \delta)$，$VD_1$ 和 VD_4 截止。电容开始以时间常数 RC 按指数函数放电，当 $\omega t = \pi$，u_d 降至开始充电时的初始值 $\sqrt{2} U_2 \sin\delta$，另一对二极管 VD_2 和 VD_3 导通，此后 u_2 又向 C 充电，情况与 u_2 正半周时相同。由于二极管导通后 u_2 开始向 C 充电时的 u_d 与二极管截止后 C 放电结束时的 u_d 相等，故有

$$\sqrt{2} U_2 \sin(\theta + \delta) e^{-\frac{\pi - \theta}{\omega RC}} = \sqrt{2} U_2 \sin\delta$$

由于 $\delta+\theta$ 位于第二象限，由上式和 $\tan(\theta+\delta)=-\omega RC$ 得

$$\pi-\theta=\delta+\arctan(\omega RC)$$

$$\frac{\omega RC}{\sqrt{(\omega RC)^2+1}}e^{-\frac{\arctan(\omega RC)}{\omega RC}}e^{-\frac{\delta}{\omega RC}}=\sin\delta$$

图 3-7 中整流输出电压 u_d 的周期为 π，由图可以求得 u_d 的电压平均值为

$$U_d=\frac{1}{\pi}\int_0^{\theta}\sqrt{2}U_2\sin(\omega t+\delta)d(\omega t)+\frac{1}{\pi}\int_{\theta}^{\pi}\sqrt{2}U_2\sin(\theta+\delta)e^{-\frac{\omega t-\theta}{\omega RC}}d(\omega t)$$

$$=\frac{2\sqrt{2}U_2}{\pi}\sin\left(\frac{1}{2}\theta\right)\left[\sin\left(\delta+\frac{1}{2}\theta\right)+\omega RC\cos\left(\delta+\frac{1}{2}\theta\right)\right]$$

当 ωRC 已知时，可由以上三式求出导通角 θ、初始相位角 δ 以及整流电压的平均值。表 3-1 和图 3-8 分别给出了不同 ωRC 时的 δ、θ 和 U_d/U_2 间的函数关系。

表 3-1　初始相位角 δ、导通角 θ、U_d/U_2 与 ωRC 的函数关系

ωRC	0（C＝0，电阻负载）	1	5	10	40	100	500	∞（空载）
$\delta/(°)$	0	14.5	40.3	51.7	69	75.3	83.7	90
$\theta/(°)$	180	120.5	61	44	22.5	14.3	5.4	0
U_d/U_2	0.9	0.96	1.18	1.27	1.36	1.39	1.4	$\sqrt{2}$

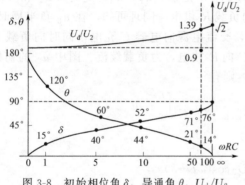

图 3-8　初始相位角 δ、导通角 θ、U_d/U_2 与 ωRC 的函数关系

由以上分析可知，空载时，$U_d=\sqrt{2}U_2$，重载时，R 很小，电容放电很快，几乎失去储能作用，随着负载加重，U_d 逐渐趋近于 $0.9U_2$，即趋近于接近电阻负载时的特性。

通常在设计时，电容 C 的取值要根据负载情况来定，使 $RC\geqslant(3\sim5)T/2$，T 为交流电源的周期，此时输出电压 $U_d\approx1.2U_2$。输出电流平均值：$I_R=U_d/R$。在稳态时，电容 C 在一个电源周期内充放电能量相等，所以流经电容的电流在一个周期内的平均值为零。由 $i_d=i_c+i_R$ 可知，$I_d=I_R$，且在一个电源周期中，i_d 有两个波头，分别流经 VD_1、VD_4 和 VD_2、VD_3，所以二极管中电流的平均值：$I_D=I_d/2$。电路二极管承受的反向电压最大值为变压器二次侧电压最大值即为 $\sqrt{2}U_2$。

在实际应用时，电路中变压器的漏感以及线路电感会对输出波形产生影响，如图 3-9 所示，此时 u_d 波形更为平直，且电流 i_2 的上升阶段平缓很多，这对电路工作是有利的。因此有时为了抑制电流冲击，常在直流侧串入较小的电感，构成 LC 滤波电路。

（3）单相全波不可控整流电路

图 3-10（a）所示为带变压器中心抽头的单相全波不可控整流电路，在图中变压器副边绕组的中点接至负载端，A、B 两端经二极管接至负载的另一端。在交流电源 u_s 正半周，VD_1 导通，u_{AO} 经 VD_1 加到负载上。在 u_s 负半周，VD_2 导通，u_{BO} 经 VD_2 加到负载上，负载电压 u_d 为双半波正弦电压，即得到全波整流，如图 3-10（c）所示。双半波的输出电压 u_d、电源交流电流的波形特性与单相全波桥式不可控整流完全相同。只是这种整流电路在电路结构上少用了两个二极管，但是必须有一个带有中心抽头的变压器，由此使得这种整流

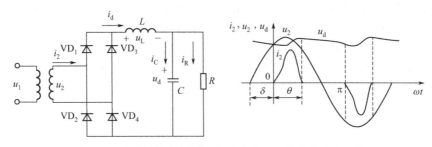

图 3-9 LC 滤波的单相桥式不可控整流电路及其工作波形

电路重量和体积上要大一些，成本也要高一些，但是其优点是直流负载与交流电源侧有电气隔离且变压器变比不同，直流输出电压也成正比例地改变。

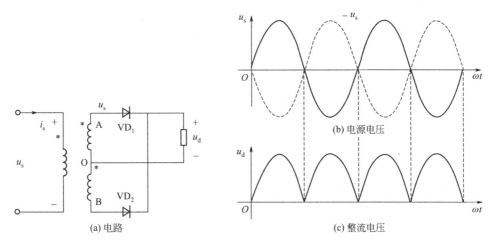

(a) 电路

(b) 电源电压

(c) 整流电压

图 3-10 带变压器中心抽头的全波整流电路及其波形图

3.1.2 三相整流电路

（1）三相半波不可控整流电路

单相桥式不可控整流电路具有很多优点，但是输出功率超过 1kW 时，就会造成三相电网不平衡。因此要求输出功率大于 1kW 的整流设备，通常采用三相整流电路。它包含三相半波整流电路、三相桥式整流电路和并联复式整流电路等。本节重点讨论三相半波不可控整流电路和三相桥式不可控整流电路。

如图 3-11（a）所示为三相半波不可控整流电路。三个二极管的阴极连接在一起，三相交流电源经三个二极管连接负载正端，交流电源的零线接负载的负端，三相交流电电压相差 $120°$。在图中 $\omega t_1 \sim \omega t_2$ 的 $120°$ 期间，u_A 电位高于 u_B、u_C，二极管 VD_1 导通，u_A 端电压加至负载上，因此 $u_d = u_A$。在 $\omega t_2 \sim \omega t_3$ 的 $120°$ 期间，u_B 比 u_A、u_C 都高，VD_3 导通，u_B 端电压加至负载上，因此 $u_d = u_B$。在 $\omega t_3 \sim \omega t_4$ 的 $120°$ 期间，u_C 比 u_A、u_B 都高，VD_5 导通，u_C 端电压加至负载上，因此 $u_d = u_C$。由此得到负载电压 u_d 的波形如图 3-11（c）所示，电源电压每个周期中的整流电压有三个脉波。图中所示的输出直流电压 u_d 的周期为 $2\pi/3$，如果交流相电压的幅值为 U_m，有效值为 U_2 则输出直流电压平均值为

$$U_d = \frac{3\sqrt{3}}{2\pi} U_m = \frac{3\sqrt{6}}{2\pi} U_2 \approx 1.17 U_2$$

若负载为电阻 R，则电压、电流波形相同。若负载电感很大以致负载电流为恒定直流 I_d 时，则电源 A 相电流 i_A 为图 3-11(d) 所示的单方向 120°宽的方波电流，幅值为 I_d。

三相半波不可控整流电路直流电压平均值 u_d 比单相不可控整流电路高，且比单相整流的谐波阶次高而较易于滤波，但是交流电源含有较大的直流分量和二次谐波分量，这对交流电源是很有害的，应尽量少采用这种整流电路。

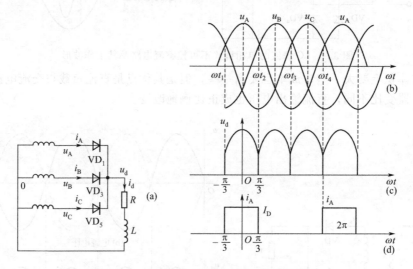

图 3-11　三相半波不可控整流电路及波形图

(2) 三相桥式不可控整流电路

图 3-12(a) 所示三相桥式不可控整流电路可以看为两个三相半波不可控整流电路的组合，其中 VD_1、VD_3、VD_5 为三个共阴极二极管的三相半波整流电路，负载 R_1 两端的电压 u_{PO} 为图 3-12(b) 中横坐标上面的粗线曲线 1→3→5→7。三个共阳极的二极管 VD_4、VD_6、VD_2 的阴极分别接至交流电源 A、B、C。它们的共阳极端 N 接至负载电阻 R_2 的负端，R_2 的正端接交流电源的中点 O 点。由于电流总是从高电位流向低电位，在图 3-12(b) 中，$\omega t_2 \sim \omega t_4$ 期间，C 相电压比 A、B 相都低，因此电流 I_d 从 O 点经负载 R_2 和 VD_2 流至 C 点，此时 VD_2 导通，负载电压 $u_{ON} = u_{OC} = -u_C$。同理，在 $\omega t_4 \sim \omega t_6$ 期间，u_A 最低，电流 I_d 从 O 点经负载 R_2 和 VD_4 流至 A 点，负载电压 $u_{ON} = u_{OA} = -u_A$；在 $\omega t_6 \sim \omega t_8$ 期间，u_B 最低，电流 I_d 从 O 点经负载 R_2 和 VD_6 流至 B 点，负载电压 $u_{ON} = u_{OB} = -u_B$，于是在负载 R_2 上的整流电压 u_{ON} 应是图 3-12(b) 中横坐标以下的粗线曲线 2→4→6→8。三相桥式不可控整流电路总的输出电压 $u_d = u_{PN} = u_{PO} + u_{ON}$，由图 3-12(b) 可知：

在 $\omega t_1 \leqslant \omega t \leqslant \omega t_2$，60°期间 I：$u_{PN} = u_A + (-u_B) = u_{AB}$

在 $\omega t_2 \leqslant \omega t \leqslant \omega t_3$，60°期间 II：$u_{PN} = u_A + (-u_C) = u_{AC}$

在 $\omega t_3 \leqslant \omega t \leqslant \omega t_4$，60°期间 III：$u_{PN} = u_B + (-u_C) = u_{BC}$

在 $\omega t_4 \leqslant \omega t \leqslant \omega t_5$，60°期间 IV：$u_{PN} = u_B + (-u_A) = u_{BA}$

在 $\omega t_5 \leqslant \omega t \leqslant \omega t_6$，60°期间 V：$u_{PN} = u_C + (-u_A) = u_{CA}$

在 $\omega t_6 \leqslant \omega t \leqslant \omega t_7$，60°期间 VI：$u_{PN} = u_C + (-u_B) = u_{CB}$

因此，负载上的整流电压为线电压，哪两相的线电压瞬时值最大时，哪两相的二极管就导通，整流电流从相电压瞬时值最高的那一端流出至负载，再回到相电压瞬时值最低的那一相。图 3-12(c) 给出了整流电压 u_d 的波形，在一个交流电源周期 2π 期间，三相桥式不可控整流电路的输出电压波形由六个形状相同的电压波段组成，其输出电压最大值为线电压的幅

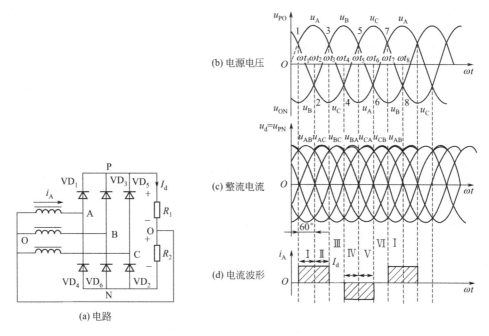

图 3-12　三相桥式不可控整流电路及波形图

值，输出的纹波较三相半波不可控整流时要小。其输出电压的平均值为三相半波不可控整流电路输出电压平均值的两倍，即为

$$U_d = \frac{3\sqrt{3}}{\pi}U_m = \frac{3\sqrt{6}}{\pi}U_2 \approx 2.34U_2$$

式中，U_m 为相电压的幅值；U_2 为相电压的有效值。

3.1.3　同步整流电路

对于开关变换器，在变压器的二次侧必然要有一个整流环节，以便比较好地进行直流输出。作为输出电路的主要开关器件，通常用的是电力二极管（利用其单向导电特性）。电力二极管可理解为一个开关，只要有足够的正向电压，它就导通，而不需另外的控制电路。但其导通压降较高，快恢复二极管或超快恢复二极管的导通压降可达 $1.0 \sim 1.2V$，即使采用低压降的肖特基二极管也要大约 $0.6V$ 的压降。这个压降会产生功耗，并且整流二极管是一种固定压降的器件。例如，当二极管的压降为 $0.7V$，使其整流 12V 电压时，它的前端要等效有 12.7V 电压，损能占 $0.7/12.7 \times 100\% \approx 5.5\%$。而当其为 3.3V 电压整流时，损耗为 $0.7/(3.3+0.7) \times 100\% = 17.5\%$。由此可见，此类器件在低电压大电流的工作环境下，损耗是非常大的。这就导致开关变换器整体效率的降低，损耗会导致二极管发热进而使整个开关变换器的温度上升，造成系统运行的不稳定及影响开关变换器的使用寿命。

同步整流技术能有效解决因输出二极管的管压降而造成的损耗问题，以降低输出电路的压降，提高开关变换器的整体效率。目前，使用的同步整流有自驱动方式的同步整流、辅助绕组控制方式的同步整流、控制 IC 方式的同步整流等。近年来，还出现了软开关同步整流方式，这样做的意义在于能减少 MOSFET 的体二极管的导通时间并消除体二极管的反向恢复时间期间造成的损耗。它首先应用在推挽、全桥变换电路中，随之又应用在单端正激变换电路中。软开关方式的同步整流，由于其处理的多为大电流、低电压的情况，所以对效率的提升比一次侧软开关处理的高电压、小电流的情况更为有效。为了更精确地控制二次侧的同步整流，已有几种 PWM 控制 IC。同步整流控制信号来自 IC 内部，用外部元件调节同步整流信号的延迟时间，从而能更准确地做到同步整流的软开关控制。

随着功率半导体工艺技术的进步，使 MOSFET 的通态电阻已达到低于 $5m\Omega$ 的水平，甚至可将 MOSFET 体内的二极管做成快恢复的二极管，这样开关变换器采用同步整流技术后，效率得到了很大的提高。

同步整流技术是现代高频开关变换技术进步的标志之一。凡是高效率的开关变换器中均采用了同步整流技术。现在同步整流技术不仅用于 5V、3.3V、2.5V 这些低输出电压领域，甚至在 12V、15V、19V 至 24V 输出时都在使用同步整流技术。

同步整流技术是用通态电阻（几毫欧姆到十几毫欧姆）极低的 MOSFET 替代输出二极管的一种技术。在用功率 MOSFET 替代输出二极管时，要求栅极电压必须与变压器二次电压的相位保持同步才能完成整流功能，故称之为同步整流。它在电路中也是作为一开关器件，但与开关二极管不同的是必须要在其栅极具有一定电压才能允许电流通过。但这种复杂的控制却得到了极小的电流损耗。

在实际应用中，如果选择的 MOSFET 的通态电阻为 $10m\Omega$，则在通过 20~30A 电流时只有 0.2~0.3V 的压降损耗。在采用 MOSFET 做同步整流时，MOSFET 的压降和恒定压降的肖特基管不同，电流越小压降越低。这个特性对于改善轻载时的效率尤为有效。

同步整流技术是为了减少输出二极管的导通损耗，提高变换器效率。不管采用哪种同步整流技术，都是通过使用低通态电阻的 MOSFET 替代输出侧的二极管，以最大限度地降低输出损耗，以提高开关变换器的整体效率。

MOSFET 的主要损耗为：

① MOSFET 开关损耗，开关损耗的来源主要为寄生电容充放电所造成的损耗 P_c；

② MOSFET 的导通损耗 P_t

$$P_t = I_o^2 R_{DS}$$

式中，I_o 为输出负载电流；R_{DS} 为通态电阻，$R_{DS} = R_{CH} + R_D$。其中 R_{CH} 为 MOSFET 的导通沟道和表面电荷积累层形成的电阻，R_D 是由 MOSFET 的 JFET 区和高阻外延层形成的电阻。

寄生电容造成的开关损耗与频率相关，在低频率时较小。MOSFET 的损耗主要由导通损耗决定。因此，可利用 MOSFET 的自动均流特性将多个 MOSFET 并联，以降低 MOSFET 的通态电阻。同步整流技术按其驱动信号类型的不同，可分为电压型驱动和电流型驱动。而电压型驱动的同步整流电路按驱动方式又可分为自驱动和外驱动两种。

（1）自驱动同步整流电路

自驱动电压型同步整流技术是由变换器中的变压器二次电压直接驱动相应的绝

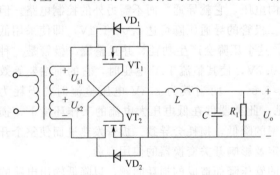

图 3-13　自驱动同步整流电路

缘栅场效应晶体管 MOSFET，如图 3-13 所示。这是一种传统的同步整流技术，其优点是不需要附加的驱动电路，结构简单。缺点是两个 MOSFET 不能在整个周期内代替二极管，使得负载电流会流过寄生二极管，造成了较大的损耗，限制了效率的提高。

图 3-13 所示为自驱动同步整流电路，当变压器一次侧流过正向电流时，变压器二次侧

出现上正下负的电压。用此电压作为 VT$_2$ 的驱动电压，使 VT$_2$ 导通，而 VT$_1$ 的栅极因受到变压器反偏电压的作用而截止。此时，变压器二次侧通过电感 L 和 VT$_2$ 为负载提供能量。当变压器的一次侧流过反向电流时，变压器的二次侧出现上负下正的电压。同样，此电压为 VT$_1$ 提供了驱动电压，使 VT$_1$ 导通，而 VT$_2$ 的栅极因受到变压器反偏电压的作用而截止。此时，变压器二次侧通过电感 L 和 VT$_1$ 为负载提供能量。

在使用自驱动同步整流时，变压器二次绕组的电压须大于一定值以能够可靠驱动绝缘栅场效应晶体管 MOSFET。对于过高的输出电压，则必须在 MOSFET 的驱动端加上驱动保护电路，以防栅极电压过高损坏 MOSFET。

在反激、正激、推挽、桥式变换器中均可采用自驱动同步整流电路。如图 3-14 所示为自驱动同步整流电路在反激、正激、推挽变换器中的应用。

（2）辅助绕组驱动同步整流电路

辅助绕组驱动同步整流电路是对自驱动同步整流电路的改进。为了防止在输入电压很高时引起变压器二次绕组电压过高，使得同步整流的 MOSFET 栅极上的电压过高损坏 MOSFET 的现象发生，在变压器二次绕组中增加了驱动绕组。这样就可有效调节驱动同步整流的 MOSFET 的栅压，使其在 MOSFET 栅压的合理区域，从而达到保护 MOSFET 的目的，提高了电源的可靠性。同时，也将本来只能使用在低输出电压场合的同步整流电路应用到高输出电压场合。其工作原理如图 3-15 所示。

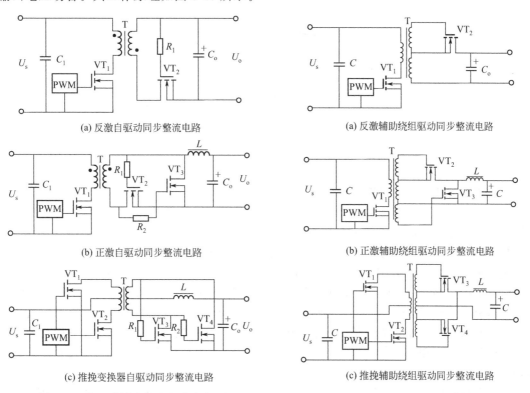

图 3-14　自驱动同步整流电路的应用　　图 3-15　辅助绕组驱动同步整流电路的应用

从图 3-15(a) 可以看出，为了驱动输出同步整流 MOSFET，在变压器的二次绕组上加绕了一个辅助绕组。此绕组上产生的电压就是同步整流 MOSFET 的驱动电压。

（3）有源钳位同步整流电路

针对自驱动、辅助绕组驱动同步整流器的不足，在开关变换器一次侧采用有源钳位同步

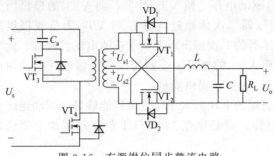

图 3-16　有源钳位同步整流电路

整流技术便应运而生，电路如图 3-16 所示。电容 C_a 以及辅助开关 VT$_3$ 组成了有源钳位电路。有源钳位开关变换器的两个整流 MOSFET 轮流导通，减少了同步整流时负载电流流过寄生二极管所造成的损耗。

从图 3-17 所示波形可以看出，在整个开关管关断期间，变压器磁芯会复位。而复位时是依靠电容 C_a 和变压器的励磁电感完成开关管的零电流、零电压开关的。由于电容 C_a 和变压器励磁电感在谐振时会在变压器的二次侧形成一个电压，而此电压正好可作为同步整流 MOSFET 的驱动电压。这个同步整流的驱动电压会与变压器的输出电压严格同步。这样 MOSFET 的体内二极管流过的电流时间就会变得很短，也就降低了同步整流的损耗。

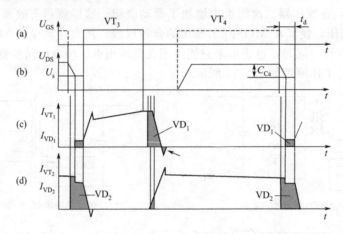

图 3-17　有源钳位同步整流波形

（4）电压外驱动同步整流电路

电压外驱动同步整流技术中 MOSFET 的驱动信号需从附加的外驱动电路获得。为了实现驱动同步，附加驱动电路必须由变换器主开关管的驱动信号控制，电路如图 3-18 所示。为了尽量缩短负载电流流过寄生二极管的时间，要使二次侧的两个 MOSFET 能在一周期内均衡地轮流导通，即两个 MOSFET 驱动信号的占空比为 50% 的互补驱动波形。外驱动电路可提供精确的时序，以达到上述要求。但为了避免两个 MOSFET 同时导通而引起二次侧短路，应留有一定的死区时间。虽然外驱动同步整流电路比起传统的自驱动同步整流电路效率更高，但它却要求附加复杂的驱动电路，从而会带来驱动损耗。特别在开关频率较高时，驱动电路的复杂程度和成本都较高。因此外驱动同步整流技术并不适用于开关频率较高的变换器。

为了提高同步整流的效率，现在设计了各种同步整流控制驱动 IC。它可将同步整流 MOSFET 的栅压调校至最合适的状态，同时也提高了开启关断时序的准确度。但其主要缺点在于 MOSFET 的驱动脉冲由控制 IC 给出，同步整流 MOSFET 的开通、关断时间会与一次侧的主开关管有时间差，因而会出现 MOSFET 体内二极管先导通、MOSFET 再导通的情况。通常 MOSFET 为硬开关。因而，这时对于采用同步整流的高频开关变换器的工作频率不能选得太高。太高后会引起同步整流管的开关损耗，反而会降低开关变换器的整体效率。

（5）应用谐振技术的软开关同步整流电路

使用方波电压驱动 MOSFET 时，由于 MOSFET 的寄生电容充放电造成的损耗与频率成正比。因此在高频情况下，如果 $f_s > 1\text{MHz}$，这一损耗将不可忽视。使用传统的自驱动同步整流技术，寄生电容引起的损耗将会很大。而使用谐振技术，使同步整流 MOSFET 两端的电压呈正弦波方式，则可大大减少整流 MOSFET 的开关损耗。采用谐振技术的软开关同步整流电路如图 3-19 所示。由于谐振电容 C_S 的加入，使得 VT_1 的寄生电容在整个周期内与 C_S 并联，VT_2 也是如此。于是，VT_1、VT_2 所有寄生电容均在一周期内与 C_S 并联，即寄生电容的能量被全部吸收进谐振电容 C_S。变压器二次侧会产生一正弦波电压，而此正弦波电压使同步整流 MOSFET 两端的电压也是正弦波，从而减少了同步整流器的损耗。

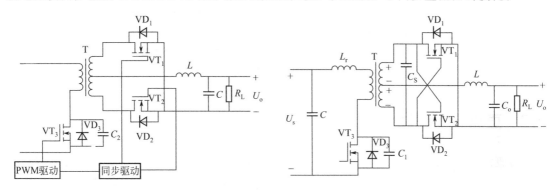

图 3-18　电压外驱动同步整流电路　　　图 3-19　采用谐振技术的软开关同步整流电路

（6）正激有源钳位电路的外驱动软开关同步整流电路

对正激有源钳位电路，还可用外部驱动方式来实现同步整流 MOSFET 的软开关。控制信号可来自二次侧也可来自一次侧，电路如图 3-20 所示，VT_2 为整流 MOSFET，VT_3 为续流 MOSFET。IC_2 控制同步整流，而 IC_1 为一次侧控制集成电路，将驱动信号传递至同步整流控制 IC_2 中，由 IC_2 通过信号变压器同步驱动脉冲送至同步整流驱动电路。驱动整流 MOSFET 的同步脉冲延迟一点时间，这段时间内让整流 MOSFET 的体二极管先行导通。而当驱动脉冲到达 MOSFET 栅极时，其源极、漏极电压已达 1V，可认为是零电压导通。当然 MOSFET 体二极管导通时间越短越好。等到二次绕组反向后，关断整流 MOSFET，从而消除体二极管反向恢复时间造成的损耗。续流 MOSFET 的导通采用与整流 MOSFET 相同的办法，即将驱动脉冲信号延迟，也令 MOSFET 源极、漏极在 1V 电压下导通。而关断则采用从续流 MOSFET 源漏极采样的方法，当认为其电流已为 0 时，将续流 MOSFET 关断，所以其为零电流关断。此外，为了减小续流 MOSFET 的体二极管的导通时间，在整个续流时段内都给出驱动脉冲。采用这样的方法处理后，开关损耗降低了，效率也有很大提

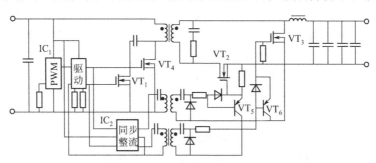

图 3-20　正激有源钳位电路的外驱动软开关同步整流电路

高。特别是同步整流 MOSFET 的体二极管，如果是快速恢复型的则效果更佳。美国凌特公司（Linear Technology Corporation，也有译为线性技术公司）的 LTC3900、美国美信公司的 MAX5058 及 MAX5059 都是较新的控制 IC 产品。如图 3-21 所示为其各个开关器件的驱动波形，要注意其时间顺序。

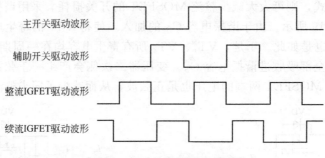

主开关驱动波形

辅助开关驱动波形

整流IGFET驱动波形

续流IGFET驱动波形

图 3-21　各开关器件的驱动波形

3.2　直流变换电路

对直流电压幅值或极性的变换称之为直流/直流变换。实现这种变换的电路称之为直流变换电路（器）或直流斩波电路，即 DC/DC 变换器。这种变换电路广泛应用于电力电子电源设备、小型直流电机的传动、光伏发电系统以及电动汽车的驱动控制等领域。

实现直流-直流变换的电路其具体的结构形式有多种，按照输入与输出是否有隔离措施来看，可分为非隔离型与隔离型两种。其中隔离型变换电路是从非隔离型变换电路派生发展而来的。典型的非隔离型变换电路有降压式变换器（Buck）、升压式变换器（Boost）、反相（降-升压）式变换器（Buck-Boost）以及库克变换器（Cuk）等；隔离型变换电路为了实现输入和输出的电隔离，功率变换主电路往往包含高频变压器。根据隔离变压器的工作模式，可分为单端和双端两种，其中典型的单端变换器可分为单端正激（Forward）和单端反激（Flyback）变换器，典型的双端变换器可分为推挽、全桥和半桥变换器。

3.2.1　非隔离型变换电路

非隔离型直流变换电路（器）有 3 种基本的电路拓扑：降压（Buck）型、升压（Boost）型、反相（Buck-Boost 即降压-升压）型。此外还有库克（Cuk）型、Sepic 型和 Zeta 型。本节讲述降压型、升压型和反相型直流变换器 3 种基本的电路拓扑。

降压型、升压型和反相型等非隔离型直流变换器的基本特征是：用功率开关晶体管把输入直流电压变成脉冲电压（直流斩波），再通过储能电感、续流二极管和输出滤波电容等元件的作用，在输出端得到所需平滑直流电压，输入与输出之间没有隔离变压器。

在分析电路工作原理时，为了便于抓住主要矛盾，掌握基本原理，简化公式推导，将功率开关晶体管和二极管都视为理想器件，可以瞬间导通或截止，导通时压降为零，截止时漏电流为零；将电感和电容都视为理想元件，电感工作在线性区且漏感和线圈电阻都忽略不计，电容的等效串联电阻和等效串联电感都为零。

各种直流变换器电路都存在电感电流连续模式（CCM——continuous conduction mode）和电感电流不连续模式（DCM——discontinuous conduction mode）两种工作模式，本书着重讲述电感电流连续模式。

（1）降压式直流变换器

① 工作原理。降压（Buck）式直流变换器（简称降压变换器）的电路图如图 3-22 所示，它由功率开关管 VT（图中为 N 沟道增强型 VMOS 功率场效应晶体管）、储能电感 L、续流二极管 VD、输出滤波电容 C_o 以及控制电路组成，R_L 为负载电阻。输入直流电源电压为 U_I，输出电压瞬时值为 u_o，输出直流电压（即瞬时输出电压 u_o 的平均值）用 U_o 表示，输出直流电流 $I_o = U_o/R_L$。

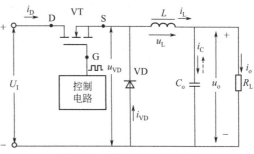

图 3-22　降压变换器电路图

功率开关管 VT 的导通与截止受控制电路输出的驱动脉冲控制。如图 3-22 所示，当控制电路有脉冲输出时，VT 导通，续流二极管 VD 反偏截止，VT 的漏极电流 i_D 通过储能电感 L 向负载 R_L 供电；此时 L 中的电流逐渐上升，在 L 两端产生左端正右端负的自感电势抗拒电流上升，L 将电能转化为磁能储存起来。经过 t_{on} 时间后，控制电路无脉冲输出，使 VT 截止，但 L 中的电流不能突变，这时 L 两端产生右端正左端负的自感电势抗拒电流下降，使 VD 正向偏置而导通，于是 L 中的电流经 VD 构成回路，其电流值逐渐下降，L 中储存的磁能转化为电能释放出来供给负载 R_L。经过 t_{off} 时间后，控制电路输出脉冲又使 VT 导通，重复上述过程。滤波电容 C_o 是为了降低输出电压 u_o 的脉动而加入的。续流二极管 VD 是必不可少的元件，倘若无此二极管，电路不仅不能正常工作，而且在 VT 由导通变为截止时，L 两端将产生很高的自感电势而使功率开关管击穿损坏。

在 L 足够大的条件下，降压变换器工作于电感电流连续模式，假设 C_o 也足够大，则波形图如图 3-23 所示。

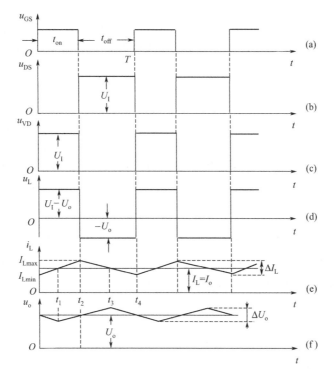

图 3-23　降压变换器波形图

控制电路输出的驱动脉冲宽度为 t_{on}，无脉冲的持续时间为 t_{off}，开关周期 $T = t_{on} + t_{off}$。栅-源间驱动脉冲 u_{GS} 的波形如图 3-23(a) 所示；功率开关管漏-源间电压 u_{DS} 和续流二极管阴极-阳极两端电压 u_{VD} 的波形分别如图 3-23(b)、(c) 所示。在 t_{on} 期间，VT 导通，$u_{DS} = 0$，VD 截止，$u_{VD} = U_I$；在 t_{off} 期间，VT 截止而 VD 导通，$u_{VD} = 0$，$u_{DS} = U_I$。

t_{on} 期间 L 两端电压为

$$u_L = L \frac{di_L}{dt} = U_I - u_o$$

其极性是左端正右端负。符合使用要求的直流变换器在稳态情况下 u_o 波形应相当平滑，即 $u_o \approx U_o$，因此上式可以近似地写成

$$u_L = L \frac{di_L}{dt} = U_I - U_o$$

这期间 L 中的电流 i_L 按线性规律从最小值 I_{Lmin} 上升到最大值 I_{Lmax}，即

$$i_L = \int \frac{U_I - U_o}{L} dt = \frac{U_I - U_o}{L} t + I_{Lmin}$$

L 中的电流最大值为

$$I_{Lmax} = \frac{U_I - U_o}{L} t_{on} + I_{Lmin}$$

L 中储存的能量为

$$W = \frac{1}{2} I_{Lmax}^2 L$$

t_{off} 期间 L 两端电压为

$$u_L = L \frac{di_L}{dt} = -U_o$$

其极性是右端正左端负，与正方向相反。从上式可以看出，这时 L 中的电流 i_L 按线性规律下降，其下降斜率为 $-U_o/L$。i_L 按此斜率从最大值 I_{Lmax} 下降到最小值 I_{Lmin}。

L 中的电流最小值为

$$I_{Lmin} = I_{Lmax} - \frac{U_o}{L} t_{off}$$

通过以上定量分析可以得到一个重要概念：在一段时间内电感两端有一恒定电压时，电感中的电流 i_L 必然按线性规律变化，其斜率为电压值与电感量之比。当电流与电压实际方向相同时，i_L 按线性规律上升；当电流与电压实际方向相反时，i_L 按线性规律下降。

在 VT 周期性地导通、截止过程中，L 中的电流增量（即 t_{on} 期间 i_L 的增加量和 t_{off} 期间 i_L 的减小量）为

$$\Delta I_L = I_{Lmax} - I_{Lmin} = \frac{U_I - U_o}{L} t_{on} = \frac{U_o}{L} t_{off} \tag{3-1}$$

如上所述，u_L 和 i_L 的波形分别如图 3-23(d)、(e) 所示。从图 3-22 可以看出，储能电感中的电流 i_L 等于流过负载的输出电流 i_o 与滤波电容充放电电流 i_{C_o} 的代数和。由于电容不能通过直流电流，其电流平均值为零，因此储能电感的电流平均值 I_L 与输出直流电流 I_o（即 i_o 的平均值）相等，即

$$I_L = (I_{Lmax} - I_{Lmin})/2 = I_o \tag{3-2}$$

输出电压瞬时值 u_o 也就是滤波电容 C_o 两端的电压瞬时值，它实际上是脉动的，当 C_o 充电时 u_o 升高，在 C_o 放电时 u_o 降低。滤波电容的电流瞬时值为

$$i_{C_o} = i_L - i_o$$

其中输出电流瞬时值

$$i_o = u_o / R_L$$

符合使用要求的直流变换器虽然输出电压 u_o 有脉动，但 u_o 与其平均值 U_o 很接近，即 $u_o \approx U_o$，于是 $i_o \approx I_o$。因此

$$i_{C_o} \approx i_L - I_o$$

当 $i_L > I_o$ 时，$i_{C_o} > 0$（i_{C_o} 为正值），C_o 充电，u_o 升高；当 $i_L < I_o$ 时，$i_{C_o} < 0$（i_{C_o} 为负值），C_o 放电，u_o 降低。u_o 的波形如图 3-23(f) 所示（为了便于看清 u_o 的变化规律，图中 u_o 的脉动幅度有所夸张，实际上 u_o 的脉动幅度应很小）。

假设电路已经稳定工作，我们来观察 u_o 的具体变化规律：在 $t=0$ 时，VT 受控由截止变导通，但此刻 $i_L = I_{Lmin} < I_o$，因此 C_o 继续放电，使 u_o 下降；到 $t=t_1$ 时，i_L 上升到 $i_L = I_o$，C_o 停止放电，u_o 下降到了最小值；此后 $i_L > I_o$，C_o 开始充电，使 u_o 上升；在 $t=t_2$ 时，VT 受控由导通变截止，然而此刻 $i_L = I_{Lmax} > I_o$，故 C_o 继续充电，u_o 继续上升；到 $t=t_3$ 时，i_L 下降到 $i_L = I_o$，C_o 停止充电，u_o 上升到了最大值；此后 $i_L < I_o$，C_o 开始放电，使 u_o 下降；在 $t=t_4$ 时又重复 $t=0$ 时的情况。输出脉动电压（即纹波电压）的峰-峰值用 ΔU_o 表示。

② 输出直流电压 U_o。电感两端直流电压为零（忽略线圈电阻），即电压平均值为零，因此在一个开关周期中 u_L 波形的正向面积必然与负向面积相等。由图 3-23(d) 可得

$$(U_I - U_o) t_{on} = U_o t_{off}$$

由此得到降压变换器在电感电流连续模式时，输出直流电压 U_o 与输入直流电压 U_I 的关系式为

$$U_o = \frac{t_{on}}{t_{on} + t_{off}} U_I = \frac{t_{on}}{T} U_I = D U_I \tag{3-3}$$

式中，t_{on} 为功率开关管导通时间；t_{off} 为功率开关管截止时间；T 为功率开关管开关周期，即

$$T = t_{on} + t_{off} \tag{3-4}$$

D 为开关接通时间占空比，简称占空比，即

$$D = t_{on} / T \tag{3-5}$$

由式(3-3) 可知，改变占空比 D，输出直流电压 U_o 也随之改变。因此，当输入电压或负载变化时，可以通过闭环负反馈控制回路自动调节占空比 D 来使输出直流电压 U_o 保持稳定。这种方法称为"时间比率控制"。

改变占空比的方法有下列 3 种：

a. 保持开关频率 f 不变（即开关周期 T 不变，$T = 1/f$），改变 t_{on}，称为脉冲宽度调制（PWM——pulse width modulation），这种方法应用得最多；

b. 保持 t_{on} 不变而改变 f，称为脉冲频率调制（PFM——pulse frequency modulation）；

c. 既改变 t_{on}，也改变 f，称为脉冲宽度频率混合调制。

从式(3-3) 还可以看出，由于占空比 D 始终小于 1，必然 $U_o < U_I$，所以图 3-22 所示电路称为降压式直流变换器或降压型开关电源。

③ 元器件参数计算

a. 储能电感 L。储能电感的电感量 L 足够大才能使电感电流连续。假如电感量偏小，则功率开关管导通期间电感中储能较少，在功率开关管截止期间的某一时刻，电感储能就释放完毕而使电感中的电流、电压都变为零，于是 i_L 波形不连续，相应地 u_{DS}、u_{VD} 波形出现

台阶，如图3-24（a）所示。由于i_L为零期间仅靠C_o放电提供负载电流，因此，这种电感电流不连续模式将使直流变换器带负载能力降低、稳压精度变差和纹波电压增大。若要避免出现这种现象，就要L值较大，但L值过大会使储能电感的体积和重量过大。通常根据临界电感L_c来选取L值，即

$$L \geqslant L_c \tag{3-6}$$

临界电感L_c是使通过储能电感的电流i_L恰好连续而不出现间断所需要的最小电感量。当$L=L_c$时，相关电压、电流波形如图3-24（b）所示，i_L在功率开关管截止结束时刚好下降为零。这时$I_{Lmin}=0$，并且

$$\Delta I_L = 2I_L \tag{3-7}$$

由式（3-7）和式（3-1）、式（3-2），可求得降压变换器的临界电感为

$$L_c = \frac{U_o}{2I_o t_{off}} = \frac{U_o T(1-D)}{2I_o} = \frac{U_o T}{2I_o}\left(1 - \frac{U_o}{U_I}\right) \tag{3-8}$$

上式中，I_o应取最小值（但输出不能空载，即$I_o \neq 0$），为了避免电感体积过大，也可以取额定输出电流的$0.3 \sim 0.5$倍；$U_o/U_I=D$应取最小值（即U_I取最大值），U_o应取最大值。从式（3-8）可以看出，开关工作频率愈高，即T愈小，则所需电感量愈小。

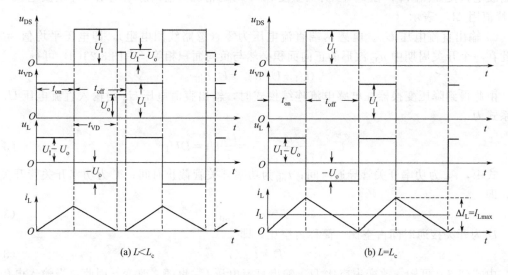

图 3-24　降压变换器 L 值对电压电流波形的影响

观察图3-24可知，忽略L中的线圈电阻，降压变换器输出直流电压U_o等于续流二极管VD两端瞬时电压u_{VD}的平均值。对照$L>L_c$、$L<L_c$和$L=L_c$的u_{VD}波形图可以看出，当输入电压U_I和占空比D不变时，因为$L<L_c$时u_{VD}波形中多一个台阶，所以$L<L_c$（电感电流不连续模式）的U_o值大于$L \geqslant L_c$（电感电流连续模式）的U_o值。计算U_o的式（3-3）仅适用于$L \geqslant L_c$的情形。

式（3-8）表明，当输入电压U_I、输出电压U_o和开关周期T一定时，输出电流I_o愈小（即负载愈轻），则临界电感值L_c愈大。假如设计直流变换器时没有按实际的最小I_o值来计算L_c，并取$L>L_c$，就会出现这样的现象：只有负载较重时，I_o较大，直流变换器才工作在$L \geqslant L_c$的状态；而轻载时I_o小，直流变换器变为处于$L<L_c$的状态，这时I_{Lmax}值较小，电感中储能少，不足以维持i_L波形连续，U_o将比按式（3-3）计算的值大，要使U_o不升高，应减小占空比D。

储能电感的磁芯，通常采用铁氧体，在磁路中加适当长度的气隙；也可采用磁粉芯。由

于磁粉芯是将铁磁性材料与顺磁性材料的粉末复合而成，相当于在磁芯中加了气隙，因此具有在较高磁场强度下不饱和的特点，不必加气隙；但磁粉芯非线性特性显著，其电感量随工作电流的增加而下降。

b. 输出滤波电容 C_o。从图 3-23(f) 看出，降压变换器的输出纹波电压峰-峰值 ΔU_o，等于 $t_1 \sim t_3$ 期间 C_o 上的电压增量，因此

$$\Delta U_o = \frac{\Delta Q}{C_o} = \frac{1}{C_o} \int_{t_1}^{t_3} i_C \mathrm{d}t$$

虽然在整个 $t_1 \sim t_3$ 期间，$i_{C_o} \approx i_L - I_o > 0$，$C_o$ 充电，使 u_o 升高，但其中 $t_1 \sim t_2$ 期间（其持续时间约为 $t_{on}/2$）i_{C_o} 值上升，而 $t_2 \sim t_3$ 期间（其持续时间约为 $t_{off}/2$）i_{C_o} 值下降，两个期间 i_{C_o} 变化规律不同，所以要把积分区间分为两个部分，即

$$\begin{aligned}
\Delta U_o &= \frac{1}{C_o} \left(\int_{t_1}^{t_2} i_C \mathrm{d}t + \int_{t_2}^{t_3} i_C \mathrm{d}t \right) \\
&= \frac{1}{C_o} \left[\int_{\frac{t_{on}}{2}}^{t_{on}} \left(\frac{U_I - U_o}{L}t + I_{Lmin} - I_o \right) \mathrm{d}t + \int_0^{\frac{t_{off}}{2}} \left(I_{Lmax} - \frac{U_o}{L}t - I_o \right) \mathrm{d}t \right]
\end{aligned}$$

注：为便于计算，上述第二项积分移动纵坐标使积分下限为坐标原点。

经过数学运算求得

$$\Delta U_o = \frac{U_o T t_{off}}{8LC_o} = \frac{U_o T^2 t_{off}}{8LC_o} \left(1 - \frac{U_o}{U_I} \right)$$

根据允许的输出纹波电压峰-峰值 ΔU_o（或相对纹波 $\Delta U_o / U_o$，通常相对纹波小于 0.5%），可利用上式确定输出滤波电容所需的电容量为

$$C_o \geqslant \frac{U_o T^2}{8L \Delta U_o} \left(1 - \frac{U_o}{U_I} \right) \tag{3-9}$$

从上式可以看出，开关频率愈高，即 T 愈小，则所需电容量 C_o 愈小。

输出滤波电容 C_o 采用高频电解电容器，为使 C_o 有较小的等效串联电阻（ESR）和等效串联电感（ESL），常用多个电容器并联。电容器的额定电压应大于电容器上的直流电压与交流电压峰值之和，电容器允许的纹波电流应大于实际纹波电流值。电解电容器是有极性的，使用中正、负极性切不可接反，否则，电容器会漏电流很大而过热损坏，甚至发生爆炸。

c. 功率开关管 VT（VMOSFET）。

（a）VMOSFET 的最大漏极电流 I_{Dmax} 与漏极电流有效值 I_{Dx}。降压变换器等非隔离型开关电源，功率开关管导通时，漏极电流 i_D 等于 t_{on} 期间的电感电流 i_L，因此最大漏极电流 I_{Dmax} 与储能电感中的电流最大值 I_{Lmax} 相等。当 $L \geqslant L_c$ 时

$$I_{Lmax} = I_L + \frac{\Delta I_L}{2} \tag{3-10}$$

在降压变换器中，$I_L = I_o$，将 ΔI_L 用式(3-1) 代入，得

$$I_{Lmax} = I_o + \frac{U_o}{2L} t_{off}$$

而 $t_{off} = T - t_{on} = T(1-D) = T(1 - U_o/U_I)$

所以

$$I_{Dmax} = I_{Lmax} = I_o + \frac{U_o T}{2L} \left(1 - \frac{U_o}{U_I} \right) \tag{3-11}$$

漏极电流有效值为

$$I_{Dx} = \sqrt{\frac{\int_0^T i_D^2 \, dt}{T}} \approx \sqrt{\frac{\int_0^{t_{on}} I_L^2 \, dt}{T}} = \sqrt{\frac{t_{on}}{T}} I_L = \sqrt{D} \, I_L \qquad (3-12)$$

在降压变换器中

$$I_{Dx} \approx \sqrt{D} \, I_o \qquad (3-13)$$

(b) VMOSFET 的最大漏-源电压 U_{DSmax}。功率开关管的漏-源电压 u_{DS} 在它由导通变为截止时最大，在降压变换器中其值为

$$U_{DSmax} = U_I \qquad (3-14)$$

(c) VMOSFET 的耗散功率 P_D。在前面的讨论中，把功率开关管视为理想器件，既没有考虑它的"上升时间" t_r 和"下降时间" t_f 等动态参数及开关损耗，也没有考虑它的通态损耗。实际上功率开关管在工作过程中是存在功率损耗的，开关工作一周期可分为 4 个时区，即上升期间 t_r、导通期间 t_{on}、下降期间 t_f 和截止期间 t_{off}，除了 t_{off} 期间损耗功率很小外，在 t_r、t_f 和 t_{on} 期间的损耗功率都不能忽略。

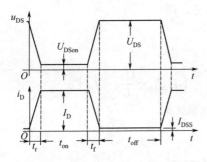

图 3-25　功率开关管漏极电压
电流开关工作波形

深入讨论 t_r 和 t_f 的过程很复杂，为简化分析，将开关工作波形理想化如图 3-25 所示。VMOS 场效应管各时区的损耗功率在一个周期内的平均值分别如下。

上升损耗：$P_r = \dfrac{1}{T} \displaystyle\int_0^{t_r} U_{DS}\left(1 - \dfrac{t}{t_r}\right) I_D \dfrac{t}{t_r} \, dt = \dfrac{U_{DS} I_D}{6T} t_r$

通态损耗：$P_{on} = U_{DSon} I_D \dfrac{t_{on}}{T} = U_{DSon} I_D D$

下降损耗：$P_f = \dfrac{1}{T} \displaystyle\int_0^{t_f} U_{DS}\left(1 - \dfrac{t}{t_f}\right) I_D \dfrac{t}{t_f} \, dt = \dfrac{U_{DS} I_D}{6T} t_f$

截止损耗：$P_{off} = U_{DS} I_{DSS} \dfrac{t_{off}}{T} = U_{DS} I_{DSS}(1 - D)$

因此，VMOSFET 的耗散功率为

$$P_D = P_r + P_{on} + P_f + P_{off}$$
$$= \frac{U_{DS} I_D}{6T}(t_r + t_f) + U_{DSon} I_D D + U_{DS} I_{DSS}(1 - D) \qquad (3-15)$$

式中，U_{DS} 为 VMOSFET 截止时的 D、S 极间电压；I_D 为 VMOSFET 导通期间的漏极平均电流；T 为开关周期；t_r 为 VMOSFET 的开关参数"上升时间"；t_f 为 VMOSFET 的开关参数"下降时间"；U_{DSon} 为 VMOSFET 的通态压降，$U_{DSon} = I_D R_{on}$（R_{on} 为 VMOSFET 的导通电阻）；I_{DSS} 为 VMOSFET 的零栅压漏极电流，即 VMOSFET 截止时的漏极电流；D 为占空比。

P_r 与 P_f 之和称为开关损耗，P_{on} 与 P_{off} 之和称为稳态损耗。

通常 VMOSFET 的 I_{DSS} 很小，使 P_{off} 可以忽略不计，因此 VMOSFET 的耗散功率可近似为

$$P_D = \frac{U_{DS} I_D}{6T}(t_r + t_f) + U_{DSon} I_D D \qquad (3-16)$$

也就是说，P_D 近似等于开关损耗与通态损耗之和。为了避免开关损耗过大，$(t_r + t_f)$

应比 T 小得多。

式(3-16)具有通用性，不仅适用于降压式直流变换器，而且对其他类型的直流变换器也适用。需要说明的是，该式仅适用于粗略估算，因为它所依据的是功率开关管的理想开关波形，同实际开关波形有些差别，式中的开关损耗部分有可能出现较大误差（计算开关损耗比较精确的方法是：根据实测的 i_D、u_{DS} 波形，用图解法求出，不过这种方法很复杂）。用该式计算的结果选管时，VMOSFET 允许的耗散功率要有一定余量。

对降压变换器而言，$U_{DS}=U_I$，$I_D=I_o$，$D=U_o/U_I$，故

$$P_D=\frac{U_I I_o}{6T}(t_r+t_f)+\frac{U_{DSon}I_o U_o}{U_I} \tag{3-17}$$

选择 VMOSFET 的要求是：漏极脉冲电流额定值 $I_{DM}>I_{Dmax}$，漏极直流电流额定值大于 I_{Dx}，漏-源击穿电压 $U_{(BR)DSS}\geq1.25U_{DSmax}$（考虑 25％ 以上的余量），最大允许耗散功率 $P_{DM}>P_D$，导通电阻 R_{on} 小，开关速度快。

（d）续流二极管 VD。续流二极管 VD 在功率开关管 VT 截止时导通，其电流值等于 t_{off} 期间的 i_L。从图 3-23（e）可以看出，续流二极管中的电流平均值为

$$I_{VD}=\frac{t_{off}}{T}I_L=(1-D)I_L \tag{3-18}$$

在降压变换器中，由于 $I_L=I_o$，$D=U_o/U_I$，因此

$$I_{VD}=\left(1-\frac{U_o}{U_I}\right)I_o \tag{3-19}$$

续流二极管承受的反向电压为

$$U_R=U_I \tag{3-20}$$

选择续流二极管的要求是：额定正向平均电流 $I_F\geq(1.5\sim2)I_{VD}$，反向重复峰值电压 $U_{RRM}\geq(1.5\sim2)U_R$，正向压降小，反向漏电流小，反向恢复时间短并具有软恢复特性。

上述选择 VMOSFET 和二极管的要求，不仅适用于降压式直流变换器，对其他直流变换器也适用。

④ 优缺点

降压变换器的优点：

a. 若 L 足够大（$L\geq L_c$），则电感电流连续，不论功率开关管导通或截止，负载电流都流经储能电感，因此输出电压脉动较小，并且带负载能力强；

b. 对功率开关管和续流二极管的耐压要求较低，它们承受的最大电压为输入最高电源电压。

降压变换器的缺点：

a. 当功率开关管截止时，输入电流为零，因此输入电流不连续，是脉冲电流，这对输入电源不利，加重了输入滤波的任务；

b. 功率开关管和负载是串联的，如果功率开关管击穿短路，负载两端电压便升高到输入电压 U_I，可能使负载因承受过电压而损坏。

限于篇幅，对后面其他类型的变换器不讲述元器件参数的计算。不同的直流变换器，虽然元器件参数的计算公式不同，但分析方法相似。对于其他类型的直流变换器，在掌握其工作原理和波形图的基础上，可借鉴上述方法计算元器件参数。

（2）升压式直流变换器

① 工作原理。升压（Boost）式直流变换器（简称升压变换器）的电路图如图 3-26 所示。当控制电路有驱动脉冲输出时（t_{on} 期间），功率开关管 VT 导通，输入直流电压 U_I 全

部加在储能电感 L 两端，其极性为左端正右端负，续流二极管 VD 反偏截止，电流从电源正端经 L 和 VT 流回电源负端，i_L 按线性规律上升，L 将电能转化为磁能储存起来。经过 t_{on} 时间后，控制电路无脉冲输出（t_{off} 期间），使 VT 截止，L 两端自感电势的极性变为右端正左端负，使 VD 导通，L 释放储能，i_L 按线性规律下降；这时 U_I 和 L 上的电压 u_L 叠加起来，经 VD 向负载 R_L 供电，同时对滤波电容 C_o 充电。经过 t_{off} 时间后，VT 又受控导通，VD 截止，L 储能，已充电的 C_o 向负载 R_L 放电。经 t_{on} 时间后，VT 受控截止，重复上述过程。开关周期 $T = t_{on} + t_{off}$。

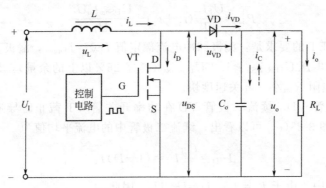

图 3-26　升压变换器电路图

假设 L 和 C_o 都足够大，电路工作于电感电流连续模式，则升压变换器的波形图如图3-27

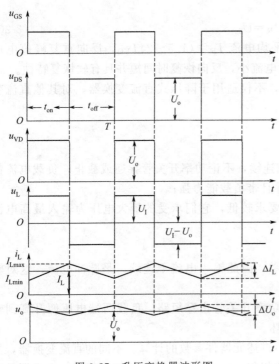

图 3-27　升压变换器波形图

所示。在 t_{on} 期间，VT 受控导通，$u_{DS}=0$；VD 截止，其阴极-阳极间电压 $u_{VD}=u_o\approx U_o$；两端电压为（极性左端正右端负）$u_L=U_I$；在 t_{off} 期间，VT 截止，VD 导通，$u_{VD}=0$，$u_{DS}=u_o\approx U_o$；L 两端电压为（极性右端正左端负）$u_L=-(u_o-U_I)$，在 t_{on} 期间，C_o 放电，u_o 有所下降；在 t_{off} 期间，C_o 充电，故 u_o 有所上升（为了便于说明问题，图中 u_o 脉动幅度有所夸张，实际上 u_o 脉动很小）。

② 输出直流电压 U_o。电感两端直流电压为零（忽略线圈电阻），即电压平均值为零。据此利用 u_L 波形图可求得升压变换器电感电流连续模式的输出直流电压（即 u_o 的平均值）为

$$U_o = \frac{T}{t_{off}}U_I = \frac{U_I}{1-D} \qquad (3\text{-}21)$$

由于 $t_{off} < T$，$0 < D < 1$，因此输出直流电压 U_o 始终大于输入直流电压 U_I，这就是升压式直流变换器名称的由来。

需要指出的是，在升压变换器中，储能电感 L 的电流平均值 I_L 大于输出直流电流 I_o。与降压变换器不同，L 中的电流就是升压变换器的输入电流。忽略电路中的损耗，输出直流

功率与输入直流功率相等，即

$$U_o I_o = U_I I_L$$

因此

$$I_L = \frac{U_o}{U_I} I_o = \frac{I_o}{1-D} \tag{3-22}$$

③ 优缺点

升压变换器的优点：a. 输出电压总是高于输入电压，当功率开关管被击穿短路时，不会出现输出电压过高而损坏负载的现象；b. 输入电流（即 i_L）是连续的，不是脉冲电流，因此对电源的干扰较小，输入滤波器的任务较轻。

升压变换器的缺点：输出侧的电流（指流经 VD 的 i_{VD}）不连续，是脉冲电流，从而加重了输出滤波的任务。

（3）反相式直流变换器

① 工作原理。反相（Buck-Boost）式直流变换器（简称反相变换器）的电路图如图 3-28 所示。与降压变换器相比，电路结构的不同点是储能电感 L 和续流二极管 VD 对调了位置。

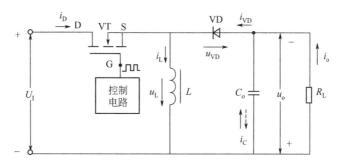

图 3-28　反相变换器电路图

当控制电路有驱动脉冲输出时（t_{on} 期间），功率开关管 VT 导通，输入直流电压 U_I 全部加在储能电感 L 两端，其极性为上端正下端负，续流二极管 VD 反偏截止，储能电感 L 将电能转化为磁能储存起来，电流从电源正端经 VT 和 L 流回电源负端，i_L 按线性规律上升，L 将电能转化为磁能储存起来。经过 t_{on} 时间后，控制电路无脉冲输出（t_{off} 期间），使 VT 截止，L 两端自感电势的极性变为下端正上端负，使 VD 导通，L 所储存的磁能转化为电能释放出来，向负载 R_L 供电，并同时对滤波电容 C_o 充电，i_L 按线性规律下降。经过 t_{off} 时间后，VT 又受控导通，VD 截止，L 储能，已充电的 C_o 向负载 R_L 放电。经 t_{on} 时间后，VT 受控截止，重复上述过程。开关周期 $T = t_{on} + t_{off}$。由以上讨论可知，这种电路输出直流电压 U_o 的极性和输入直流电压 U_I 的极性是相反的，故称为反相式直流变换器。

假设 L 和 C_o 都足够大，电路工作于电感电流连续模式，则反相变换器的波形图如图 3-29 所示。在 t_{on} 期间，VT 受控导通，$u_{DS} = 0$；VD 截止，其阴极-阳极间电压 $u_{VD} = U_I + u_o \approx U_I + U_o$；$L$ 两端电压为 $u_L = U_I$（极性上端正下端负）；在 t_{off} 期间，VT 截止，VD 导通，$u_{VD} = 0$，$u_{DS} = U_I + u_o \approx U_I + U_o$；$L$ 两端电压为 $u_L = -u_o \approx -U_o$（极性下端正上端负，与正方向相反）。

L 中的电流平均值为 I_L。根据电荷守恒定律，当电路处于稳态时，储能电感 L 在 t_{off} 期间所释放的电荷总量等于负载 R_L 在一个周期（T）内所获得的电荷总量，即

$$I_L t_{off} = I_o T$$

所以

$$I_L = \frac{T}{t_{off}} I_o = \frac{I_o}{1-D} \tag{3-23}$$

可见在反相变换器中，$I_L > I_o$。

输出电压瞬时值 u_o 等于滤波电容 C_o 两端的电压瞬时值。在 VT 导通、VD 截止时（即 t_{on} 期间），C_o 放电，u_o 有所下降；在 VT 截止、VD 导通时（即 t_{off} 期间），C_o 充电，u_o 有所上升。因此，u_o 波形如图 3-29 所示（图中 u_o 脉动幅度有所夸张）。

② 输出直流电压 U_o。利用 u_L 波形图可求得反相变换器电感电流连续模式的输出直流电压为

$$U_o = \frac{t_{on}}{t_{off}} U_I = \frac{D}{1-D} U_I \tag{3-24}$$

式中，D 为占空比，$D = t_{on}/T$。

从式(3-24)可知：

当 $t_{on} < t_{off}$ 时，$D < 0.5$，$U_o < U_I$，电路属于降压式；

当 $t_{on} = t_{off}$ 时，$D = 0.5$，$U_o = U_I$；

当 $t_{on} > t_{off}$ 时，$D > 0.5$，$U_o > U_I$，电路属于升压式。

由此可见，这种电路的占空比 D 若能从小于 0.5 变到大于 0.5，输出直流电压 U_o 就能由低于输入直流电压 U_I 变为高于输入直流电压 U_I，所以反相式直流变换器又称为降压-升压式直流变换器，使用起来灵活方便。

③ 优缺点

反相变换器的优点：a. 当功率开关管被击穿短路时，不会出现输出电压过高而损坏负载的现象；b. 既可以降压，也可以升压。

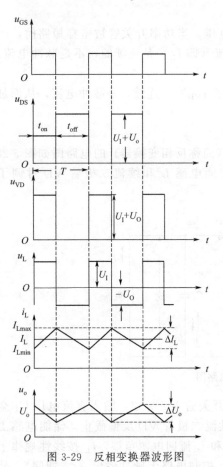

图 3-29　反相变换器波形图

反相变换器的缺点：a. 在续流二极管截止期间，负载电流全靠滤波电容 C_o 放电来提供，因此带负载能力较差，稳压精度亦较差。这种电路输入电流（指 VT 的 i_D）与输出侧的电流（指流经 VD 的 i_{VD}）都是脉冲电流，从而加重了输入滤波和输出滤波的任务。b. 功率开关管或续流二极管截止时承受的反向电压较高，都等于 $U_I + U_o$，因此对器件的耐压要求较高。

3.2.2　单端直流变换电路

隔离型直流变换器的基本工作过程是：输入直流电压先通过功率开关管的通断把直流电压逆变为占空比可调的高频交变方波电压加在变压器初级绕组上，然后经过变压器变压、高频整流和滤波，输出所需直流电压。在这类直流变换器中均有高频变压器，可实现输出与输入侧间的电气隔离。高频变压器的磁芯通常采用铁氧体或铁基纳米晶合金。

(1) 单端反激式直流变换器

① 工作原理。单端反激（Flyback）式直流变换器的电路图如图 3-30(a) 所示，简化电

路如图 3-30(b) 所示。这种变换器由功率开关管 VT、高频变压器 T、整流二极管 VD 和滤波电容 C_o、负载电阻 R_L 以及控制电路组成。变压器初级绕组为 N_p、次级绕组为 N_s，同名端如图中所示，当 VT 导通时，VD 截止，故称为反激式变换器。在这种电路中，变压器既起变压作用，又起储能电感的作用。所以，人们又把这种电路称为电感储能式变换器。

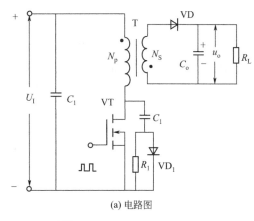

功率开关管 VT 的导通与截止由加于栅-源极间的驱动脉冲电压（u_{GS}）控制，开关工作周期 $T = t_{on} + t_{off}$。

a. t_{on} 期间：VT 受控导通，忽略 VT 的压降，可近似认为输入直流电压 U_I 全部加在变压器初级绕组两端，变压器初级电压 $u_p = U_I$，于是变压器次级电压为

$$u_S = u_p/n = U_I/n$$

式中，$n = u_p/u_S = N_p/N_S$ 为变压器的变比，即变压器初、次级绕组匝数比。

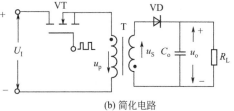

图 3-30　单端反激式变换器电路图

如图 3-30 所示，此时变压器初级绕组的电压极性为上端正下端负，次级绕组的电压极性由同名端决定，为下端正上端负，故 VD 反向偏置而截止，次级绕组中无电流通过。由于变压器初级电压为

$$u_p = N_p \frac{d\phi}{dt} = L_p \frac{di_p}{dt} = U_I$$

因此变压器初级绕组的电流（即 VT 的漏极电流）为

$$i_p = \int \frac{U_I}{L_p} dt = \frac{U_I}{L_p} t + I_{p0} \tag{3-25}$$

式中，L_p 为变压器初级励磁电感；I_{p0} 为初级绕组的初始电流。

由上式可知，在 t_{on} 期间 i_p 按线性规律上升，L_p 储能。变压器初级绕组中的电流最大值 I_{pm} 出现在 VT 导通结束的 $t = t_{on}$ 时刻，其值为

$$I_{pm} = \frac{U_I}{L_p} t_{on} + I_{p0}$$

L_p 中的储能为

$$W_p = \frac{1}{2} I_{pm}^2 L_p$$

该能量储存在变压器的励磁电感中，即储存在磁芯和气隙的磁场中。

b. t_{off} 期间：VT 受控截止，变压器初级电感 L_p 产生感应电势反抗电流减小，使变压器初、次级电压反向（初级绕组电压极性变为下端正上端负，而次级绕组电压极性变为上端正下端负），于是 VD 正向偏置而导通，储存在磁场中的能量释放出来，对滤波电容 C_o 充电，并对负载 R_L 供电，输出电压等于滤波电容 C_o 两端电压。假设电路已处于稳态，C_o 足够大，使输出电压瞬时值 u_o 近似等于平均值——输出直流电压 U_o，忽略整流二极管 VD 的正向压降，则 VD 导通期间（t_{VD}）变压器次级电压为

$$u_s = N_s \frac{\mathrm{d}\phi}{\mathrm{d}t} = L_s \frac{\mathrm{d}i_s}{\mathrm{d}t} = -U_o \tag{3-26}$$

式中，L_s 为变压器次级电感，它是变压器初级电感折算到次级的量。这时变压器次级电压绝对值为 U_o，上式中的负号表示电压方向与次级电压正方向（下端正上端负）相反。

由上式可解得变压器次级绕组中的电流为

$$i_s = I_{sm} - \frac{U_o}{L_s} t \tag{3-27}$$

当 $t=0$ 时，$i_s = I_{sm}$。I_{sm} 为变压器次级电流最大值，它出现在 VT 由导通变为截止的时刻，即 VD 由截止变为导通的时刻。由于变压器的磁势 $\sum iN$ 不能突变，因此

$$I_{sm} = nI_{pm}$$

式中，n 是变压器的变比。

设 T 为全耦合变压器［全耦合变压器是指无漏磁通（即无漏感）、无损耗但励磁电感为有限值（不是无穷大）的变压器，它等效为励磁电感与理想变压器并联］，则储能为

$$\frac{1}{2} I_{pm}^2 L_p = \frac{1}{2} I_{sm}^2 L_s$$

用上式求得变压器次级电感 L_s 与变压器初级电感 L_p 的关系为

$$L_s = L_p / n^2 \tag{3-28}$$

由式(3-27)可知，在 t_{off} 期间，i_s 按线性规律下降，其下降速率取决于 U_o / L_s。L_s 小，则 i_s 下降得快，L_s 大，则 i_s 下降得慢，而 L_s 与 L_p 的值是密切关联的。在单端反激变换器中同样存在临界电感：变压器初级的临界电感值为 L_{pc}，对应的变压器次级临界电感值为 $L_{sc}(L_{sc} = L_{pc}/n^2)$。在 $L_p < L_{pc}(L_s < L_{sc})$、$L_p > L_{pc}(L_s > L_{sc})$ 时，电路的波形图分别如图 3-31(a)、(b) 所示。

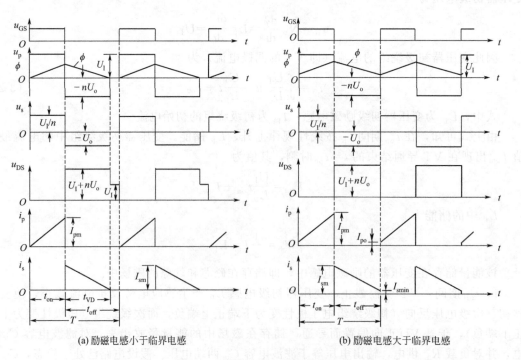

(a) 励磁电感小于临界电感　　　　　　(b) 励磁电感大于临界电感

图 3-31　单端反激变换器波形图

(a) 当 $L_s < L_{sc}$ 时，i_s 下降较快，VT 受控截止尚未结束，变压器的电感储能便释放完

毕，使 VD 截止。VD 的导通时间 $t_{VD} < t_{off}$，变压器次级电流最小值 $I_{smin} = 0$，相应地变压器初级初始电流 $I_{p0} = 0$。从 VD 开始导通到它截止的 t_{VD} 期间，变压器次级电压 $u_s = -U_o$，初级电压 $u_p = nu_s = -nU_o$，VT 的漏-源电压 $u_{DS} = U_I + nU_o$。VD 截止后到 t_{off} 结束期间，变压器次级和初级电压均为零，VT 的漏-源电压 $u_{DS} = U_I$。

(b) 当 $L_s > L_{sc}$ 时，i_s 下降较慢。在 t_{off} 期末，即 VT 截止结束时，i_s 按式（3-27）的规律尚未下降到零，i_s 的最小值为

$$I_{smin} = I_{sm} - \frac{U_0}{L_s} t_{off} > 0$$

但此刻 VT 再次受控导通，变压器初、次级电压反向，使 VD 加上反向电压而截止，另一个开关周期开始。因变压器的磁势 $\sum iN$ 不能突变，故在 VD 截止、变压器次级电流由 I_{smin} 突变为零的同时，变压器初级电流由零突变为初始电流，即

$$I_{p0} = I_{smin}/n$$

显然，当 $L_s > L_{sc}$ 时，$t_{VD} = t_{off}$，在整个 t_{off} 期间，$u_s = -U_o$，$u_p = -nU_o$，$u_{DS} = U_I + nU_o$。

(c) 当变压器电感为临界电感（$L_{sp} = L_{pc}$、$L_s = L_{sc}$）时，恰好在 t_{off} 结束的时刻 i_s 下降到零，相应地 $I_{p0} = 0$。也就是说，这时磁化电流（t_{off} 期间的 i_p 和 t_{off} 期间的 i_s）恰好连续而不间断。t_{off} 期间结束，又转入 t_{on} 期间。在 t_{on} 期间靠 C_o 放电供给负载电流。

由于这种直流变换器当功率开关器件 VT 导通时，整流二极管 VD 截止，电源不直接向负载传送能量，而由变压器储能；当 VT 变为截止时，VD 导通，储存在变压器磁场中的能量释放出来供给负载 R_L 和输出滤波电容 C_o，因此称为反激式变换器。

图 3-30(a) 中，C_i 用于输入滤波；C_1、R_1、VD_1 为关断缓冲电路，用于对功率开关管进行保护，并吸收高频变压器漏感释放储能所引起的尖峰电压。

在 VT 由导通变为截止时，电容 C_1 经二极管 VD_1 充电，C_1 的充电终了电压为 $U_{C_1} = U_I + nU_o$。由于电容电压不能突变，VT 的漏-源电压被 C_1 两端电压钳制而有个上升过程，因此不会出现漏-源电压与漏极电流同时达到最大值的情况，从而避免了出现最大的瞬时尖峰功耗。C_1 储存的能量为 $C_1 U_{c_1}^2/2$。当 VT 由截止变为导通时，C_1 经 VT 和 R_1 放电，其放电电流受 R_1 限制，电容 C_1 储存的能量大部分消耗在电阻 R_1 上。由此可见，在加入关断缓冲电路后，VT 关断时的功率损耗，一部分从 VT 转移至缓冲电路中，VT 承受的电压上升率和关断损耗下降，从而受到保护，但是，总的功耗并未减少。

此外，当 VT 由导通变为截止时，高频变压器漏感中储存的能量，也经 VD_1 向 C_1 充电，使漏感的 di/dt 值减小，因而变压器漏感释放储能所引起的尖峰电压受到一定抑制。

② 变压器的磁通

由于变压器初级电压

$$u_p = N_p \frac{d\phi}{dt}$$

因此变压器磁芯中的磁通为

$$\phi = \int \frac{u_p}{N_p} dt$$

在 VT 导通的 t_{on} 期间：

$$u_p = U_I$$

故

$$\phi = \frac{U_I}{N_p} t + \phi_0$$

式中，ϕ_0 为磁通初始值。

由此可见，在 t_{on} 期间，ϕ 按线性规律上升，最大磁通为

$$\phi_m = \frac{U_I}{N_p} t_{on} + \phi_0$$

磁通增量为正增量

$$\Delta\phi_{(+)} = \frac{U_I}{N_p}\Delta t = \frac{U_I}{N_p} t_{on}$$

在 VD 导通的 t_{VD} 期间：

$$u_p = -nU_o$$

此期间 ϕ 按线性规律下降，磁通增量为负增量

$$\Delta\phi_{(-)} = -\frac{nU_o}{N_p}\Delta t = -\frac{nU_o}{N_p} t_{VD}$$

在稳态情况下，一周期内磁通的正增量 $\Delta\phi(+)$ 必须与负增量的绝对值 $\Delta\phi(-)$ 相等，称为磁通的复位。磁通复位是单端变换器必须遵循的一个原则。在单端变换器中，磁通 ϕ 只工作在磁滞回线的一侧（第一象限），假如每个开关周期结束时 ϕ 没有回到周期开始时的值，则 ϕ 将随周期的重复而渐次增加，导致磁芯饱和，于是 VT 导通时磁化电流很大（即漏极电流 i_D 很大），造成功率开关管损坏。因此，每个开关周期结束时的磁通必须回复到原来的起始值，这就是磁通复位的原则。

③ 输出直流电压 U_o。

a. 磁化电流连续模式。当 $L_p \geqslant L_{pc}$（$L_s \geqslant L_{sc}$）时，磁化电流连续。忽略变压器线圈电阻，变压器上直流电压应为零，即变压器初级电压 u_p（或次级电压 u_s）的平均值应为零。也就是说，波形图上 u_p 波形在 t_{on} 期间与时间 t 轴所包络的正向面积，应和它在 t_{off} 期间与时间 t 轴所包络的负向面积相等。由图 3-31(b) 中 u_p 波形图可得：$U_I t_{on} = nU_o t_{off}$。

由上式求得，单端反激变换器磁化电流连续模式的输出直流电压为

$$U_o = \frac{U_I t_{on}}{nt_{off}} = \frac{DU_I}{n(1-D)} \tag{3-29}$$

式中，$D = t_{on}/T$，为占空比。

这时输出直流电压取决于占空比 D、变压器的变比 n 和输入直流电压 U_I，同负载轻重几乎无关。

b. 磁化电流不连续模式。当 $L_p < L_{pc}$（$L_s < L_{sc}$）时，磁化电流不连续。整流二极管 VD 的导通时间 $t_{VD} < t_{off}$，因此需要用与上面不同的方法来求得 U_o 值。

功率开关管 VT 导通期间变压器初级电感中储存的能量为

$$W_p = \frac{1}{2} I_{pm}^2 L_p$$

在 $L_p < L_{pc}$ 时，初始电流 $I_{po} = 0$，故

$$I_{pm} = \frac{U_I}{L_p} t_{on}$$

因此

$$W_p = \frac{U_I^2 t_{on}^2}{2L_p}$$

其功率为

$$P = \frac{W_p}{T} = \frac{U_I^2 t_{on}^2}{2L_p T}$$

负载功率为

$$P_o = U_o^2 / R_L$$

理想情况下，效率为100%，变压器在功率开关管导通期间所储存的能量，全部转化为供给负载的能量，即

$$P = P_o$$

由此求得单端反激变换器磁化电流不连续模式的输出直流电压为

$$U_o = U_I t_{on} \sqrt{\frac{R_L}{2 L_p T}} \tag{3-30}$$

可见在励磁电感小于临界电感的条件下，如果 U_I、t_{on}、T 和 L_p 不变，输出直流电压 U_o 随负载电阻 R_L 增大而增大，当负载开路（$R_L \to \infty$）时，U_o 将会升得很高；功率开关管在截止时，$u_{DS} = U_I + n U_o$ 也将很高，可能击穿损坏。因此在开环情况下，注意不要让负载开路。闭环时（接通负反馈自动控制），如果电路的稳压性能良好，在负载电阻 R_L 增大时，占空比 D 会自动调小，即 t_{on} 减小，从而使 U_o 保持稳定。在输出滤波电容 C_o 两端并联一只约流过1%额定输出电流的泄放电阻（死负载），使单端反激式直流变换器实际上不会空载，可以防止产生过电压。

④ 性能特点

a. 利用高频变压器初、次级绕组间电气绝缘的特点，当输入直流电压 U_I 是由交流电网电压直接整流滤波获得时，可以方便地实现输出端和电网之间的电气隔离。

b. 能方便地实现多路输出。只需在变压器上多绕几组次级绕组，相应地多用几只整流二极管和滤波电容，就能获得不同极性、不同电压值的多路直流输出电压。

c. 保持占空比 D 在最佳范围内的情况下，可适当选择变压器的变比 n，使直流变换器满足对输入电压变化范围的要求。

【例】 某单端反激变换器应用在无工频变压器开关整流器中作辅助电源，用交流市电电压直接整流滤波获得输入直流电压 U_I，允许市电电压变化范围为 $150 \sim 290V$，要求占空比 D 的变化范围在 $0.2 \sim 0.4$ 以内，验证能否实现输出电压 $U_o = 18V$ 保持不变？

解： 由式（3-29）可得

$$U_I = \frac{n(1-D)}{D} U_o$$

设变压器的变比 $n = N_p / N_s = 5$，并将 $D = 0.2$ 及 $D = 0.4$ 分别代入上式，得

$$U_{I(max)} = \frac{5 \times (1-0.2)}{0.2} \times 18 = 360(V)；\quad U_{I(min)} = \frac{5 \times (1-0.4)}{0.4} \times 18 = 135(V)$$

单相桥式不控整流电容滤波电路，其输出直流电压 U_I 与输入交流电压有效值 U_{AC} 之间的关系式为

$$U_I = 1.2 U_{AC}$$

故

$$U_{AC(max)} = U_{I(max)} / 1.2 = 360 / 1.2 = 300(V)$$
$$U_{AC(min)} = U_{I(min)} / 1.2 = 135 / 1.2 = 113(V)$$

由此可见，选变比 $n = 5$，在 $D = 0.2 \sim 0.4$ 范围内，交流市电电压有效值在 $113 \sim 300V$ 之间变化，可以保持输出直流电压 $U_o = 18V$ 不变，所以市电电压变化范围 $150 \sim 290V$ 完全能够满足 $U_o = 18V$ 不变的要求。

以上 a $\sim$ c 是各种隔离型直流变换电路的共同优点，以后不再重述。

d. 抗扰性强。由于 VT 导通时 VD 截止，VT 截止时 VD 导通，能量传递经过磁的转

换，因此通过电网窜入的电磁骚扰不能直接进入负载。

e. 功率开关管在截止期间承受的电压较高。

当 $L_p \geqslant L_{pc}$（$L_s \geqslant L_{sc}$）时，功率开关管 VT 截止期间的漏-源电压为

$$U_{DS} = U_I + nU_o = \frac{U_I}{1-D}\qquad(3-31)$$

占空比 D 越大，功率开关管截止期间的 U_{DS} 就越高。在无工频变压器开关电源中，由于我国交流市电电压 U_{AC} 为 220V，因此整流滤波后的直流电压 $U_I = (1.2\sim1.4)U_{AC}$，约 300V，若占空比 $D=0.5$，则 $U_{DS}=2U_I=600V$；假如 $D=0.9$，则 $U_{DS}\approx3000V$。考虑到目前功率开关管大多耐压在 1000V 以下，在设计无工频变压器开关电源中的单端反激变换器时，通常选取占空比 $D<0.5$。

f. 单端反激变换器在隔离型直流变换器中结构最简单，但只能由变压器励磁电感中的储能来供给负载，故常用于输出功率较小的场合，常在电力电子电源中作辅助电源。

g. 单端变换器的变压器中，磁通 ϕ 只工作在磁滞回线的一侧，即第一象限。为防止磁芯饱和，使励磁电感在整个周期中基本不变，应在磁路中加气隙。单端反激变换器的气隙较大，杂散磁场较强，需要加强屏蔽措施，以减小电磁干扰。

（2）单端正激式直流变换器

单端正激（forward）式直流变换器，简称单端正激变换器。它既可采用单个功率晶体管电路，也可采用双功率晶体管电路。

如图 3-32 所示为双晶体管单端正激式直流变换器，功率开关管 VT₁ 和 VT₂ 受控同时导通或截止，但两个栅极驱动电路必须彼此绝缘。高频变压器 T 初级绕组 N_p、次级绕组 N_s 的同名端如图中所示，其连接同单端反激变换器相反，当功率开关 VT₁ 和 VT₂ 受控导通时，整流二极管 VD₁ 也同时导通，电源向负载传送能量，电感 L 储能。当 VT₁ 和 VT₂ 受控截止时，VD₁ 承受反压也截止，续流二极管 VD₂ 导通，L 中的储能通过续流二极管 VD₂ 向负载释放。输出滤波电容 C_o 用于降低输出电压的脉动。由于这种变换器在功率开关管导通的同时向负载传输能量，因此称为正激式变换器。

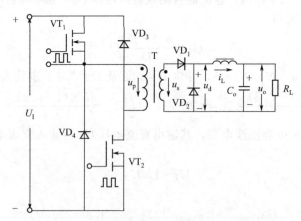

图 3-32　双晶体管单端正激式变换器

当储能电感 L 的电感量足够大，而使电感电流（i_L）连续时，电路相关波形图如图3-33所示。在 t_{on} 期间，VT₁ 和 VT₂ 导通，变压器初、次级绕组电压极性均为上端正下端负，$u_p = U_I$，$u_s = U_I/n$（n 为变压器变比），整流二极管 VD₁ 正向偏置而导通，电源向负载传送能量；储能电感 L 储能，i_L 按线性规律上升，同时高频变压器中励磁电感 L_p 储能。此时，变压器初级绕组电流 i_p 等于磁化电流 i_j 与次级绕组电流 i_s 折算到初级的电流 i_s' 之

和，即

$$i_p = i_j + i_s'$$

其中

$$i_s' = i_s/n = i_L/n \approx I_o/n$$

$$i_j = \frac{U_I}{L_p}t$$

磁化电流 i_j 按线性规律上升，其最大值为

$$i_{jm} = \frac{U_I}{L_p}t_{on}$$

在 t_{off} 期间，VT_1 和 VT_2 截止，VD_1 承受反压而截止，续流二极管 VD_2 导通，L 中的储能释放出来供给负载，i_L 按线性规律下降。

VD_3 和 VD_4 用于实现磁通复位，并起钳位作用。在 t_{on} 期间它们承受反压（其值为 U_I）而截止；当 VT_1 和 VT_2 受控由导通变为截止时，变压器初、次级绕组电压极性均变为下端正上端负，VD_3 和 VD_4 正向偏置而导通，变压器励磁电感 L_p 中的储能经 VD_3 和 VD_4 回送给电源。变压器初级绕组电流 i_p 的回路为：N_P 下端 $\rightarrow VD_3 \rightarrow U_{I(+)} \rightarrow U_{I(-)} \rightarrow VD_4 \rightarrow N_P$ 上端 $\rightarrow N_P$ 下端。忽略 VD_3 和 VD_4 的正向压降，在变压器励磁电感储能释放

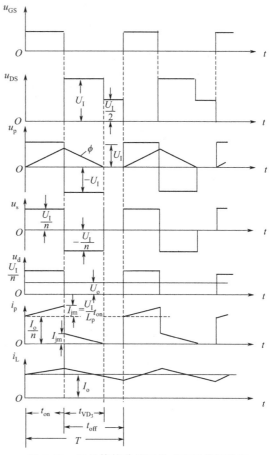

图 3-33　双晶体管单端正激式变换器波形图

过程中，$u_p = -U_I$（负号表示电压极性与规定正方向相反），VT_1 和 VT_2 的 $u_{DS} = U_I$，变压器初级绕组 N_p 中的电流 i_p 按线性规律下降。即

$$i_p = i_{jm} - \frac{U_I}{L_p}t = \frac{U_I}{L_p}(t_{on} - t)$$

上式中，当 VT_1 和 VT_2 刚由导通变为截止时，$t = 0$，$i_p = I_{jm}$；当变压器励磁电感储能释放完毕时，$i_p = 0$，对应地 $t = t_{VD_3} = t_{on}$，即 VD_3 和 VD_4 的导通持续时间 t_{VD_3} 在量值上等于 t_{on}。

为了保证磁通复位，必须满足 $t_{off} \geqslant t_{VD_3} = t_{on}$，也就是说，必须占空比 $D \leqslant 0.5$。在 t_{VD_3} 结束至 t_{off} 期末这段时间，变压器励磁电感的储能已经释放完毕而 VT_1 和 VT_2 尚未受控导通，变压器初、次级绕组的电压均为零，VT_1 和 VT_2 的 $u_{DS} = U_I/2$。

在单端反激变换器中，t_{on} 期间的变压器初级电流 i_p 就是磁化电流，由于通过 i_p 在 L_p 中的储能来供给负载，因此磁化电流的最大值较大，为了防止变压器磁芯饱和，磁芯中的气隙应较大。而在单端正激变换器中，变压器励磁电感的储能不用于供给负载，故磁化电流应相应小（$I_{jm} \ll I_o/n$），变压器磁芯中的气隙也就较小。

利用 u_d 波形图可求得双功率晶体管单端正激变换器电感电流（i_L）连续模式的输出直流电压为

$$U_o = DU_I/n \tag{3-32}$$

式中，占空比 $D = t_{on}/T$，必须满足 $D \leqslant 0.5$。

如前所述，单端正激变换器中的整流二极管 VD_1，在功率开关管导通时导通，功率开

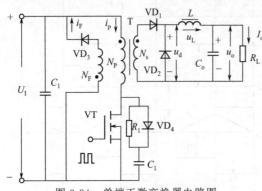

图3-34　单端正激变换器电路图

关管截止时截止。若把整流二极管 VD_1 看成输出回路中的功率开关，把高频变压器次级绕组电压 $u_s = U_I/n$ 看成输出回路的输入电压，则单端正激变换器的输出回路不仅在电路形式上和降压变换器的主回路一样，而且工作原理也相同。

采用单个晶体管的单端正激变换器如图3-34所示。图中 N_F 是变压器中的去磁绕组，通常这个绕组和初级绕组的匝数相等，即 $N_F = N_P$，并且保持紧耦合，它和储能反馈二极管 VD_3 用以实现磁通复位

（VD_3 在 VT 由导通变截止后导通），N_F 和 VD_3 绝不可少。这种电路的 U_o 仍用式(3-32)计算，同样必须满足 $D \leqslant 0.5$；但当功率开关管 VT 截止时，在 VD_3 导通期间，漏-源极间电压 $U_{DS} = 2U_I$；VD_3 截止后，$U_{DS} = U_I$。

在实际应用中，单端正激式直流变换器采用双晶体管电路的比较多。

单端正激式直流变换器具有类似降压变换器输出电压脉动小、带负载能力强等优点。但高频变压器磁芯仅工作在磁滞回线的第一象限，其利用率较低。

3.2.3　双端直流变换电路

单端直流变换器不论是正激式还是反激式，其共同的缺点是高频变压器的磁芯只工作于磁滞回线的一侧（第一象限），磁芯的利用率较低，且磁芯易于饱和。双端直流变换器的磁芯是在磁滞回线的一、三象限工作，因此磁芯的利用率高。双端直流变换器有推挽式、全桥式和半桥式三种。

（1）推挽式直流变换器

① 工作原理。推挽（push-pull）式直流变换器，简称推挽变换器，其电路图如图3-35所示。VT_1 和 VT_2 为特性一致、受驱动脉冲控制而轮换工作的功率开关管，每管每次导通的时间小于0.5周期；T 为高频变压器，初级绕组 $N_{p1} = N_{p2} = N_p$，次级绕组 $N_{s1} = N_{s2} = N_s$；VD_1 和 VD_2 为整流二极管，L 为储能电感，C_o 为输出滤波电容，电路是对称的。

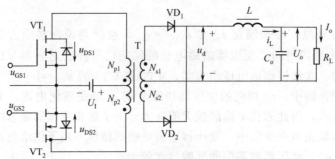

图3-35　推挽变换器电路图

假设功率开关管和整流二极管都为理想器件，L 和 C_o 均为理想元件，高频变压器为紧耦合变压器，储能电感的电感量大于临界电感而使电路工作于电感电流连续模式，则波形图

如图 3-36 所示。

VT_1 的栅极驱动脉冲电压为 u_{GS1}，VT_2 的栅极驱动脉冲电压为 u_{GS2}，彼此相差半周期，其脉冲宽度 $t_{on1}=t_{on2}=t_{on}$。电路稳定工作后，工作过程及原理如下：

a. VT_1 导通、VT_2 截止。在 t_{on1} 期间，VT_1 受控导通，VT_2 截止。输入直流电压 U_I 经 VT_1 加到变压器初级 N_{p1} 绕组两端，VT_1 的 D、S 极间电压 $u_{DS1}=0$，N_{p1} 上的电压 $u_{p1}=U_I$，极性是下端正上端负。因 $N_{p1}=N_{p2}$，故 N_{p2} 上的电压 $u_{p2}=u_{p1}$，u_{p2} 的极性由同名端判定，也是下端正上端负。因此变压器初级电压为

$$u_p=u_{p1}=u_{p2}=L_p\frac{di}{dt}=N_p\frac{d\phi}{dt}=U_I$$

这时 VT_2 的 D、S 极间电压 $u_{DS2}=2U_I$，即截止管承受两倍的电源电压。

变压器次级绕组 N_{s1} 上的电压为 u_{s1}，N_{s2} 上的电压为 u_{s2}。变压器次级电压为

$$u_s=u_{s1}=u_{s2}=\frac{N_s}{N_p}u_p=\frac{U_I}{n}$$

式中，$n=N_p/N_s$ 为变压器的变比，即初、次级匝数比。

由同名端判定，此时 u_{s1} 和 u_{s2} 的极性都是上端正下端负，因此整流二极管 VD_1 导通，VD_2 截止，它承受的反向电压为 $2U_I/n$。储能电感 L 两端电压 $u_L=U_I/n-U_o$，极性是左端正右端负，流过电感 L 的电流 i_L

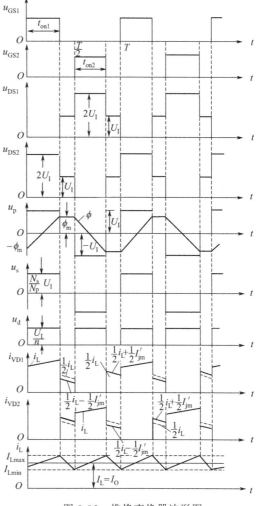

图 3-36 推挽变换器波形图

（同时也是 N_{s1} 绕组的电流 i_{s1}）按线性规律上升，L 储能。与此同时，电源向负载传送能量。

t_{on1} 期间变压器中磁通 ϕ 按线性规律上升，由 $-\phi_m$ 升至 $+\phi_m$，在 $t_{on1}/2$ 处过零点。当 t_{on1} 结束时，N_{p1} 绕组中的磁化电流升至最大值 I_{jm}。

b. VT_1 和 VT_2 均截止。在 t_{on1} 结束到 t_{on2} 开始之前，VT_1 和 VT_2 均截止。当 $t=t_{on1}$ 时，VT_1 由导通变为截止，N_{p1} 绕组中的电流由 $i_{p1}=i'_{s1}+i_{jm}$ 变为零（其中 i'_{s1} 是负载电流分量，即变压器次级电流 i_{s1} 折算到初级的电流值，$i'_{s1}=i_L/n$，变压器初级磁化电流的最大值 I_{jm} 通常不超过折算到初级的额定负载电流的 10%）。只要磁化电流最大值小于负载电流分量，则从 t_{on1} 结束到 t_{on2} 开始前，变压器中励磁磁势（安匝）不变，使磁通保持 ϕ_m 不变，即 $d\phi/dt=0$，于是变压器各绕组的电压都为零。VT_1 和 VT_2 承受的电压均为电源电压，即 $u_{DS1}=u_{DS2}=U_I$。

在此期间，储能电感 L 向负载释放储能，i_L 按线性规律下降，u_L 的极性变为右端正左端负，整流二极管 VD_1 和 VD_2 都正向偏置而导通，同时起续流二极管的作用，这时 $u_L=-U_o$。将变压器次级磁化电流最大值记为 I'_{jm}，则流过 VD_1 的电流（即 N_{s1} 中的电流）为

$$i_{\mathrm{VD_1}}=i_{s1}=\frac{i_{\mathrm{L}}}{2}-\frac{I'_{\mathrm{jm}}}{2}$$

流过 VD$_2$ 的电流（即 N_{s2} 中的电流）为

$$i_{\mathrm{VD_2}}=i_{s2}=\frac{i_{\mathrm{L}}}{2}+\frac{I'_{\mathrm{jm}}}{2}$$

变压器的磁势为

$$\sum i_{s}N_{s}=(i_{s2}-i_{s1})N_{s}=I'_{\mathrm{jm}}N_{s}$$

在电感电流连续模式，该磁势与 $t=t_{\mathrm{on1}}$ 时变压器初级励磁磁势相等，即

$$I'_{\mathrm{jm}}N_{s}=I_{\mathrm{jm}}N_{\mathrm{p}}$$

可得变压器次级磁化电流最大值

$$I'_{\mathrm{jm}}=\frac{N_{\mathrm{p}}}{N_{s}}I_{\mathrm{jm}}=nI_{\mathrm{jm}}$$

由变压器的结构原理可知，在此期间要磁通保持 ϕ_{m} 不变，必须是 $i_{\mathrm{VD_2}}>i_{\mathrm{VD_1}}$，并且二者之差等于 I'_{jm}；而 $i_{\mathrm{VD_1}}$ 与 $i_{\mathrm{VD_2}}$ 之和等于 i_{L}。

c. VT$_2$ 导通，VT$_1$ 截止。在 t_{on2} 期间，VT$_2$ 受控导通，VT$_1$ 仍然截止。输入电压 U_{I} 经 VT$_2$ 加到变压器初级 N_{p2} 绕组两端，变压器初级电压极性为上端正下端负，与 t_{on1} 期间的极性相反。

$$u_{\mathrm{p}}=u_{\mathrm{p2}}=u_{\mathrm{p1}}=L_{\mathrm{p}}\frac{\mathrm{d}i_{\mathrm{j}}}{\mathrm{d}t}=N_{\mathrm{p}}\frac{\mathrm{d}\phi}{\mathrm{d}t}=-U_{\mathrm{I}}$$

此时，$u_{\mathrm{DS2}}=0$，而 $u_{\mathrm{DS1}}=2U_{\mathrm{I}}$；变压器次级电压为：$u_{s}=u_{s2}=u_{s1}=-U_{\mathrm{I}}/n$

其极性是下端正上端负，因此整流二极管 VD$_2$ 导通，VD$_1$ 截止，它承受的反向电压为 $2U_{\mathrm{I}}/n$；$u_{\mathrm{L}}=U_{\mathrm{I}}/n-U_{\mathrm{o}}$，极性又变为左端正右端负，$i_{\mathrm{L}}$（同时也是 N_{s2} 绕组的电流 i_{s2}）按线性规律上升，L 储能，同时电源向负载传送能量。

t_{on2} 期间，变压器中磁通 ϕ 按线性规律下降，由 $+\phi_{\mathrm{m}}$ 降至 $-\phi_{\mathrm{m}}$，在 $t_{\mathrm{on2}}/2$ 处过零点。当 t_{on2} 结束时，N_{p2} 绕组中的激磁电流为 $-I_{\mathrm{jm}}$。

d. VT$_2$ 和 VT$_1$ 均截止。从 t_{on2} 结束至下一个周期 t_{on1} 开始之前，VT$_2$ 和 VT$_1$ 均截止。在 t_{on2} 结束的瞬间，VT$_2$ 由导通变为截止，N_{p2} 绕组中的电流由 $i_{\mathrm{p2}}=-(i'_{s2}+i_{\mathrm{jm}})$ 变为零。若磁化电流最大值小于负载电流分量，则从 t_{on2} 结束到下个周期开始前，变压器励磁磁势维持不变，使磁通保持 $-\phi_{\mathrm{m}}$ 不变，即 $\mathrm{d}\phi/\mathrm{d}t=0$，因此变压器各绕组电压都为零，$u_{\mathrm{DS1}}=u_{\mathrm{DS2}}=U_{\mathrm{I}}$。

在此期间，L 对负载释放储能，i_{L} 按线性规律上降，VD$_1$ 和 VD$_2$ 都导通，其电流分别为

$$i_{\mathrm{VD_1}}=i_{s1}=\frac{i_{\mathrm{L}}}{2}+\frac{I'_{\mathrm{jm}}}{2}; i_{\mathrm{VD_2}}=i_{s2}=\frac{i_{\mathrm{L}}}{2}-\frac{I'_{\mathrm{jm}}}{2}$$

此时变压器的磁势为：$\sum i_{s}N_{s}=(i_{s2}-i_{s1})N_{s}=-I'_{\mathrm{jm}}N_{s}$

它与 t_{on2} 结束瞬间的变压器初级励磁磁势相等，即：$-I'_{\mathrm{jm}}N_{s}=-I_{\mathrm{jm}}N_{\mathrm{p}}$

这种电路每周期都按上述四个过程工作，不断循环。滤波前的输出电压瞬时值为 u_{d}，忽略整流二极管的正向压降，在 t_{on1} 和 t_{on2} 期间，$u_{\mathrm{d}}=U_{\mathrm{I}}/n$，其余时间 $u_{\mathrm{d}}=0$。

需要指出，如图 3-36 所示的是推挽变换器的理想波形图，其实际有关电压、电流波形如图 3-37 所示。在开关的暂态过程中，当功率开关管开通时，由于变压器次级在整流二极管反向恢复时间内所造成的短路，漏极电流将出现尖峰；在功率开关管关断时，尽管当负载

电流较大时变压器中励磁磁势不变，使主磁通保持 ϕ_m 或 $-\phi_m$ 不变，但高频变压器的漏磁通下降，漏感仍将释放它的储能，变压器绕组中，相应地在功率开关管漏-源稳态截止电压上，会出现电压尖峰，经衰减振荡变为终值。在功率开关管的 D、S 极间并联 RC 吸收网络（即接上关断缓冲电路），可以减小尖峰电压。

② 防止"共同导通"。功率开关管有个动态参数叫"存储时间" t_s。对双极型晶体管而言，它是指消散晶体管饱和导通时储存于集电结两侧的过量电荷所需要的时间；对 VMOSFET 而言，则是对应于

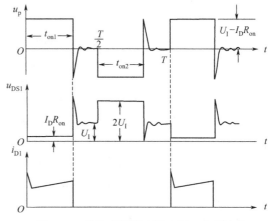

图 3-37　推挽变换器实际电压、电流波形

栅极电容存储电荷的消散过程。由于存储时间的存在，在驱动脉冲结束后，晶体管要延迟一段时间才能关断，使晶体管的导通持续时间大于驱动脉冲宽度 t_{on}。当晶体管的导通宽度超过工作周期的一半时，该晶体管尚未关断而另一个晶体管已经得到驱动脉冲而导通。这样，一对晶体管将在一段时间里共同导通，输入电源将被它们短接，产生很大的电流，从而使晶体管损坏。

在推挽式等双端直流变换器中，为了防止"共同导通"，要求功率开关管的存储时间 t_s 尽可能地小；同时，必须限制驱动脉冲的最大宽度，以保证一对晶体管在开关工作中有共同截止的时间。驱动脉冲宽度在半个周期中达不到的区域称为"死区"。在提供驱动脉冲的控制电路中，必须设置适当宽度的"死区"——驱动脉冲的死区时间要大于功率开关管的"关断时间"：t_s+t_f，并有一定的余量。正因为如此，图 3-35 中 VT_1 和 VT_2 每管每次导通的时间要小于 0.5 周期。

③ 输出直流电压 U_o。如图 3-36 所示，每个功率开关管的工作周期为 T，然而输出回路中滤波前方波脉冲电压 u_d 的重复周期为 $T/2$。输出直流电压 U_o 等于 u_d 的平均值，由 u_d 波形图求得推挽变换器电感电流连续模式的输出直流电压为

$$U_o=\frac{U_I t_{on}/n}{T/2}$$

每个功率开关管的导通占空比为

$$D=t_{on}/T$$

滤波前输出方波脉冲电压的占空比为

$$D_o=\frac{t_{on}}{T/2}=\frac{2t_{on}}{T}=2D \tag{3-33}$$

所以

$$U_o=D_o U_I/n=2DU_I/n \tag{3-34}$$

U_o 的大小通过改变占空比来调节。为了防止"共同导通"，必须满足 $D<0.5$、$D_o<1$。输出直流电流 $I_o=U_o/R_L$，与 i_L 的平均值相等。

④ 优缺点

推挽变换器的优点：

a. 同单端直流变换器比较，变压器磁芯利用率高，输出功率较大，输出纹波电压较小；

b. 两只功率开关管的源极是连在一起的，两组栅极驱动电路有公共端而无需绝缘，因

此驱动电路较简单。

推挽变换器的缺点：

a. 高频变压器每一初级绕组仅在半周期以内工作，故变压器绕组利用率低；

b. 功率开关管截止时承受 2 倍电源电压，因此对功率开关管的耐压要求高；

c. 存在"单向偏磁"问题，可能导致功率开关管损坏。

尽管选用功率开关管时两管是配对的，但在整个工作温度范围内，两管的导通压降、存储时间等不可能完全一样，这将造成变压器初级电压正负半周波形不对称。例如，两功率开关管导通压降不同将引起正负半周波形幅度不对称，两管存储时间不同将引起正负半周波形宽度不对称。只要变压器的正负半周电压波形稍有不对称（即正负半周"伏秒"积绝对值不相等），磁芯中便产生"单向偏磁"，形成直流磁通。虽然开始时直流磁通不大，但经过若干周期后，就可能使磁芯进入饱和状态。一旦磁芯饱和，则变压器励磁电感减至很小，从而使功率开关管承受很大的电流电压，耗散功率增大，管温升高，最终导致功率开关管损坏。

解决单向偏磁问题较为简便的措施，一是采用电流型 PWM 集成控制器使两管电流峰值自动均衡；二是在变压器磁芯的磁路中加适当气隙，用以防止磁芯饱和。

推挽式直流变换器用一对功率开关管就能获得较大的输出功率，适宜在输入电源电压较低的情况下应用。

（2）全桥式直流变换器

① 工作原理。全桥（full-bridge）式直流变换器，简称全桥变换器，其电路图如图 3-38 所示。特性一致的功率开关管 VT_1、VT_2、VT_3 和 VT_4 组成桥的四臂，高频变压器 T 的初级绕组接在它们中间。对角线桥臂上的一对功率开关管 VT_1、VT_4 或 VT_2、VT_3，受栅极驱动脉冲电压的控制而同时导通或截止，驱动脉冲应有死区，每一对功率开关管的导通时间小于 0.5 周期；VT_1、VT_4 和 VT_2、VT_3 轮换通断，彼此间隔半周期。图中 C 为耦合电容，其容量应足够大，它能阻隔直流分量，用以防止变压器产生单向偏磁，提高电路的抗不平衡能力（采用电流型 PWM 集成控制器时可以不接 C）。$VD_1 \sim VD_4$ 对应为 $VT_1 \sim VT_4$ 的寄生二极管。变压器次级输出回路的接法同推挽式直流变换器完全一样。理想情况下电感电流连续模式的波形图如图 3-39 所示。

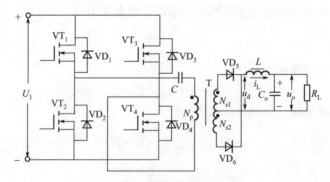

图 3-38 全桥变换器电路图

在 t_{on1} 期间，VT_1 和 VT_4 受控同时导通，VT_2 和 VT_3 截止。电流回路为：$U_{I(+)} \rightarrow VT_1 \rightarrow C \rightarrow N_p \rightarrow VT_4 \rightarrow U_{I(-)}$。忽略 VT_1、VT_4 的压降以及 C 上的压降，变压器初级绕组电压 $u_p = U_I$，其极性是上端正下端负。VT_2 和 VT_3 的 D、S 极间电压分别等于 U_I。变压器磁通 ϕ 由 $-\phi_m$ 升至 $+\phi_m$，在 $t_{on1}/2$ 处过零点。变压器次级电压的极性由同名端决定，亦上端正下端负，此时整流二极管 VD_5 导通，VD_6 反偏截止，储能电感 L 储能。

从 t_{on1} 结束到 t_{on2} 开始前，$VT_1 \sim VT_4$ 都截止，$u_p = 0$，每个功率开关管的 D、S 极间电

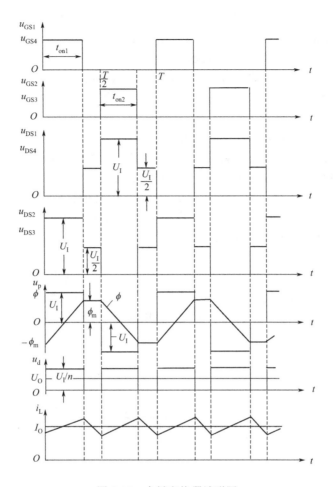

图 3-39　全桥变换器波形图

压都为 $U_I/2$。这时 L 释放储能，VD_5 和 VD_6 都导通，同时起续流作用；$\sum i_s N_s = I_{jm} N_p$，维持变压器中磁势不变，使磁通保持 ϕ_m 不变。

在 t_{on2} 期间，VT_2 和 VT_3 受控同时导通，VT_1 和 VT_4 截止。电流回路为：$U_{I(+)} \rightarrow VT_3 \rightarrow N_p \rightarrow C \rightarrow VT_2 \rightarrow U_{I(-)}$。忽略 VT_2、VT_3 的压降以及 C 的压降，$u_p = -U_I$，其极性是下端正上端负。VT_1 和 VT_4 的 D、S 极间电压分别等于 U_I。变压器磁通 ϕ 由 $+\phi_m$ 降至 $-\phi_m$，在 $t_{on2}/2$ 处过零点。在变压器次级回路中，VD_6 导通，VD_5 反偏截止，L 又储能。

从 t_{on2} 结束到下个周期 t_{on1} 开始前，$VT_1 \sim VT_4$ 都截止，$u_p = 0$，每个功率开关管的 D、S 极间电压都为 $U_I/2$。这时 L 释放储能，VD_5 和 VD_6 都导通，同时起续流作用；$\sum i_s N_s = -I_{jm} N_p$，维持变压器中磁势不变，使磁通保持 $-\phi_m$ 不变。

$t_{on1} = t_{on2} = t_{on}$，在变压器初级绕组上形成正负半周对称的方波脉冲电压，它传递到次级，经 VD_5、VD_6 整流后得到滤波前的输出电压 u_d，忽略整流二极管的正向压降，在 t_{on1} 和 t_{on2} 期间 $u_d = U_I/n$，其余时间 $u_d = 0$。u_d 经 L 和 C_o 滤波，向负载供给平滑的直流电。

图 3-38 中与功率开关管反并联的寄生二极管 $VD_1 \sim VD_4$，在换向时起钳位作用：为高频变压器提供能量反馈通路，抑制尖峰电压。例如，当 VT_1、VT_4 由导通变为截止时，尽管高频变压器的主磁通保持不变，但是变压器漏的磁通下降，漏感释放储能，在 N_p 绕组上产生与 VT_1、VT_4 导通时极性相反的感应电压，这个下端正上端负的感应电压，使 VD_3 和

VD_2 导通，电流回路为：N_p（下）$\rightarrow VD_3 \rightarrow U_{I(+)} \rightarrow U_{I(-)} \rightarrow VD_2 \rightarrow C \rightarrow N_p$（上），漏感储能回送给电源，$u_p$ 被钳制为 $-U_I$；这时 $u_{DS2} \approx 0$，$u_{DS3} \approx 0$，$u_{DS1} \approx U_I$，$u_{DS4} \approx U_I$。当 VT_2、VT_3 由导通变截止时，高频变压器的漏感也要释放储能，在 N_p 绕组上产生与 VT_2、VT_3 导通时极性相反的感应电压，此上端正下端负的感应电压使 VD_1 和 VD_4 导通，其电流回路为：N_p（上）$\rightarrow C \rightarrow VD_1 \rightarrow U_{I(+)} \rightarrow U_{I(-)} \rightarrow VD_4 \rightarrow N_p$（下），漏感储能又回送给电源，$u_p$ 被钳制为 U_I；此时 $u_{DS1} \approx 0$，$u_{DS4} \approx 0$，$u_{DS2} \approx U_I$，$u_{DS3} \approx U_I$。寄生二极管的导通持续时间，等于漏感放完储能所需时间，这个时间应很短。

此外，如果变换器突然失去负载，在 $VT_1 \sim VT_4$ 都变为截止时，因变压器保持磁势不变的条件（变压器初级磁化电流最大值小于负载电流分量）已经丧失，变压器磁势下降，使主磁通下降，变压器初级绕组将产生与 $VT_1 \sim VT_4$ 都截止前极性相反的感应电压，这时 VD_3、VD_2 或 VD_1、VD_4 导通，把变压器激磁电感中的储能回送给电源，变压器初级绕组的感应电压和功率开关管承受的最大电压都被钳制为 U_I 值，从而达到保护功率开关管的目的。

电路中的有关实际电压、电流波形如图 3-40 所示。其中功率开关管关断时的电压尖峰是变压器漏感释放储能造成的；功率开关管开通时的电流尖峰是整流二极管反向恢复时间内在变压器次级形成短路电流而造成的；u_p 波形顶部略倾斜，主要是受耦合电容 C 压降的影响。

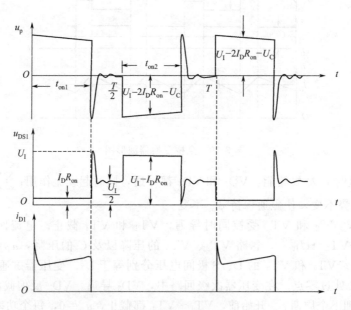

图 3-40 全桥变换器实际电压、电流波形

② 输出直流电压 U_o。如图 3-39 所示，全桥变换器每对功率开关管的工作周期为 T，而滤波前输出电压 u_d 的重复周期为 $T/2$，输出直流电压 U_o 为 u_d 的平均值。U_o 与 U_I 的关系同推挽变换器一样，即电感电流连续模式的输出直流电压为

$$U_o = D_o U_I / n = 2DU_I / n$$

为防止两对功率开关管"共同导通"，占空比的变化范围必须限制为 $D < 0.5$，$D_o < 1$。

③ 优缺点

全桥变换器的优点：

a. 变压器利用率高，输出功率大，输出纹波电压较小；

b. 对功率开关管的耐压要求较低，比推挽式变换器低一半。

全桥变换器的缺点：

a. 要用四个功率开关管；

b. 需要四组彼此绝缘的栅极驱动电路，驱动电路复杂。

全桥式直流变换器适宜在输入电源电压高、要求输出功率大的情况下应用。

（3）半桥式直流变换器

① 工作原理。半桥（half-bridge）式直流变换器，简称半桥变换器，电路图如图 3-41 所示。四个桥臂中两个桥臂采用特性相同的功率开关管 VT_1、VT_2，故称为半桥。另外两个桥臂是电容量和耐压都相同的电容器 C_1、C_2，它们起分压等作用，其电容量应足够大。

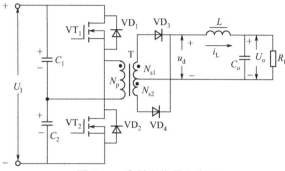

图 3-41 半桥变换器电路图

当 VT_1 和 VT_2 尚未开始工作时，电容 C_1 和 C_2 被充电，它们的端电压均等于电源电压的一半，即

$$U_{C1}=U_{C2}=U_I/2$$

VT_1 和 VT_2 受栅极驱动脉冲电压的控制而轮换导通，驱动脉冲应有死区，每个功率开关管的导通时间小于 0.5 周期。理想情况下电感电流连续模式的波形图如图 3-42 所示。

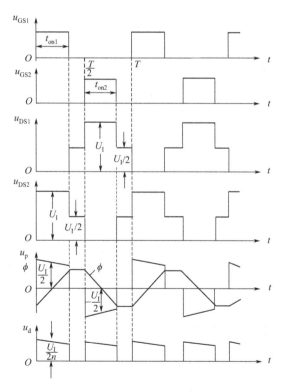

图 3-42 半桥变换器波形图

t_{on1} 期间，VT_1 受控导通，VT_2 截止。电流回路为 $U_{I(+)} \rightarrow VT_1 \rightarrow N_p \rightarrow C_2 \rightarrow U_{I(-)}$；$C_{1(+)} \rightarrow VT_1 \rightarrow N_p \rightarrow C_{1(-)}$。这时 C_1 放电，C_2 充电；U_{C1} 逐渐下降，U_{C2} 逐渐上升，保持 $U_{C1}+U_{C2}=U_I$。C_1 两端电压 U_{C1} 经 VT_1 加到高频变压器 T 的初级绕组 N_p 上，忽略 VT_1 压降，变压器初级电压为

$$u_p=U_{C1}\approx U_I/2$$

其极性是上端正下端负。VT_2 的 D、S 极间电压 $u_{DS2}=U_I$。

t_{on2} 期间，VT_2 受控导通，VT_1 截止。电流回路为 $U_{I(+)} \rightarrow C_1 \rightarrow N_p \rightarrow VT_2 \rightarrow U_{I(-)}$；$C_{2(+)} \rightarrow N_p \rightarrow VT_2 \rightarrow C_{2(-)}$。此时 C_2 放电，C_1 充电；U_{C2} 逐渐下降，U_{C1} 逐渐上升，保持 $U_{C1}+U_{C2}=U_I$。C_2 两端电压 U_{C2} 经 VT_2 加到 N_p 上，忽略 VT_2 的压降，变压器初级电压为

$$u_p=-U_{C2}\approx -U_I/2$$

其极性是下端正上端负。VT_1 的 D、S 极间电压 $u_{DS1}=U_I$。

由于 C_1 或 C_2 在放电过程中端电压逐渐下降，因此 u_p 波形的顶部略呈倾斜状。当电路对称时，U_{C1} 与 U_{C2} 的平均值为 $U_I/2$。

当 VT_1 和 VT_2 都截止时，只要变压器初级磁化电流最大值小于负载电流分量，则 $u_p = 0$，$u_{DS1} = u_{DS2} = U_I/2$。

$t_{on1} = t_{on2} = t_{on}$，在变压器初级绕组上形成正负半周对称的方波脉冲电压。次级绕组 $N_{s1} = N_{s2} = N_s$，每个次级绕组的电压为

$$u_s = \frac{N_s}{N_p} u_p = \frac{u_p}{n}$$

其极性根据同名端来判定。

t_{on1} 期间

$$u_s = U_I/2n$$

t_{on2} 期间

$$u_s = -U_I/2n$$

次级绕组电压经 VD_3、VD_4 整流后得 u_d，如果忽略整流二极管的正向压降，在 t_{on1} 和 t_{on2} 期间，$u_d = U_I/2n$，其余时间 $u_d = 0$。

变压器次级输出回路的工作情形，除 u_s 的幅值变为 $U_I/2n$ 外，同推挽式以及全桥式直流变换器一样。

半桥变换器自身具有一定的抗不平衡的能力。例如，若 VT_1 和 VT_2 的存储时间 t_s 不同，$t_{s1} > t_{s2}$ 而使 VT_1 比 VT_2 的导通时间长，则电容 C_1 的放电时间比 C_2 的放电时间长，C_1 放电时两端的平均电压将比 C_2 放电时两端的平均电压低。因此，在 VT_1 导通的正半周，N_p 绕组两端的电压幅值较低而持续时间较长；在 VT_2 导通的负半周，N_p 绕组两端的电压幅值较高而持续时间较短。这样可使 u_p 正负半周的"伏秒"积相等而不产生单向偏磁现象。由于半桥变换器自身具有一定的抗不平衡能力，因此可以不接与变压器初级绕组串联的耦合电容。有的半桥变换器仍接耦合电容，是为了进一步提高电路的抗不平衡能力，更好地防止因电路不对称（例如两个功率开关管的特性差异）而造成变压器磁芯饱和。

图 3-41 中的 VD_1、VD_2 分别为 VT_1、VT_2 的寄生二极管，它们在换向时起钳位作用：为高频变压器提供能量反馈通路，抑制尖峰电压。当 VT_1 由导通变截止时，高频变压器的漏感释放储能，在 N_p 绕组上产生与 VT_1 导通时极性相反的感应电压，这个下端正上端负的感应电压使 VD_2 导通，漏感储能给 C_2 充电并回送电源，电流回路为 N_p（下）$\rightarrow C_2 \rightarrow VD_2 \rightarrow N_p$（上）；$N_p$（下）$\rightarrow C_1 \rightarrow U_{I(+)} \rightarrow U_{I(-)} \rightarrow VD_2 \rightarrow N_p$（上）。这时 $u_p = -U_{C2} \approx -U_I/2$，$u_{DS2} \approx 0$，$u_{DS1} \approx U_I$。

当 VT_2 由导通变截止时，高频变压器的漏感也要释放储能，在 N_p 绕组上产生与 VT_2 导通时极性相反的感应电压，该上端正下端负的感应电压使 VD_1 导通，漏感储能给 C_1 充电并回送电源，电流回路为 N_p（上）$\rightarrow VD_1 \rightarrow C_1 \rightarrow N_p$（下）；$N_p$（上）$\rightarrow VD_1 \rightarrow U_{I(+)} \rightarrow U_{I(-)} \rightarrow C_2 \rightarrow N_p$（下）。此时 $u_p = U_{C1} \approx U_I/2$，$u_{DS1} \approx 0$，$u_{DS2} \approx U_I$。

VD_1 或 VD_2 的导通持续时间等于漏感放完储能所需时间。

电路中的有关实际电压、电流波形如图 3-43 所示。

② 输出直流电压 U_o。输出直流电压 U_o 为滤波前输出方波脉冲电压 u_d 的平均值，据图 3-42 中所示 u_d 波形可以求得半桥变换器电感电流连续模式的输出直流电压为

$$U_o = \frac{D_o U_I}{2n} = \frac{D U_I}{n} \tag{3-35}$$

式中，$n = N_p/N_s$ 是变压器的变比；$D = t_{on}/T$ 是每个功率开关管的导通占空比；

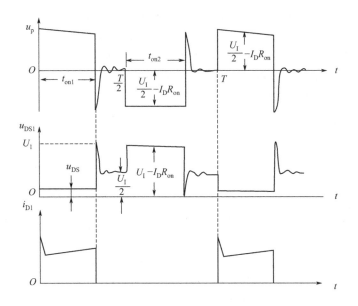

图 3-43 半桥变换器实际电压、电流波形

$D_o = 2D$ 是滤波前输出方波脉冲电压的占空比。

为了防止"共同导通"，必须满足 $D < 0.5$，$D_o < 1$。

③ 优缺点

半桥变换器的优点：

a. 抗不平衡能力强；

b. 同推挽式电路比，变压器利用率高，对功率开关管的耐压要求低（低一半）；

c. 同全桥式电路比，少用两只功率开关管，相应地驱动电路也较为简单。

半桥变换器的缺点：

a. 同推挽式电路比，驱动电路较复杂，两组栅极驱动电路必须绝缘；

b. 同全桥式及推挽式电路比，获得相同的输出功率，功率开关管的电流要大一倍；若功率开关管的电流相同，则输出功率少一半。

半桥式直流变换器适宜在输入电源电压高、输出中等功率的情况下应用。

3.3 逆变电路

逆变电路的分类方法有很多，当逆变电路输出的交流电能直接用于负载时，称为无源逆变；凡输出电能馈向公共交流电网时，则称为有源逆变。按照输出交流电的相数，可分为单相逆变器和三相逆变器。

根据直流侧滤波器的形式，逆变电路又可以分为电压源和电流源两类。前者直流端并联大电容，它既可抑制直流电压纹波，减低直流电源内阻，使直流侧近似为恒压源，另一方面又为来自交流侧无功电流的流转提供通路；后者在直流侧串联大电感，它既可抑制直流电流纹波，使直流侧近似为恒流源，另一方面为来自逆变侧的无功电压分量提供支撑，维持电路间电压平衡，保证无功功率的流转。因而对逆变电路而言，前者称为电压源逆变电路，后者称为电流源逆变电路。分析表明，这两类电路的性能有很多不同。

按照其输出交流电压的波形，逆变器可分为方波逆变器、阶梯波逆变器、正弦波逆变器等，其中方波逆变器和正弦波逆变器应用较多，特别是正弦波逆变器。

无论逆变器输出什么波形，其主电路的形式是通用的。而且，DC/AC变换电路的主电路和隔离性的双端DC/DC变换器类似，都是将直流电变换为交流电。其变换原理也类似，都是利用一定的拓扑结构和功率器件的开通和关断实现变换。DC/DC变换器将直流电变换为高频交流电后，还需要高频变压器变压、整流滤波等环节，而DC/AC变换器将直流电变换为交流电后，可直接供给负载，也可经过简单滤除谐波供给负载。

3.3.1 单相逆变电路

在介绍单相逆变电路的基本工作原理时，将以方波逆变器为例，正弦波逆变器主电路的工作原理与方波逆变器是类似。

（1）单相全桥式逆变电路

单相全桥式逆变电路的基本结构如图3-44所示，它是由直流电源E、输出变压器B、四个功率开关器件（即图中的四只IGBT）及四个二极管组成。

在图3-44所示电路中，首先令VT_2和VT_3的控制电压V_{G2}和V_{G3}为负值，使VT_2和VT_3截止；令VT_1和VT_4的控制电压V_{G4}及V_{G1}为正值，使VT_1和VT_4导通，在如图3-45所示的$t_1 \sim t_2$时间段。VT_1和VT_4导通后，电流的流通路径为：$E^+ \rightarrow VT_1 \rightarrow$变压器初级$\rightarrow VT_4 \rightarrow E^-$。如果忽略$VT_1$和$VT_4$导通后的管压降，则变压器初级电压为$V_{12}=E$，变压器B的次级电压为$V_{34}=E \times N_2/N_1$（$N_1$和$N_2$分别为变压器B的初次级匝数）。$VT_1$和$VT_4$在$t_2$时刻关断，此后四只功率开关器件均截止。至$t_3$时刻，$VT_2$和$VT_3$导通，电流经$E^+ \rightarrow VT_3 \rightarrow$变压器初级$\rightarrow VT_2 \rightarrow E^-$流动。在忽略$VT_2$和$VT_3$的导通压降情况下，$V_{12}=-E$、$V_{34}=-N_2E/N_1$。$VT_2$和$VT_3$在$t_4$时刻关断。若电路按上述方式周而复始的工作，则可在变压器次级获得交变电压，从而实现直流变交流的功能。

需要说明的两点是：如果只是想实现直流变交流，则可不用变压器；如要隔离和变压就必须要有输出变压器。一般在小型UPS中，所采用的电池组电压均较低，因此多采用有变压器的电路，也有一些产品采用先隔离升压后直接逆变的方法。其次，图3-44中的四只二极管是电路必备元件，这是因为无论是有无变压器的电路，总是要考虑图3-44中端"1"和端"2"间的等效串联电感。正是等效串联电感的存在，使VT_1和VT_4关断时，由VD_2和VD_3为其能量释放回电源E提供了通路。同理，在VT_2和VT_3关断时，VD_1和VD_2也起同样的作用。如果在电路中不接入二极管，则在功率开关器件关断瞬间，会因电感的作用使其两端呈现极高的电压尖峰，严重时会导致功率开关器件击穿损坏。

图3-45为控制电压及输出电压的波形。图中，t_2时刻所对应输出电压的反向尖峰电压是等效串联电感通过二极管释放能量所致。

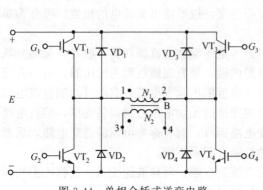

图3-44 单相全桥式逆变电路

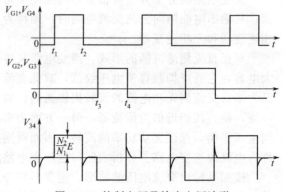

图3-45 控制电压及输出电压波形

（2）单相半桥式逆变电路

单相半桥式逆变电路是由直流电源 E、分压电容器 C_1 及 C_2、功率开关器件 VT_1 及 VT_2、输出变压器 B 以及两个二极管 VD_1 和 VD_2 组成，其电路结构如图 3-46 所示。

在说明半桥式逆变电路的工作原理之前，要明确的是电路中的分压电容器 C_1 与 C_2 的容量相等，即 $C_1 = C_2$。同时，假设电容器的容量足够大，以至于在电路工作过程中 C_1 和 C_2 两端电压几乎不变，即时刻有 $V_{C1} = V_{C2} = E/2$。下面来说明电路的工作原理。

在 $t_1 \sim t_2$ 期间，$V_{G1} > 0$、$V_{G2} < 0$，VT_1 导通 VT_2 截止。其间 C_1 放电，其路径为 $C_1^+ \rightarrow VT_1 \rightarrow$ 变压器初级绕组 $\rightarrow C_1^-$；电容器 C_2 充电，其路径为 $E^+ \rightarrow VT_1 \rightarrow$ 变压器初级绕组 $\rightarrow C_2 \rightarrow E^-$。如前假定条件，在 V_{C1} 和 V_{C2} 均不变的前提条件下，变压器初级的两端电压 $V_{12} = V_{C1} = E/2$，变压器的次级电压为 $V_{34} = N_2/N_1 V_{12} = N_2 E/2N_1$。当然，这是在忽略 VT_1 导通时的管压降并设初级与次级匝数分别为 N_1 和 N_2 时得到的结果。

t_2 时刻，VT_1 关断，电路中"1"端和"2"端间的等效串联电感通过 VD_2 向电容 C_2 释放能量。此后，即 $t_2 \sim t_3$ 期间，因 $V_{G1} < 0$、$V_{G2} < 0$，VT_1 和 VT_2 均截止。

$t_3 \sim t_4$ 期间，$V_{G2} > 0$，$V_{G1} < 0$。VT_1 截止而 VT_2 导通。其间 C_1 充电，其路径为 $E^+ \rightarrow C_1 \rightarrow$ 变压器初级绕组 $\rightarrow VT_2 \rightarrow E^-$；电容器 C_2 放电，其路径为 $C_2^+ \rightarrow$ 变压器初级绕组 $\rightarrow VT_2 \rightarrow C_2^-$。与 $t_1 \sim t_2$ 期间的假定一样，此时可以得到变压器初级的两端电压 $V_{12} = -V_{C2} = -E/2$，变压器次级电压为 $V_{34} = N_2/N_1 V_{12} = -N_2 E/2N_1$。

t_4 时刻，VT_2 关断，电路中"1"端和"2"端间的等效串联电感通过 VD_1 向电容器 C_1 释放能量。此后 VT_1 和 VT_2 又均处于截止状态。

综上所述，如果使电路按上述过程周而复始地工作，则可在变压器次级获得交变的电压输出，这样该电路就实现了直流变交流的目的。在该电路工作过程中，控制电压 V_{G1} 和 V_{G2} 及 V_{34} 的波形如图 3-47 所示。

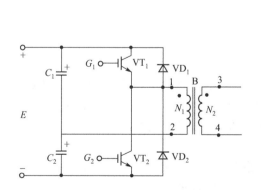

图 3-46　单相半桥式逆变电路

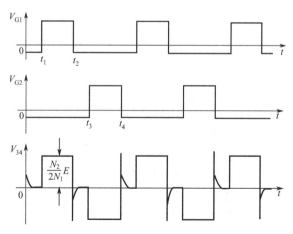

图 3-47　半桥电路的控制电压及输出电压波形

（3）单相推挽式逆变电路

单相推挽式逆变电路是由直流电源 E、输出变压器、功率开关器件 VT_1 和 VT_2 以及两个二极管 VD_1 和 VD_2 组成，其电路结构如图 3-48 所示。在这种结构的电路中，要求两个初级绕组的匝数必须相等，即 $N_1 = N_2$。下面仍以单脉宽调制方式讨论电路的工作原理。

设功率开关器件 VT_1 和 VT_2 的栅极分别加上如图 3-49 所示的控制电压 V_{G1} 和 V_{G2}，则在 $t_1 \sim t_2$ 期间，VT_1 导通 VT_2 截止。在此期间若忽略 VT_1 的管压降，则变压器初级的电压为 $V_{12} = -E$，变压器次级电压为 $V_{45} = -N_3 E/N_1$，VT_2 承受的电压为 $2E$。t_2 时刻，VT_1 关断，变压器初级等效串联电感力图维持原电流不变，因而导致初级绕组的电压极性与 VT_1 导通时相反，即 N_1 绕组的"1"端为正而"2"端为负，N_2 绕组的"2"端为正而"3"端为负。因此该等效电感的能量只能通过 VD_2 向直流电源 E 反馈。

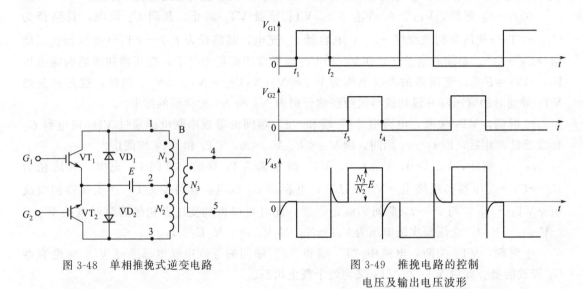

图 3-48 单相推挽式逆变电路　　　　图 3-49 推挽电路的控制
电压及输出电压波形

在 $t_3 \sim t_4$ 期间，VT_1 截止而 VT_2 导通。VT_2 导通时若忽略其管压降，则变压器初级绕组的电压为 $V_{21} = -V_{23} = -E$，变压器的次级电压为 $V_{45} = N_3 E/N_2$，其间 VT_1 承受的电压为 $2E$。t_4 时刻，VT_2 关断，变压器初级等效串联电感的能量通过 VD_1 向直流电源 E 反馈。

此后，电路按此规律周而复始地工作，则可在变压器次级获得交变的输出电压，从而使该电路实现了直流变交流的功能。

3.3.2　三相逆变电路

三相逆变器可以是半桥式的，也可以是全桥式的。三相逆变电路可用三个单相逆变器组成，也可采用三个独立桥臂组成。逆变器的触发脉冲间彼此相差 $120°$（超前或滞后），以便获得三相平衡（基波）的输出。在实际中，广泛采用的是三相桥式逆变电路。

(1) 电压型三相桥式逆变电路

电压型三相桥式逆变电路如图 3-50 所示。电路由三个半桥组成，每个半桥对应一相。它的基本工作方式是 $180°$ 导电（方波）方式，即每个桥臂的导电角度为 $180°$。同一相（即同一半桥）上下两个臂交替导电，各相开始导电的时间依次相差 $120°$。因为每次换相都是在同一相上下两个桥臂之间进行的，因此称为纵向换相。这样，在任一瞬间，则有三个臂同时导通。可能是上面一个臂下面两个臂，也可能是上面两个臂下面一个臂同时导通。

为了分析方便起见，在直流侧标出了假想的中点 O'，但在实际电路中直流侧只有一个电容器。若三相桥式逆变电路的工作方式是 $180°$ 导电式，即每个桥臂的导通角为 $180°$，则

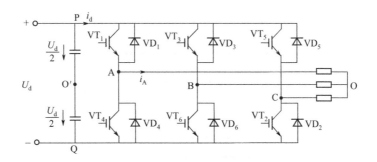

图 3-50　三相桥式逆变电路

同一相（即同一半桥）上下两个桥臂交替导通，各相开始导通的角度依次相差120°，控制信号如图 3-51(a) 所示。这样在任何时刻将有 3 个桥臂同时导通，导通的顺序为 1、2、3→2、3、4→3、4、5→4、5、6→5、6、1→6、1、2。即可能是上面一个桥臂和下面两个桥臂同时导通，也可能是上面两个桥臂和下面一个桥臂同时导通。因为每次换流都是在同一相上下两个桥臂之间进行，因此被称为纵向换流。

① 输出电压分析。根据上述控制规律，可得到 $u_{AO'}$、$u_{BO'}$、$u_{CO'}$ 的波形，它们是幅值为 $U_d/2$ 的方波，但相位依次相差120°，如图 3-51(b) 所示。输出的线电压为

$$u_{AB}=u_{AO'}-u_{BO'}$$
$$u_{BC}=u_{BO'}-u_{CO'}$$
$$u_{CA}=u_{CO'}-u_{AO'} \tag{3-36}$$

波形如图 3-51(c) 所示。

三相负载可按星形或三角形连结。当负载为三角形连结时，相电压与线电压相等，很容易求得相电流和线电流；当负载为星形连结时，必须先求出负载相电压，然后才能求得线电流。以电阻性负载为例说明如下。

由图 3-51(a) 所示的波形图可知，在输出电压的半个周期内，逆变电路有 3 种工作模式（开关状态）。

a. 模式 1（$0 \leqslant \omega t \leqslant \pi/3$），$VT_5$、$VT_6$、$VT_1$ 导通。三相桥的 A、C 两点均接 P，B 点接 Q，其等效电路如图 3-51(g) 所示。

$$u_{AO}=u_{CO}=U_d/3$$
$$u_{BO}=-2U_d/3$$

b. 模式 2（$\pi/3 \leqslant \omega t \leqslant 2\pi/3$），$VT_6$、$VT_1$、$VT_2$ 导通。三相桥的 A 点接 P，B、C 两点均接 Q，其等效电路如图 3-51(h) 所示。

$$u_{AO}=2U_d/3$$
$$u_{BO}=u_{CO}=-U_d/3$$

c. 模式 3（$2\pi/3 \leqslant \omega t \leqslant \pi$），$VT_1$、$VT_2$、$VT_3$ 导通。三相桥的 A、B 两点均接 P，C 点接 Q，其等效电路如图 3-51(i) 所示。

$$u_{AO}=u_{BO}=U_d/3$$
$$u_{CO}=-2U_d/3$$

根据上述分析，星形负载电阻上的相电压 u_{AO}、u_{BO}、u_{CO} 波形是阶梯波，如图 3-51(d) 所示。将 A 相电压 u_{AO} 展开成傅里叶级数

$$u_{AO}=\frac{2U_d}{\pi}\left(\sin\omega t+\frac{1}{5}\sin5\omega t+\frac{1}{7}\sin7\omega t+\frac{1}{11}\sin11\omega t+\cdots\right)$$

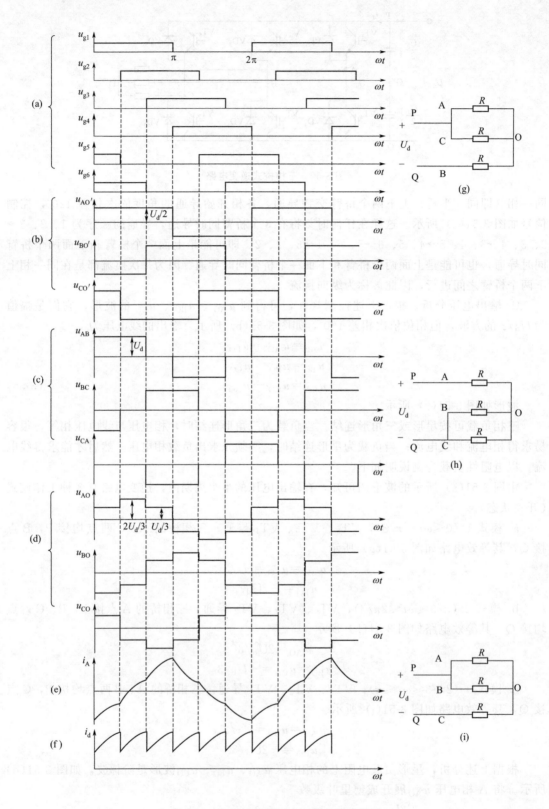

图 3-51 电压型三相桥式逆变电路波形图

由此可见，u_{AO} 无 3 次谐波，仅有更高的奇次谐波。

a. 基波幅值

$$U_{AO1m} = \frac{2U_d}{\pi} = 0.637U_d \tag{3-37}$$

b. 基波有效值

$$U_{AO1} = \frac{2U_d}{\sqrt{2}\pi} = 0.45U_d \tag{3-38}$$

c. 负载相电压的有效值

$$U_{AO} = \sqrt{\frac{1}{2\pi}\int_0^{2\pi} u_{AO}^2 \, d(\omega t)} = 0.472U_d \tag{3-39}$$

线电压和相电压的基波及各次谐波与一般对称三相系统一样，存在 $\sqrt{3}$ 倍的关系。

d. 线电压 u_{AB} 的基波幅值

$$U_{AB1m} = \sqrt{3}U_{AO1m} = 1.1U_d \tag{3-40}$$

e. 线电压 u_{AB} 的基波有效值

$$U_{AB1} = U_{AB1m}/\sqrt{2} = 0.78U_d \tag{3-41}$$

f. 负载线电压的有效值

$$U_{AB} = \sqrt{\frac{1}{2\pi}\int_0^{2\pi} u_{AB}^2 \, d(\omega t)} = 0.817U_d \tag{3-42}$$

② 输出和输入电流分析。不同负载参数，其阻抗角 φ 不同，则负载电流的波形形状和相位都有所不同。当负载参数一定时，可由 u_{AO} 的波形求出 A 相电流 i_A 的波形。如图 3-51 (e) 所示是在感性负载下 i_A 的波形。上、下桥臂间的换流过程和半桥电路一样。如上桥臂 1 中的 VT_1 从通态转换到断态时，因负载电感中的电流不能突变，下桥臂 4 中的 VD_4 导通续流，待负载电流下降到零，桥臂 4 中的电流反向时，VT_4 才开始导通。负载阻抗角 φ 越大，VD_4 导通的时间越长。i_A 的上升段即为桥臂 1 导电的区间，其中 $i_A < 0$ 时为 VD_1 导通，$i_A > 0$ 时为 VT_1 导通；i_A 的下降段即为桥臂 4 导电区间，其中 $i_A > 0$ 时为 VD_4 导通，$i_A < 0$ 时为 VT_4 导通。

i_B、i_C 的波形和 i_A 形状相同，相位依次相差 120°。把桥臂 1、3、5（或 2、4、6）的电流叠加起来，就可得到直流侧电流 i_d 的波形，如图 3-51(f) 所示。i_d 的波形均为正值，但每隔 60° 脉动一次。说明逆变桥除了从直流电源吸取直流电流外，还要与直流电源交换无功电流。当负载阻抗角 $\varphi > \pi/3$ 时，直流侧的电流波形也是脉动的，且既有正值也有负值，负值表示负载中的无功能量通过二极管反馈回直流侧。此外，当负载为纯电阻负载时，三相桥式逆变电路中所有反并联二极管都不会导通，直流电源吸取无脉动的直流电流。

比较图 3-51 中线电压和相电压的波形可知，负载的线电压为准方波，而相电压为更接近正弦的阶梯波。这对于抑制输出电压中的谐波成分和得到正弦波输出电压极为有利。

在上述 180° 导电型逆变器中，为了防止同一相上下两臂的可控元件同时导通而引起直流电源短路，要采取"先断后通"的方法。即先给应关断的器件关断信号，待关断后留一定的时间裕量，然后再给应导通的器件开通信号，两者之间留一个短暂的死区时间。

除 180° 导电型外，还有 120° 导电型的控制方式，即每个臂导电 120°，同一相上下两臂的导通有 60° 的间隔，各相的导通仍依次相差 120°。这样，每次的换相都是在上面三个桥臂内或下面120°三个桥臂内依次进行，因此称为横向换相。在任何一个瞬间，上下三个桥臂都各有一个臂导通。120°导电型不存在同一相上下直通短路的问题，但输出的交流线电压有效值 $U_{AB}=0.707U_d$，比180°导电型的 U_{AB} 低得多，直流电源电压利用率低，因此一般电压型逆变电路都采用180°导电型。

（2）电流型三相桥式逆变电路

电流型三相桥式逆变电路如图3-52所示。因该电路各开关器件主要起改变直流电流流通路径的作用，故交流侧电流为矩形波，与负载性质无关，而交流侧电压波形和相位因负载阻抗角不同而异，其波形接近正弦波。另外，直流侧电感起缓冲无功能量的作用，因电流不能反向，故可控器件不必反并联二极管，但要给每个器件串联一个二极管以承受反向电压。

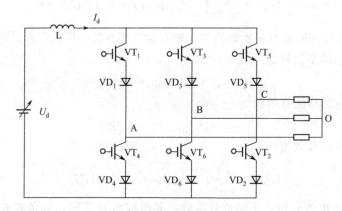

图3-52　电流型三相桥式逆变电路拓扑结构

电流型三相桥式逆变电路的基本工作方式为120°导通方式。即每个臂导通120°，按 VT_1 到 VT_6 的顺序每隔60°依次导通。这样，每个时刻上桥臂组和下桥臂组中都各有一个臂导通。换相时，是在上桥臂组或下桥臂组内依次换相，是横向换相。输出相电流及线电压波形如图3-53所示。

电流型三相桥式逆变电路的输出电路的基波有效值 I_{A1} 和直流电流 I_d 的关系为

$$I_{A1}=\frac{\sqrt{6}}{\pi}I_d=0.78I_d \tag{3-43}$$

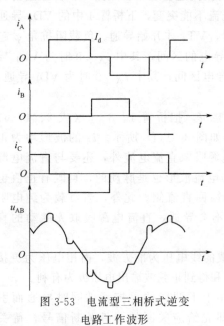

图3-53　电流型三相桥式逆变电路工作波形

由以上分析可以看出，电流型和电压型三相桥式逆变电路中输出线电压基波有效值的系数相同。电压型和电流型逆变器在电路结构、直流侧电源、输出波形等方面都有着对偶关系。电压型逆变器在直流电源侧并联滤波电容器，逆变桥臂的开关上有反并联续流二极管，逆变器的输出阻抗很小，输出为电压源，在一般情况下，输出电压波形是不等宽的脉冲列；而电流型逆变器在直流电源侧串联电抗器，电源阻抗较大，输出为电流源，桥臂结构采用可控开关器件和二极管相串联的方式，输出电流波形是不等宽的脉冲列。电压型逆变器的换相在上下桥臂之间进行，而电流型逆变器的换相要在不同的相间进行。从开关暂态特性上看，电压型逆变器负载短路时的过电流危害比较严重，应予以重点保护，而其过电压保护维护相对较轻；电流型由于电源阻抗很大，所以负载短路时的过电流危害不严重，而其过电压危害较为严重，其保护也相对困难。

3.3.3　新型逆变电路

前述的传统单相和三相逆变电路均比较成熟，在直流-交流变换领域发挥了重要作用。但传统逆变电路存在一些缺陷，限制了其在某些场合下性能的进一步提高和应用的进一步广泛。例如，在高压大容量逆变场合，虽然近年来各种新型器件，如高压 IGBT（insulated gate bipolar transistor，绝缘栅双极型晶体管）、IGCT（intergrated gate commutated thyristors，集成门极换流晶闸管）以及 IEGT（injection enhanced gate transistor，注入增强栅晶体管）等纷纷出现，单管容量和开关速度也有了较大提高。但即便如此，传统的两电平变换器拓扑仍然不能满足人们对高压大功率的要求；此外，目前电力电子器件的功率处理能力和开关频率之间是矛盾的，往往功率越大，开关频率越低，高性能的控制实现起来就愈发困难。因此，对于大容量光伏发电系统，在功率器件水平没有本质突破的情况下，有效的手段是从电路拓扑和控制方法上寻求创新，多电平变换器正是在这一背景下应用而生的。

此外，由于传统的电压型逆变电路是降压工作模式，传统的电流型逆变电路是升压工作模式。因而，在直流侧电压变换范围较大（光伏电池阵列）或负载要求输出范围比较宽的场合，单一的电压型或电流型逆变电路可能不能满足变换要求，必须增加一级功率变换，带来电路复杂、效率降低的问题。针对这一问题，Z 源（Z-Source）逆变器应运而生。

本节将对大容量逆变电路和 Z 源逆变电路进行简要介绍。

(1)　二极管中点钳位（NPC——neutral point clamped）**多电平逆变器**

德国学者 Holtz 于 1977 年提出三电平逆变器主电路及其方案，其中每相桥臂带一对开关管，以辅助中点钳位。1981 年，日本长冈科技大学的学者 Nabae 在此基础上继续发展，将这些辅助开关变成为一对二极管，分别与上下桥臂串联的主管中点相连，以辅助中点钳位，称为二极管中点钳位式三电平变换器。该电路比前者更易于控制，且主管关断时仅承受直流母线一半的电压，因此更为实用。1983 年，Bhagwat 和 Stefanovic 将这种电路结构由三电平推广到多电平，进一步奠定了 NPC 结构的多电平模式。

如图 3-54 所示给出了二极管钳位三电平逆变器的电路拓扑结构。与传统过的两电平拓扑结构不同，三电平逆变器每个桥臂由 4 个功率开关管（$S_1 \sim S_4$）、4 个反并联二极管（$VD_1 \sim VD_4$）构成。此外，每个桥臂还有 2 个钳位二极管（VD_{Z1}、VD_{Z2}），其中点与母线电容中点连在一起。当 S_1 和 S_2 导通时，A 相输出端和母线正端接通，输出对地电压为 $+V_d/2$；当 S_3 和 S_4 导通时，A 相输出端和母线负端接通，输出对地电压为 $-V_d/2$；当 S_2 和 S_3 导通时，A 相输出端和母线中点接通，输出对地电压为 0。显然，二极管钳位三电平逆变电路比传统二电平逆变电路多一个工作状态，即 S_2 和 S_3 导通时的情况。因而其输出也多一个电平，即零电平。

二极管钳位三电平逆变电路输出的典型波形如图 3-55 所示。其中 v_{AZ} 是 A 相电压的波形图，v_{AB} 是 AB 线电压波形。从线电压波形可以直观看出：三电平输出波形比传统两电平更接近正弦波，在相同开关频率下，与传统两电平变换器相比，其电压 THD（total harmonic distortion，总谐波失真）将大大降低。

对三电平变换器的拓扑结构稍加改动，可扩展为任意电平的多电平变换器。其电平数越多，则输出波形越接近正弦，谐波含量越小。然而在实际应用中，由于受到硬件条件和控制复杂性的制约，通常在满足性能指标的前提下，并不追求过多的电平数，目前三电平结构最为成熟，应用最多。与传统的两电平相比，二极管钳位三电平变换器具有以下突出特点：

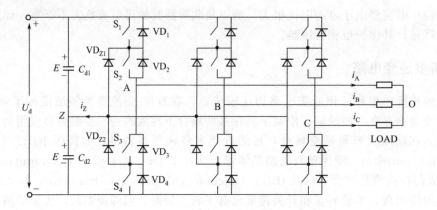

图 3-54　二极管钳位三电平逆变电路

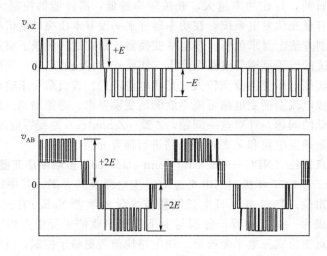

图 3-55　二极管钳位三电平逆变电路典型输出波形

① 主电路中的每个开关器件仅承受一半的直流侧电压，因此可以采用较低耐压器件的组合实现高压输出，且无需动态均压电路；

② 由于电平数的增加，改善了输出电压波形，减小了谐波含量；

③ 可以以较低的开关频率获得与高开关频率下两电平变换器相同的输出电压波形，因而其开关损耗较小，效率高；

④ 在相同直流母线电压下，输出的相电压或线电压幅值跳变减小了一半，有利于交流侧负载的绝缘和安全运行；

⑤ 三电平开关状态比较多，可供选择的余地大，开关顺序灵活多样，为逆变系统性能的提高提供了可能。

此外，二极管钳位三电平逆变器也有相应的缺点，例如钳位二极管承压不均匀，流过功率开关器件的电流有效值大小不一定相等，其最突出的缺点就是必须时时刻刻保证母线电容中点点位的基本平衡。如果中点点位由于电容的充放电导致不平衡到一定程度后，轻则致使逆变器输出性能恶化，重则造成功率开关器件由于承受过电压而损坏。而要保证母线电压平衡，就必须在逆变控制策略上采取一定的措施，导致系统控制复杂。

钳位型多电平变换器还有一种类型，即用电容代替钳位二极管，对电路在开关状态变化过程中功率器件的承压进行钳位，称为飞跨电容钳位（flying capacitor）多电平变换器，由法国学者 T. A. Meynard 和 H. Foch 在 1992 年电力电子专家会议年会（PESC——power electronics specialists conference）上提出。最初的目的是减少二极管钳位多电平变流器在较多电平情况下过多的钳位二极管，即采用悬浮电容器来代替钳位二极管工作，而直流侧的电容不变。其工作原理与二极管钳位式变换器相似，但在电压合成方面，开关状态的选择比二极管钳位式变换器具有更大的灵活性。飞跨电容五电平逆变器电路拓扑如图 3-56 所示。

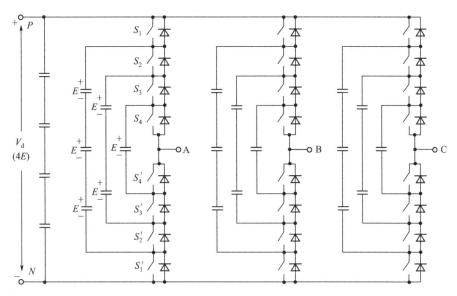

图 3-56　飞跨电容钳位五电平逆变电路拓扑结构

如图 3-56 所示，4 个主开关元件和 4 个电容均串联，对直流母线电压 V_d 分压，并另行采用一些电容对称的跨接于开关器件之间，得到 5 级多电平逆变器。跨接电容钳位式变换器输出电平级数的定义与二极管钳位相同，5 电平逆变器的相电压具有 5 个电平，线电压具有 9 个电平。飞跨电容钳位多电平逆变电路输出电压波形与二极管钳位多电平类似，在此不再赘述。由于电路中需要多个有一定容量的直流电容器钳位，不仅带来成本、体积等多方面的问题，而且电容的预充电和电位的平衡是该电路的难点，因而在实际中很少使用。

对于钳位型多电平逆变器，要输出 N 个电平，则直流侧需要 $N-1$ 个钳位二极管或钳位电容，输出线电压就有 $2N-1$ 个电平。

（2）级联式（cascaded）**多电平变换器**

除了钳位型多电平变换器外，研究和应用较多的是级联式多电平变换器。常见的级联式多电平变换器是具有独立直流电压源的级联型逆变器，通过叠加低压逆变器的输出获得高压输出，包括 H 桥（即全桥）串联式多电平电路和三相逆变桥串联式多电平电路。如图 3-57 所示为五电平 H 桥级联式逆变器电路拓扑结构。

除具备一般多电平变换器的共有优点外，H 桥级联式多电平变换器独特的优点表现在以下几个方面：

① 无需均衡电容电压。二极管钳位型逆变器的多电平是由多个电容分压得到的，工作时需要保证电容电压的稳定。而在级联型逆变器中，各隔离直流电源在充放电上是完全解耦的，只要各直流电源容量足够，无需特别的均衡控制。

② 结构上易于模块化和扩展。级联型逆变器是一种松散的串联结构，每个 H 桥臂结构

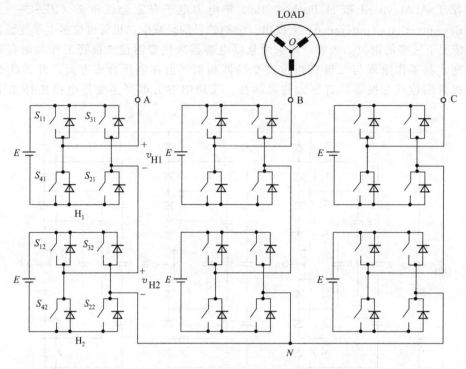

图 3-57   五电平 H 桥级联式逆变器电路拓扑结构

相同，易于模块化生产，容易采用冗余方式实现高可靠性，逆变器的拆卸与扩展都比较方便，控制也相对容易，这是其他多电平逆变器所不具有的。

③ 级联型逆变器除具有多电平逆变器共同的线电压冗余特性外，还具有相电压冗余的特性。对于每相某一输出电压，存在多种级联单元的状态组合。各级联单元的工作是完全独立的，其输出只影响输出总电压，不会对其他级联单元造成影响。相电压冗余可用于均衡各单元的利用率。

④ 级联型逆变器是多电平逆变器中输出同样数量电平而所需器件最少的一种，特别适用于电平数较高的场合。

当然，级联式多电平变换器也有相应的缺点，主要是需要大量的隔离直流电源。实际使用时通常采用工频的曲折连接变压器来产生独立电源，系统结构复杂，增加了体积、重量和造价。此外，由于具有多个直流电源和器件，级联型逆变器需要均衡各单元的利用率。在级联单元较多的情况下，故障检测和诊断变得比较困难。

（3）Z 源（Z-Source）逆变器

传统的电压型和电流型逆变器其输出特性均有一定的局限。对于电压型逆变器，其拓扑可看作是由 Buck 变换电路拓展而来，这将使得逆变器输出电压总是低于直流输入电压。因此，在一些需要高电压输出的场合，通常要在逆变器输入前端增加升压电路或在逆变器输出级加入升压变压器。前者由于多了 DC/DC 变换器，使得系统存在两级变换，从而降低了效率，且增加了控制电路的复杂程度；后者因变压器的引入，导致系统的成本、体积增加，且变压器低压侧的电流相对较大，在设计时将必须考虑开关电流应力等问题。此外，电压型逆变器直流侧的电容低阻特性将禁止逆变器工作在一相桥臂的上下开关管直通状态，否则，如果电容短路，功率开关管会因过流而损坏。考虑到开关管的开通、关断及驱动电路的延迟时间，为避免直通状态的发生，逆变器功率开关必须加入死区时间，使桥臂开关管先关断、后导通，而死区则会带来输出电压波形的畸变。

对于电流型逆变器，其拓扑可看作是由 Boost 变换电路拓展而来的，这将使得逆变器输出电压总是高于直流输入电压。因此，在一些需要低电压输出的场合，往往要在逆变器输入前级加入降压电路或在逆变器输出级加入降压变压器，这两种解决方案也会带来系统效率下降，控制电路复杂化以及成本增加等与电压型逆变器相同的问题。此外，电流型逆变器直流侧的电感高阻特性将禁止逆变器工作在上桥臂开关管全部关断或下桥臂开关管全部关断的开关状态，否则，如果电感开路，功率开关管会因过压而损坏。考虑到开关管的开通、关断及驱动电路的延迟时间，为避免上述被禁止的开关状态发生，电流型逆变器也必须加入死区时间使得桥臂开关管先导通，后关断。

为了克服传统电压源和电流源逆变器的不足，美国密西根州立大学的彭方正教授（浙江大学电力电子及电力传动学科点教育部"长江学者奖励计划"特聘教授）提出了 Z 源逆变器，为逆变器提供了一种新的拓扑。如图 3-58 所示为 Z 源逆变器的拓扑结构。

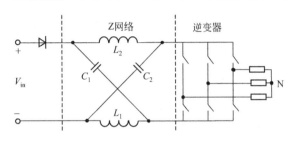

图 3-58 Z 源逆变器的拓扑结构

Z 源逆变器引进了一个 Z 源网络：由一个包含电感 L_1、L_2 和电容器 C_1、C_2 的二端口网络接成 X 形，将逆变器和直流电源耦合在一起。由于 Z 源逆变器用独特的 X 形 L、C 网络代替了传统的电压源逆变器中的直流母线电容器和电流源逆变器中的直流电抗器，因而 Z 源逆变器的直流输入端可以是电压源形式也可以是电流源形式。对于电压型 Z 源逆变器，输入电源为电压源，逆变器为电压型逆变器，此时逆变器可以承受短路（直通），并通过特殊的控制方法能够使得系统工作在升压模式；对于电流型 Z 源逆变器，输入电源为电流源，逆变器为电流型逆变器，此时逆变器可以承受开路，并通过特殊的控制方法能够使得系统工作在降压模式。下面以电压型 Z 源逆变器为例，简要介绍其工作原理。

Z 源逆变器的最大特点是可实现直接升降压功能。如图 3-59 和图 3-60 所示分别给出了 Z 源逆变器两个基本工作状态时直流端的等效电路。其中图 3-59 表示 Z 源逆变器工作在传统逆变状态，相应的图 3-60 则表示 Z 源逆变器工作在直通状态。传统的电压源逆变器包括有效状态和零矢量状态，而 Z 源逆变器则有一个独特的工作状态，即直通零矢量状态，意思是逆变器的上、下桥臂短路。Z 源逆变器正是利用这个状态来实现升压功能的。这样一个直通零矢量状态可以通过任一个桥臂直通或所有桥臂同时直通的方式来实现。

假设 Z 源网络是对称的，即 $L_1 = L_2$，$C_1 = C_2$，在稳态情况下，由于电路的对称性，有 $v_{L1} = v_{L2} = v_L$，$V_{C1} = V_{C2} = V_C$。对于图 3-59 所示的传统工作状态，有

$$V_{in} = V_{C1} + v_{L2} = V_{C2} + v_{L1} = V_C + v_L \tag{3-44}$$

$$V_{dc} = V_{C1} - v_{L1} = V_{C2} - v_{L2} = V_C - v_L \tag{3-45}$$

从而得到

$$V_{dc} = 2V_C - V_{in} \tag{3-46}$$

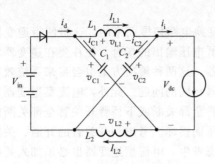
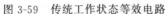
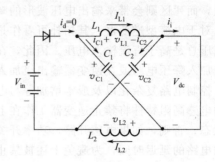

图 3-59　传统工作状态等效电路　　　　图 3-60　直通工作状态等效电路

对于图 3-60 所示的直通工作状态，若一个开关周期 T_s 内直通状态时间为 T_0，传统工作状态时间为 T_1，且 $T_0 = T_s - T_1$，则有

$$V_{C1} = V_{C2} = V_C = v_{L2} = v_{L1} = v_L \qquad (3-47)$$

稳态情况下，Z 源电感 L_1 和 L_2 在开关周期 T_s 内应满足伏秒特性，即

$$(V_{in} - V_C)T_1 + V_C T_0 = 0 \qquad (3-48)$$

整理上式，可得 Z 网络电容电压

$$V_C = \frac{T_1}{T_1 - T_0} V_{in} \qquad (3-49)$$

根据非直通状态下 Z 网络输出端（即逆变器母线）电压及直通和非直通状态的持续时间，求得逆变器母线电压的平均值为：

$$V_{dc} = \frac{V_{dc1} T_1 + 0 T_0}{T_s} = \frac{(2V_C - V_{in})T_1}{T_s} = \frac{T_1}{T_1 - T_0} V_{in} \qquad (3-50)$$

如前所述，在非直通工作状态下

$$V_{dc} = 2V_C - V_{in} = \frac{2T_1}{T_1 - T_0} V_{in} - V_{in} = \frac{T_1 + T_0}{T_1 - T_0} V_{in} = \frac{T_s}{T_1 - T_0} V_{in} = B V_{in} \qquad (3-51)$$

式中，B 显然大于等于 1，称为升压因子。

对于 Z 网络后面的三相逆变桥，其输出相电压基波峰值和母线电压的关系为

$$V_{1m} = m \frac{V_{dc}}{2} \qquad (3-52)$$

式中，m 通常称为调制度，与逆变器调制策略有关系，且与升压因子 B 不相关。将上两式合并，得到

$$V_{1m} = Bm \frac{V_{in}}{2} \qquad (3-53)$$

显然，对于一个确定的 Z 源逆变器，只要选择合适的调制度 m 和升压因子 B，就可以实现逆变器输出电压高于或低于直流输入电压，且不需要加中间变换电路。

Z 源逆变器突出的优点是其在可再生能源、电力传动控制、电能质量控制等无源、有源逆变场合有广阔的应用前景。对于光伏发电系统而言，利用 Z 源逆变器来取代传统的电压源型逆变器，将使得系统具有一些独特的优势。例如利用 Z 源逆变器独特的升/降压功能，可以放宽太阳能阵列电池的电压输入范围，非常适合因光照强度的变化而导致光伏阵列电压大范围波动的情况；另外，Z 源逆变器无需死区时间，并网电流的谐波畸变率（THD）相比传统电压源型光伏系统的并网电流 THD 要小，从而提高了回馈电能的质量。

习题与思考题

1. 画出单相桥式不控整流电路（阻性负载）整流电路图，并对应地画出输入电压、输入电流及输出电压波形。

2. 画出单相桥式不控整流电路（容性负载）整流电路图，并对应地画出输入电压、输入电流及输出电压波形。

3. 画出电感性负载的三相桥式不控整流电路图和波形图。设电网电压为 $380 \times (1 \pm 20\%)$ V，分别求出对应的输出直流电压值。

4. 画出降压变换器的电路图和电感电流连续模式 $D=0.5$ 的波形图，简要说明电路工作过程。设 $U_i = 100$V，这时 U_o 等于多少？[4～11 题电路图中均应标出各元器件的符号、输入、输出电压及其极性和电流方向；波形图中均应标出量值关系（不标具体数值），各波形必须对应准确]。

5. 画出升压变换器的电路图和电感电流连续模式 $D=0.4$ 的波形图，简要说明电路工作过程。设 $U_i = 100$V，这时 U_o 等于多少？

6. 画出反相变换器的电路图和电感电流连续模式 $D=0.4$ 的波形图，简要说明电路工作过程。设 $U_i = 100$V，这时 U_o 等于多少？功率开关管截止时 U_{DS} 等于多少？

7. 分别画出单端反激变换器和双晶体管单端反激变换器的电路图、磁化电流连续模式 $D=0.4$ 的波形图，简要说明电路工作过程。设 $U_i = 260$V$\pm 30\%$，要求 $U_o = 20$V，试选定变比 n 并求出占空比 D 的变化范围。

8. 分别画出单端正激变换器和双晶体管单端正激变换器的电路图、电感电流连续模式 $D=0.4$ 的波形图，简要说明电路工作过程。设 $U_i = 400$V，要求 $U_o = 57$V，试选定变比 n 并求出占空比 D。

9. 画出推挽变换器的电路图和电感电流连续模式 $D=0.4$ 的波形图，简要说明电路工作过程，写出输出电压 U_o 的计算公式。

10. 画出全桥变换器的电路图和电感电流模式 $D=0.4$ 的波形图，简要说明电路工作过程。设 $U_i = 400$V，要求 $U_o = 57$V，试选定变比 n 并求出占空比 D。

11. 画出半桥变换器的电路图和电感电流模式 $D=0.4$ 的波形图，简要说明电路工作过程。设 $U_i = 400$V，要求 $U_o = 57$V，试选定变比 n 并求出占空比 D。

12. 简述单相全桥式逆变电路工作过程，并画出控制电压及输出电压波形。

13. 简述单相半桥式逆变电路工作过程，并画出控制电压及输出电压波形。

14. 简述单相推挽式逆变电路工作过程，并画出控制电压及输出电压波形。

15. 简述电压型三相桥式逆变电路工作过程，并画出相关点波形图。

16. 传统的单相和单相逆变电路有何缺陷？你了解的新型逆变电路有哪几种？试说明其中一种新型逆变电路的工作原理。

第 **4** 章

UPS控制技术

现代 UPS 是按照一定的拓扑结构，利用电力电子器件构成相应的功率变换电路，对电能进行相应的处理，从而达到将交流或直流输入电能变换成为标准的交流电供给负载。在这个过程中，电力电子器件按照特定的规律开通和关断，从而实现对电能的变换或处理。而器件开通和关断的特定规律抽象出来即为 UPS 的控制技术。器件、拓扑和控制是现代电力电子技术的三大核心，USP 是典型的电力电子技术的应用，除了器件和拓扑，控制技术也是 UPS 的关键。第 2 章和第 3 章分别介绍了 UPS 中应用的电力电子器件和电能变换拓扑，本章将介绍 UPS 控制技术。广义上讲 UPS 的控制技术包含很多，人机界面、远程通信、数据采集等都属于控制技术，但本章将焦点集中在 UPS 的核心控制技术，包括逆变脉宽调制技术、逆变器控制技术、电网同步（锁相）技术以及并联冗余技术等。

4.1　逆变脉宽调制技术

逆变器是 UPS 电源设备的核心。我们知道，欲使逆变主电路完成直流变交流的功率变换过程，就必须对其功率逆变电路进行控制，而将控制电路对逆变主电路实施的控制方式叫控制策略（方法）。逆变器控制电路主要包括控制脉冲产生电路、逆变器输出稳定调整电路、保护电路、逆变器输出与市电同步的控制与切换等，使其按照人们预期的工作方式运行。习惯上人们将对逆变器主电路实施控制的电路称其为逆变控制电路。本节主要介绍控制逆变器脉冲产生电路与输出稳定调整电路，其他电路将在后续章节介绍。逆变器脉冲调制策略有很多种，主要包括单脉冲 PWM、多脉冲 PWM、正弦脉冲 PWM（SPWM——sinusoidal pulse width modulation）、空间电压矢量 PWM（SVPWM——space vector pulse width modulation）、电流跟踪 PWM、单周（one-cycle）控制以及特定消谐 PWM（SHEPWM——selective harmonic elimination pulse width modulation）等，而在 UPS 电源中，目应用最广泛的仍然是正弦脉冲 SPWM。

4.1.1　单脉冲 PWM

早期的小功率方波输出的后备式 UPS 中，主要用单脉冲 PWM 实现对逆变器的控制。所谓单脉冲 PWM 法，就是用一个矩形波脉冲去等效交流电的半周，再用同样的矩形波脉冲等效交流电的另一个半周，通过调整矩形波的脉宽来稳定输出电压，通过调整矩形波的中心距离来调整和稳定输出频率。其示意图分别如图 4-1 和图 4-2 所示。

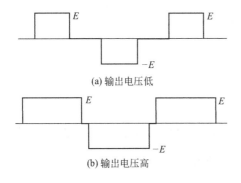

(a) 输出电压低

(b) 输出电压高

图 4-1　调整脉冲宽度调整输出电压

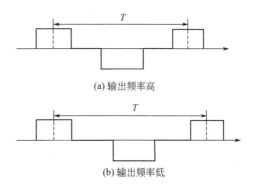

(a) 输出频率高

(b) 输出频率低

图 4-2　调整脉冲的中心距
调整输出频率

由图 4-3 和图 4-4 可知，u_6 和 u_7 是相差 180°的控制信号，若将此信号作为讨论逆变主电路工作原理时的 u_{G1} 和 u_{G2}，则会有图中 u_{45} 所示的逆变器输出电压（参见图 3-49）。

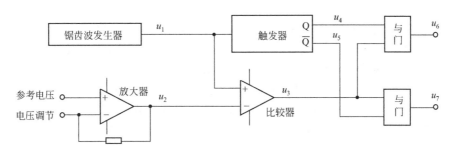

图 4-3　单脉冲 PWM 产生电路框图

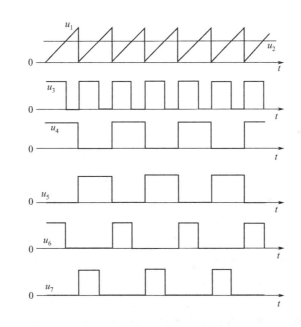

图 4-4　单脉冲 PWM 产生电路各电压参量的时序与波形图

若脉冲宽度用 δ 表示，u_{45} 的正负脉冲间隔为 ϕ，并假定正负脉冲的幅值均为 E，则可将展开成傅里叶级数如下：

$$u_{45} = \sum_{k=1}^{\infty} \frac{4E}{2k-1} \cos \frac{(2k-1)\phi}{2} \sin \left[\left(\omega t + \frac{\phi}{2} \right)(2k-1) \right]$$

其中，第 n 次谐波的幅值可表示为：

$$U_{m(n)} = \frac{4E}{n\pi} \cos \frac{n\phi}{2}$$

式中，$n = 1$，3，$5\cdots$。

根据上式可知，如果要想消除 u_{45} 中的 n 次谐波分量，就要使 $U_{m(n)} = 0$，即 $\cos \frac{n\phi}{2} = 0$。于是我们就得到了在单脉冲 PWM 波中消除 n 次谐波的条件：

$$\cos \frac{n\phi}{2} = 0$$

根据上式很容易求得：

$\phi = 60°$，u_{45} 不含三次谐波及其倍次谐波；

$\phi = 36°$，u_{45} 不含五次谐波及其倍次谐波；

……

由此可以看出，只要适当调整正负电压脉冲的间隔 ϕ，即可在频率固定的情况下调整正负电压脉冲的宽度，就可有目的地消除三次及其倍次谐波，当然也可以有目的地消除其他次谐波。由此也说明了单脉冲 PWM 波具有一定的谐波抑制能力。

但 UPS 工作时，为了稳定输出电压，往往需要适时调整输出电压脉冲的宽度，这样就破坏了消除某些高次谐波的条件。虽然消除高次谐波的条件不一定满足，但单脉冲 PWM 波对高次谐波的抑制能力还是存在的，只不过抑制效果没有达到最佳而已。

4.1.2　多脉冲 PWM

多脉冲 PWM 法就是用多个等宽度矩形脉冲去等效交流的正半周，再用同样多个等宽矩形波脉冲去等效交流电的负半周，通过矩形波的调整去调整和稳定输出电压，而通过调整矩形脉冲的中心距离来调整和稳定输出频率。用多脉冲 PWM 法比单脉冲 PWM 法输出所含谐波更容易滤除，但每周期内开关器件通断次数过多会造成控制电路复杂和过多能量损耗。

4.1.3　正弦脉冲 PWM

正弦波脉宽调制的控制思想，是利用逆变器的开关元件，由控制线路按一定的规律控制开关元件的通断，从而在逆变器的输出端获得一组等幅、等距而不等宽的脉冲序列。其脉宽基本上按正弦分布，以此脉冲列来等效正弦电压波。如图 4-5 所示，将正弦波的正半周划分为 N 等份（图中为 12 等份），这样就可把正弦半波看成由 N 个彼此相连的脉冲所组成的波形。这些脉冲的宽度相等，都等于 π/N，但幅值不等，且脉冲顶部是曲线，各脉冲的幅值按正弦规律变化。如果将每一等份的正弦曲线与横轴所包围的面积用一个与此面积相等的等高矩形脉冲代替，就得到图示的脉冲序列。这样，由 N 个等幅而不等宽的矩形脉冲所组成的波形与正弦波的正半周等效，正弦波的负半周也可用相同的方法来等效。

在理论上可以严格地计算出各分段矩形脉冲的宽度，作为控制逆变电路开关元件通断的依据，但计算过程十分烦琐。较为实用的方法是采用调制的方法，即把希望得到的波形作为调制信号，把接受调制的信号作为载波，通过对载波的调制得到期望的 PWM 波形。实现 SPWM 一般比较容易理解的方法是：采用一个正弦波 u_g（调制信号）与等腰三角波 u_c（载

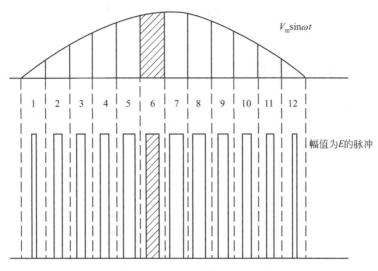

图 4-5 N＝12 时的 SPWM 波

波信号）相交的方案确定各分段矩形脉冲的宽度。如果在交点时刻控制电路中开关器件的通断，就可得到宽度正比于调制信号波幅值的脉冲，这正好符合 SPWM 控制要求。

在采用 SPWM 方式控制时，控制电路可分为单极性 PWM 和双极性 PWM 电路，两种控制方式所对应的控制波形分别如图 4-6 和图 4-7 所示。

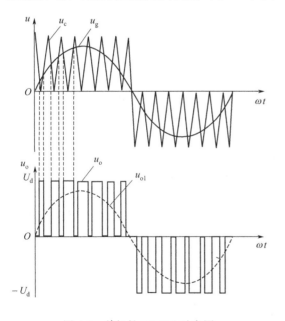

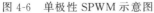

图 4-6 单极性 SPWM 示意图

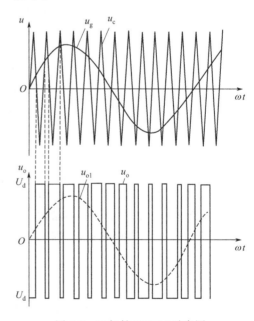

图 4-7 双极性 SPWM 示意图

为了讨论方便，下面以双极性 SPWM 控制方式的电压型单相桥式逆变电路为例（见图 3-44），讨论其调压原理。

首先，设载波信号 u_c 的波形为等腰三角波，重复频率为 f_c，幅值为 U_{cm}。而调制信号 u_g 为正弦波

$$u_g＝U_{gm}\sin\omega t \tag{4-1}$$

式中，$\omega＝2\pi f$。

u_c 和 u_g 的波形如图 4-7 所示，仿照 DC/DC 电路，调制比为

$$m = \frac{U_{gm}}{U_{cm}} \tag{4-2}$$

载波和调制波的频率比（即载波比）为

$$K = f_c/f = T/T_c \tag{4-3}$$

根据 u_c 和 u_g 的交点可得到相位互补的两列脉冲，如图 4-7 所示。这两列脉冲作为全桥电路 VT_1、VT_3 和 VT_2、VT_4 的控制脉冲，再注意到感性负载时 VD_1、VD_3 和 VD_2、VD_4 的续流作用，则输出电压 u_0 可表示为

$$u_0 \begin{cases} U_d & VT_1、VT_4 \text{ 或 } VD_1、VD_4 \text{ 导通} \\ -U_d & VT_2、VT_3 \text{ 或 } VD_2、VD_3 \text{ 导通} \end{cases}$$

u_0 波形如图 4-7 所示。

由于 u_0 具有奇函数和半波对称的性质，因此将其展成傅里叶级数时，展开式中只含奇次正弦相，即

$$u_0 = \sum_{n=1}^{\infty} B_{2n-1} \sin(2n-1)\omega t \tag{4-4}$$

式中

$$B_n = \frac{4U_d}{\pi} \left[\int_0^{\alpha_1} \sin n\omega t \, d\omega t - \int_{\alpha_1}^{\alpha_2} \sin n\omega t \, d\omega t + \int_{\alpha_2}^{\alpha_3} \sin n\omega t \, d\omega t - \int_{\alpha_3}^{\alpha_4} \sin n\omega t \, d\omega t + \int_{\alpha_4}^{\frac{\pi}{2}} \sin n\omega t \, d\omega t \right]$$

$$= \frac{4U_d}{\pi}(1 - 2\cos n\alpha_1 + 2\cos n\alpha_2 - 2\cos n\alpha_3 + 2\cos n\alpha_4)$$

基波电压为

$$u_{01} = B_1 \sin \omega t = \frac{4U_d}{\pi}(1 - 2\cos\alpha_1 + 2\cos\alpha_2 - 2\cos\alpha_3 + 2\cos\alpha_4)\sin\omega t$$

从上式可以看出，对于确定的 U_d 和诸开关角 α 值，可以计算基波电压及各次谐波电压值。而开关角 α 值是由 u_c 和 u_g 的交点决定，因此改变 u_g 的幅值 U_{gm} 就可改变包括基波在内的电压值。即载波幅值保持恒定时，改变调制比 m 就可调整输出电压 u_0。

根据以上分析可知，对于 SPWM 逆变电路而言，可以通过不同的 α 值计算相应的输出电压值，但这种方法过于复杂。从工程设计的角度来看，有必要寻求较简单的计算方法，而平均值模型分析法就是一种较简单的方法，下面予以简要介绍。所谓平均值模型是指当载波频率 f_c 远高于输出频率 f 时，将输出电压 u_0 在一个载波周期 T_c 中的平均值近似地看成输出电压的基波分量的瞬时值 u_{01}，即

$$\bar{u}_0 \approx u_{01} \big|_{f_c \gg f} \tag{4-5}$$

由图 4-7 有

$$\bar{u}_0 = \frac{1}{T_c} \int_0^{T_c} u_0 \, dt = [2D(t) - 1]U_d \tag{4-6}$$

式中

$$D(t) = \tau(t)/T_c \tag{4-7}$$

由于 $T_c \ll T$，因此在一个载波周期中，原来按输出频率随时间变化的正弦调制信号 u_g 可近似视为恒值，于是图 4-7 的关系可改画成图 4-8。并利用几何关系可得到平均值模型中 u_c 和 u_g 几何关系：

$$D(t) = \frac{\tau(t)}{T_c} = \frac{u_g(t) + U_{cm}}{2U_{cm}} = \frac{1}{2}\left[\frac{u_g(t)}{U_{cm}} + 1\right]\Big|_{u_g(t) < U_{cm}} \tag{4-8}$$

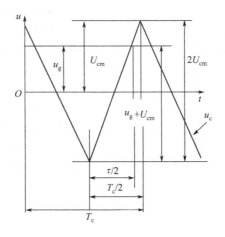

图 4-8 平均调制原理

将上两式合并有

$$\overline{u}_{o}=\frac{U_{d}}{U_{cm}}u_{g}(t) \tag{4-9}$$

上式表明，在 U_d 和 U_{cm} 为恒定值的条件下，一个载波周期中输出电压的平均值 $\overline{u}_o$ 与调制信号 u_g 成正比，于是当 u_g 是连续模拟变量时，$\overline{u}_o$ 和 u_{01} 也将是连续模拟变量，将正弦参考波的表达式带入上式得

$$\overline{u}_{o}=\frac{U_{d}}{U_{cm}}U_{gm}\sin\omega t=mU_{d}\sin\omega t\approx U_{01m}\sin\omega t \tag{4-10}$$

可得

$$\overline{u}_{o}=\frac{U_{d}}{U_{cm}}U_{gm}\sin\omega t=mU_{d}\sin\omega t\approx U_{01m}\sin\omega t \tag{4-11}$$

可得

$$U_{01m}=mU_{d}|_{m<1} \tag{4-12}$$

上式是 SPWM 的一个基本关系，它表明在 $U_{gm}<U_{cm}$ 条件下（即 $m\leqslant1$），SPWM 基波幅值随调制比 m 线性增加，令 $C_1=\pi U_{01}/4U_d$，有

$$C_{1}=\frac{\pi}{4}m=0.785m \tag{4-13}$$

直流电压利用率

$$A_{V}=\frac{U_{01}}{U_{d}}=\frac{m}{\sqrt{2}}=0.707m \tag{4-14}$$

显然，当 $m=1$ 时，$A_V=0.707m$。

对于三相 SPWM 型逆变电路中，U、V 和 W 三相的 SPWM 的控制通常共用一个等腰的三角波载波 u_c，三相调制信号 u_{ga}、u_{gb} 和 u_{gc} 的相位依次相差 $120°$，其表达式为

$$u_{ga}=U_{gm}\sin\omega t \tag{4-15}$$

$$u_{gb}=U_{gm}\left(\omega t-\frac{2\pi}{3}\right) \tag{4-16}$$

$$u_{gc}=U_{gm}\sin\left(\omega t+\frac{2\pi}{3}\right) \tag{4-17}$$

U、V 和 W 各相功率开关器件的控制规律相同，均以正弦规律和互补方式轮流导通，

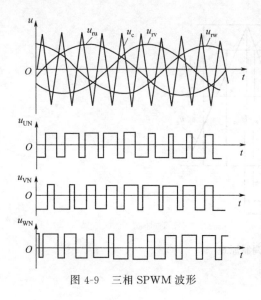

图 4-9　三相 SPWM 波形

每一相的控制脉冲如图 4-9 所示。

每一相对电源的中性点而言，其输出为双极性 SPWM 波，因此其相电压的调整和抑制谐波原理与单相逆变电路类似，故在此不过多讨论。

在实现 SPWM 脉宽调制时，根据载波比的变换，有同步调制和异步调制两种模式。

载波比 K 等于常数，并在变频时使载波信号和调制信号保持同步的调制方式称为同步调制方式。在基本同步调制方式中，调制信号频率变化时载波比 K 不变。调制信号半个周期内输出的脉冲数是固定的，脉冲相位也是固定的。在三相 PWM 逆变电路中，通常共用一个三角波载波信号，且取载波比 K 为 3 的整数倍，以使三相输出波形严格对称。同时，为了使一相的波形正、负半周也对称，K 应取为奇数。如图 4-9 所示的例子是 $K = 9$ 时的同步调制三相 PWM 波形。

当逆变电路的输出频率很低时，因为在半周期内输出脉冲的数目是固定的，所以由 SPWM 调制而产生的谐波频率也相应降低，这种频率较低的谐波通常不易滤除。为了克服这一缺点，通常采用分段同步调制，即把逆变电路的输出频率范围划分成若干个频段，每个频段内都保持载波比 K 恒定，而不同频段的载波比不同。在输出频率的高频段采用较低的载波比，以使载波频率不致过高。在输出频率的低频段采用较高的载波比，以便载波频率不致过低而对负载产生不利影响。各频段的载波比应该都取 3 的整数倍且为奇数。

当采用分段同步调制时，在不同的频率段内，载波频率的变化范围应该保持一致。提高载波频率可以更好地抑制谐波，使输出波形更接近正弦，但载波频率的提高受到功率开关器件允许最高频率的限制。

载波信号与调制信号不保持同步的调制方式称为异步调制方式。在异步调制方式中，当调制信号频率变化时，通常保持载波频率固定不变，因而载波比 K 是变化的。于是在调制信号的半个周期内，输出脉冲的个数和脉冲相位是不固定的，正负半周期的脉冲不对称，半周期内前后 1/4 周期的脉冲也不对称。

当调制信号频率较低时，载波比 K 较大，半周期内的脉冲数较多，正负半周期脉冲不对称和半周期内前后 1/4 周期脉冲不对称的影响都较小，输出波形接近正弦波。当调制信号频率增高时，载波比 K 减小，半周期内的脉冲数减少，输出脉冲的不对称性影响就变大，还会出现脉冲的跳动。同时，输出波形和正弦波之间的差异也变大，电路输出特性变坏。对于三相 SPWM 型逆变电路来说，三相输出的对称性也变差。因此，在采用异步调制方式时，希望尽量提高载波频率，以使在调制信号频率较高时仍能保持较大的载波比，改善输出特性。

此外，在双极性 SPWM 控制方式中，由于同一相上、下两臂的驱动信号是互补的，因此为了防止上、下两个臂直通而造成短路，在给一个桥臂施加关断信号后，再延迟一段时间（通常称为死区），才给另一个桥臂施加导通信号，延迟时间的长短主要由功率开关器件的关断时间决定。这个延迟时间将会给输出的 SPWM 波形带来影响，使其偏离正弦波。

SPWM 的实现方法有两种：模拟法和数字法。模拟法 SPWM 是用模拟电路产生，即用三角波和正弦参考波比较。这种方法原理简单直观，是早期主要的应用方式。但此法电路结构复杂，有温漂现象，难以实现精确控制，数字法则有效地解决了这一问题。目前数字实现 SPWM 的方法有两种，其一是用单片机或 DSP 实现，有等效面积法、自然采样法和规则采样法等；其二是用专用 SPWM 产生器，如 HEF4752、SLE4520、SA866、SA4828 等。以数字法实现 SPWM 已成为主流。

4.1.4 空间电压矢量 PWM

空间电压矢量 PWM 是从逆变器以异步电机为负载的应用场合中发展而来的。经典的 SPWM 控制主要着眼于使逆变器输出电压尽量接近正弦波，或者说，希望输出 PWM 电压波形的基波成分尽量大，谐波成分尽量小。至于电流波形，则还会受负载电路参数的影响。然而异步电机需要输入三相正弦电流的最终目的是在空间产生圆形旋转磁场，从而产生恒定的电磁转矩。因此，可以把逆变器和异步电机视为一体，按照跟踪圆形旋转磁场来控制 PWM 电压，这样的控制方法就叫作"磁链跟踪控制"。由于磁链的轨迹是靠电压空间矢量相加得到的，所以"磁链跟踪控制"又称为"空间电压矢量控制"。

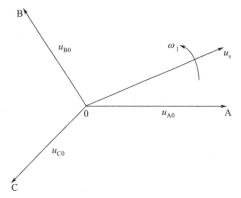

图 4-10 空间电压矢量

所谓电压空间矢量是按照电压所加绕组的空间位置来定义的。在图 4-10 中，A、B、C 分别表示在空间静止不动的电机定子三相绕组的轴线，它们在空间互差 120°，三相定子相电压 U_{A0}、U_{B0}、U_{C0} 分别加在三相绕组上，可以定义三个电压空间矢量为 u_{A0}、u_{B0}、u_{C0}，它们的方向始终在各相的轴线上，而大小则随时间按正弦规律变化，时间相位互差 120°。

可以证明，三相电压空间矢量相加的合成空间矢量 u_s，是一个旋转的空间矢量，它的幅值不变，是每相电压值的 3/2 倍，旋转频率为 ω_1，用公式表示，则有

$$u_s = u_{A0} + u_{B0} + u_{C0} \tag{4-18}$$

对于图 3-50 所示的三相电压型逆变电路，6 个功率开关器件可用开关符号（S_A、S_B、S_C）表示。正常工作时，在任一时刻一定有处于不同桥臂下的 3 个功率开关器件同时导通，而相应桥臂的另 3 个功率开关器件则处于关断状态，当用（S_A、S_B、S_C）表示三相逆变器的开关状态时，由于（S_A、S_B、S_C）各有 0（表示相应的下桥臂导通）或 1（表示相应的上桥臂导通）两种状态，因此三相逆变器共有 $2^3 = 8$ 种开关状态（见表 4-1）。从逆变器的正常工作，前 6 个工作状态是有效的，后 2 个工作状态是无意义的。

表 4-1 逆变器的 8 种工作状态

逆变器状态	S_A	S_B	S_C	向量
4	1	0	0	u_{s1}
6	1	1	0	u_{s2}
2	0	1	0	u_{s3}
3	0	1	1	u_{s4}
1	0	0	1	u_{s5}

逆变器状态	S_A	S_B	S_C	向量
5	1	0	1	u_{s6}
7	1	1	1	u_{s7}
0	0	0	0	u_{s0}

对于每一个有效的工作状态，相电压都可用一个合成空间矢量表示，其幅值相等，只是相位不同而已。如表 4-1 以 u_{s1}、u_{s2}、…、u_{s6} 依次表示 100、110、…、101 六个有效工作状态的电压空间矢量，它们的相互关系如图 4-11 所示。

设逆变器的工作周期从 100 状态开始，其电压空间矢量 u_{s1} 与 x 轴同方向，它所存在的时间为 $\pi/3$。在这段时间以后，工作状态转为 110，电机的电压空间矢量为 u_{s2}，它在空间上与 u_{s3} 相差 $\pi/3$，随着逆变器工作状态的不断切换，电机电压空间矢量的相位也作相应变化，到一个周期结束，u_{s6} 顶端恰好与 u_{s1} 尾端衔接，一个周期的六个电压空间矢量共转过 2π，形成一个封闭的正六边形。至于 111 与 000 这两个无意义的工作状态，可分别冠以 u_{s7} 和 u_{s0}，并称之为零矢量，它们的幅值为 0，也无相位，可认为它们坐落在六边形的中心点上。

常规的六拍逆变器只能产生六个矢量，输出相电压和线电压都是方波。其所以如此，是由于在一个周期中功率开关器件只有 6 次开关切换，切换后所形成的 6 个电压空间矢量都是恒定不动的。如果想获得正弦波输出，必须产生在空间按一定规律旋转的矢量，PWM 控制显然可以适应这个要求。

逆变器的电压空间矢量虽然只有 8 个，但可以利用它们的线性组合，以获得更多的与相位不同的新的电压空间矢量，最终构成一组等幅不同相的电压空间矢量。这样，在一个周期内逆变器的开关状态就超过了 6 个，而有些开关状态会多次出现。所以逆变器的输出电压将不是六拍阶梯波，而是一系列等幅不等宽的脉冲波，这就形成了电压空间矢量控制的 PWM 逆变器。

如图 4-12 表示了由 u_{s1}、u_{s2} 构成新的电压矢量 u_{r1} 的线性组合。设在 u_{s1} 状态终了后，期望在时间 T_z 内（在图 4-12 中以相应的 θ_z 电角度表示），起作用的是电压空间矢量 u_{r1}。图 4-12 中采用了部分 u_{s1} 与部分 u_{s2} 的矢量和得到 u_{r1}。从物理意义上说："部分 u_{s1}"表示 u_{s1} 的作用时间短于常规六拍逆变器的作用时间 $\pi/3$，它虽然与 u_{s1} 相位相同，但幅值却较小。在图 4-12 中，$t_1 u_{s1}/T_z$ 与 $t_2 u_{s2}/T_z$ 分别表示部分 u_{s1} 与部分 u_{s2} 矢量，它们的合成矢量为 u_{r1}。可以看出 u_{r1} 的相位与 u_{s1}、u_{s2} 都不同，但幅值相同。

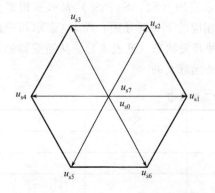

图 4-11 空间电压矢量分布图

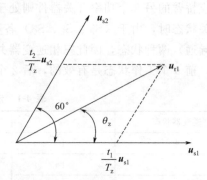

图 4-12 空间电压矢量的线性组合

由图 4-12，很容易得到：

$$\boldsymbol{u}_{s_1}t_1+\boldsymbol{u}_{s_2}t_2=\boldsymbol{u}_0 T_z \tag{4-19}$$

变换到直角坐标系上来表示，有

$$t_1 U_d \begin{bmatrix} 1 \\ 0 \end{bmatrix} + t_2 U_d \begin{bmatrix} \cos\dfrac{\pi}{3} \\ \sin\dfrac{\pi}{3} \end{bmatrix} = T_z A \begin{bmatrix} \cos\theta_z \\ \sin\theta_z \end{bmatrix} \tag{4-20}$$

式中，$A=|\boldsymbol{u}_{r1}|$，并令 $A=(\sqrt{3}/2)U_d M$，在这里，M 为调制度，可得 $\boldsymbol{u}_{s_1}$ 的作用时间

$$t_1=T_z M\sin\left(\frac{\pi}{3}-\theta_z\right) \tag{4-21}$$

$\boldsymbol{u}_{s_2}$ 的作用时间：

$$t_2=T_z M\sin\theta_z \tag{4-22}$$

通常 $\boldsymbol{u}_{s1}$ 和 $\boldsymbol{u}_{s1}$ 的作用时间之和并不一定正好等于 T_z，不足的时间用零矢量来补充，即：

$$t_0+t_7=T_z-t_1-t_2 \tag{4-23}$$

一般取：

$$t_0=t_7=\frac{1}{2}(T_z-t_1-t_2) \tag{4-24}$$

由于各工作状态的作用区间都是对称的，所以，分析一个状态区间的情况就可以推广到其他状态。为了讨论方便起见，把图 4-12 所示的正六边形电压空间矢量分成 6 个区域，称为扇区，如图 4-13 所示的Ⅰ、Ⅱ、…、Ⅵ，每个扇区对应的时间各为 π/3。在常规六拍逆变器中一个扇区仅由一个开关工作状态构成，实现 PWM 控制的做法就是把每一扇区再分成若干个对应于时间 T_z 的小区间，按照上述方法插入若干个线性组合的电压空间矢量 $\boldsymbol{u}_r$，以获得按正弦规律旋转的电压矢量。

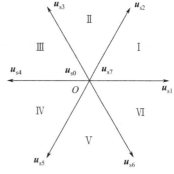

图 4-13 空间电压矢量的线性组合

每一个 $\boldsymbol{u}_r$ 实际上相当于 PWM 电压波形中的一个脉冲波。例如图 4-12 所构成的 $\boldsymbol{u}_{r1}$ 包含 $\boldsymbol{u}_{s1}$、$\boldsymbol{u}_{s2}$ 和 $\boldsymbol{u}_0$ 三种状态，为使波形对称，把每个状态的作用时间都一分为二，同时把 $\boldsymbol{u}_0$ 再分配给 $\boldsymbol{u}_{s0}$ 和 $\boldsymbol{u}_{s7}$；因而形成电压空间矢量的作用序列为 01277210，其中 0 表示 $\boldsymbol{u}_0$ 作用，1 表示 $\boldsymbol{u}_{s1}$ 的作用…。这样，在这一个小区间的 T_z 时间内，逆变器三相的开关状态序列为 000、100、110、111、111、110、100、000，如图 4-14(a) 所示。图 4-14 中同时表示了在这一小区间内逆变器输出的相电压波形，每一小段只表示了电压的工作状态，其时间长短可以不同。

在一个脉冲波中，不同状态的顺序不是随便安排的，它必须遵守的原则是：每次工作状态切换时，只有一个功率器件作开关切换，这样可以尽量减少开关损耗. 按照这一原则上述 0127 的顺序是正确的，例如 01 之间，由 000 切换到 100，只有 A 相开关切换，如图 3-50 中由开关器件"4"，导通切换到"1"导通，12 之间，由 100 切换到 110，只有 B 相开关切换；其余可依此类推。

一个扇区内所分的小区越多，输出电压就越能逼近正弦波。图 4-14 给出了对第 1 扇区分成 4 个小区间的电压空间矢量序列与逆变器输出三相电压波形。图 4-14(a) 为第一、第二两个小区间的工作状态，但两个小区间的时间和 t_1、t_2 是不相同的；图 4-14(b) 为第三、

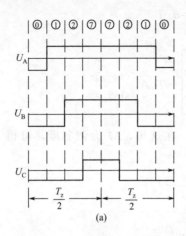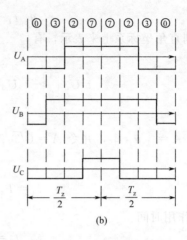

图 4-14　第Ⅰ扇区内电压空间矢量序列与逆变换器三相输出电压 PWM 波形

第四两个小区的工作状态，它们的 t_1、t_2 也不相同。

由以上分析可知，电压空间矢量控制的 PWM 模式具有以下特点：①每个小区间均以零电压矢量开始和结束。②在每个小区间内虽然有多次开关状态的切换，但每次切换都只牵涉到一个功率开关器件，因而开关损耗较小。③利用电压空间矢量直接生成三相 PWM 波，计算简便。④采用电压空间矢量控制时，逆变器输出线电压基波最大幅值为直流侧电压，这比一般的 SPWM 逆变器输出电压高 15% 左右。

4.2　UPS 逆变器控制技术

上一节介绍了逆变器脉冲调制策略，在已知逆变器输出电压参考信号的前提下，采用合适的调制策略可以得到逆变器桥臂的开关信号，通过驱动电路将开关信号放大以驱动逆变器功率开关管的开关状态，即可在逆变器的输出端得到期望的输出。那么如何得到逆变器输出电压的参考信号呢？这就涉及 UPS 逆变器宏观控制策略的问题了，该宏观控制策略的目的是根据逆变器模型，采样逆变器输入输出信号，采用适当的控制器，构建合理的闭环控制方法，得到逆变器输出参考信号（正弦），脉冲调制策略只是控制策略的组成部分。此外，和逆变电源不同，如果市电满足一定的条件，UPS 电源逆变器输出的正弦波的幅值、频率、相位就必须跟踪市电，尽可能与其保持一致，以保证市电和逆变器切换过程中负载上不至于出现过大的电压跳变，实现"无缝"切换，这个过程就是"锁相"。本节将介绍 UPS 电源逆变器的控制策略和锁相控制技术。

4.2.1　单相逆变控制技术

（1）电压单环控制

最简单的单相逆变器控制是电压单环控制，图 4-15 给出了电压单环控制的框图。

电压单环控制的基本原理将逆变器输出电压有效值或幅值取样（U_m），并与相应的参考信号 U_m^* 比较，其误差经过 PI 控制器得到有效值或幅值参考，其结果乘以基准正弦波得到目标参考电压 U_r，经过相应的脉宽调制策略控制逆变器开关。电压单环控制原理简单，实现方便，对线性负载能够取得不错的效果，可以有效地减小重载情况下的稳态误差。但是由于无电流和输出波形反馈，造成系统负载调整率差，动态响应缓慢，当直流侧电压或者负载

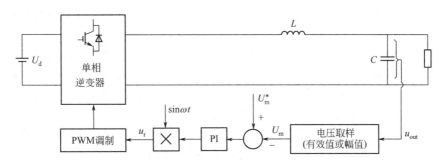

图 4-15　逆变器电压单环控制框图

突变时，系统达到新的平衡常需要几个甚至十几个工频周期。且对于在非线性负载，逆变器输出的电压波形谐波大，总失真度较高。

单环控制原理简单，实现相对比较容易，在早期的静止逆变电源和 UPS 电源中，电压单环控制策略应用较多，也伴随诞生了很多基于单环策略的集成 SPWM 控制芯片。随着单片机、DSP 控制功能越来越强，单环控制更多地被更复杂控制策略所取代。

（2）电压电流双环控制

图 4-16 给出了电压电流双环控制的控制策略框图。可以看出，控制系统存在两个控制环，外环为电压环，内环增加了电流环。电流环的参考输入为电压环的输出，取电感电流作为电流环的反馈，误差经过 P 调节器后输出调制波，由相应的 PWM 策略产生控制脉冲驱动逆变桥工作。

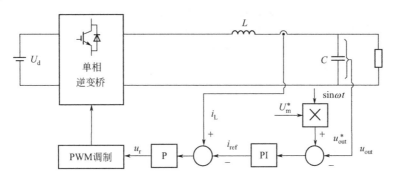

图 4-16　电压电流双环控制

和电压单环控制相比，控制策略有两点变换。一是电压外环通常为瞬时电压闭环而不是有效值或幅值闭环，不仅保证输出电压的稳压精度，而且能在非线性负载条件下校正输出波形，尽可能地减小输出电压谐波。二是增加了电流内环，能够有效提高系统动态响应。通常情况下，电流内环的速度要比电压外环快得多，当电流环的增益足够大时，电流环路可以用一个比例环节代替，如图 4-16 所示。电流内环通常有电感电流反馈和电容电流反馈两种，两者参考电压到输出电压的传递函数相同，在输出电压跟踪效果上无差别，但电容电流反馈的抗负载扰动性能优于电感电流反馈，而电流保护能力不如电感电流反馈。图 4-16 中采用了电感电流反馈方式。

需要说明的是，在 UPS 逆变器控制中，如果市电正常（电压和频率都在要求范围之内），则电压外环的参考 u_{out}^* 应为市电；如果市电异常，则参考 u_{out}^* 为标准幅值、标准频率、标准谐波的正弦信号。

电压电流双环控制是目前逆变器应用最广泛的控制策略，不仅仅是在 UPS 逆变器中，在光伏并网、分布式发电系统的逆变器中，双环控制由于技术成熟，动静态性能良好而得以广泛应用。

随着现代控制理论的不断发展，为取得更好的动静态性能，近些年出现了各种各样的高性能逆变器控制策略。例如为了有效解决逆变器带整流桥等非线性负载时出现的输出电压波形周期性的畸变，有研究提出了内模控制方式，通过增加反映系统信号特性的内模，有选择性地在某些频率点实现增益无穷大，从而实现无静差特性。对于非线性负载，谐波幅值往往随着频率的增加而减小，所以通常只考虑对系统影响较大的1个或多个低次谐波，将低次谐波的内模植入系统即可。将内模控制与传统的PI控制器结合在一起，能有效提高控制系统的静态和动态性能。类似的还有重复控制，其控制思想是假定前一周期出现的输出电压波形畸变将在下一周期的同一时刻再次出现，控制器根据参考信号和输出电压反馈信号的误差来确定所需的校正信号，在下一个基波周期将此校正信号叠加在原控制信号上，以消除输出电压的周期性畸变。无差拍控制是一种基于被控制对象精确数学模型的控制方法，其基本思想是根据逆变器的状态方程和输出反馈信号推算出下一个开关周期的PWM脉冲宽度。PWM脉冲宽度根据当前时刻的状态向量和下一采样时刻的参考正弦值计算出。因此，从理论上可以使输出电压在相位和幅值上都非常接近参考正弦电压。此外还有非常适用于功率开关变换器的滑模变结构控制等，这些高性能控制方法能在某些方面改善逆变器控制性能，而且在数字控制方式下实现也并不复杂，将来必将在逆变器控制中发挥巨大优势。

4.2.2　三相逆变控制技术

与单相逆变器不同，三相逆变器输出为三相交流电。而对于大功率场合的三相UPS电源来讲，其输出各相通常要和三相市电类似，能够独立带载，故一般UPS逆变器的输出为三相四线。由于三相负载一般都是不平衡的，这就要求逆变器有带100%不平衡负载的能力。为了使不平衡负载情况下UPS三相输出电压对称，需要对输出电压的零序分量进行控制，对于三相四线的逆变器拓扑结构不能采用传统的空间矢量调制（SVPWM）方式，只能采用正弦脉宽调制（SPWM）方式。研究SVPWM原理可以发现，其调制波等效于基波加上一定量三次谐波的方式，该三次谐波在三相四线制的零线上将会造成叠加。

图4-17给出了三相UPS逆变器控制框图。该控制策略是基于电压电流双环控制，通过旋转坐标变换，把三相电压和电流从三相静止坐标系（abc）变换转化到两相旋转坐标系（dq）下，对于理想的三相交流电，选取与其频率相同的旋转角频率作为坐标系旋转速度，在旋转坐标系下的时变的交流电变换为直流量。同样类似单相逆变器双环控制策略，外环采用电压环，内环为电流环。电流环的输出通过坐标反变换，得到调制波 u_r，再通过SPWM调制，控制逆变桥工作。

采用旋转坐标系，能将被控对象（三相交流电压或电流）变换为等效的直流信号进行处理，降低了控制器优化设计的难度。但旋转坐标变换计算量较大，两次旋转变换将会给控制器带来一定的负担，控制系统的实时性受到影响。此外当逆变器带非线性负载情况下，基波频率下的旋转坐标变换将给控制对象带来较大误差，除非增加谐波对应的旋转坐标变换。

4.2.3　同步锁相控制技术

UPS电源和逆变电源最大的区别在于UPS电源需要在市电正常情况下跟踪市电并与其保持同步，否则UPS在逆变供电和旁路供电之间切换时电压的跳变不仅带来较大的谐波，

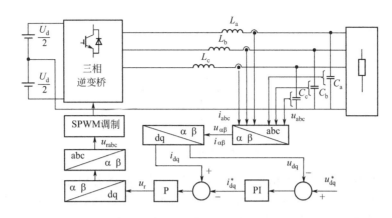

图 4-17 三相逆变器控制策略框图

而且可能引起负载工作不正常。从这个意义上，UPS 电源从某种程度上讲类似并网逆变器。为实现 UPS 逆变器与电网电压保持同步，通常使用锁相环来对电网电压进行跟踪。

（1）锁相环结构分析

传统的锁相环是由鉴相器（PD——phase detector）、环路滤波器（LF——loop filter）、压控振荡器（VCO——voltage controlled oscillator）三部分组成，其结构框图如图 4-18 所示。

图 4-18 锁相环基本结构框图

其中，$u_i(t)$ 为输出信号，$u_e(t)$ 为误差信号，$u_c(t)$ 为滤波后误差信号，$u_o(t)$ 为输出信号。锁相环是一个闭环相位控制系统，能够自动跟踪输出信号频率与相位。

① 鉴相器。鉴相器为一个相位比较模块，主要用于检测反馈信号相位 $\theta_o(t)$ 与输入信号相位 $\theta_i(t)$ 之间的相位差 $\theta_e(t)$。设输入信号为：

$$u_i(t) = U_i \sin(\omega_i t + \theta_i) \tag{4-25}$$

输出信号为：

$$u_o(t) = U_o \cos(\omega_o t + \theta_o) \tag{4-26}$$

以压控振荡器自由振荡频率 ω_f 作为参考角频率，可将式(4-25) 和式(4-26) 改写为：

$$u_i(t) = U_i \sin[\omega_f t + \theta_1(t)] \tag{4-27}$$

$$\theta_1(t) = (\omega_i - \omega_f)t + \theta_i \tag{4-28}$$

$$u_o(t) = U_o \cos[\omega_f t + \theta_2(t)] \tag{4-29}$$

$$\theta_2(t) = (\omega_o - \omega_f)t + \theta_o \tag{4-30}$$

则输入信号与输出信号相位差 $\theta_e(t)$ 为：

$$\theta_e(t) = (\omega_i t + \theta_i) - (\omega_o t + \theta_o) = (\omega_i - \omega_o)t + (\theta_i - \theta_o) = \theta_1(t) - \theta_2(t) \tag{4-31}$$

而输出误差信号 $u_e(t)$ 和相位差 $\theta_e(t)$ 之间满足如下函数关系：

$$u_e(t) = f[\theta_e(t)] \tag{4-32}$$

通常将式(4-32) 称为锁相环鉴相特性。理想情况下，鉴相特性为线性，即：

$$u_e(t) = K_e \theta_e(t) \tag{4-33}$$

式中，K_e 为鉴相特性增益系数。理想鉴相特性如图 4-19 所示。

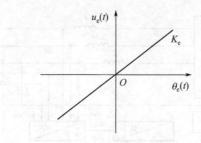

图 4-19 理想鉴相特性图

在实际工程应用中，根据鉴相对象的不同，鉴相器的种类各种各样，其鉴相特性也各不相同。在信噪比较低时，鉴相器的鉴相特性通常趋向于正弦特性。常用鉴相器为乘法器，设乘法器相乘系数为 K_m，则输入信号与输出信号相乘可以得到：

$$u_e(t) = K_m U_i \sin[\omega_f t + \theta_1(t)] U_o \cos[\omega_f t + \theta_2(t)] \tag{4-34}$$

通过计算可以得到：

$$u_e(t) = \frac{1}{2} K_m U_i U_o \sin[2\omega_f t + \theta_1(t) + \theta_2(t)] + \frac{1}{2} K_m U_i U_o \sin[\theta_1(t) - \theta_2(t)] \tag{4-35}$$

再经过低通滤波器滤除高频成分，则鉴相器输出为：

$$u_e(t) = \frac{1}{2} K_m U_i U_o \sin[\theta_1(t) - \theta_2(t)] \tag{4-36}$$

即：

$$u_e(t) = K_e \sin\theta_e(t) \tag{4-37}$$

$$K_e = \frac{1}{2} K_m U_i U \tag{4-38}$$

从以上分析可以看出，鉴相器的功能为检测输入输出信号相位角，以相位差的形式输出。若输入输出信号角频率相等，则其相角差为恒定值。

从式（4-37）可以看出，乘法器输出波形为正弦波。则其数学模型及鉴相特性分别如图 4-20 和图 4-21 所示。

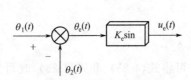

图 4-20 乘法鉴相器数学模型

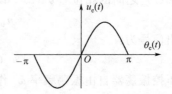

图 4-21 乘法鉴相器鉴相特性

② 环路滤波器。鉴相器输出的高频成分及噪声是通过环路滤波器进行滤除的。其滤除后的输出控制信号送给压控振荡器用以控制锁相环输出频率的高低。

通常环路滤波器等效成一个线性系统，则其复域表达式为：

$$u_c(s) = F(s) u_e(s) \tag{4-39}$$

式中，$u_e(s)$ 为经鉴相器后误差信号；$u_c(s)$ 为滤波其输出信号。

环路滤波函数 $F(s)$ 为：

$$F(s) = \frac{a_m s^m + a_{m-1} s^{m-1} + \cdots + a_0}{b_n s^n + b_{n-1} s^{n-1} + \cdots + b_0} \tag{4-40}$$

常用环路滤波器有 RC 积分、无源比例积分和有源比例三种滤波器，其电路结构如

图 4-22 所示。

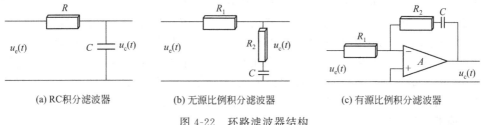

(a) RC积分滤波器　　　　(b) 无源比例积分滤波器　　　　(c) 有源比例积分滤波器

图 4-22　环路滤波器结构

相对于前两种滤波器，有源比例积分滤波具有无穷大的直流增益，能使锁相环锁定后相差为零。因此在实际工程中，大多使用有源比例积分滤波器。在实现数字化时，将其对换成相对应的数字滤波器即可。

③ 压控振荡器。压控振荡器作用是将经环路滤波器后的输入电压转化成锁相环所需输出相位，其特性曲线如图 4-23 所示。

图 4-23 中，$\omega_c(t)$ 为压控振荡器瞬时角频率；$u_c(t)$ 为经环路滤波器后输出给压控振荡器的电压信号；ω_f 为压控振荡器自由振荡角频率 [此时 $u_c(t)=0$]；K_0 为压控振荡器控制灵敏度，在 ω_f 附近 $\omega_c(t)$ 与 $u_c(t)$ 呈线性关系，用数学表达式表示为：

$$\omega_c(t) = \omega_f + K_0 u_c(t) \tag{4-41}$$

从鉴相特性上来看，压控振荡器输出信号为角频率，对鉴相器起作用的应是瞬时相位角而非角频率，因此对 $\omega_c(t)$ 进行时间积分，即：

$$\theta_c(t) = \int_0^t \omega_c(t)\,\mathrm{d}t = \omega_f t + K_0 \int_0^t u_c(t)\,\mathrm{d}t \tag{4-42}$$

由式(4-41) 和式(4-42)，有：

$$\theta_2(t) = K_0 \int_0^t u_c(t)\,\mathrm{d}t \tag{4-43}$$

当相位锁定时，$\theta_2(t)$ 和 $\theta_1(t)$ 差值为常数。

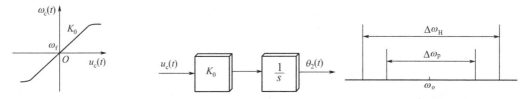

图 4-23　压控振荡器控制特性　　图 4-24　压控振荡器数学模型　　图 4-25　捕获带与同步带关系

由式(4-42) 可知，压控振荡器的实质是一理想积分单元，其数学模型如图 4-24 所示。

锁相环有三种基本工作状态，分别是捕获过程、同步状态和锁定状态。

捕获过程：环路通过自身调节由失锁状态进入锁定的过程称为捕获过程。由失锁状态进入锁定状态所允许最大输入固有角频率的差值 $\Delta\omega_p$ 称为捕获带。捕获过程属于非线性过程，在工程应用上通常使用相图法进行分析。

同步状态：锁相环输出的信号角频率 ω_o 能够无偏差跟踪输入信号角频率 ω_i 的工作状态，称为同步状态。处于该状态时，始终有 $\omega_o = \omega_i$。在锁相环保持跟踪同步情况下，输入信号角频率 ω_i 最大允许变化范围称为同步带宽 $\Delta\omega_H$，超出此范围锁相环路将处于失锁状态。一般情况下，同步带与捕获带不相等，前者大于后者。其关系如图 4-25 所示。

锁定状态：输入信号频率处于固定，即输出信号与输入信号之间频率差为零或者为常数，称为锁定状态。当锁相环路处于该状态时，输出、输入信号频率将保持相同。

锁相环的作用主要是实现输入、输出信号间的相位同步。当缺失输入信号时，环路滤波器的输出为零或为某一固定值。此时，VCO 按其固有频率进行自由振荡。当有输入信号时，参考信号 $u_i(t)$ 和输出信号 $u_o(t)$ 同时被送入鉴相器进行鉴相。鉴相器将输入信号 $u_i(t)$ 和输出信号 $u_o(t)$ 进行鉴相得到的误差电压 $u_e(t)$，送入环路滤波器滤除 $u_e(t)$ 中高频成分和噪声等后，输出一控制电压 $u_c(t)$。控制电压 $u_c(t)$ 使压控振荡器的频率 ω_c 趋近输入的参考信号频率，最后使 $\omega_c = \omega_i$，实现相位锁定。环路一旦进入锁定状态后，压控振荡器输出信号与环路输入参考信号只存在一个固定稳态相位差，完成锁相功能。

（2）锁相环实现方式

锁相控制的锁相速度及精度直接影响到逆变器并联系统性能的优劣。因此，锁相控制应满足以下要求：锁相速度快；锁相精度高；较强的抗噪声能力；较强的抗扰动能力。按照锁相控制实现方式的不同，通常可以分为：模拟锁相环、数字锁相环和软件锁相环。

① 模拟锁相环。模拟锁相环是最早出现的锁相方式，其控制原理如图 4-26 所示。当市电正常供电时，检测电路输出高电平，同时模拟开关 1 闭合，市电电压经波形变换转换成单极性信号，通过模拟开关 1、2 作为锁相环同步跟踪信号。振荡器根据同步跟踪信号产生相应高频输出脉冲对相位进行调整，以保证正弦发生器输出为市电频率的标准正弦波形。当市电供电异常时，振荡器产生的高频脉冲信号经分频器分频后，通过正弦波发生器产生稳定工频标准正弦波。

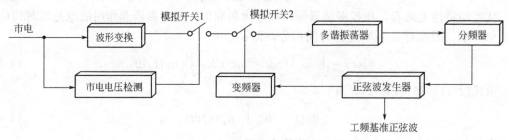

图 4-26　模拟锁相环控制原理图

正弦信号发生器在多谐振荡器产生自激振荡或市电经波形变换产生的同步跟踪信号作用下输出基准正弦波。然而，多谐振荡器对电压、温度等较为敏感，从而导致输出信号频率和幅度的稳定性较差，难以达到输出工频交流基准要求；同时，由于模拟器件的使用其电路结构较为复杂，不便于生产和调试。

模拟锁相环的实现相对比较简单，但精度较差，电路复杂，成本也较高且不具有对电压谐波的识别能力。在电网电压不平衡、波形过零点畸变、电压或相位跃变时，均会导致锁相精度的降低甚至产生误动作，最终造成锁相环锁相失败。因此，模拟锁相环仅适用于电网电压质量较高、谐波较少或对锁相精度要求不高的场合。

② 数字锁相环。数字锁相环结构及其控制原理，如图 4-27 所示。

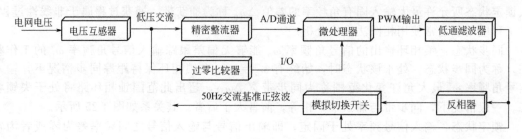

图 4-27　数字锁相环控制原理图

由图 4-27 可知，电压互感器将采集得到的与电网电压同频率同相位的低压信号，分两路送给精密整流器和过零比较器，分别生成直流电压信号和交流信号。直流信号经微处理器得到电网电压幅值参数；交流信号经微处理器得到电网电压频率及相位参数。微处理器将所得电网电压幅值、频率及相位处理后，经 D/A 转换输出 PWM 脉冲信号。最后经低通滤波器、反相器和切换开关输出标准正弦波。

数字锁相环（DPLL——digital phase locked loop）目前在 UPS 领域应用用十分广泛。根据应用场合和对象的不同，鉴相算法也相对有所差异。综合各类不同鉴相算法，按调节时间的不同，大体上可将其分为两种：周期调节锁相环和瞬时调节锁相环。周期调节锁相环主要是通过过零点检测进行鉴相，鉴相调节时间一般在半个周期或一个周期以内。该方法的优点为：实现简单、方便并可获取较为准确的频率及相位信息；缺点是不能识别电网谐波；当所给同步信号中存在两个或多个过零点时，将导致鉴相失败；由于其只能在周期内过零点进行检测，因此响应速度较慢，动态性能较差。瞬时调节锁相环主要是利用正弦信号对称性及三角函数特性进行鉴相。瞬时调节锁相环的优点包括实现瞬时鉴相，实时调节，响应迅速，动态性能较好；缺点是仅适合同步信号为正弦的情况；移相电路会引入稳态误差；当将存在谐波的同步信号送入锁相环时，会将其锁相输出，导致锁相不精确。

③ 软件锁相环。随着微电子技术的迅猛发展，出现了许多性价比较高的可编程微处理器。通过软件编程方式，经微处理器内部集成的 PWM 波产生电路，发出各频率的 PWM 波来实现锁相控制的锁相方式，称为软件锁相环（SPLL——software phase locked loop）。

软件锁相环锁相方法主要采用快速傅里叶变换法和坐标旋转变换法。快速傅里叶变换属于频域锁相方法，其算法较为复杂，一般应用于语音图像等数据处理类领域。坐标旋转变换法是将交流电压信号经旋转变换转化成同步旋转坐标系上的 dq 直流分量，最后将其 q 轴分量调节为零，从而实现锁相功能。该算法复杂程度相对较低，能满足快速、精确锁相要求，广泛应用于三相电网同步锁相控制当中，是基于跟踪电网电压正序分量提出来的检测算法，在三相电压稳定时能快速有效检测出电压频率、幅值和相位。其工作过程为，首先将三相电压信号经 Clark 坐标变换转换成静止坐标系上两相电压信号，再由静止坐标系下两相电压信号经 Park 变换后，转换成同步旋转坐标系上 dq 电压信号，最后通过 PI 控制器使其 q 轴分量为零即实现锁相。用矢量图表示如图 4-28 所示。

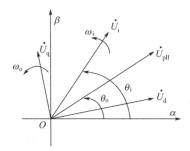

图 4-28　同步旋转坐标系 SPLL 相量图

在图 4-28 中，$\dot{U}_i$ 为输入锁相环的电压矢量（即电网电压矢量）；$\dot{U}_{pll}$ 为锁相环输出电压矢量；θ_i 为输入锁相环电压矢量的矢量角；θ_o 为锁相环输出电压矢量的矢量角；ω_i 为输入锁相环电压的矢量角速度；ω_o 为锁相环输出电压的矢量角速度。

当锁相环精确锁定输入信号时，电网电压矢量 $\dot{U}_i$ 和锁相环输出电压矢量 $\dot{U}_{pll}$ 应该完全重合，即 $\theta_i = \theta_o$。当电网电压发生相位突变时，该 dq 轴上的空间矢量位置将产生差异，通

过采取某种措施使 u_q 为零，即实现与电网电压跟踪同步锁相，如图 4-29 所示。

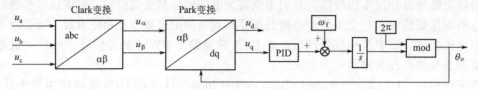

图 4-29 同步旋转坐标系 SPLL 控制框图

设三相输入电压为：

$$u_{abc}=\begin{bmatrix}u_a\\u_b\\u_c\end{bmatrix}=\begin{bmatrix}\sqrt{2}U_p\sin\theta_i\\\sqrt{2}U_p\sin\left(\theta_i-\dfrac{2}{3}\pi\right)\\\sqrt{2}U_p\sin\left(\theta_i+\dfrac{2}{3}\pi\right)\end{bmatrix} \tag{4-44}$$

式中，U_p 为三相电压有效值。

将 u_{abc} 进行 Clark 变换，得到静止坐标系下 u_α，u_β：

$$\begin{bmatrix}u_\alpha\\u_\beta\\u_o\end{bmatrix}=\frac{2}{3}\begin{bmatrix}1&-\dfrac{1}{2}&-\dfrac{1}{2}\\0&\dfrac{\sqrt{3}}{2}&-\dfrac{\sqrt{3}}{2}\\\dfrac{1}{2}&\dfrac{1}{2}&\dfrac{1}{2}\end{bmatrix}\begin{bmatrix}u_a\\u_b\\u_c\end{bmatrix} \tag{4-45}$$

再将 u_α 和 u_β 进行 Park 变换，得到旋转坐标系下 u_d，u_q：

$$\begin{bmatrix}u_d\\u_q\end{bmatrix}=\begin{bmatrix}\cos\theta_i&\sin\theta_i\\-\sin\theta_i&\cos\theta_i\end{bmatrix}\begin{bmatrix}u_\alpha\\u_\beta\end{bmatrix}=\sqrt{2}U_p\begin{bmatrix}\cos(\theta_i-\theta_o)\\\sin(\theta_i-\theta_o)\end{bmatrix} \tag{4-46}$$

从式(4-46) 可以看出，当 $u_q=0$ 时，锁相环输出相位锁定为输入相位。相位锁定时，θ_o 和 θ_i 差值很小，则 $u_q\approx\sqrt{2}U_p(\theta_i-\theta_o)$，即 u_q 正比于锁相环输入输出相位差，通过 PI 控制器调节输出相位，使 $u_q=0$ 便实现了锁相功能。此时 $u_d=\sqrt{2}U_p$，因此 u_d 可作为输出电压幅值的估算值。

软件同步锁相技术具有灵活性高，体积小，成本低，并且可以克服硬件中难以克服的一些困难（如器件饱和、直流零点漂移）等优点，因此被广泛应用。

4.3 UPS 并联冗余技术

基于现代电力电子技术的电源装设备未来发展趋势之一是模块化。模块化不仅能提高系统的可靠性、易于扩容，而且使用维护方便，便于批量生产。对于 UPS 而言，可靠性始终是其追求的目标，而并联冗余技术是实现模块化、提高系统可靠性的重要支撑技术。

4.3.1 UPS 并联冗余基本原理

(1) UPS 并联的必要性

在大功率 UPS 电源供电系统中，当因负载增大而需要加大 UPS 系统的容量时，可以通过两条路径实现：①可以提高单台 UPS 的设计容量；②采用多台 UPS 并联，共同承担负载电流。对于第一种方案，单台电源供电时，一旦发生故障则可能导致系统瘫痪，并导致不可估量的损失；而 UPS 电源并联技术则可以很好地解决大容量场合的需求。所谓并联冗余是指将 $N+n$ 台 UPS 模块并联，其中 N 台用以供给负载所需电流，n 台为后备冗余模块。当正在工作的模块出现故障时，后备冗余模块投入运行。这样即使正在工作的 N 台模块中有 n 台同时发生故障，UPS 系统也能够保证提供 100% 的负载电流。此外，采用冗余技术还可以实现 UPS 电源模块的热更换，即保证系统供电能力不间断的情况下更换系统的失效模块。UPS 电源并联冗余组成的供电系统的优越性体现如下：

① 可靠性高。各个模块的功率半导体器件的电应力减小，而且容易组成 $N+1$ 冗余供电系统，提高了系统可靠性；

② 可以灵活扩大逆变电源系统的容量，满足用户的实际需求；

③ 使用维护方便。积木式、智能化系统现场维护故障单元方便、快捷，而且容易扩展系统功能；

④ 减少了产品种类，便于规范化和标准化，减少了产品开发周期；

⑤ 并联系统供电，单模块功率小，开关频率可以很高，从而提高了 UPS 并联系统的功率密度。

显然，UPS 并联冗余技术理论上可以无限制地增加供电系统的容量，因而越来越受到人们的重视，成为大容量 UPS 供电系统的研究热点。

（2）UPS 并联基本原理

要实现 UPS 逆变电源的并联运行，其关键就在于各 UPS 的逆变器应共同负担负载电流，即要实现均流控制。以 2 台 UPS 逆变电源并联为例进行分析。两台逆变电源并联运行时的等效电路如图 4-30 所示。其中 U_1、U_2 代表各逆变器输出的基波电压，L_1、L_2、C_1、C_2 代表逆变器的输出滤波器，R 为系统负载。

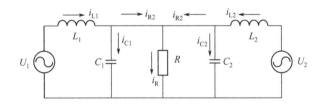

图 4-30 UPS 并联冗余系统的等效电路

由图得：

$$
\begin{cases}
U_1 - \mathrm{j}wL_1 i_{L1} = U_0 \\
U_2 - \mathrm{j}wL_2 i_{L2} = U_0 \\
i_{L1} + i_{L2} = i_{C1} + i_{C2} + i_{R1} + i_{R2} \\
i_{R1} + i_{R2} = \dfrac{U_0}{R} \\
\dfrac{i_{C1}}{\mathrm{j}wC_1} = U_0 \\
\dfrac{i_{C2}}{\mathrm{j}wC_2} = U_0
\end{cases}
\tag{4-47}
$$

当 $C_1 = C_2 = C$，$L_1 = L_2 = L$ 时，式(4-47) 可简化为：

$$\begin{cases} U_1 - jwL_1 i_{L1} = U_0 \\ U_2 - jwL_2 i_{L2} = U_0 \\ i_{L1} + i_{L2} = \left(\dfrac{1}{R} + 2jwC\right) U_0 \\ i_{C1} + i_{C2} = U_0 jwC \\ i_{R1} + i_{R2} = \dfrac{U_0}{R} \end{cases} \tag{4-48}$$

由此可得：

$$\begin{cases} i_{L1} - i_{L2} = \dfrac{U_1 - U_2}{jwL} \\ i_{L1} + i_{L2} = \dfrac{U_1 + U_2 - 2U_0}{jwL} = \left(\dfrac{1}{R} + 2jwC\right) U_0 \\ U_0 = \dfrac{U_1 + U_2}{2 + jwL\left(\dfrac{1}{R} + 2jwC\right)} \end{cases} \tag{4-49}$$

由式(4-47)～式(4-49)可以解出：

$$\begin{cases} i_{L1} = \dfrac{U_1 - U_2}{2jwL} + \dfrac{1}{2}U_0\left(\dfrac{1}{R} + 2jwC\right) \\ i_{L2} = \dfrac{U_2 - U_1}{2jwL} + \dfrac{1}{2}U_0\left(\dfrac{1}{R} + 2jwC\right) \end{cases} \tag{4-50}$$

由式(4-50)可看出：i_{L1} 和 i_{L2} 由两部分电流组成，一部分为负载电流分量，一部分为环流分量。当输出滤波器相同时，负载电流分量总是平衡的。但环流分量的存在会使逆变器的输出电流各不相同。当 U_1 与 U_2 同相时，电压高的环流分量是容性，电压低的环流分量是感性。当 U_1 与 U_2 同幅时，相位超前者环流分量为正有功分量，输出有功；相位滞后者环流分量为负有功分量，吸收有功。

(3) UPS 并联的技术要求

与直流电源不同，UPS 电源输出的是正弦波，并联时需要同时控制输出电压的幅值和相角，即要求同频率、同相位、同幅值运行。从上述 UPS 并联基本原理的分析可以看出：如果各 UPS 电源模块输出电压幅值或相位不一致，各模块之间会产生有功环流和无功环流。另外，即使各模块同频率、同相位、同幅值运行，如果各自输出电压谐波含量较大，各模块之间会存在谐波环流。因此，逆变器安全并联运行，需要满足以下条件。

① 功率均分：并联系统中的各个逆变模块输出电压频率、相位、幅值、波形和相序基本一致，各模块平均分担负载电流，使输出静态功率和瞬时功率分布平衡。

② 故障自动诊断：当单模块出现故障，并联系统能快速定位故障逆变器，将它从并联系统中切除，并将其功率均匀分配给其他模块。

③ 热插拔：待投入逆变模块控制自身输出电压与并联系统电压之间的频率、相位、幅值和相序等参数差别小于允许误差时自动投入并联系统，投入时对并联系统冲击小；任意模块发生故障或需要检修时能在线退出并联系统而无需断电。

(4) UPS 并联冗余的发展方向

UPS 的并联冗余是目前的研究热点，诸多学者和 UPS 厂商在 UPS 在以下几个方面开展并联冗余技术的研究。

① 并联单元数目多量化、并联控制方式多样化。目前几种知名品牌的 UPS 电源公司可

以实现并联但最大并联单元数不超过 10 个，PK Electronics 公司声称可以并联 100 个以上。

② 小功率 UPS 电源中以较低成本实现了较先进的并联策略。目前可并联逆变电源多为中、大功率 UPS 电源，因此为实现其并联运行，控制电路成本增加一些对总成本影响不会很大。而普通小功率 UPS 电源的控制电路一般都较为简单，性能也不如大功率好，因此要实现其并联运行，电路的设计就是比较困难的一件事情。在解决控制电路特性与成本的矛盾这方面，各大公司都有一些独特的设计方法。

③ 采用新型的高利用性电源系统设计方案。采用新型的高利用性电源系统设计方案，可确保整个系统的可靠性和灵活性。这种新型的电源系统的设计方案一方面要满足大功率负载的需求和给电源系统提高一定的冗余量，另一方面要以可靠性为依据，能消除系统中任何一个单点故障的影响。因而，今后的 UPS 电源系统大多以多模块化并联运行均流控制的模式为主，并采用热插拔维修的方式来提高整个系统的工作性能。

④ 采用高频链结构技术。为完成 UPS 电源的并联、提高性能和减小模块的体积，各公司大多采用高频链结构技术。逆变器中减少了工频变压器，装置的体积和重量大为减轻，同时也节约了成本，减少了装置的复杂性。

⑤ 采用新型的逆变电源控制技术。单台 UPS 的控制技术对其输出性能至关重要。以往对 UPS 逆变单元的研究侧重于采用新型功率器件来实现高频开关和 SPWM 控制，减小滤波器的尺寸，通过滤波器的优化设计，实现其输出低阻抗，从而达到抑制输出波形失真和改善负载适应性的目的。在新型功率开关器件技术逐渐成熟以后，为了进一步提高逆变器的动态和静态特性，相应提出了许多新的控制方法，如：在瞬时值电压控制基础上的电流前馈控制、基于变结构理论的滑模控制、在三相逆变电源系统中采用空间矢量（space-vector）控制、基于微处理器的无差拍控制、滞环电流控制等。这些新型控制方法在很大程度上提高 UPS 的各项性能指标。

⑥ 采用全数字化控制技术。为了提高系统的控制性能和完成并联控制的复杂算法，UPS 电源的控制最好采用全数字化控制方案，如采用单片机或 DSP 来完成系统的检测、运算和控制。先进的控制技术对改进变流电路的效率和性能是必不可少的关键技术之一。而采用数字化控制即可避免传统模拟电路控制的种种缺陷。因此，变流电路控制技术的发展方向是数字化。数字控制使得各种复杂的控制算法容易实现，而且使设备的体积、重量进一步减小，精度和性能更为提高。

4.3.2　UPS 并联冗余控制策略

按照 UPS 并联的技术要求，UPS 系统并联冗余控制方式可分为集中控制、主从控制、分散逻辑控制和无互联线独立控制四种方案。

（1）集中控制方式

集中控制是最早出现的逆变器并联控制策略，其结构如图 4-31 所示，并联系统设有集中控制单元，系统运行时首先由集中控制单元检测市电的相位和频率，由此合成同步脉冲信号并通过模块间互联线发送至各逆变模块，同步脉冲信号的频率和相位与市电相同，保证逆变器输出电压与市电电压一致。当发生市电中断时，由集中控制单元内部晶振发出同步信号。在同步脉冲信号控制下，模块间输出电压相位和频率相差很小，认为模块间的电压幅值差是造成模块间环流的直接因素，在控制环节中，将单逆变模块输出电流与系统输出电流的差值作为逆变器输出电压的补偿量，通过改变逆变模块输出电压幅值，实现并联均流控制。

然而，集中控制必须在系统中单独设置集中控制单元，一方面使得并联系统难以实现真正模块化；另一方面，如果该控制单元出现故障整个逆变器并联系统就会瘫痪。因此集中控制方式不能真正达到高可靠性和真正冗余的目的，因而目前并联系统很少采用这种方式。

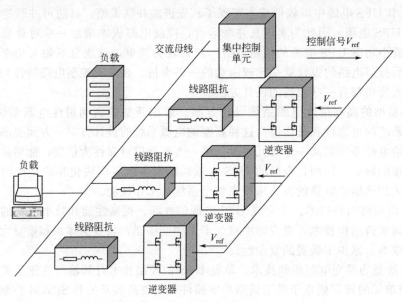

图 4-31　集中控制结构图

（2）主从控制方式

针对集中控制单元对并联系统可靠性的制约，人们进一步提出了主从控制。并联时系统设定某一模块为主机，并作为电压源型逆变器输出；系统中的其余模块即为从机，作为电流源型逆变器输出。主机使用双环控制，确保输出电压波形的正弦度；同时，主机的输出电流信号将作为从机的参考信号，从机利用电流环跟踪主机电流参考，保证并联逆变模块输出电流相同。如图 4-32 所示为主从控制结构。

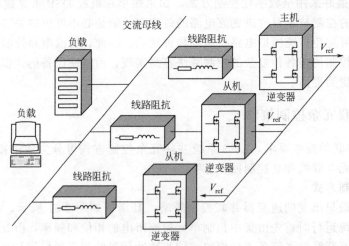

图 4-32　主从控制结构图

由图 4-32 可以看出，主从控制不再单独设置集中控制单元，系统中的主模块将执行控制单元的功能，虽然如此，主从控制的核心思想与集中控制仍然一致，只是将控制权集中在系统当前主模块中，当主模块失效时，系统将自动切除主模块，并在原有从模块中推选出一个新的主模块，确保系统继续正常工作。主从控制解决了集中控制中控制单元失效导致系统瘫痪的问题，提高了系统的可靠性，但是，在主从控制中，主从机切换过程与控制电路极为复杂，在当前主机失效到新主机设置完成之前，系统将处于无控状态，故存在切换失败的可能性。主从控制相对集中控制而言在系统可靠性方面有所进步，但仍有可能出现系统失控的情况，控制效果仍不理想。

（3）分散逻辑控制方式

针对主从控制逻辑切换时可能出现系统失控的情况，人们提出分散逻辑控制，将控制权平均地分散到每个逆变模块之中，构成一种真正民主、独立的控制，系统控制不再依赖总控单元，并联模块间经过通信线传递并接收其余模块输出电压信息，实现电压锁相、功率均分与逻辑切换，图4-33所示为分散逻辑控制结构。

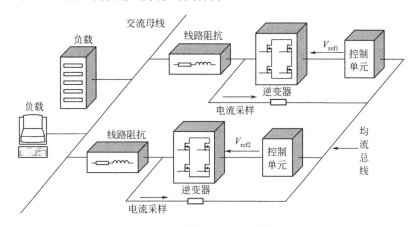

图 4-33 分散逻辑控制结构图

相对集中控制和主从控制而言，分散逻辑控制取消了统一集中的控制单元，并联系统中各模块独立工作且地位相同，系统的可靠性有很大提升，是逆变器有互联线并联控制技术中实用性最强、可靠性最高的控制策略，广泛运用于实际UPS产品之中。然而，对于大型供电保障系统而言，系统中并联模块数量较多，且物理位置分散，此时，过多的互联线将极大地增加逆变器并联系统结构复杂程度，严重制约并联系统的可靠性。

（4）无互联线控制方式

为解决逆变器有互联线并联控制中逆变模块间互联线对并联系统可靠性的制约，人们针对逆变器无互联线并联控制技术开展了一系列研究与探索，并取得了一定成果。如图4-34所示为逆变器无互联线并联控制结构。

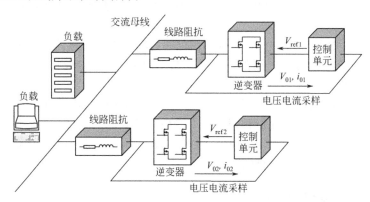

图 4-34 无互联线并联控制结构图

逆变器无互联线并联控制可分为基于电力线通信的无互联线并联控制与基于PQ外特性

下垂的无互联线并联控制两类，其中，基于电力线通信的无互联线并联控制利用扩频芯片对逆变器输出电压电流信息进行调制，并叠加至交流母线上，通过交流母线进行信号传输；同时，各模块接收并解调并联系统其余逆变器状态信号，综合计算后得到本模块的控制信号，该方法虽然实现了逆变器无互联线并联，但是，交流母线上叠加高频信号后，逆变器输出电压波形将产生畸变，而且逆变器的状态信号同样会受到交流母线电压中所含谐波的影响，因此，基于电力线通信的无互联线并联控制效果并不理想。

借鉴同步发电机组自同步中的下垂控制原理，人们提出了基于 PQ 外特性下垂的无互联线并联控制，并联系统中各并联模块只需检测自身输出电压与电流信号，利用模块内的控制单元就可计算得到本模块的控制信号，实现均流控制。取消了并联模块间的状态通信线，实现了并联模块间的电气隔离，提升了并联系统的可靠性与稳定性，使系统构成更加灵活。

逆变器无互联线并联控制的基本思想为 PQ 外特性下垂控制，简称下垂控制。下垂控制利用逆变器输电压相位和幅值与输出有功功率和无功功率之间的对应关系，通过对逆变器输出电压频率和幅值进行调节，控制逆变器输出有功功率和无功功率进而达到模块并联均流的目的。如图 4-35 所示为下垂控制原理。

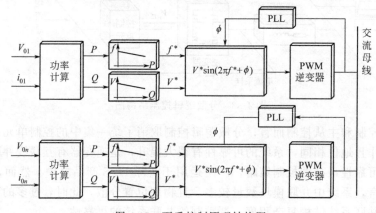

图 4-35　下垂控制原理结构图

结合上述分析，逆变器无互联线并联控制的优势有：

① 取消了并联模块间的状态互联线，实现了电气隔离，避免了并联模块间的噪声干扰，形成了真正地冗余供电，使系统可靠性得到了较大提升。

② 实现了真正意义上的模块化，且各逆变模块均具有热插入功能，系统维护与扩容极其方便。

③ 由于并联模块间"独立自制"，各模块仅通过输出电压与电流计算得到控制信号，故控制系统需要在极短时间内完成调整，这对系统的检测精度及控制策略的指令周期要求很高，否则将影响下垂控制效果。

④ 由于系统采用下垂控制，逆变器输出电压频率和幅值与市电间存在稳态误差，电源外特性较软，不适用于对电压幅值和频率要求严格的负载。

⑤ 逆变器输出阻抗性质对下垂控制效果影响较大，实际系统中必须考虑逆变器输出阻抗与线路阻抗差异对下垂控制效果的影响。

4.3.3　UPS 并联均流控制方法

UPS 电源的并联运行的关键就在于各 UPS 电源应实现均流控制。目前典型的均流控制主要有平均电流法、最大电流法、有功无功法、外特性下垂法等，其中外特性下垂法主要用于无互联线并联控制方式，其控制与均流原理在前面已做介绍，下面对目前应用比较多的平均电流法、最大电流法和有功无功法进行介绍。

（1）平均电流法

平均电流法原理如图 4-36 所示。这种方法无需外加控制器，只需外加一条均流母线即可。要求并联各模块的电流放大器输出端通过一个阻值相同的电阻接到该均流母线上。

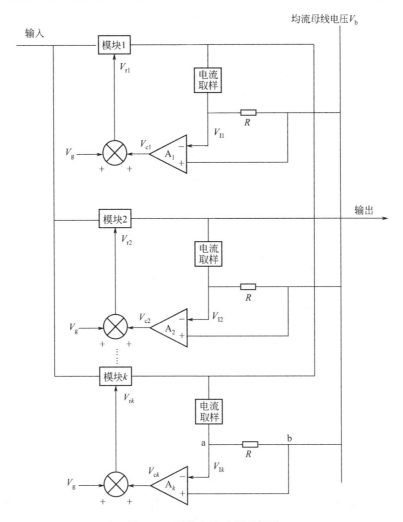

图 4-36　平均电流法原理框图

如图 4-36 所示，单个 UPS 模块输出的负载电流经过电流取样，得到代表负载电流的电压信号 V_{Ik}，V_b 为均流母线电压，V_{Ik} 与 V_b 之间的电压差即为均流误差。如果 V_{Ik} 等于 V_b，则电阻 R 上的电压为零，均流控制器输出电压为零，表明该并联模块输出电流为均流值，不需做进一步调整。如果 V_{Ik} 不等于 V_b，此时均流控制器将输出误差信号，通过相应闭环调整 UPS 输出，以达到均流的目的。

平均电流法可以精确地实现均流，但是当均流母线出现短路或者有模块不工作时系统将发生故障。

（2）最大电流法

最大电流法自动均流是一种自动设定主模块和从模块的方法。即在多个并联的模块中，输出电流最大的模块将自动成为主模块，而其余的模块将成为从模块。从模块与主模块电流之间的误差将用于校正从模块的输出电流。其原理框图如图 4-37 所示，与平均电流类似，只是将与均流母线相连的电阻换为二极管。

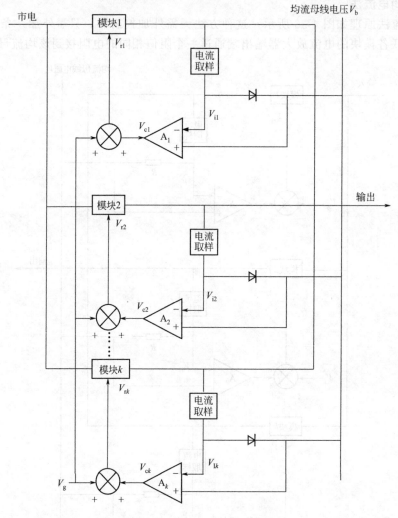

图 4-37　最大电流法原理框图

图 4-37 中，均流母线上的电压 V_b 反映的是并联各个模块中输出最大的电流，由于二极管的单向导电性，只有对电流最大的模块二极管才导通。如果某个模块电流突然增加，成为各模块中电流最大的一个，于是该模块自动成为主模块，其余模块成为从模块。主模块根据电流取样的电压信号 V_{1k} 和 V_b 之间的误差，调整输出，从而达到动态均流的目的。由于二极管有压降，因此主模块均流有误差，从模块具有较好的均流效果。

（3）有功无功法

此方法就是根据检测各模块有功无功的偏差值来调节输出电压的相位和幅值，使得每个单元输出的有功无功相等达到均流的目的。有功的大小主要取决于 UPS 输出电压的相位，而无功大小主要取决于其输出电压幅值的大小。因此，可通过调节相位的大小来调节输出有功，调节幅值的大小来调节输出无功，达到均流目的，其控制原理如图 4-38 所示。各 UPS 模块据自身的容量和输出的有功、无功 P_i、Q_i 与综合后的系统平均功率 $\overline{P}$ 和 $\overline{Q}$ 进行比较，即可得到本模块在系统中的有功分量差 ΔP_i 和无功分量差 ΔQ_i，然后根据相位参考 φ_{ref} 和电

压参考 U_{ref} 对其相位 φ_i、电压幅值给定 U_i 进行相应的调节来实现负载电流的均分。

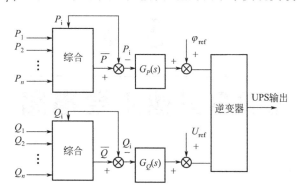

图 4-38 有功无功法原理框图

1. UPS 控制电路的控制方式主要有哪些?

2. 简述正弦脉宽调制(SPWM)中三角波产生电路的工作过程。

3. 叙述相位跟踪的一般方法。

4. 画出锁相环结构框图。

5. 简述 UPS 并联的必要性。

6. 简述 UPS 并联基本原理。

7. 简述 UPS 并联的技术要求。

8. 简述 UPS 并联冗余的发展方向。

9. 简述 UPS 并联冗余控制策略。

10. 简述常见 UPS 并联均流控制方法的种类,并详述平均电流法的工作原理。

第 5 章

UPS其他主要电路

UPS 电源中的主要电路除前面已经述及的整流电路和逆变电路外，还有功率因数校正电路、转换开关、保护电路、辅助电源以及蓄电池充电电路等。本章着重讲解功率因数校正电路、转换开关、保护电路以及辅助电源，蓄电池充电电路将在下一章详细讲述。

5.1　功率因数校正电路

5.1.1　功率因数的定义

在电工原理中，线性电路的功率因数 PF（power factor）习惯定义为 $\cos\varphi$，φ 是正弦电压和正弦电流间的相角差。但在各种整流滤波电路中，由于整流器件的非线性和电容的储能作用，即使输入电压为正弦，电流也会发生严重畸变。此时，功率因数的定义为：

$$PF＝有功功率/视在功率$$

在上式中，通常将有功功率等于瞬时功率的平均值，视在功率定义为电压有效值和电流有效值的乘积。

在整流电路中，略去谐波电流的二次效应，可以认为输入电压为正弦，输入电流为非正弦，这里电流的有效值为：

$$I_{rms}=\sqrt{\sum_{n=1}^{\infty}I_{rms}^2(n)}$$

式中，$I_{rms}(n)$ 是第 n 次谐波的有效值。

设基波电流滞后于输入电压的角度为 θ，则电路的 PF 为

$$PF=\frac{V_{rms}I_{rms}(1)\cos\theta}{V_{rms}I_{rms}}=\frac{I_{rms}(1)}{I_{rms}}\cos\theta=K_dK_\theta$$

式中，$K_d=I_{rms}(1)/I_{rms}$，K_d 称为电流波形畸变因子；$K_\theta=\cos\theta$，K_θ 称为相移因子，即功率因数为电流波形畸变因子与相移因子之积。

总谐波畸变（THD）的定义为

$$THD=\frac{\sqrt{\sum_{n=2}^{\infty}I_{rms}^2(n)}}{I_{rms}(1)}\times100\%$$

电流波形畸变因子 K_d 与 THD 的关系如下

$$K_d=1/\sqrt{1+(THD)^2}$$

5.1.2 功率因数校正方法

功率因数校正的方法主要有无源功率因数校正和有源功率因数校正两大类。

无源功率因数校正电路是利用电感和电容等元器件组成滤波器，将输入电流波形进行相移和整形，采用这种方法可以使功率因数提高至 0.9 以上，其优点是电路简单，成本低；缺点是电路体积较大，并且可能在某些频率点产生谐振而损坏用电设备。无源功率因数校正电路主要适用于小功率应用场合。

有源功率因数校正电路是在整流器和滤波电容之间增加一个 DC/DC 开关变换器。其主要思想如下：选择输入电压为一个参考信号，使得输入电流跟踪参考信号，实现了输入电流的低频分量与输入电压为一个近似同频同相的波形，以提高功率因数和抑制谐波，同时采用电压反馈，使输出电压为近似平滑的直流输出电压。有源功率因数校正的主要优点是：可得到较高的功率因数，如 0.97～0.99，甚至接近 1；总谐波畸变（THD）低，可在较宽的输入电压范围内（如 90～264V，AC）工作；体积小，重量轻，输出电压也保持恒定。

（1）无源功率因数校正

无源功率因数校正有两种比较基本的方法，即在整流器与滤波电容之间串入无源电感 L 和采用电容和二极管网络构成填谷式无源校正。

如图 5-1(a) 所示，无源电感 L 把整流器与直流电容 C 隔开，因此整流器和电感 L 间的电压可随输入电压而变动，整流二极管的导通角变大，使输入电流波形得到改善。

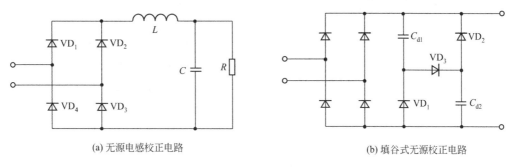

(a) 无源电感校正电路　　　　　　　　　(b) 填谷式无源校正电路

图 5-1　无源功率因数校正电路示意图

填谷式无源校正的基本思想是采用两个串联电容作为滤波电容，选配几只二极管，使两个直流电容能够串联充电、并联放电，以增加二极管的导通角，改善输入侧功率因数。其电路如图 5-1(b) 所示，其基本原理为：当输入电压瞬时值上升到 1/2 峰值以上时，即高于直流滤波电容 C_{d1} 和 C_{d2} 上的直流电压时，二极管 VD_3 导通，VD_1 和 VD_2 因反偏而截止，两个直流滤波电容 C_{d1} 和 C_{d2} 处于串联充电状态；当输入电压瞬时值降低到 1/2 峰值以下时，即低于直流滤波电容 C_{d1} 和 C_{d2} 上的直流电压时，二极管 VD_3 截止，VD_1 和 VD_2 导通，两个直流滤波电容 C_{d1} 和 C_{d2} 处于并联放电状态；直流滤波电容 C_{d1} 和 C_{d2} 充电和放电的临界点在输入电压的 1/2 峰值处，$\arcsin(1/2)=30°$，所以理论上整流二极管的导通角不小于$180°-30°×2=120°$，比采用一个直流滤波电容时的导通角明显增大。

（2）有源功率因数校正

① 有源功率因数校正的主电路结构。有源功率因数校正电路的主电路通常采用 DC/DC 开关变换器，其中输出升压型（Boost）变换器具有电感电流连续的特点，储能电感也可用作滤波电感来抑制 EMI 噪声。此外，还具有电流畸变小、输出功率大和驱动电路简单等优

点，所以使用极为广泛。除采用升压输出变换器外，Buck-Boost、Flyback、Cuk 变换器都可作为有源功率校正的主电路。

② 有源功率因数校正的控制方法。有源功率因数校正技术的思路是，控制已整流后的电流，使之在对滤波大电容充电之前能与整流后的电压波形相同，从而避免形成电流脉冲，达到改善功率因数的目的。有源功率因数校正电路原理如图 5-2 所示，主电路是一个全波整流器，实现 AC/DC 的变换，电压波形不会失真；在滤波电容 C 之前是一个 Boost 变换器，实现升压式 DC/DC 变换。从控制回路来看，它由一个电压外环和一个电流内环构成。在工作过程中，升压电感 L_1 中的电流受到连续监控与调节，使之能跟随整流后正弦半波电压波形。

整流器输出电压 u_d、升压变换器输出电容电压 u_C 与给定电压 U_c^* 的差值都同时作为乘法器的输入，构成电压外环，而乘法器的输出就是电流环的给定电流 I_s^*。

升压变换器输出电容电压 u_C 与给定电压 U_c^* 作比较的目的是判断输出电压是否与给定电压相同，如果不相同，可以通过调节器调节使之与给定电压相同，调节器（图中的运算放大器）的输出是一个直流值，这就是电压环的作用。而整流器输出电压 u_d 显然是正弦半波电压波形，它与调节器结果相乘后波形不变，所以很明显也是正弦半波的波形且与 u_d 同相。

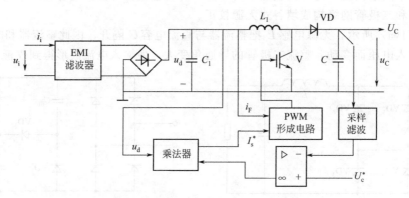

图 5-2 有源功率因数校正电路原理图

将乘法器的输出作为电流环的给定信号 I_s^*，能保证被控制的电感电流 i_L 与电压波形 u_d 一致。I_s^* 的幅值与输出电压 u_C 同给定电压 U_c^* 的差值有关，也与 u_d 的幅值有关。L_1 中的电流检测信号 i_F 与 I_s^* 构成电流环，产生 PWM 信号，即开关 V 的驱动信号。V 导通，电感电流 i_L 增加。当 i_L 增加到等于电流 I_s^* 时，V 截止，这时二极管导通，电源和 L_1 释放能量，同时给电容 C 充电和向负载供电，这就是电流环的作用。

由升压（Boost）直流转换器的工作原理可知，升压电感 L_1 中的电流有连续和断续两种工作模式，因此可以得到电流环中的 PWM 信号即开关 V 的驱动信号有两种产生方式：一种是电感电流临界连续的控制方式，另一种是电感电流连续的控制方式。这两种控制方式下的电压、电流波形如图 5-3 所示。

由图 5-3（a）的波形可知，开关 V 截止时，电感电流 i_L 刚好降到零；开关导通时，i_L 从零逐渐开始上升；i_L 的峰值刚好等于电流给定值 I_s^*。即开关 V 导通时，电感电流从零上升；开关截止时，电感电流从峰值降到零。电感电流 i_L 的峰值包络线就是 I_s^*。因此，这种电流临界连续的控制方式又叫峰值电流控制方式。从图 5-3（b）的波形可知，这种方式可以控制电感电流 i_L 在给定电流 I_s^* 曲线上，由高频折线来逼近正弦曲线，这就是电流滞环控制，I_s^* 反映的是电流的平均值，因此这种电流连续的控制方式又叫平均电流控制方式。电感电流 i_L 经过 C_1 和射频滤波后，得到与输入电压同频率的基波电流 i_i。

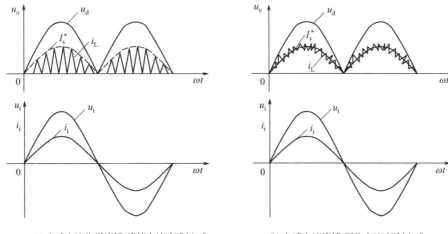

(a) 电感电流临界连续(峰值电流)控制方式 (b) 电感电流连续(平均电流)控制方式

图 5-3 电流环中 PWM 信号（开关 V 驱动信号）的两种产生方式

在相同的输出功率下，峰值电流控制的开关管电流容量要大一倍。平均电流控制时，在正弦半波内，电感电流不到零，每次 DC/DC 开关导通前，电感 L_1 和二极管 VD 中都有电流，因此开关开通的瞬间，L_1 中的电流、二极管 VD 中的反向恢复电流对直流转换电路中的开关器件 V 和二极管形成了"寿命杀手"，在选择元件时要特别重视。而峰值电流控制没有这一缺点，只要检测电感电流下降时的变化率，当电流过零时就允许开关开通，而电流的峰值用一个限流电阻检测就能达到目的，这样既便宜又可靠，适用于小功率场合。

5.1.3 典型功率因数校正电路

在电源系统中，平均电流控制模式的应用比较广泛，它具有工作稳定性好和畸变小等优点，并且其最大应用功率能达到 6kW。下面介绍典型控制器 UC3854 及其应用。

UC3854 是一种有源功率因数校正专用控制电路。它可以完成升压变换器校正功率因数所需的全部控制功能，使功率因数达到 0.99 以上，输入电流波形失真小于 5%。该控制器采用平均电流型控制，控制精度很高，开关噪声较低。采用 UC3854 功率因数校正电路后，不仅可以校正功率因数，而且还可以保持输出电压稳定不变（当输入电压在 80～260V 之间变化时），因此也可作为 AC/DC 稳压电源。UC3854 采用推拉输出级，其输出电流可达到 1A 以上，因此输出的固定 PWM 脉冲可驱动大功率 MOSFET。

（1）UC3854 的内部框图及其组成

UC3854 的内部框图如图 5-4 所示，它由以下几部分组成。

① 欠压封锁比较器（UVLC）。当电源电压 V_{cc} 高于 16V 时，基准电压建立，振荡器开始振荡，输出级输出 PWM 脉冲。当电源电压 V_{cc} 低于 10V 时，基准电压中断，振荡器停止振荡，输出级被封锁。

② 使能比较器（EC）。使能脚（引脚 10）输出电压高于 2.5V 时，输出级输出驱动脉冲；使能脚输出电压低于 2.25V 时，输出级关断。

UVLC 比较器与 EC 比较器输出分别接到与门输入端，只有在两个比较器都输出高电平时，才能建立基准电压，器件才输出脉冲。

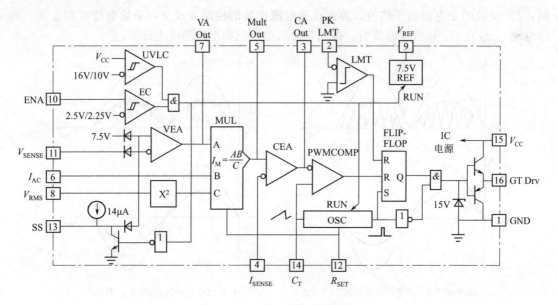

图 5-4　UC3854 内部结构框图

③ 电压误差放大器（VEA）。功率因数校正电路的输出电压经电阻分压电路后，加到电压误差放大器（VEA）的反向输入端，与 7.5V 基准电压比较后，其差值经放大后加到乘法器的一个输入端（A）。

④ 乘法器（MUL）。乘法器输入信号除了误差电压外，还有与已整流交流电压成正比的电流 I_{AC}（B 端）和前馈电压 V_{RMS}（C 端）。

⑤ 电流误差放大器（CEA）。乘法器输出的基准电流 I_{MO} 在电阻 R_{MO} 两端产生基准电压。检测电阻 R_s 两端压降与 R_{MO} 两端电压相减后产生电流取样信号，加到电流误差放大器的输入端，该误差信号经电流误差放大器（CEA）放大后，加到 PWM 比较器输入端，与振荡器的锯齿波电压比较，调整输出脉冲的宽度。

⑥ 振荡器（OSC）。振荡器的振荡频率由引脚 14 外接电容 C_T 和引脚 12 的外接电阻 R_{SET} 决定，只有建立基准电压后，振荡器才开始振荡。

⑦ PWM 比较器（PWMCOMP）。电流误差放大器（CEA）输出信号与振荡器的锯齿波电压经比较后，产生脉宽调制信号，该信号加到触发器（FLIP-FLOP）。

⑧ 触发器（FLIP-FLOP）。振荡器（OSC）和 PWM 比较器（PWMCOMP）的输出信号分别加到触发器（FLIP-FLOP）的 R、S 端，控制触发器的输出脉冲，该脉冲经与门电路和推拉输出级后，驱动外接的功率 MOSFET。

⑨ 基准电源（REF）。基准电压 REF 受欠压封锁比较器（UVLC）和使能比较器（EC）的控制，当这两个比较器都输出高电平时，引脚 9 可输出 7.5V 基准电压。

⑩ 峰值电流限值比较器（LMT）。电流取样信号加到该比较器的输入端，输出电流达到一定数值后，该比较器通过触发器关断输出脉冲。

⑪ 软启动电路（SS）。当基准电压建立后，14μA 电流对引脚 SS（引脚 13）外接电容 C_{ss} 充电，刚开始充电时，引脚 13 的电压为零，接在引脚 13 内的隔离二极管导通，电压误差放大器（VEA）的基准电压为零，UC3854 无输出脉冲。当 C_{ss} 充足电后，隔离二极管关断，软启动电容与电压误差放大器隔离，软启动过程结束，UC3854 正常输出脉冲。当发生欠压封锁或使能关断时，与门输出信号除了关断输出外，还使并联在 C_{ss} 两端的内部晶体管导通，从而使 C_{ss} 放电，以保证下次启动时，C_{ss} 从零开始充电。

（2）引脚排列及其功能

UC3854 有多种封装形式（DIL-16、SOIC-16、PLCC-20 和 LCC-20 等），但常用的是 DIL-16 封装形式，这种封装形式的引脚排列如图 5-5 所示。

① GND（引脚 1）接地端：所有电压的测试基准点。振荡器定时电容的放电电流也由该引脚返回。因此，定时电容到该引脚的距离应尽可能短。

② PKLMT（引脚 2）峰值限流端：峰值限流门限值为 0V。该引脚应接入电流取样电阻的负电压。为了使电流取样电压上升到地电位，该引脚与基准电压引脚 V_{REF}（引脚 9）之间应接入一个电阻。

③ CA Out（引脚 3）电流放大器输入端：该引脚是电压误差放大器的输出端，该放大器检测并放大电网输入电流，控制脉宽调制器，强制校正电网输入电流。

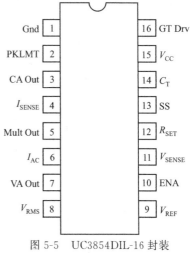

图 5-5 UC3854DIL-16 封装
形式引脚排列图

④ I_{SENSE}（引脚 4）电流取样电压负极：该引脚为电流放大器反相端。

⑤ Mult Out（引脚 5）模拟乘法器的输出端和电流取样电压的正极：模拟乘法器的输出直接接到电流放大器的同相输入端。

⑥ I_{AC}（引脚 6）输入交流电流取样信号：I_{AC} 从该引脚加到模拟乘法器上。

⑦ VA Out（引脚 7）电压放大器的输出端：该引脚电压可调整输出电压。

⑧ V_{RMS}（引脚 8）有效值电压输入端：整流桥输出电压分压加到该引脚，为了实现最佳控制，该引脚电压应在 1.5～3.5V 之间。

⑨ V_{REF}（引脚 9）基准电压输出端：该引脚输出 7.5V 的基准电压，最大输出电流为 10mA，并且内部可以限流，当 V_{CC} 较低或使能脚 ENA 为低电平，该引脚电压为零，该引脚到地应接入一个容量为 0.1μF 的电容。

⑩ ENA（引脚 10）使能控制端：使 UC3854 输出 PWM 驱动电压的逻辑控制信号输入端。该信号还控制基准电压、振荡器和软启动电路。不需要使能控制时，该引脚应接 5V 电源或通过 100kΩ 电阻接 V_{CC} 脚。

⑪ V_{SENSE}（引脚 11）电压放大器反相输入端：功率因数校正电路的输出电压经分压后加到该引脚。该引脚与电压放大器输出端（引脚 7）间还应加入 RC 补偿网络。

⑫ R_{SET}（引脚 12）振荡器定时电容充电电流和乘法器最大输出电流设定电阻的接入端。该引脚与地之间接入一个电阻，即可设定定时电容的充电电流和乘法器的最大输出电流。乘法器的最大输出电流为 $3.75V/R_{SET}$。

⑬ SS（引脚 13）软启动端：UC3854 停止工作或 V_{cc} 过低时，该脚电压为零。开始工作后，14μA 的电流对外接电容充电，该引脚电压逐渐上升到 7.5V，PWM 脉冲占空比逐渐增大，输出电压逐渐升高。

⑭ C_T（引脚 14）振荡器定时电容接入端：该引脚到地之间接入定时电容 C_T，可按下式设定振荡器的工作频率：

$$f = 1.25/R_{SET}C_T$$

⑮ V_{CC}（引脚 15）正电源电压：为了保证正常工作，该脚电压应高于 17V，为了吸收外接 MOSFET 栅极电容充电时产生的电流尖峰，该脚与地间应接入旁路电容。

⑯ GT Drv（引脚 16）栅极驱动电压输出端：该引脚输出电压驱动外接的 MOSFET 功率管。该引脚内部接有钳位电路，可将输出脉冲幅值钳位在 15V，因此，当 V_{CC} 高达 35V 时，该器件仍可正常工作。实际使用中，该引脚到 MOSFET 的栅极之间应串入一只大于 5Ω 的电阻，以免驱动电容负载时，发生电流过冲现象。

(3) 实际应用电路

由 UC3854 组成的 250W 功率因数校正电路，如图 5-6 所示。该电路输入电压范围为 85～265V，功率因数可达 0.99 以上。

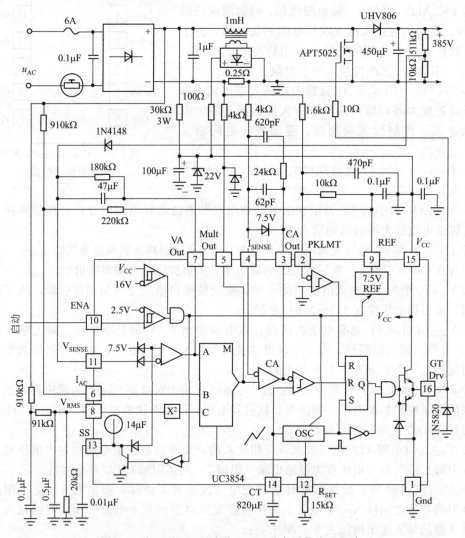

图 5-6　由 UC3854 组成的 250W 功率因数校正电路

① 电路的基本组成。该电路是以 UC3854 为核心的控制电路和升压变换器电路。升压变换器电路由 1mH 升压电感、功率 MOSFET（APT5052）、隔离二极管（UHV806）和 450μF 滤波电容组成。升压电感工作于电流连续状态。在这种工作状态下，脉冲占空比决定于输入与输出电压之比，输入电流的纹波很小，因此电网噪声比较小。此外，升压变换器的输出电压必须高于电网输出电压的峰值。

控制电路由 UC3854 及其外接元件组成。引脚 GT Drv 输出的 PWM 脉冲加到功率 MOSFET 的栅极。脉冲驱动的占空比同时受到以下 4 个输入信号的控制：

a. V_{SENSE}（引脚 11）：直接输入电压取样信号。

b. I_{AC}（引脚 6）：电网电压波形取样信号。

c. I_{SENSE}/Mult Out（引脚 4/引脚 5）：电网电流取样信号。

d. V_{RMS}（引脚 8）：电网电压有效值取样信号。

② 保护输入的设计

a. ENA（使能）：该引脚电压达到 2.5V 后，基准电压和驱动电压（GT Drv）才能建立。接通电源并经过一定延时后，才能输出驱动信号，如果不用此功能，该引脚应通过 $100kΩ$ 电阻接到 V_{CC} 脚。

b. SS（软启动）：该引脚电压可降低电压误差放大器的基准电压，以便调整功率因数校正电路的直流输出电压。该引脚可输出 $14μA$ 电流，对于 $0.01μF$ 软启动电容充电，使该电容两端电压从 0V 上升到 7.5V。

c. PK LMT（峰值电流限制）：该引脚输入信号可限制功率 MOSFET 的最大电流。采用如图 5-6 所示的分压电阻时，当 $0.25Ω$ 电流取样电阻两端电压为 $(7.5V×2kΩ)/10kΩ=1.5V$ 时，最大电流为 $6A(6A×0.25Ω=1.5V)$，此时，引脚 PK LMT 的电压为 0V，输出电流大于 6A 时，将开始限流。为了滤除高频噪声，该引脚到地之间应接入 470pF 旁路电容。

③ 控制输入的设计

a. V_{SENSE}（输出直流电压取样）：V_{SENSE} 的输入门限电压为 7.5V，输入偏置电流为 $50μA$。输出端分压电阻值应保证该引脚输入电压不高于 7.5V，例如：

$$385V × \frac{10kΩ}{511kΩ+10kΩ}=7.4V$$

图 5-6 中的 $180kΩ$ 电阻和 47nF 电容组成电压放大器补偿网络。

b. I_{AC}（电网电压波形取样信号）：为强制电网输入电流的波形与输入电压的波形相同，必须在引脚 I_{AC} 加入电网电压波形取样信号。该信号（I_{AC}）与电压误差放大器的输出信号在乘法器中相乘，产生电流控制回路的基准电流信号。

当电网输入电压过零时，引脚 I_{AC} 的电流为零，当电网输入电压达到峰值时，引脚 I_{AC} 的电流应为 $400μA$，因此 R_{AC} 可以按下式计算：

$$R_{AC}=V_{PK}/I_{AC}=\sqrt{2}×260V/400μA=919kΩ$$

引脚 I_{AC} 与基准电压（U_{REF}）引脚之间的电阻 R_{REF} 应为：

$$R_{REF}=R_{AC}/4=910kΩ/4≈230kΩ$$

c. I_{SENSE}/Mult Out（电网输入电流取样）：$0.25Ω$ 电流取样电阻两端的压降加到引脚 4 和引脚 5（即电流放大器的两输入端）之间。620pF 与 $24kΩ$ 电阻组成电流放大器的补偿网络。电流放大器具有很宽的带宽，从而可使电网电流随电压而变化。

d. V_{RMS}（电网电压有效值取样）：该电路交流输入电压可在 $85\sim260V$ 之间变化，采用电网电压有效值前馈电路，可保证当输入电压变化时输入功率不变（假设负载功率不变），为此，在乘法器中，电网电流必须除以电网电压有效值的平方。加到引脚 8（V_{RMS}）的电压正比于已整流电网电压的平均值（也正比于有效值）。该电压在芯片内平方后作为乘法器的除数。乘法器的输出电流 I_{MO}（引脚 5）与引脚 6 的输入电流 I_{AC} 和引脚 7（电压放大器输出）的电压成正比，与引脚 8 的 V_{RMS} 电压的平方成反比，即

$$I_{mo}=\frac{K_m(V_{EA}-1)}{V_{RMS}^2}$$

④ PWM 频率的设定。在该电路中，振荡器的工作频率为 100kHz，该频率由引脚 14 外接电容 C_T 和引脚 12 外接电阻 R_{SET} 决定。设计电路时，应首先确定 R_{SET}，因为该电阻值影

响乘法器的最大输出电流 $I_{\text{MULT(Max)}}$：

$$I_{\text{MULT(Max)}} = -3.75\text{V}/R_{\text{SET}}$$

R_{SET} 选用 $15\text{k}\Omega$ 电阻时

$$I_{\text{MULT(Max)}} = -3.75\text{V}/R_{\text{SET}} = -250\,\mu\text{A}$$

当乘法器输出端（引脚 5）到 0.25Ω 取样电阻之间接入 $4\text{k}\Omega$ 电阻时，电流取样电阻中的最大电流为：

$$I_{\text{Max}} = \frac{-I_{\text{MULT(Max)}} \times 4\text{k}\Omega}{0.25\Omega} = -4\text{A}$$

R_{SET} 确定后，可根据所需的开关频率 f，计算定时电容 C_T 的容量。

5.2 转换开关

UPS 中一般均设置有市电与 UPS 逆变器输出相互切换的转换开关，以便实现二者的互补供电，增强系统的可靠性。转换开关在主回路中的位置如图 5-7 所示。

对转换开关的研究主要涉及安全转换条件、执行转换的主体元件和检测控制电路等，下面就这三方面的问题进行简要讨论。

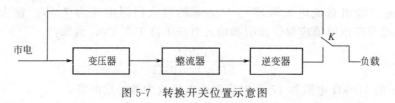

图 5-7 转换开关位置示意图

5.2.1 转换开关的安全转换条件

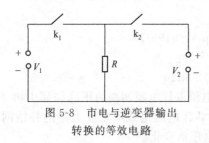

图 5-8 市电与逆变器输出
转换的等效电路

假设 V_1 表示市电电压，V_2 表示 UPS 逆变器输出电压；k_1 和 k_2 表示转换开关；R 表示负载，UPS 在实现市电和逆变器输出相互转换时的简化等效电路如图 5-8 所示。

事实上，无论是由旁路输出切换到逆变器输出，还是由逆变器输出切换到旁路输出，由于 k_1 和 k_2 的非理想性，一般很难达到一个开关刚好断开而另一个开关立即闭合的理想切换状态。正是由于 k_1 和 k_2 的非理想性，在切换过程中，可能出现一个已断开而另一个还没有接通的情况，这就造成了供电瞬间中断，如果这种断电时间被负载（如：计算机开关电源）所允许，则转换可以进行，否则在转换过程中可能导致严重后果。另一方面还可能出现一个开关还未断开而另一个开关已经接通的情况，这就造成在转换过程中 V_1 与 V_2 并联向负载供电的现象。如果此时 V_1 与 V_2 同步，则 V_1 与 V_2 间无环流电流，否则 V_1 与 V_2 间将产生环流，环流严重时可导致转换开关损坏或逆变器故障。

鉴于上述原因，在转换开关实现 V_1 与 V_2 相互切换时，要求 V_1 与 V_2 最好先实现同步然后再切换。但是，即便是 UPS 中设置了锁相同步环节，也很难实现 V_1 与 V_2 的完全同步，于是仍有可能出现切换瞬间的环流或切换瞬间负载端呈现很高的感应电压。无论是出现环流或负载端呈现高压均可造成转换开关及逆变器的损坏，因此最好在负载电流过零瞬间转换。以上两个条件就是实现市电与 UPS 逆变器输出相互安全转换的条件。

虽然说 UPS 中转换开关的安全切换条件被满足后，会使系统的可靠性提高，但有些产品或因输出功率很小或因产品成本的原因而没有完全达到安全切换条件，尤其是绝大部分后备式 UPS 产品均不具备这种安全切换条件，这一点用户在选购产品时应予以注意。

5.2.2 转换开关的种类

转换开关因采用的执行转换元件不同而分为三种：机械式、电子式和混合式。

（1）机械式

机械式转换开关的执行元件多为继电器或接触器等电磁元件，其特点是控制线路简单和故障率低，但切换时间长、开关寿命较短。

（2）电子式

电子式转换开关的执行元件为双向可控硅或由两只反向并联的单向可控硅组成，其特点是开关速度快、无触点火花，但控制电路较机械式复杂、抗冲击能力较差，功率大时通态损耗也不容忽视。

（3）混合式

鉴于机械式转换开关和电子式转换开关的特点，人们在实践中将二者并联使用，这就是混合式转换开关。混合式转换开关在开通时，先令电子式转换开关动作，然后再令机械式转换开关动作，在关断时则反之。这样就使混合式转换开关兼有机械式和电子式的优点，也正因为如此它被广泛用于大功率 UPS 产品中。

5.2.3 检测与控制电路

欲使转换开关按照转换条件转换，就必须为其配置相应的控制电路，以使其在控制电路的控制下完全自动地完成转换工作。转换开关所要配置的控制电路包括：电压检测电路、电流检测电路、同步检测电路及控制门电路等。

（1）电压检测电路

电压检测电路主要负责检测逆变器输出电压和市电输入电压是否正常，通常是检测电压值是否在规定的范围内，其电路如图 5-9 所示。

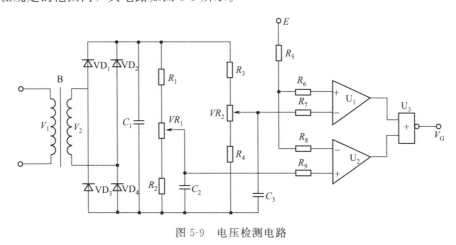

图 5-9 电压检测电路

图 5-9 所示电路的工作原理是：若 V_1 在正常范围内，则 U_1 与 U_2 两个比较器输出信号

为"0"，U_3 输出信号为"1"；若 V_1 不在正常范围内，则或是 U_1 输出信号为"1"或是 U_2 输出信号为"1"，这均导致 U_3 输出信号为"0"。

通过 U_3 的输出信号我们就可以知道 V_1（市电电压或逆变器输出电压）是否正常。V_1 正常时不让转换开关动作，否则就使转换开关动作，执行切换。

（2）电流检测电路

电流检测电路主要是检测逆变器的输出是否过流及负载电流是否过零，如果过流则停止逆变器工作，如果检测到负载电流过零则送出过零信号，以便需要转换时作为控制信号去控制 UPS 的转换开关。

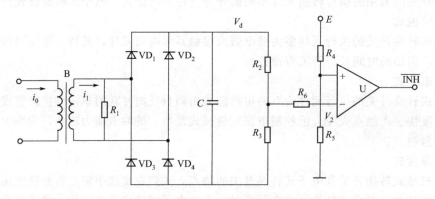

图 5-10　电流检测电路

① 过电流检测电路。过电流检测电路一般由电流取样、电流电压信号变换及门限比较等环节组成，如图 5-10 所示。其工作原理为：逆变器输出电流 i_o 通过电流互感器及固定负载变换成电压信号，该信号经全桥整流滤波后成为直流电压信号，直流电压信号随 i_o 的变化而变化，只要 i_o 超过规定的上限值，比较器的输出信号就由"1"跳变为"0"。

② 负载电流过零检测电路。电流过零检测电路如图 5-11 所示。其中 N_2 为电压线圈，N_1 为电流线圈。电流过零检测电路的功能是将负载电流 i 过零变换为控制信号。当负载电流为零时，N_1 不起作用而 N_2 起作用，采用电压过零点为控制转换点；当负载电流不为零时，则 N_1 的作用远大于 N_2，此时以电流过零点为控制转换点。

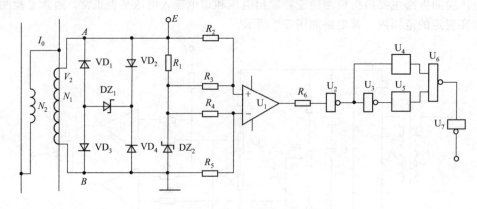

图 5-11　负载电流过零检测电路

图 5-11 所示电流过零检测电路的工作原理是：无论有否输出电流，V_2 总可以视为正弦信号，该信号经正反向削波电路和整形电路后，在 U_1 输出端得到与 V_2 同频同相的方波，然后经门限逻辑整形后输出。工作过程中的各点波形如图 5-12 所示。

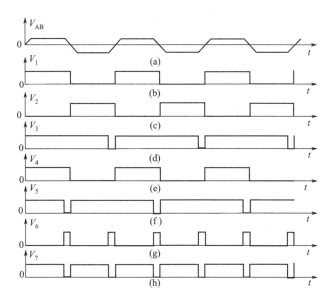

图 5-12　电流过零检测电路波形

（3）同步检测电路

同步检测电路的功能是检测市电与逆变器的输出电压是否可步，如图 5-13 所示。图中 $B_1 \sim B_4$ 为降压隔离变压器，由 $U_1 \sim U_5$ 等组成异或门鉴相器，由 $VD_1 \sim VD_4$ 及 U_7 等组成幅值鉴别器。其工作原理是：若 V_1 和 V_2 同相也同频，则 U_5 输出为 "0"；若 V_1 与 V_2 的相位或频率差超过规定值，则 U_5 输出为 "1"；若 V_1 与 V_2 幅差超过规定范围，则 U_7 输出为 "1"，否则 U_7 输出为 "0"。然后将鉴幅和鉴相的输出信号经或门 U_8 汇总成信号 SYNC。很明显，当 V_1 与 V_2 同步时，SYNC 为 "0"，无论是相位或幅值超出规定范围则 SYNC 为 "1"。

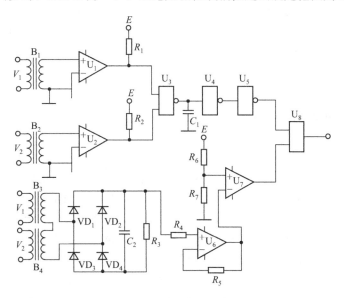

图 5-13　同步检测电路

（4）控制门电路

控制门电路的功能是：转换开关不切换时，负载电流的过零信号便照常发出，使转换开关维持原有状态；需要转换开关切换时，在负载电流过零时切断一路脉冲而接通另一路脉冲。图 5-14 为转换开关为双向晶闸管时的一种控制门电路。

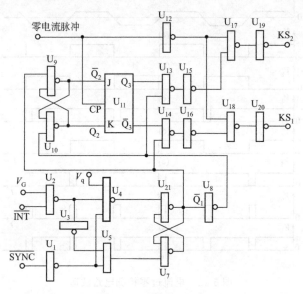

图 5-14 控制门电路

5.3 保护电路

目前，虽然功率开关器件的容量提高很快，性能也有极大改善，尤其是可承受过压、过流的能力有显著提高，但它与一般机电类产品相比，在承受过载能力上仍有较大差距。而功率开关器件在 UPS 中担任着功率变换的重任，所以必须设置相应的保护电路，以防因功率开关器件损坏而造成严重后果。此外，蓄电池的过充电、过放电会严重影响电池寿命，电源输出电压过高、过低均影响外部设备正常工作，甚至损坏负载设备，因此 UPS 必须设置保护电路。常见的保护电路有过流保护，过、欠压保护，过温保护和蓄电池过欠压保护等。

5.3.1 过流保护电路

（1）过流保护电路的型式及其特点

过电流保护的三种型式如下。

① 切断式保护。如图 5-15 所示是切断式保护电路原理框图。电流检测电路检测电流信号，经电流-电压转换电路将电流信号转换成电压信号，再经电压比较电路进行比较，当负载电流达到某一设定值时，信号电压大于或等于比较电压，比较电路产生输出触发晶闸管或触发器等能保持状态的元件或电路，使控制电路失效，稳压电源输出被切断，一旦稳压电源输出切断后，电源通常不能自行恢复，必须改变状态保持元件或电路的状态，亦即必须重新启动电源才能恢复正常输出。虽然切断式保护电路增加了状态保持元件，但它属于一次性动作，对保护电路中电流检测和电压比较电路的要求较低，容易实现。

图 5-15 切断式保护电路框图

② 限流式保护。如图 5-16 所示是限流式保护电路原理框图，它和切断式保护电路的差别在于：电压比较电路的输出不是使整个控制电路失效，而是取代误差放大器控制 V/W 电路的输出的脉冲宽度。当负载电流达到设定值时，保护电路工作，使 V/W 电路输出脉宽变窄，稳压电源输出电压便下降，以维持输出电流在某设定范围内，直到负载短接，V/W 电路将输出最小脉宽，输出电流始终被限制在某一设定值。限流式保护可用于抑制启动时的输出浪涌电流，同时，也可用作稳压电源的电流监视器，限制高压开关管两个半周期不对称时引起的电流不平衡。此外，限流保护方式也是正弦脉宽调制型（PWM）。电力电子电源实现并联运行，尤其是能够实现无主从并联运行，组成 $N+1$ 直流供电系统。

图 5-16　限流式保护电路框图

③ 限流-切断式保护。限流-切断式保护电路分两阶段进行，当负载电流达到某设定值时，保护电路动作，输出电压下降，负载电流被限制；如果负载继续增大至第二个设定值或输出电压下降到某设定值时，保护电路进一步动作，将电源切断。这是上述两种保护方式相结合的产物。

（2）保护电流的取样

常规稳压电源保护电流的取样，由于功率晶体管串联在负载回路里，因而通常在负载回路里串联一个信号电阻即可。在 PWM 型稳压电源的早期，因为控制电路和输出端有公共电位，因而有少数电路保护电流的取样亦同样用信号电阻放在输出回路内，这样的取样方式有其固有的缺点：其一，这种取样方式仅对负载电流过载提供保护，高压开关管和高频变压器原边回路出现的过电流没有得到有效保护；其二，如果放大电路用单管，则硅晶体管要有 0.7V 左右的信号电压，锗晶体管也有 0.3V 左右的信号电压，这样，在大电流输出时，信号电阻上的功耗非常大，从而使电源效率降低，如果采用差分放大器，则需要附加偏压源；其三，PWM 型稳压电源属于恒功率转换，输出电压越低，输出的电流也越大，采用输出回路电流取样将会限制上述特性的发挥。因而，保护电流的取样一般不放在输出回路内。

常用的保护电流取样方式如图 5-17 所示。T4 是类似于电流互感器作用原理的电流变压器，其原边串联在高频变压器回路内，检测高频变压器原边绕组电流，N_1 实际上仅是用一根导线穿过一个小磁环［如图 5-17(a) 所示］，导线内的交变电流在磁芯内产生磁通密度，副边绕组便有感应电势 V_2，随着原边电流的增加，磁芯励磁安匝数亦逐渐增大，因而副边绕组上的感应电势亦增大，我们便利用副边绕组电压随流过原边电流的增减而变化的特点来作为保护电流的取样单元［电流变压器原理及其相关波形如图 5-17(b)、(c) 所示］。

5.3.2　过、欠压保护电路

通常，UPS 的输出电压超过其额定输出电压称为过压；输出电压低于 UPS 额定输出电压称为欠压。UPS 输出电压过高易对负载造成冲击，严重的还可能烧坏负载。而输出欠压则可能造成负载工作不正常。所以通常 UPS 都设置过、欠压保护电路。过、欠压保护电路通常由电压检测电路、阈值比较器电路和控制电路等组成，如图 5-18 所示。

（1）电压检测电路

电压检测电路主要由三相降压变压器 B、三相整流桥 $VD_1 \sim VD_6$、滤波器 R_1 和 C_1 以

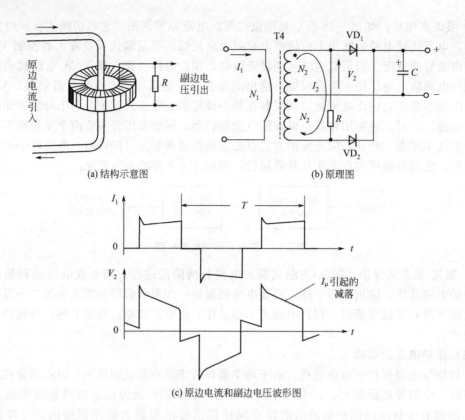

(a) 结构示意图　　　　　　　　　　(b) 原理图

(c) 原边电流和副边电压波形图

图 5-17　电流变压器结构、原理及其相关波形图

及差动放大器 U_1 等组成。

(2) 跟随器

跟随器由运算放大器 U_2 组成。U_1 通过 R_6、C_4 后加在 U_2 的同相端，U_1 通过 R_6 向 C_4 充电，V_{C4} 逐渐上升，经过 $(3\sim5)R_6C_4$ 延时后，$V_{C4}\approx V_1$，即 $V_2\approx V_1$。

(3) 比较器

在图 5-18 中，比较器有四个。

① 第一个比较器是由 U_3 组成。5.1V 直流电压直接加在 U_3 的反相端；V_1 经 R_7、VR_1 分压后加在 U_3 的同相端，它的输出端通过 R_9 接与非门 U_7 输入端。

② 第二个比较器由 U_4 组成。5.1V 直流电压加在 U_4 的同相端；V_1 经 R_{10}、VR_2 分压后加在 U_4 的反相端；它的输出端通过 R_{12} 接在与非门 U_7 输入端。

③ 第三个比较器由 U_5 组成。5.1V 直流电压直接加在 U_5 的反相端；V_2 经 R_{13}、VR_3 分压后加在 U_5 的同相端；它的输出端通过 R_{15} 接在与非门 U_7、U_8 输入端。

④ 第四个比较器由 U_6 组成。5.1V 直流电压直接加在 U_6 的同相端；V_2 经 R_{16}、VR_4 分压后加在 U_6 的反相端；它的输出端通过 R_{18} 接在与非门 U_7、U_8 输入端。

UPS 输出正常时，比较器 $U_3\sim U_6$ 的 $V_+>V_-$，其输出端为 "1"；与非门 U_7、U_8 输出端为 " 0"，即过压、欠压信号 V_g、V_q 为 "0"。

UPS 输出电压超过其输出上限时，比较器 U_4、U_6 的 $V_+<V_-$，它们的输出端为 "0"；比较器 U_3、U_5 的 $V_+>V_-$，它们的输出端为 "1"；与非门 U_7、U_8 输出端为 "1"。

同样，UPS 输出低于其输出电压的下限时，U_7、U_8 输出端为 "1"。

由此可见，UPS 输出电压正常，V_g、V_q 为 "0"；UPS 输出不正常，V_g、V_q 输出为 "1"。

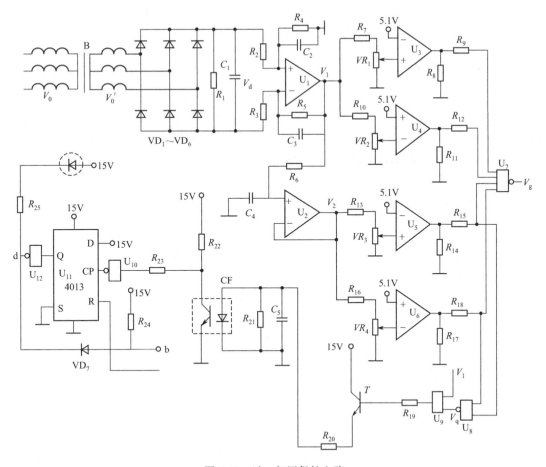

图 5-18　过、欠压保护电路

（4）控制电路

在图中，控制电路是由与门 U_9、晶体管 T、光电耦合器 CF、控制门 U_{11}、非门 U_{10}、U_{12} 组成。其中核心部件是控制门，控制门由 D 触发器 U_{11} 组成，其 D 端接 15V 电源；其 CP 端通过非门 U_{10}、R_{23} 接光电耦合器输出端；其 R 端接复位电路输出端；其输出端 Q 通过非门 U_{12}，接过压、欠压指示灯，又通过非门 U_{12}、二极管 VD_7 由 b 端送出控制信号。

（5）工作过程

① UPS 输出电压不正常时，逆变器停止工作。与非门 U_7 输出端 V_g 为"1"，切换转换开关，由逆变器输出转变为市电输出。同时，与非门 U_8，输出端 V_q 为"1"。由于 V_1 为"1"，V_q 为"1"，故与门 U_9 输出端为"1"。它使晶体管 T 导通，15V 电源通过 R_{20}、T 为光电耦合器 CF 输入端提供足够的工作电流，光电耦合器 CF 输出端为"0"。该电位通过 R_{23}、非门 U_{10}，加在 D 触发器 U_{11} 的 CP 端，使 U_{11} 的 CP 端出现脉冲上升沿，U_{11} 的输出端 Q 为"1"，非门 U_{12} 的输出端为"0"，于是过压、欠压指示灯 LD 亮。二极管 VD_7 导通，b 端为"0"，进而封锁驱动脉冲，使逆变器停止工作。

② UPS 输出电压正常时，逆变器工作状态不变。UPS 输出正常时，比较器 $U_3 \sim U_6$ 输出端均为"1"，与非门 U_7、U_8 的输出均为"0"，即过压，欠压信号 V_g、V_q 均为"0"，逆变器工作状态不受过压、欠压保护电路的影响。

最后需要说明的是，UPS 由逆变器输出切换为市电输出时，与非门 U_8 输出端 V_q 要经过（3~5）R_6C_4 延时后才由"0"变为"1"，即逆变器要延时一段时间才停止工作。这样设计是为了减小由逆变器输出切换为市电输出的中断供电时间。

5.3.3 过温保护电路

通过功率开关器件的电流虽没有超过其额定电流，但若散热条件变差，其结温同样会急剧上升。若结温超过其额定结温，功率开关器件也会烧坏。因此，UPS需要设置过温保护电路。过温保护电路是由温度检测电路、比较器、控制门和延时电路组成，其中延时电路与过载保护电路共用。温度检测电路、比较器及控制门如图5-19所示。

(1) 温度检测电路

温度检测电路是由温度传感器和两级放大器组成。

① 温度传感器。人的感觉器官虽可感觉温度的高低，但具有主观因素，难以量化。为了定量检测功率开关器件温度的高低，应采用温度传感器。温度传感器有多种形式，常见的有温度继电器、热敏电阻、热电偶和晶体管温度传感器等，图5-19所示的前端即为晶体管温度传感器的原理电路。图5-19中，VT_1 和 VT_2 是特性完全相同的两个PNP晶体管，它们接成镜像电流源，在忽略基极电流的情况下，它们的集电极电流相等。

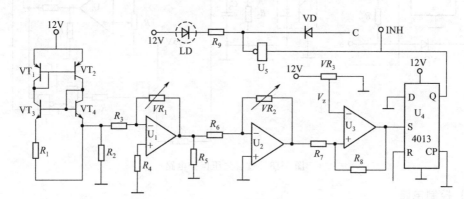

图5-19 过温保护电路

温度传感器的输出电流 I_0 为：

$$I_0 = I_{C1} + I_{C2} = I_{C3} + I_{C4} = 2I = 2KT$$

上式表示温度传感器输出电流 I_0 与绝对温度成正比。

② 放大器。运放 U_1、U_2，$R_2 \sim R_6$，VR_1、VR_2 组成两级放大器。

第一级放大器由 U_1 组成。温度传感器输出电流 I_0 流经 R_2 变成对应电压 I_0R_2，该电压通过 R_3 加在 U_1 的反相端。U_1 的输出电压 V_1 为（取 $R_3 = VR_1$）

$$V_1 = U_{R2}\left(-\frac{VR_1}{R_3}\right) = -U_{R2} = -I_0R_2$$

由此可见：U_1 是一个倒相器。

第二级放大器由 U_2 组成。第一级放大器输出电压 V_1 经 R_6 加在 U_2 的反相端。因此，U_2 的输出电压 V_2 为：

$$V_2 = V_1\left(-\frac{VR_2}{R_6}\right) = (-I_0R_2)\left(-\frac{VR_2}{R_6}\right) = 2KTR_2VR_2/R_6$$

令：$C = 2KR_2VR_2/R_6$（为常数）；则上式可表示为：$V_2 = CT$，即表示温度检测信号 V_2 与绝对温度 T 成正比。

（2）比较器

比较器由运放 U_3 及 R_8 组成。12V 直流电压通过 VR_3 分压后变成比较电压 V_z 加在 U_3 的反相端；V_2 通过 R_7 加在 U_3 的同相端。

功率开关器件的壳温低于设定值时，比较电压 V_z 大于温度检测信号 V_2，比较器输出端为"0"；功率开关器件的壳温高于设定值时，温度检测信号 V_2 大于设定电压 V_z，比较器输出端为"1"。

（3）控制门

控制门由 D 触发器 U_4 组成。它的 S 端接比较器输出端；它的 R 端接复位电路；它的 D 端、CP 端接地；它的输出端 Q 通过非门 U_5 接过温指示灯 LD，又通过 U_5、VD 经 C 端输出控制信号。功率开关器件壳温超过设定值时，温度检测信号 V_2 大于比较电压 V_z，比较器输出端为"1"，即控制 U_4 的 S 端为"1"，控制门输出端 Q 为"1"，INH 信号为"1"，于是切换静态开关，使 UPS 由逆变器输出切换为市电输出。非门 U_5 的输出端为"0"，于是：过温指示灯 LD 亮，二极管 VD 导通，C 点为"0"，即脉冲封锁信号 $\overline{\text{INH}}$ 为"0"，切断脉冲，逆变器停止工作。

5.3.4　蓄电池过压、欠压保护

蓄电池在使用过程中，常因为过充电或过放电而损坏电池极板，同时，过放电还会造成蓄电池的化学物质无法还原，从而减小蓄电池的容量。为保护蓄电池免受上述损害，必须设置保护电路。蓄电池的保护分为过压、欠压保护两类。

（1）过压保护

蓄电池两端电压超过它规定的最高电压称为过电压。蓄电池在充电后期不仅两端电压上升很快，其内部的气泡也不断增加。蓄电池过度充电，不仅浪费电能，而且还会影响蓄电池寿命，故蓄电池两端电压上升到某一数值时，必须进行过电压保护。蓄电池过电压保护功能是蓄电池两端电压超过它两端规定最高电压时，切断充电器与蓄电池之间的联系。蓄电池过压保护电路如图 5-20 所示，由电压检测电路、比较器和控制电路组成。

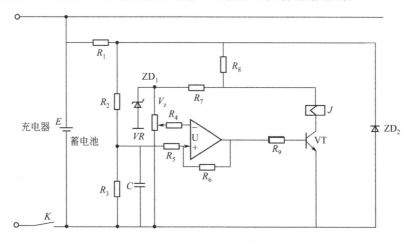

图 5-20　蓄电池过压保护电路

① 电压检测电路。电压检测电路是由 R_1、R_2、R_3 串联而成，蓄电池两端电压加在 R_1、R_2、R_3 串联电路两端。蓄电池检测电压与蓄电池两端电压成正比。

② 比较器。比较器是由运放 U、R_6 组成的迟滞比较器。V_{R3} 通过 R_5 加在 U 的同相端，

稳压管 ZD_1 两端电压经过电位器 VR 分压后变成比较电压 V_z，V_z 又通过 R_4 加在 U 的反相端。

蓄电池两端电压 E 正常时，$V_{R3}<V_z$，比较器 U 输出端为"0"。

蓄电池两端电压 E 过高时，$V_{R3}>V_z$，比较器 U 输出端为"1"。

③ 控制电路。控制电路由晶体管 VT 和继电器 J 组成。比较器输出端通过 R_9 加在晶体管 VT 的基极；VT 的集电极通过继电器线圈 J 与电源相接；继电器接点 K 串接在充电器与蓄电池之间。

蓄电池两端电压正常时，比较器输出端为"0"，晶体管 T 截止，继电器线圈内没有电流流动，其常闭接点 K 闭合，充电器通过 K 向蓄电池充电。蓄电池两端电压过高时，比较器输出端为"1"，晶体管 VT 导通，继电器线圈内流过工作电流，继电器工作，其常闭接点断开，切断充电器与蓄电池的联系，防止蓄电池过充电。

(2) 欠压保护

蓄电池两端电压低于其放电终了电压称为欠压。蓄电池在放电后期不仅两端电压急剧下降，过度放电还会损坏蓄电池，故蓄电池电压下降到某一数值时，必须进行欠压保护。

蓄电池欠压保护电路由电压检测电路、比较器、控制门、延时电路组成。延时电路与过载保护电路共用。电压检测电路、比较器、控制门如图 5-21 所示。

① 电压检测电路。电压检测电路由运放 U_1、U_2，电阻 $R_1 \sim R_5$、电容器 $C_1 \sim C_3$ 组成。蓄电池两端电压加在 C_1、C_2 两端（取 $C_1=C_2$），故

$$V_{C1}=V_{C2}=E/2$$

V_{C1} 通过 R_1 加在 U_1 的反相端，U_1 的输出端电压 V_1 为：

$$V_1=V_{C1}\left(-\frac{R_3}{R_1}\right)=-\frac{ER_3}{2R_1}$$

V_1 通过 R_4 加在 U_2 的反相端，$-V_{C2}$ 通过 R_2 加在 U_2 反相端，U_2 的输出端电压 V_2 为：

$$V_2=V_1\left(-\frac{R_5}{R_4}\right)+(-U_{C2})\left(-\frac{R_5}{R_2}\right)=\left(-\frac{ER_3}{2R_1}\right)\left(-\frac{R_5}{R_4}\right)+\frac{ER_5}{2R_2}$$

令：$R_3=R_4=R_5=60.4\text{k}\Omega$，$R_1=R_2=6.04\text{M}\Omega$，将上式合并即可得：

$$V_2=E/100$$

上式表示，蓄电池检测信号 V_2 与蓄电池两端电压 E 成正比。

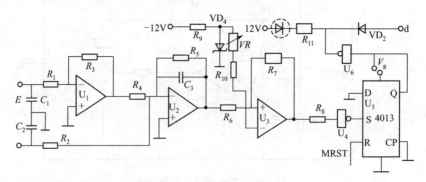

图 5-21　蓄电池欠压保护电路

② 比较器。比较器由运放 U_3 及电阻 R_7 组成。-12V 电源、限流电阻 R_9 和稳压管 VD_4 组成稳压电路。从稳压管 VD_4 两端取出给定电压 V_z，该电压通过 VR、R_{10} 加在比较器 U_3 的反相端；蓄电池检测信号 V_2 通过 R_6 加在 U_3 的同相端。

当蓄电池两端电压正常时，$V_2 > V_z$，比较器 U_3 输出端为"1"。当蓄电池两端电压过低时，$V_2 < V_z$，比较器 U_3 输出端为"0"。

③ 控制门。控制门由 D 触发器 U_5 组成。它的 S 端通过非门 U_4、R_8 与比较器 U_3 输出端相连；它的 R 端接人工复位电路，即接 MRST 端；它的 D 端、CP 端接地；它的输出端 Q 通过非门 U_6 与欠压指示灯相接，又通过非门 U_6、二极管 VD_2 与图 5-18 中的非门 U_{12} 输出端 d 相接。

当蓄电池电压 E 过低时，蓄电池检测信号 $V_2 < V_z$，比较器 U_3 输出端为"0"，非门 U_4 为"1"，即控制门 U_5 的 S 端为"1"。于是控制门 U_5 输出端 Q 为"1"，即 V_g 信号为"1"，于是切换转换开关，使 UPS 由逆变器输出切换为市电输出。与非门 U_6 输出端为"0"，于是：蓄电池欠压指示灯亮；二极管 VD_2 导通，d 点为"0"，即脉冲封锁信号 $\overline{INH}$ 为"0"，切断驱动脉冲，逆变器停止工作。

5.4　辅助电源

辅助电源是供给各控制电路使用的直流电源，要求其必须具有稳定、可靠的性能，否则将使控制电路工作紊乱，UPS 无法正常工作，严重时可能损坏 UPS。因此，辅助电源工作稳定是整个系统稳定工作的前提。辅助电源的实现方法很多，但因其输出功率一般只有数瓦至几十瓦，所以通常采用以下几种类型：串联线性调整型稳压电源、小功率开关电源和蓄电池后接直流变换器型稳压电源。

5.4.1　串联线性调整型稳压电源

串联线性调整型稳压电源简称线性电源。这种类型的稳压电源具有稳压性能好、电路简单、技术成熟和纹波小等一系列优点。其缺点是体积大、效率低，但由于中小型 UPS 所需辅助电源功率不大，其辅助电源的体积和效率问题并不十分突出，所以在中小型 UPS 中采用线性电源作为辅助电源较为普遍。

（1）串联线性稳压电源的基本结构

如图 5-22 所示为晶体管串联式线性稳压电源的原理框图。交流市电先由电源变压器变压，再整流滤波后得到未稳定的直流电压，该电压经过调整管降压调整后便得到所需的直流稳压电源。其调整过程是：先对输出电压的变化进行采样，与基准电压进行比较，再经过放大后去改变串联调整管两端电压，从而实现稳定输出电压的目的。

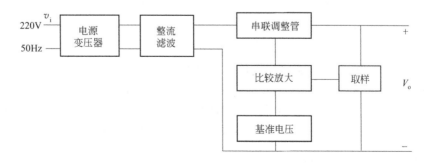

图 5-22　串联线性稳压电源结构框图

如图 5-23 所示为分立元件组成的线性稳压电路，其中图 5-23(a) 与图 5-23(b) 的差别在于前者使用的是运放，而后者是由一只三极管作为放大元件。在图 5-23 中，只要调整 *VR* 的大小就可改变输出电压的值。

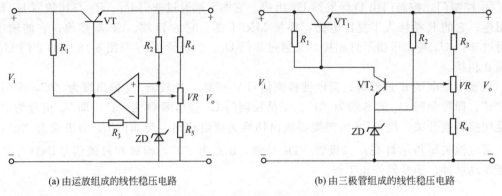

(a) 由运放组成的线性稳压电路

(b) 由三极管组成的线性稳压电路

图 5-23　分立元件组成的线性稳压电路

（2）集成稳压器

随着半导体工艺的发展，稳压电路也制成了集成器件。集成稳压器较分立式稳压电路有诸多优点：它使用简单方便、故障率低、价格低廉，有些集成稳压器还自带保护功能。正因为如此，集成稳压器获得了极为广泛的应用。集成稳压器根据输出电压是否可调大致分为输出电压可调、输出电压不可调两类。

① 固定输出稳压器。固定输出稳压器通常有两种封装形式：一种是金属封装，另一种是塑料封装。CW7800 系列是三端固定正电压输出的集成稳压器，其输出电压类型分别为：5V、6V、9V、12V、15V、18V 及 24V 等，其标号的后两位即是输出电压值，该系列产品的最大输出电流为 1.5A。与 CW7800 系列对应的负电压输出集成稳压器是 79 系列，79 系列与 78 系列大部分功能、组成相同，不同的是两者输出电压有正负之分。

如图 5-24 所示即为常用的固定输出稳压电路，图 5-24（a）为正压输出电路，其中电容 *C* 对输出电压进行高频滤波；图 5-24（b）为正负电源稳压电路，结构同样简单。

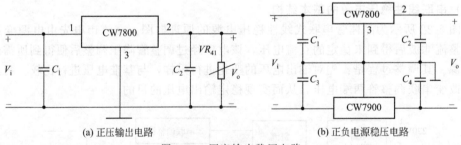

(a) 正压输出电路

(b) 正负电源稳压电路

图 5-24　固定输出稳压电路

② 输出可调式稳压器。可调式集成稳压器的外形、管脚顺序都与固定式稳压器基本相同，常见的可调式正压输出稳压器有 LM317 系列，负压输出的集成稳压器有 LM337 系列。LM317 的输出电压范围为 1.25～37V，具体输出电压可通过调整电位器获得，并且它能提供高达 1.5A 的输出电流。如图 5-25 所示即为 LM317 的典型应用电路。

5.4.2　小功率开关稳压电源

晶体管串联式线性稳压电源虽然有诸多优点，但因效率低、体积大而且笨重，限制了它在许多场合的应用。随着电子工业和电子科学技术的发展，高反压大功率开关晶体管等重要元器件的出现，随之出现了无工频变压器的高频开关电源，其结构如图5-26所示。将这种开关型稳压电源应用于UPS中作为辅助电源的形式较多，但常见的有三种类型：他励式反激电源、他励式正激电源以及具有自身反馈的直流变换器。

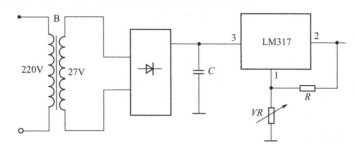

图 5-25　输出可调式稳压电路

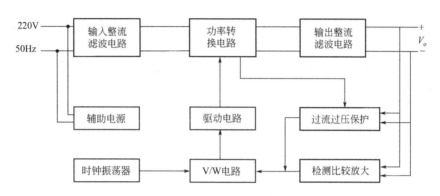

图 5-26　无工频变压器的开关电源框图

（1）他励式反激电源

如图5-27所示即为他励式反激电源的原理电路图，图中高压开关管 T 在占空比为 $\delta = T_{on}/T_s$ 的脉冲驱动下或导通或关断，直流电压 V_i 被变换为高频方波交流电压，经变压器给输出电容 C 和负载提供能量。

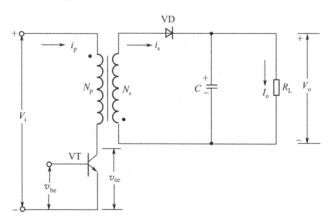

图 5-27　他励式反激电源电路原理

由图5-27可知，由于开关管的驱动脉冲是由其他电路供给，故称之为他励式。输出电容器 C 和负载 R_L 是在开关管截止时从变压器次级获得能量，因而称之为反激电源。其工作原理可简述如下。

当驱动脉冲为高电平时，开关管 T 从截止变成导通，变压器的初级线圈 N_p 流过的电流 i_p 线性增加，在 N_p 上产生一极性为上正下负的感应电势，使次级线圈 N_s 产生一极性上负下正的感应电势，二极管 VD 承受反向偏压而截止，i_s 为零，变压器不能将输入端能量传送到输出端，此时负载电流由电容放电提供，变压器初级线圈电感储存能量。

当驱动脉冲为低电平时，开关管 T 从导通变为截止，i_p 趋向于零，变压器初级线圈 N_p 的磁通量变小，使次级线圈 N_s 变为上正下负的感应电势。二极管 VD 导通，给输出电容 C 充电；同时也向负载供电。同普通开关电源一样，其输出电压大小的调整可通过调整驱动脉冲的占空比 $\delta = T_{on}/T_s$ 来实现。

（2）他励式正激电源

如图 5-28 所示为他励式正激电源原理图，它与反激式的不同之处在于，开关管 T 导通期间，输入端电源经变压器 B 向输出电容 C 和负载提供能量。在结构上，变压器 B 增加了一个去磁线圈 N_t。N_t 的匝数一般与 N_p 相同，但也可不同。正激式电源的工作过程与反激式电源基本相似。

当驱动信号为高电平时，T 从截止变为导通，N_p 线圈流过电流逐渐增大，在 N_p 线圈上产生一上正下负的电动势，同时次级线圈 N_s 也产生一个上正下负的感应电势。二极管 VD_2 导通，输入端能量经变压器 B、二极管 VD_2 提供给电感 L、电容 C 和负载。

当驱动脉冲为低电平时，开关管 T 从导通变成截止，i_p 趋向于零，感应电动势的方向相反（上负下正），使二极管 VD_2 截止。二极管 VD_3 正向导通，电感 L 向负载提供能量。这时去磁线圈 N_t 的感应电势为上正下负，VD_1 二极管导通，以使 N_t 上存储的能量通过 VD_1 回送到直流输入回路，起到去磁作用。

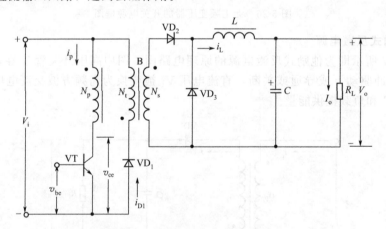

图 5-28　他励式正激电源原理电路

对于正激式变换器，驱动脉冲的占空比一般不能大于 0.5，若大于 0.5，易使变压器初级绕组中存储的能量在一个周期内无法释放完，在开关管再次导通时，去磁电流不为零，在开关管集电极会引起很大的尖峰电流，使变压器趋于饱和，而导致开关管 T 损坏。

（3）反馈式辅助电源

辅助电源也可以通过高频变压器获得输出后反馈过来提供，此时需要一个启动电路提供瞬时能量，使 PWM 型电源启动，图 5-29 是反馈型辅助电源的一个例子。

这是一个直接从电网整流的正激单端开关型稳压电源，辅助电源 V_v 由起振后高频变

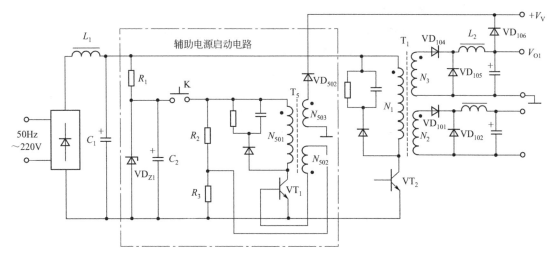

图 5-29　反馈式辅助电源

压器 T_1 的一组副边输出电压通过二极管 VD_{106} 提供，中间虚线框内是辅助电源的启动电路，在电网合闸时，电容 C_2 通过电阻 R_1 充电，其电压被稳压管 VD_{Z1} 钳位，C_2 是一个容量较大（如图中为 $600\mu F$）的低压电解电容，用以储能；R_1 阻值较大，以限制稳态时稳压管 VD_{Z1} 的工作电流。当 C_2 充电完毕后，按下启动按钮开关 K，晶体管 VT_1 通过 R_2 获得偏流而启振，变压器 T_5 副边绕组 N_{503} 的正向电压通过二极管 VD_{502} 馈送给正激单端开关电源的控制电路和驱动电路，高压开关管获得正向基极驱动而导通，高频变压器 T_1 的副边绕组 N_3 获得正向电压，并通过 VD_{106} 作为辅助电源提供，启动电路的作用即告完成。

　　反馈式辅助电源作为 PWM 型开关电源本身的一组负载，可取代死负载从而可望提高效率，体积也不大，但电路比较复杂。

 习题与思考题

1. 简述功率因数和总谐波畸变的定义。
2. 简述无源功率因数校正和有源功率因数校正的基本工作原理。
3. 画出 UC3854 的内部结构框图并简述及其组成。
4. 转换开关的安全转换条件主要有哪些？并简述转换开关的种类。
5. 叙述如图 5-9 所示电压检测电路的工作过程。
6. 叙述如图 5-10 所示电流检测电路的工作过程。
7. 简述过流保护电路的型式及其特点。
8. 简述如图 5-18 所示 UPS 过、欠压保护电路的工作过程。
9. 简述如图 5-19 所示 UPS 过温保护电路的工作过程。
10. 简述如图 5-20 蓄电池过压保护电路的工作原理。
11. 简述如图 5-21 蓄电池欠压保护电路的工作原理。

12. 画出串联线性稳压电源的基本结构。

13. 简述如图 5-23 所示分立元件组成的线性稳压电路工作原理。

14. 简述如图 5-25 所示输出可调式稳压电路工作原理。

15. 画出无工频变压器的开关电源结构框图。

16. 简述如图 5-27 所示他励式反激电源电路原理。

17. 简述如图 5-28 所示他励式正激电源电路原理。

18. 简述如图 5-29 所示反馈式辅助电源电路原理。

第 **6** 章

蓄电池及其管理系统

目前，在 UPS 中广泛使用（阀控式密封）铅蓄电池和锂离子电池作为储存电能的装置，蓄电池需用直流电源对其充电，将电能转化为化学能储存起来。当市电中断时，UPS 将依靠储存在蓄电池中的能量维持逆变器的正常工作。此时，蓄电池通过放电将化学能转化为电能提供给 UPS 使用。蓄电池的价格较贵，一般大约占 UPS 总生产成本的 1/3 左右，对于长延时 UPS 而言，蓄电池的成本甚至超过 UPS 主机的成本。在返修的 UPS 中，由于蓄电池故障而引起 UPS 不能正常工作的比例大约占 1/3 左右。由此可见，正确使用维护蓄电池，对延长蓄电池使用寿命非常重要，不能掉以轻心。如果使用维护方法正确，阀控式密封铅蓄电池的使用寿命可达 10 年以上。本章着重讲述阀控式密封铅蓄电池和锂离子电池的基本构造、工作原理、主要特性、使用维护方法以及蓄电池管理系统。

6.1 铅蓄电池技术基础

普通铅蓄电池具有价格低廉、供电可靠、电压稳定等优点，因此广泛应用于通信、交通和国防等部门。但在使用过程中，需要经常加水、补酸，而且还会产生腐蚀性气体，污染环境、损伤人体和设备。近年来，许多先进国家已禁止生产和销售普通铅蓄电池。阀控铅蓄电池具有密封好、无泄漏、无污染等特点，因此，能够保证人体和各种用电设备的安全，而且在使用过程中，不需加水、补酸等维护，从而揭开了铅蓄电池发展史上新的一页。

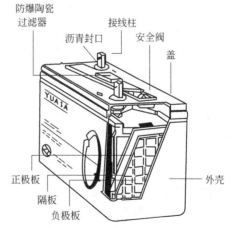

图 6-1 阀控式密封铅蓄电池的结构

6.1.1 铅蓄电池基本结构

阀控式密封铅蓄电池与普通铅蓄电池一样，其主要部件有正负极板、电解液、隔板、电池槽和其他一些零件如端子、连接条及排气栓等，如图 6-1 所示。由于这类电池要达到密封的要求，即充电过程中不能有大量的气体产生，只允许有极少量的内部消耗不完的气体排出，所以其结构与普通铅蓄电池相比有较大不同，如表 6-1 所示。

表 6-1   阀控式密封铅蓄电池与普通富液式铅蓄电池的结构比较

组成部分	电池种类	
	普通(富液式)铅蓄电池	阀控式密封铅蓄电池
电极	铅锑合金板栅	无锑或低锑合金板栅
电解液	富液式	贫液式或胶体式
隔膜	微孔橡胶、PP、PE	超细玻璃纤维隔膜
电池槽(容器)	无机或有机玻璃、塑料、硬橡胶等	SAN、ABS、PP 和 PVC
排气栓	排气式或防酸隔爆帽	安全阀

（1）电极

阀控式密封铅蓄电池采用无锑或低锑合金作板栅，其目的是减少电池的自放电，以减少电池内水分的损失。常用的板栅材料有铅钙合金、铅钙锡合金、铅锶合金、铅锑镉合金、铅锑砷铜锡硫（硒）合金和镀铅铜等，这些板栅材料中不含或只含极少量的锑，使阀控式密封铅蓄电池的自放电远低于普通铅蓄电池。

（2）电解液

在阀控式密封铅蓄电池中，电解液处于不流动状态，即电解液全部被极板上的活性物质和隔膜所吸附，其电解液的饱和程度为 $60\%\sim90\%$。当其电解液的饱和程度低于 60% 说明电池失水严重，极板上的活性物质不能与电解液充分接触；高于 90% 的饱和度，则正极氧气的扩散通道被电解液堵塞，不利于氧气向负极扩散。除此之外，采用胶体电解质也可使电解液不流动，如德国阳光公司生产的阀控式密封铅蓄电池。由于阀控式密封铅蓄电池是贫电解液结构，因此其电解液密度比普通铅蓄电池的密度要高，其密度范围是 $1.29\sim1.32\text{kg/L}$，而普通富液式电池的密度范围为 $1.20\sim1.30\text{kg/L}$。

（3）隔膜

阀控式密封铅蓄电池的隔膜除了满足作为隔膜材料的一般要求外，还必须有很强的贮液能力才能使电解液处于不流动状态。目前采用的超细玻璃纤维隔膜具有贮液能力强和孔隙率高（$>90\%$）的优点。它一方面能贮存大量的电解液，另一方面有利于透过氧气。这种隔膜中存在着两种结构的孔，一种是平行于隔膜平面的小孔，能吸贮电解液；另一种是垂直于隔膜平面的大孔，是氧气对流的通道。

（4）电池槽

① 电池槽的材料。对于阀控式密封铅蓄电池来说，电池槽的材料除了具有耐腐蚀、耐振动和耐高低温等性能外，还必须具有强度高和不易变形的特点，并采用特殊的结构。这是因为电池的贫电解液结构要求用紧装配方式来组装电池，以利于极板和电解液的充分接触，而紧装配方式会给电池槽带来较大的压力，所以电池的容量越大，电池槽承受的压力也就越大；此外电池的密封结构所带来的内压力在使用过程中会发生较大变化，使电池处于加压或减压状态。

阀控式密封铅蓄电池的电池槽材料采用的是强度大而不易发生变形的合成树脂材料，以前曾用过 SAN，目前主要采用 ABS、PP 和 PVC 等材料。

SAN：由聚苯乙烯-丙烯腈聚合而成的树脂。这种材料的缺点是水保持和氧气保持性能都很差，即电池的水蒸气泄漏和氧气渗漏都很严重。

ABS：丙烯腈、丁乙烯、苯乙烯的共聚物。其优点有硬度大、热变形温度高和电阻系数大。但水蒸气泄漏严重，仅稍好于 SAN 材料，而且氧气渗漏比 SAN 还严重。

PP：聚丙烯。它是塑料中耐温最高的一种，温度高达 150℃也不变形，低温脆化温度为

—10～—25℃。其熔点为 164～170℃、击穿电压高、介电常数高达 $2.6\times10^6\mathrm{V/m}$、水蒸气的保持性能优于 SAN、ABS 及 PVC 材料。但氧气保持能力最差、硬度小。

PVC：聚氯乙烯烧结物。其优点有绝缘性能好、硬度大于 PP 材料、吸水性比较小、氧气保持能力优于上述三种材料及水保持能力较好（仅次于 PP 材料）等。其缺点是硬度比较差、热变形温度较低。

② 电池槽的结构。对于阀控式密封铅蓄电池来说，由于采用了紧装配方式以及内压力的原因，所以电池槽采用了加厚的槽壁，并在短侧面上安装加强筋，以此来对抗极板面上的压力。此外电池内壁安装的筋条还可形成氧气在极群外部的绕行通道，提高氧气扩散到负极的能力，起到改善电池内部氧循环性能的作用。

固定用阀控式密封铅蓄电池有单一槽和复合槽两种结构。小容量电池采用的是单一槽结构，而大容量电池则采用复合槽结构，如容量为 1000A·h 的电池分成两格，容量为 2000～3000A·h 的电池分为四格。因为大容量电池的电池槽壁必须加厚才能承受紧装配和内压力所带来的压力，但槽壁太厚不利于电池散热，所以必须采用多格的复合槽结构。

（5）安全阀

安全阀又称节流阀，其作用有二：一是当电池中积聚的气体压力达到安全阀的开启压力时，阀门打开以排出多余气体，减小电池内压；二是单向排气，即不允许空气中的气体进入电池内部，以免引起电池的自放电。

安全阀主要有三种结构形式：胶柱式、伞式和胶帽式，如图 6-2 所示。安全阀帽罩的材料采用的是耐酸、耐臭氧的橡胶，如丁苯橡胶、氯丁橡胶等。这三种安全阀的可靠性是：胶柱式大于伞式和胶帽式，而伞式大于胶帽式。

胶柱状　　　　　　　伞状　　　　　　　胶帽状

图 6-2　几种安全阀的结构示意图

安全阀开闭动作是在规定的压力条件下进行的，安全阀开启和关闭的压力分别称为开阀压和闭阀压。开阀压的大小必须适中（通常在 4～70kPa 之间），开阀压太高易使电池内部积聚的气体压力过大，且过高的内压力会导致电池外壳膨胀或破裂，影响电池的安全运行；若开阀压太低，安全阀开启频繁，使电池内水分损失严重，并因失水而失效。闭阀压的作用是让安全阀及时关闭，其值大小以接近于开阀压值为好（通常在 3～20kPa 之间）。及时关闭安全阀是为了防止空气中的氧气进入电池，以免引起电池负极的自放电。

6.1.2　铅蓄电池工作原理

经长期的实践证明，"双极硫酸盐化理论"是最能说明铅蓄电池工作原理的学说。该理论可以描述为：铅蓄电池在放电时，正负极的活性物质均变成硫酸铅（$PbSO_4$），充电后又恢复到原来的状态，即正极转变成二氧化铅（PbO_2），负极转变成海绵状铅（Pb）。

（1）电动势的产生

铅蓄电池正极板上的活性物质是二氧化铅，负极板上的活性物质是海绵状铅。在稀硫酸溶液中，由于电化学作用，正、负极板与电解液之间分别产生了电极电位，正、负两极间电位差就是蓄电池的电动势。

负极板上的海绵状金属铅是由二价铅离子（Pb^{2+}）和电子组成的。稀硫酸在水中被电离为氢离子（H^+）和硫酸根离子（SO_4^{2-}）。负极板浸入稀硫酸溶液后，二价铅离子进入溶液，在极板上留下能自由移动的电子，因而负极板带负电，即产生了电极电位。同样，正极板上的二氧化铅也与稀硫酸作用，产生的四价铅正离子（Pb^{4+}）留在极板上，使正极板带正电，也产生了电极电位。这样，在电池的正、负两极上便产生了电动势。

（2）放电过程中的电化学反应

① 负极的电化学反应。在放电过程中，负极上的铅原子失去两个电子，变成二价铅正离子（Pb^{2+}）。电解液中的硫酸分子（H_2SO_4）离解为两个氢离子（H^+）和一个硫酸根离子（SO_4^{2-}）。此时二价铅正离子（Pb^{2+}）与一个硫酸根离子结合成硫酸铅（$PbSO_4$）分子，附着在负极板上。两个氢离子（H^+）留在电解液中，参加正极化学反应。负极板失去的电子将通过外电路流入正极。化学反应方程式如下：

$$\begin{aligned} Pb-2e^- &\longrightarrow Pb^{2+} \\ + \quad Pb^{2+}+SO_4^{2-} &\longrightarrow PbSO_4 \\ \hline Pb+SO_4^{2-}-2e^- &\longrightarrow PbSO_4 \end{aligned}$$

② 正极的电化学反应。放电开始后，正极上的 PbO_2 与电解液中的水分子作用，生成四价铅离子（Pb^{4+}）和四个氢氧根离子（OH^-）。每个四价铅离子接受负极传来的两个电子后生成 Pb^{2+}，再进入溶液与硫酸根（SO_4^{2-}）结合成硫酸铅分子（$PbSO_4$）附在正极上，氢氧根离子（OH^-）与溶液中氢离子（H^+）反应生成水分子。反应式如下：

$$\begin{aligned} PbO_2+2H_2O &\longrightarrow Pb^{4+}+4OH^- \\ + \quad Pb^{4+}+SO_4^{2-}+2e^- &\longrightarrow PbSO_4 \\ \hline PbO_2+4H^++SO_4^{2-}+2e^- &\longrightarrow PbSO_4+2H_2O \end{aligned}$$

③ 铅蓄电池放电过程中总的电化学反应。将负极的电化学反应与正极的电化学反应两式相加，就得到铅蓄电池放电过程中的总反应方程式。铅蓄电池放电过程中的电化学反应示意图如图 6-3 所示。

$$\begin{aligned} Pb+SO_4^{2-}-2e^- &\longrightarrow PbSO_4 \\ + \quad PbO_2+4H^++SO_4^{2-}+2e^- &\longrightarrow PbSO_4+2H_2O \\ \hline PbO_2+2H_2SO_4+Pb &\xrightarrow{\text{放电}} PbSO_4+2H_2O+PbSO_4 \end{aligned}$$

$$\text{正极} \quad \text{电解液} \quad \text{负极} \qquad \text{正极} \quad \text{电解液} \quad \text{负极}$$

从上述电池反应可以看出，铅蓄电池在放电过程中两极都生成了硫酸铅，随着放电的不断进行，硫酸逐渐被消耗，同时生成水，使电解液的浓度（密度）逐渐降低。因此，电解液密度的高低反映了铅蓄电池放电的程度。对富液式铅蓄电池来说，电解液密度可以作为放电终了的标志之一。通常，当电解液密度下降到 $1.15 \sim 1.17 kg/L$ 左右时，应停止放电，否则电池会因为过量放电而损坏。

（3）充电过程中的电化学反应

充电时，外接直流电源的正极与负极分别接蓄电池的正极与负极。当外加电压高于蓄电池的电动势时，电子从蓄电池的正极流向负极，从而发生与放电时相反的电化学反应。

① 负极的电化学反应。蓄电池充电时，负极上的硫酸铅电离为二价铅离子（Pb^{2+}）和硫酸根离子（SO_4^{2-}）。二价铅离子得到两个电子后，还原为海绵状铅，硫酸根离子和电解液

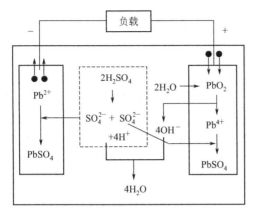

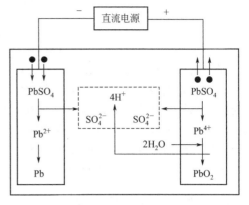

图 6-3　放电过程中的电化学反应示意图　　　图 6-4　充电过程中的电化学反应示意图

中水分子离解出来的氢离子（H^+）结合为硫酸分子（H_2SO_4）。反应式如下：

$$PbSO_4 \longrightarrow Pb^{2+} + SO_4^{2-}$$
$$+\quad Pb^{2+} + 2e^- \longrightarrow Pb$$
$$\overline{\phantom{PbSO_4 + 2e^- \longrightarrow Pb + SO_4^{2-}}}$$
$$PbSO_4 + 2e^- \longrightarrow Pb + SO_4^{2-}$$

② 正极的电化学反应。正极上的硫酸铅（$PbSO_4$）电离为二价铅离子和硫酸根离子。二价铅离子从外接电源强行夺去两个电子后，成为四价铅离子（Pb^{4+}），四价铅离子与水分子反应，生成二氧化铅沉积到正极板上。电化学反应方程式为：

$$PbSO_4 \longrightarrow Pb^{2+} + SO_4^{2-}$$
$$+\quad Pb^{2+} + 2H_2O - 2e^- \longrightarrow PbO_2 + 4H^+$$
$$\overline{\phantom{PbSO_4 + 2H_2O - 2e^- \longrightarrow PbO_2 + SO_4^{2-} + 4H^+}}$$
$$PbSO_4 + 2H_2O - 2e^- \longrightarrow PbO_2 + SO_4^{2-} + 4H^+$$

③ 铅蓄电池充电过程中总的电化学反应。将负极的电化学反应与正极的电化学反应两式相加，就得到铅蓄电池充电过程中的总反应方程式。铅蓄电池充电过程中的电化学反应示意图如图 6-4 所示。

$$PbSO_4 + 2e^- \longrightarrow Pb + SO_4^{2-}$$
$$+\quad PbSO_4 + 2H_2O - 2e^- \longrightarrow PbO_2 + SO_4^{2-} + 4H^+$$
$$\overline{\phantom{PbSO_4 + 2H_2O + PbSO_4 \xrightarrow{充电} PbO_2 + 2H_2SO_4 + Pb}}$$
$$PbSO_4 + 2H_2O + PbSO_4 \xrightarrow{\text{充电}} PbO_2 + 2H_2SO_4 + Pb$$

正极　电解液　负极　　　正极　电解液　负极

从以上铅蓄电池充电过程中总的电化学反应式可以看出，铅蓄电池的充电反应恰好是放电反应的逆反应，正负极板上的硫酸铅分别变成二氧化铅和海绵状铅，电解液中的水分子不断消耗，硫酸分子不断生成，电解液密度不断升高。因此，电解液密度可以作为电池充电终了的标志。如启动用铅蓄电池的充电终了密度是 $d_{15} = 1.28 \sim 1.30 kg/L$，固定用防酸隔爆式铅蓄电池的充电终了密度是 $d_{15} = 1.20 \sim 1.22 kg/L$。

④ 充电后期分解水的反应。铅蓄电池在充电过程中还伴随有电解水的反应，这种反应在充电初期很微弱，但当单体电池的端电压达到 2.3V/只时，水的电解开始逐渐成为主要反应。这是因为端电压达 2.3V/只时，正负极板上的活性物质已大部分恢复，硫酸铅的量逐渐减少，使充电电流用于活性物质恢复的部分越来越少，而用于电解水的部分越来越多。此时，负极板上有大量氢气冒出，正极板上有大量氧气冒出。其化学反应方程式如下：

$$负\ \ 极：4H^+ + 4e^- \longrightarrow 2H_2 \uparrow$$

$$+ \quad 正\ \ 极：2H_2O - 4e^- \longrightarrow 4H^+ + O_2 \uparrow$$

$$总反应：2H_2O \longrightarrow 2H_2 \uparrow + O_2 \uparrow$$

对于富液式铅蓄电池来说，此时可观察到有大量气泡逸出，并且冒气越来越激烈，因此可用充电末期电池冒气的程度作为充电终了标志之一。但对于阀控式密封铅蓄电池来说，因为是密封结构，其充电后期为恒压充电（2.3V/只左右），充电电流很小，而且正极析出的氧气能在负极被吸收，所以不能观察到冒气的现象。水的分解不仅使电解液减少，而且浪费电能，同时激烈气泡的冲击能加速活性物质脱落，使蓄电池寿命缩短。因此，充电后期必须减小充电电流，减缓冒气的剧烈程度，以延长电池寿命。

6.1.3 阀控铅蓄电池密封原理

(1) 负极吸收原理

阀控式密封铅蓄电池是利用负极吸收原理，来实现氧复合循环来达到密封目的的。负极吸收原理就是利用负极析氢比正极析氧晚的特点，并采用特殊的电池结构，使铅蓄电池在充电后期，负极不能析出氢气，同时能够吸收正极产生的氧气，从而实现电池的密封。

研究发现，铅蓄电池在充电达70%时，正极就开始析出氧气，而负极的充电态要达到90%时才开始析出氢气。当充电态达70%时，正极的析氧反应为：

$$H_2O \longrightarrow 2H^+ + 1/2O_2 + 2e^-$$

由于阀控式密封铅蓄电池采用特殊的电池结构，使氧气能顺利地扩散到负极，并被负极吸收。氧气在负极被吸收的途径有两个，一是与负极活性物质铅发生化学反应，二是在负极获得电子后发生电化学反应。各自的化学反应方程式如下：

$$Pb + 1/2O_2 + H_2SO_4 \longrightarrow PbSO_4 + H_2O$$

$$2H^+ + 1/2O_2 + 2e^- \longrightarrow H_2O$$

以上反应称氧复合循环反应，如图6-5所示。与此同时，负极除了发生上述吸收氧气的反应外，还会继续发生负极的充电反应：

$$PbSO_4 + 2e^- \longrightarrow Pb + SO_4^{2-}$$

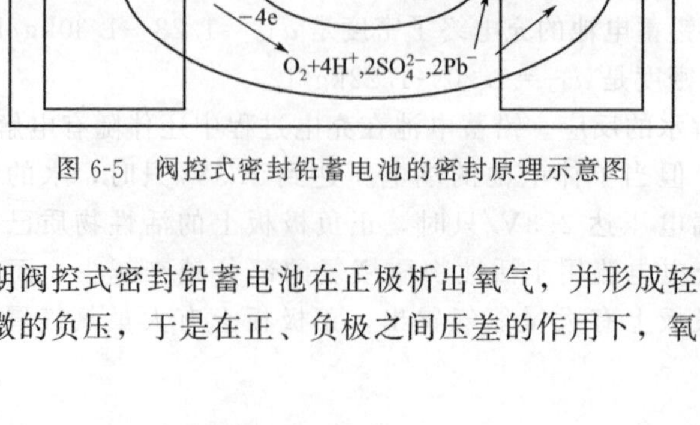

图6-5 阀控式密封铅蓄电池的密封原理示意图

(2) 氧气的传输

实际上，充电末期阀控式密封铅蓄电池在正极析出氧气，并形成轻微的过压，而负极吸收氧气使负极产生轻微的负压，于是在正、负极之间压差的作用下，氧能够通过气体扩散通道顺利地向负极迁移。

正极析出的氧气要想在负极充分地被吸收，就必须先顺利地传输到负极。氧可以两种方式在电池内传输：一是溶解在电解液中的方式，即通过液相扩散到负极表面；二是以气体的形式经气相扩散到负极表面。

显然，氧的扩散过程越容易，则氧从正极向负极迁移并在负极被吸收的量越多，因此就允许电池通过较大的电流而不会造成电池中水的损失。如果氧能以气体形式向负极扩散，那么氧的扩散速度就比单靠液相中溶解氧的扩散速度大得多。所以为了有效地吸收氧气，在阀控式密封铅蓄电池中，必须提供氧气的气相扩散通道。

为了提供氧气扩散通道，阀控式密封铅蓄电池采取了特殊的电池结构。一是贫电解液结构，就是使超细玻璃纤维隔膜中大的孔道不被电解液充满，作为氧气的扩散通道，使氧气能顺利地扩散到负极；二是紧密装配，使极板表面与隔膜紧密接触，一方面使电解液能充分湿润极板，另一方面保证氧气经隔膜孔道扩散到负极，而不至于使氧气沿极板向上逸出。

6.1.4 主要技术指标与性能

（1）阀控式密封铅蓄电池的主要技术指标

通信用阀控式密封铅酸蓄电池技术要求 YD/T 799—2010 的部分主要内容如下：

① 容量。在 20～30℃ 环境下，蓄电池额定容量符号为：

C_{10}——10h 率额定容量（A·h），数值为 $1.00C_{10}$；

C_3——3h 率额定容量（A·h），数值为 $0.75C_{10}$；

C_1——1h 率额定容量（A·h），数值为 $0.55C_{10}$。

② 放电率电流

I_{10}——10h 率放电电流（A），数值为 $1.00I_{10}$（A）；

I_3——3h 率放电电流（A），数值为 $2.50I_{10}$（A）；

I_1——1h 率放电电流（A），数值为 $5.50I_{10}$（A）。

③ 终止电压 U

10h 率蓄电池放电单体终止电压为 1.80（V）；

3h 率蓄电池放电单体终止电压为 1.80（V）；

1h 率蓄电池放电单体终止电压为 1.75（V）。

④ 充电电压、充电电流、端压偏差

阀控式密封铅蓄电池在环境温度为 25℃ 条件下，浮充工作单体电压为 2.20～2.27V，均衡工作单体电压为 2.30～2.40V。各单体电池开路电压最高与最低差值不大于 20mV。最大充电电流不大于 $2.5I_{10}$A。阀控式密封铅蓄电池按 1h 率放电时，两只电池间连接电压降，在各极性根部测量值应小于 10mV。

（2）阀控式密封铅蓄电池的主要性能

① 容量：上述额定容量是指蓄电池容量的基准值，蓄电池的容量是指在规定放电条件下蓄电池所能放出的电量，小时率容量指 N 小时率额定容量的数值，用 C_N 表示。

② 最大放电电流：在阀控式密封铅蓄电池外观无明显变形，在其导电部件不熔断的条件下，电池所能容忍的最大放电电流。

③ 耐过充电能力：完全充电后的蓄电池能承受过充电的能力。

④ 容量保存率：电池达到完全充电后静置数十天，由保存前后容量计算出的百分数。

⑤ 密封反应性能：在规定试验条件下，电池在完全充电状态，每 h 放出气体的量。

⑥ 安全阀动作：为了防止因蓄电池内压异常升高损坏电池槽而设定了开阀压，为了防止外部气体自安全阀侵入，影响电池循环寿命而设定了闭阀压。

⑦ 防爆性能：在规定的试验条件下，当阀控式密封铅蓄电池外部遇到明火时，在电池内部不引燃、不引爆。

⑧ 防酸雾性能：在规定的试验条件下，当阀控式密封铅蓄电池在充电过程中，其内部产生的酸雾被抑制向外部泄放的性能。

根据我国通信行业标准 YD/T 799—2010 通信用阀控密封铅酸电池的技术要求中的有关规定，固定型阀控密封铅酸电池的主要性能要求如表 6-2 所示。

表 6-2　固定型阀控密封铅酸电池性能

项　目	通信行业标准 YD/T 799—2010 通信用阀控式密封铅酸蓄电池
容量/Ah	试验 10h 率容量第 1 次循环不低于 $0.95C_{10}$，第 3 次循环之前应达到 C_{10}，3h 和 1h 率容量分别达到 $0.75C_{10}$ 和 $0.55C_{10}$
最大放电电流/A	以 $30I_{10}$ 放电 3min，极柱不熔断、内部汇流排应不熔断，其外观应不出现异常
容量保存率	蓄电池静置 28d 后其容量保存率应不低于 96%
密封反应效率	不低于 95%
安全阀动作	开阀压 10～35kPa，闭阀压 3～30kPa
防爆性能	在充电过程中遇有明火，内部应不引燃、不引爆
防酸性能	在正常浮充过程中应无酸雾逸出
耐过充能力	外观应无明显变形及渗液

6.1.5　充电控制技术

近年来，阀控铅蓄电池在使用过程中有不少用户反映，电池容易损坏且寿命较短。统计资料显示，因充放电控制不合理而损坏的电池占总损坏电池数的 80%。本来应工作 10～20 年的阀控铅蓄电池，绝大部分在 3～5 年内损坏，造成了极大的经济损失。为了延长阀控铅蓄电池的使用寿命，必须严格按要求充电（尤其是浮充充电）和放电。

(1) 浮充充电

在通信电源系统中，为了确保直流电源不间断，通常都采用开关整流器（充电器）与蓄电池组并联的浮充供电方式。在浮充状态下，充电电流主要用于补偿电池因自放电而损失的电量。只有在市电中断时，才由蓄电池单独向负载供电。

① 浮充电压的设置。阀控式密封铅蓄电池组长年工作于浮充状态，为了不影响其使用寿命，必须保证电池内不产生气体，因此，当环境温度为 25℃ 时，标准型单体阀控铅蓄电池的浮充电压通常设置在 2.25V 左右，允许变化范围为 2.20～2.27V。低压型单体阀控铅蓄电池的浮充电压通常设置在 2.20V 左右，允许变化范围为 2.19～2.21V。标准型阀控铅蓄电池的充电特性曲线如图 6-6 所示。电池放完电后，应先用恒定电流充电，当电池电压达到设定的浮充电压时，自动转入恒压充电。此后，充电电流逐渐减小，电池逐渐恢复额定容量。

浮充电压设置过低时，阀控电池长期处于欠充电状态，极板深处的活性物质不能参与化学反应，因而在活性物质与板栅之间形成高电阻层，使电池的内阻增大，容量下降。

浮充电压设置过高时，电池将长期处于过充电状态，电池内产生的气体量增加，安全阀经常处于开阀状态，电解液中的水分大量损失。在通常情况下，水分损失 15%，电池的容量就减小 15%。此时，电池的寿命就终止。此外，浮充电压设置过高时，其浮充电流将增大。电池内产生的热量不能及时散发，电池中将出现热量积累，从而使电池的温度升高。这样又促使浮充电流增大，最终造成电池温度和电流不断增加的恶性循环，这种现象通常称为热失控。实验表明：浮充电压设置在 2.30V（25℃）时，6～8 个月后，电池的容量会严重下降并可导致热失控；浮充电压设置在 2.35V（25℃）时，4 个月后就可能出现热失控。

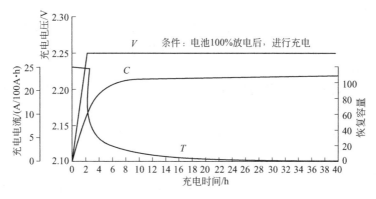

图 6-6　阀控铅蓄电池充电特性曲线

值得注意的是：开关整流设备的纹波电压过高时，虽然浮充电压平均值不高，但是浮充电压的峰值过高。该峰值电压使单体电池的浮充电压超过 2.40V 时，也可使电解液中的水分解，产生较多的气体，从而减小电池的容量。

在通信电源系统中，阀控铅蓄电池组通常由 24 只单体电池串联组成。开关整流器的浮充电压应当设置在 54V(2.25V×24)～54.5V(2.27V×24) 之间。但是，有一些开关整流器为了不进行均衡充电，浮充电压设置得过高，这样将严重影响电池寿命。

② 浮充电压与温度的关系。在浮充状态下，为了保证阀控电池既不过充电，也不欠充电，除了设置合适的浮充电压外，还必须随着环境温度的变化适时调整浮充电压。浮充电压的温度系数约为 −3mV/℃，也就是说，温度每升高 1℃，单体电池的浮充电压应当下降 3mV。试验表明，在浮充电压不变的条件下，环境温度升高 10℃，阀控铅蓄电池的浮充电流将增加 10 倍，这样就有可能产生热失控，严重影响电池寿命。

③ 浮充寿命与环境温度的关系。在浮充状态下，阀控铅蓄电池能够正常供电的时间，称为浮充寿命。试验结果表明，当环境温度为 25℃时，质量较好的国外阀控铅蓄电池的浮充寿命可达 20 年，国产 2V 阀控铅蓄电池的浮充寿命也可达到 10 年以上。浮充寿命与环境温度的关系如图 6-7 所示。

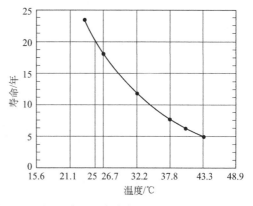

图 6-7　浮充寿命与环境温度的关系

环境温度升高后，电池的浮充电流增大，板栅腐蚀加速，电池内将发生电解水反应。同时，环境温度越高，电解液中水分蒸发得越快。环境温度每升高 10℃，电池内水分蒸发损失约增加一倍，水分减少后，电池的容量下降，寿命也随之缩短。

从阀控密封铅蓄电池浮充寿命与温度的关系曲线中可以看出，当环境温度从 25℃上升到 43℃时，其浮充寿命将从 20 年下降到 5 年。在某些无人值守的通信站，最高温度可能达到 50℃。在这样的条件下，即使电池的浮充电压设置准确，其寿命也会缩短。因此，为了延长电池的寿命，阀控铅蓄电池应当安装在有空调的房间内。此外，为了减小温度对电池寿命的影响，安装时，各单体电池之间应当留有一定的空隙，并避免太阳照射。与此同时，还应当远离开关整流器等热源。当采用多层安装时，安装层数不要太多，最好不要安装在密闭的电池柜内，以免影响散热。

（2）均衡充电

当阀控式密封铅蓄电池组深度放电或长期浮充供电时，其单体电池的电压和容量有可能出现不平衡的现象，为了消除这种不平衡现象，必须适当提高蓄电池的充电电压，完成这种功能的充电方法叫作均衡充电。

① 均衡充电的时机。阀控铅蓄电池组遇到下列情况之一时，应进行均衡充电：

a. 两只以上单体电池的浮充电压低于 2.18V；

b. 放电深度超过 20%（即放出的电量超过额定容量的 20%）；

c. 闲置时间超过 3 个月；

d. 全浮充时间超过 3 个月。

② 均衡充电的电压设置。均衡充电时，通常采用恒压限流充电法。当环境温度为 25℃时，单体阀控铅蓄电池的均衡充电电压应设置在 2.35V，充电电流应小于 $0.25C_{10}$A。C_{10} 为蓄电池 10h 率放电容量，对额定容量为 100Ah 的蓄电池来说，均衡充电电流应小于 $0.25 \times 100 = 25A$。

通信电源系统中，阀控铅蓄电池组通常采用 24 只单体电池串联，因此，开关整流器的均衡充电电压应当设置在 56.4V（2.35V×24）。当环境温度发生变化时，均衡充电电压应随之而变。通常，环境温度每升高 1℃，单体电池的均衡充电电压应下降 3mV。

值得注意的是，阀控铅蓄电池在正常使用过程中不需要均衡充电。一般要经过三个月到半年才进行一次均衡充电，因此均衡充电电压的设置对电池寿命的影响不大。但是均衡充电结束后必须立即转入浮充状态，否则将会因严重过充电而影响电池寿命。

③ 均衡充电的时间设置。电池的均衡充电时间与充电电压和充电电流有关。当限定的均衡充电电流为 $0.25C_{10}$A 时，充电电压为不同的数值时，充电时间与容量恢复百分数的关系如图 6-8 所示。从图中可以看出，当均衡充电电压设置为 2.35V 时，充入额定容量的 100% 所需时间为 6h。设置的均衡充电电压改变时，其均衡充电时间应相应改变。

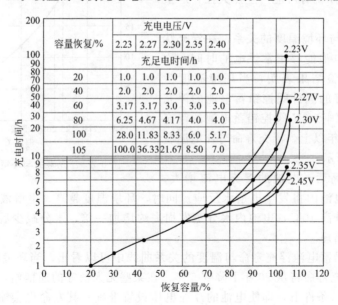

图 6-8　充电时间与容量恢复百分数的关系

在实际应用过程中，若均衡充电时间过短，则蓄电池充不足电，若均衡充电时间设置过长，蓄电池将过充电。为了延长蓄电池的使用寿命，必须根据均衡充电电压和电流，精确地设置均衡充电时间。

（3）补充电

阀控铅蓄电池长期开路存放时，电池的容量将因自放电而损失。为了保证电池具有足够的容量，使用前，应根据电池的开路电压，判断电池的剩余容量，然后采用不同的方法对蓄电池进行补充电。

阀控铅蓄电池存放过程中，由于自放电作用，剩余容量将逐渐减小，开路电压将逐渐下降。开路电压与剩余容量的关系如图 6-9 所示。从图中可以看出，当单体阀控铅蓄电池的电压在 2.05V 以上时，电池的剩余容量可达 80% 以上；当单体电池的电压低于 1.95V 时，电池的剩余容量将低于 25%。当剩余容量小于 80% 时，应进行均衡充电；当均衡充电的电流连续 3h 不变时，再转入浮充充电。值得注意的是，在阀控铅蓄电池存放过程中，为了避免因过放电而损坏，每隔三个月应进行一次补充电。

（4）循环充电

蓄电池循环使用时，放出一定电量后，应当及时充电，这种充电称为循环充电。

① 循环充电电压的设置。阀控铅蓄电池循环使用时，通常放出的电量远大于其额定容量的 20%。为了使活性物质充分进行化学反应，充电电压应略高于均衡充电电压，通常设置在 2.40V 到 2.45V 之间，充电电流也应限制在 $0.25C_{10}A$ 以内。与此同时，循环充电电压也应根据环境温度而变。

② 循环寿命。当阀控铅蓄电池循环使用，其容量下降到额定容量的 50% 时，蓄电池完成的充放电循环次数，称为循环寿命。电池的循环寿命随其放电深度的增大而迅速降低，如图 6-10 所示。由图可以看出，12V 系列阀控铅蓄电池放电深度为 30%，也就是说每次放出的电量为额定容量 30% 时，循环寿命接近 1200 次；当放电深度为 100% 时，循环寿命仅接近 400 次。因此，阀控电池循环充放电时，为了延长寿命，应当尽量避免深度放电。

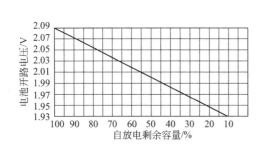

图 6-9　开路电压与剩余容量的关系

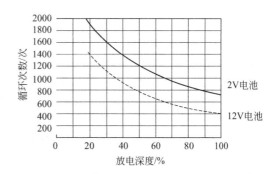

图 6-10　放电深度与循环寿命的关系

6.1.6　放电控制技术

在通信电源系统中，市电中断后，阀控铅蓄电池应立即由浮充状态转入放电状态，以保证通信设备的直流电源不间断。

（1）放电特性

采用各种不同放电速率时，阀控铅蓄电池的放电特性曲线如图 6-11 所示。在通信电源系统中，阀控铅蓄电池的放电速率通常为 $0.02C_{10}$、$0.1C_{10}$、$0.2C_{10}$ 或 $0.3C_{10}$（C_{10} 为蓄电池 10h 率放电容量)。阀控铅蓄电池应用过程中,应当尽可能避免放电速率过小。

环境温度对阀控铅蓄电池放电特性的影响很大。当采用 $0.1C_{10}$ 放电速率时,在不同环境温度下的放电特性曲线如图 6-12 所示。从图中可以看出,随着环境温度的降低,蓄电池能放出的电量将逐步减小。当环境温度为 $-20℃$,电池仍可放出 60% 左右的电量。应当说明,当阀控铅蓄电池充足电时,电解液的冰点为 $-70℃$,放完电时,电解液的冰点为 $-5℃$。为了保证化学反应充分进行,阀控铅蓄电池的最低温度最好在 $-20℃$ 以上。

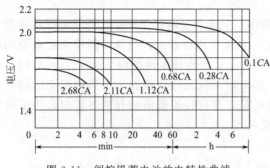

图 6-11　阀控铅蓄电池放电特性曲线

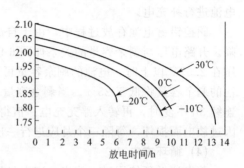

图 6-12　温度对电池放电特性的影响

(2) 放电终止电压的设定

阀控铅蓄电池组过放电后,各单体电池的电压和容量将出现不平衡,这样,电池组中将出现落后电池。通常,过放电越严重,下次充电时,落后电池越不容易恢复,这样将严重影响电池组的寿命。为了避免过放电,必须精确设定电池的放电终止电压。从放电特性曲线可以看出,放电电流越大,放电终止电压越低。采用不同放电速率时,单体阀控铅蓄电池放电终止电压的设定如表 6-3 所示。

表 6-3　单体阀控铅蓄电池放电终止电压的设定(C_{10} 为蓄电池 10h 速率放电容量)

放电速率/(A·h)	$0.01\sim0.025C_{10}$	$0.05\sim0.25C_{10}$	$0.30\sim0.55C_{10}$	$0.65\sim2C_{10}$
终止电压/V	2.00	1.80	1.75	1.60

在通信电源系统中,开关整流器通常将阀控铅蓄电池组的放电终止电压设置在 43V,单体电池的终止电压约为 1.80V。采用 $0.05\sim0.25C_{10}$ 速率放电时,该终止电压是合适的。但在部分通信电源系统中,为了防止市电较长时间中断,蓄电池的容量都选得偏大。这样市电中断时,电池的放电电流很小。比如通信设备实际所需电流只有 3A,选用的蓄电池容量可达 300A·h。这样,放电速率就为 $0.01C_{10}$。此时,放电终止电压应设定为 2.00V。因此,当终止电压设定为 43V 时,阀控铅蓄电池将发生严重过放电。

6.2　铅蓄电池常见失效模式

阀控式密封铅蓄电池与普通铅酸蓄电池相比,其设计寿命长(15~20 年)、使用维护相对简单,但其实际的使用寿命远低于设计寿命,有的只能使用 2~3 年甚至更短。导致阀控式密封铅蓄电池的寿命如此之短的原因有以下几个方面:一是产品质量问题;二是阀控式密封铅蓄电池的特殊结构所决定;三是使用维护方法不当。由于上述原因导致阀控式密封铅蓄电池的失效模式比普通铅蓄电池的失效模式要多,其常见的失效模式有:硫化、失水、正极板栅腐蚀、内部短路、热失控、早期容量损失和负极板栅汇流排的腐蚀等。

6.2.1 硫化

铅蓄电池的正负极板上部分活性物质逐渐变成颗粒粗大的硫酸铅结晶，在充电时不能转变成二氧化铅和海绵状铅的可逆反应的现象，叫作极板的硫酸盐化，简称硫化。

铅蓄电池在正常使用的情况下，极板上的活性物质在放电后，大部分都变成松软细小的硫酸铅结晶，这些小晶体均匀地分布在多孔性的活性物质中，在充电时很容易与电解液接触起作用，并恢复成原来的活性物质二氧化铅和海绵状铅。

如果让铅蓄电池长期处于放电状态，极板上松软细小的硫酸铅晶体便逐渐变成坚硬粗大的硫酸铅晶体，这样的晶体由于体积大且导电性差，因而会堵塞极板活性物质的微孔，使电解液的渗透扩散作用受阻，并使电池的内阻增加。在充电时，这种粗而硬的硫酸铅不易转变成二氧化铅和海绵状铅，结果使极板上的活性物质减少，容量降低，严重时使极板失去可逆作用而损坏，使电池的使用寿命缩短。

(1) 硫化的现象

① 放电时的现象

a. 容量下降：硫化电池的活性物质已变成颗粒粗大的晶体，不能恢复成充电态的二氧化铅和海绵状铅，因此容量比正常时的容量要低得多，放电时其容量比正常电池先放完。

b. 端电压低：电池的端电压与电解液的密度有关，而硫化电池的电解液密度偏低，甚至在充电过程中也得不到回升，因此端电压也相应偏低。

c. 电解液密度低：硫化是发生在电池长期处于放电状态或充电不足的情况下，因此会使电解液的密度越来越低。对于普通铅蓄电池来说，上述现象都能观察到，但阀控式密封铅蓄电池是密封结构，就只能观察到前两个现象。

② 充电时的现象

a. 端电压上升快：因硫化电池的内阻较大，所以恒流充电时电池的端电压上升速度比正常电池要快。而阀控式密封铅蓄电池采用的充电方法是限流恒压法，因此阀控式密封铅蓄电池充电的第一个阶段会很快结束。

b. 过早分解水：因充电时端电压上升很快，很快就会达到水的分解电压 2.3V。如果是普通铅蓄电池，就会出现冒气现象。而阀控式密封铅蓄电池的密封结构，使其不能观察到分解水的现象，而且限流恒压法所恒定的电压是在 2.3V 左右，不会有大量的水发生分解，但因电池硫化后不易充进电，使第二阶段恒压充电的电流几乎全部用于水的分解。

c. 电解液密度上升慢：铅蓄电池的充电反应会释放出硫酸，但硫化电池不能发生正常的充电反应，因此电解液密度也就上升缓慢甚至不上升。

③ 内阻的变化。硫化电池内阻增加的主要原因是：粗大的 $PbSO_4$ 颗粒堵塞微孔引起较大的浓差极化，使电池的极化内阻增大。当电池的硫化比较严重，造成电池容量损失达 50% 以上时，就会引起电池内阻的快速增加。

④ 极板的颜色和状态。硫化生成的硫酸铅呈白色坚硬的颗粒状，其体积较铅大，所以使电池负极板的表面较粗糙，严重时极板表面呈现凹凸不平的现象。因为硫化主要发生在负极板上，所以在普通铅蓄电池中，可通过观察负极板的颜色来发现，即负极板呈灰白色，严重时表面有白色斑点。而阀控式密封铅蓄电池只有通过对电池进行解剖才能发现。

(2) 硫化的原因

引起阀控式密封铅蓄电池极板硫化的原因很多，但都直接或间接地与电池长期处于放电或欠充电状态有关。归纳起来有以下几种。

① 长期处于放电状态。这是直接导致电池硫化的原因。其他许多原因（如第⑧～⑪条）间接引起电池硫化，也是通过使电池放电，并使电池得不到及时充电而长期处于放电状态而引起的。

② 长期充电不足。未得到充电的那部分活性物质，因长期处于放电状态而硫化。如果浮充电压过低或温度下降时，没有提高阀控式密封铅蓄电池的浮充电压，即会造成电池长期处于充电不足状态，从而使电池产生硫化故障。

③ 经常过量放电或小电流深放电。这会使极板深处的活性物质转变成硫酸铅，它们必须经过过量充电才能得到恢复，否则因得不到及时恢复而发生硫化。

④ 放电后未及时充电。铅蓄电池要求在放电后 24h 内及时进行充电，否则会发生硫化而不能在规定时间内充足电。

⑤ 未及时进行均衡充电。铅蓄电池组在使用过程中，会出现不均衡现象，其原因是电池已出现了轻微的硫化，必须进行均衡充电以消除硫化，否则硫化会越来越严重。

⑥ 贮存期间未定期进行充电维护。铅蓄电池在贮存期间会因自放电而失去容量，要求要定期进行充电维护，否则会使电池长时间处于放电状态。

⑦ 电解液量减少。对于普通铅蓄电池来说是电解液液面降低，使极板上部暴露在空气中；对于阀控式密封铅蓄电池来说，是失水导致隔膜中电解液的饱和度降低，使极板不能有效地与电解液接触，活性物质因不能参与反应而发生硫化。

⑧ 内部短路。短路部分的活性物质因不能发生充电反应而长期处于放电状态。

⑨ 自放电严重。自放电会使恢复的铅或二氧化铅很快又变成放电态的硫酸铅，如果自放电严重，也就充不进电。

⑩ 电解液密度过高。密度过高使电池自放电速度加快，且容易在极板内层形成颗粒粗大的晶体。另外，密度过高还会造成放电时误以为电量充足而过量放电，而充电时误以为电池已到了充电终期而实际充电不足，最终引起硫化。

⑪ 温度过高。温度过高会使电池自放电的速度加快，且容易在极板内层形成颗粒粗大的晶体。

(3) 硫化的处理

① 过量充电法。当铅蓄电池的硫化程度轻微时，可用过量充电法。即用专门的充放电仪单独对硫化电池进行较长时间的过量充电。

② 反复充放电法。当铅蓄电池的硫化程度较严重，用过量充电法不能恢复时，可用反复充放电法。如果有阀控式密封铅蓄电池专用的修复落后电池的充放电仪，可直接用它作反复的充放电处理。实际上，硫化比较严重的阀控式密封铅蓄电池往往都伴随有失水现象，所以，如果容量恢复的效果不好，则可设法打开电池，补加适量的纯水，再处理硫化故障。如果没有专门的充放电仪，则可打开电池补加适量纯水后，用处理普通铅蓄电池硫化的方法进行处理。

③ 脉冲充电法。用脉冲充电法处理硫化是近年来兴起的容量恢复技术，这种方法必须用专门的脉冲充电仪器来进行。利用这种仪器进行修复的方法分为在线和离线两种。

a. 在线修复：把能产生脉冲源的保护器并联在电池的正负极柱上，接上电源就会有脉冲输出到电池。这种修复方式的特点是所需要的能源比较少，可以常年并联在电池两端，但修复速度比较慢。这种方法不仅可对硫化电池进行修复处理，而且对于正常电池可以起到抑制硫化的作用。b. 离线修复：修复仪可产生快速脉冲，脉冲电流相对比较大，产生脉冲的频率比较高，主要是用来修复已经硫化的电池。

6.2.2 失水

失水是指电池内的电解液由于氧复合效率低于100％和水的蒸发等因素导致水的逸出而引起电池内水量的减少，并进而造成电池放电性能大幅下降的现象。研究表明，当电池内水损失达到3.5mL/Ah时，电池的放电容量将低于额定容量的75％；当水损失达到25％时，电池就会失效。大部分阀控式密封铅蓄电池容量下降的原因都是由于电池失水造成的。一旦电池失水，就会引起电池正负极板跟隔膜脱离接触或供酸量不足，造成电池因活性物质无法参与电化学反应而放不出电来。

（1）失水的现象

阀控式密封铅蓄电池发生失水后，因为其密封和贫电解液结构，所以不能像普通铅蓄电池（容器是透明的）那样，能直接用肉眼观察到水的损失。

① 内阻的变化：当电池失水比较严重，造成电池容量损失达50％以上时，就会引起电池内阻的快速增加。

② 放电时的现象：放电时的现象与硫化现象基本相同，即电池的容量和端电压都出现下降。这是因为失水后使部分极板不能与电解液有效地接触，也就失去了部分容量，放电电压也因此而下降。

③ 充电时的现象：电池失水后因为失去了部分容量，使充电的第一阶段较快结束，即表现为电池充不进电。

由此可见，电池发生失水后表现出来的现象与硫化现象基本相同。事实上这两种故障之间有联系，即硫化会加快水的损失，失水必然伴随着硫化的发生。在通常情况下，只要平时按照有关规程进行维护，出现硫化故障的可能性很小，但长时间的正常运行会使水分逐渐减少，因此，一旦出现容量下降，并充不进电，则基本上可判断电池内部失水过多。

（2）失水的原因

① 气体复合不完全：在正常状态下，阀控式密封铅蓄电池的气体复合效率也不可能达到100％，通常只有97％～98％，即在正极产生的氧气大约有2％～3％不能被负极吸收，并从电池内部逸出。氧气是充电时分解水形成的，氧气的逸出就相当于水的逸出。2％～3％的氧气虽然不多，但长期积累就会引起电池严重失水。

② 正极板栅腐蚀：正极板栅腐蚀要消耗水。

③ 自放电：正极自放电析出的氧气可以在负极被吸收，但负极自放电析出的氢气却不能在正极被吸收，只能通过安全阀逸出而导致电池失水。当环境温度较高时，电池的自放电加速，因此而引起的失水会增多。

④ 安全阀开阀压力过低：电池安全阀的开阀压力设计不合理，当开阀压力过低时，将使安全阀频繁开启，加速水的损失速度。

⑤ 经常均衡充电：在均衡充电时，由于提高了充电电压，使析氧量增大，电池内部的压力也增大，一部分氧来不及复合就通过安全阀逸出电池。

⑥ 电池密封不严：相当于安全阀的开阀压力过低，引起失水的原因也与之相同。

⑦ 浮充电压控制不严：通信用阀控式密封铅蓄电池的工作方式是全浮充运行，其浮充电压有一定的范围要求，而且必须进行温度补偿，其值的选择对电池寿命影响极大。浮充电压过高或浮充电压没有随温度的上升而相应调低，就会使电池失水速度加快。

⑧ 环境温度过高：环境温度高的直接影响就是引起电池内水的蒸发，当水蒸气压力达到安全阀的开阀压力时，水就会通过安全阀逸出。所以阀控式密封铅蓄电池的环境温度要求很严，应控制在（20±5）℃。

（3）减少电池失水的措施

① 正确选择和及时调整浮充电压：浮充电压过高，则电池的电解水反应加剧，析气速度加快，其失水量必然增大；浮充电压过低，虽然可降低电池内的失水速度，但容易引起极板硫酸盐化。因此必须根据电源系统负荷电流大小、停电频次、电池温度和电池组新旧程度及时调整浮充电压。

② 保持合适的环境温度：尽可能使环境温度保持在（20±5）℃范围内，以保持电池内部温度不超过30℃，机房内的环境温度不得超过35℃。

③ 定期检测电池的内阻（或电导）：虽然用电导仪测量电池的电导可以判断电池的质量状态，但是当电池组的容量在额定容量的50%以上时，测得的电导值几乎没有变化，只是在容量低于额定容量的50%时，电池的电导值才会迅速下降。因此，当蓄电池组中各单体电池的容量均大于80%的额定容量时，就不能用电导（或内阻）来估算电池容量和预测电池的使用寿命。然而对同一电池而言，一旦发现内阻异常增大，则很可能是失水所致。

（4）失水的处理

失水的处理流程为：打开电池盖→补加纯水→处理硫化故障→将电池密封。

① 适当补加纯水。当阀控式密封铅蓄电池发生失水故障后，可设法补加纯水，具体方法如下。

a. 打开电池盖：因为阀控式密封铅蓄电池不是全密封的电池，都留有排气通道，所以电池盖与电池槽之间通常只是部分粘接在一起，即留有缝隙用于排气。只要找到粘接位置，用适当的工具即可打开电池盖。

b. 补加适量的纯水：给电池补加纯水时要注意适量，因为阀控式密封铅蓄电池是贫液式电池，加水过多会堵塞气体通道，影响氧气的复合效率。不过氧复合效率低会使过量的水被不断消耗，并最终使电池成为贫液状态。但是，如果加水量太多造成电解液成流动状态，则会使侧立安置的电池发生漏液现象。

② 处理硫化故障。由于失水电池都伴随有硫化故障，所以补加适量纯水后，必须按照处理硫化故障的方法消除硫化。使电池容量恢复后，用胶黏剂将电池密封好，密封时要注意在电池盖和电池槽之间留出一定的排气缝隙。

6.2.3　正极板栅腐蚀

正极板栅腐蚀是指正极板栅在电池过充电时，因发生阳极氧化反应而造成板栅变细甚至断裂，使活性物质与板栅的电接触变差，进而影响电池的充放电性能的现象。

（1）正极板栅腐蚀的原因

正极板栅腐蚀的原因主要是板栅上的铅在充电或过充电时发生了阳极氧化反应。有关的化学反应方程式为：

$$Pb + H_2O \longrightarrow PbO + 2H^+ + 2e^-$$
$$PbO + H_2O \longrightarrow PbO_2 + 2H^+ + 2e^-$$
$$Pb + 2H_2O \longrightarrow PbO_2 + 4H^+ + 4e^-$$

当板栅中含有锑时，会同时发生如下反应：

$$Sb + H_2O - 3e^- \longrightarrow SbO^+ + 2H^+$$
$$Sb + 2H_2O - 5e^- \longrightarrow SbO_2^+ + 4H^+$$

上述反应在浮充电压和温度过高时会加速发生，引起正极板栅的腐蚀速度加快，并因为腐蚀反应消耗水而引起电池失水。

（2）正极板栅腐蚀的现象

正极板栅腐蚀不太严重，还未影响到活性物质与板栅之间的电接触时，电池的各种特性如电压、容量和内阻均无明显异常。但当正极板栅腐蚀很严重使板栅发生部分断裂时，电池在放电时会出现电压下降、容量急剧降低以及内阻增大等现象。如果腐蚀还发生在极柱部位并使之断裂，则放电时正极极柱有发热现象。

（3）正极板栅腐蚀的预防

要减缓正极板栅腐蚀的速度，在使用时应做到以下几点：a. 不要经常过量充电；b. 不要在温度过高的环境中使用电池；c. 根据环境温度调整电池的浮充电压。值得注意的是，在温度过低的情况下，为了保证电池处于充电状态，要提高浮充电压到比较高的值，这同样有引起板栅腐蚀的危险，所以电池也不宜在温度过低的环境中使用。

6.2.4　内部短路

内部短路是指电池内部的微短路，即正负极之间局部发生短接的现象。

（1）内部短路的现象

铅蓄电池发生短路后，放电现象与硫化时的放电现象基本相同，充电时的现象则与硫化电池不同。充电时的现象为：电池的电压在恒流充电时和限流恒压充电的限流阶段明显低于正常值；电解液的温度较高（通常比硫化电池的温度高）且上升的速度快；电解液的密度上升很缓慢，甚至不上升（在富液式电池中）。因此根据充电时的现象可以区别电池到底是发生了短路故障还是硫化故障。

（2）内部短路的原因

引起电池短路的主要原因有：隔离物损坏或极板弯曲导致隔离物损坏，使正负极板相连而短路；活性物质脱落太多，底部沉积物堆积过高，使正负极板的下缘相连而短路；其他导电体掉入正负极板之间，使正负极板相连而短路。

（3）内部短路的排除方法

处理短路故障的方法针对具体原因而有所不同，具体的方法有：

① 隔离物损坏者，更换新的隔离物；

② 极板弯曲导致隔离物损坏者，可视弯曲的程度进行处理：极板弯曲轻者，更换新隔板，极板弯曲重者，更换极板或电池；

③ 活性物质脱落太多使底部沉积物堆积过高者，清除脱落的活性物质；

④ 其他导电体落入正负极板之间时，如果是透明的容器，可用塑料棍从注液孔插入正负极板之间，取出短路物体；如果是不透明的容器，可以先用10h率电流值放电到1.8V为止，再除去封口胶，将极板取出后再取出短路物体，必要时换上新隔板。

上述处理方法适合于启动用普通铅蓄电池，而现在启动用铅蓄电池大多采用阀控式密封铅蓄电池，这种电池的极板组无法取出，短路后无法修理，只能更换新的电池。值得注意的是，短路电池都伴随有硫化故障，排除短路故障后，必须进行硫化处理。

6.2.5　热失控

热失控是指恒压充电时，电池的浮充电流与温度发生一种积累性的相互增长作用，从而导致电池因温度过高而损坏的现象。

（1）热失控的现象

热失控发生时主要表现为电池温度过高，严重时会造成电池变形并有臭鸡蛋味的气体排出，甚至有爆炸的可能。

(2) 热失控的原因

热失控的原因主要有以下几个方面。

① 氧复合反应放热。正极产生的氧气在负极发生的氧复合反应是一个放热反应，该反应放出的热如果不能释放出去，就会使电池的温度升高。

② 电池结构不利于散热。阀控式密封铅蓄电池的结构特点是密封、贫电解液、紧装配和超细玻璃纤维隔膜（隔热材料），都不利于散热。即这种电池不像富液式电池那样，能通过排气、大量的电解液和极板间非紧密的排列来散发掉电池内产生的热量。

③ 环境温度高。环境温度越高越不利于电池散热，而且温度增加会使电池的浮充电流增大，而浮充电流与温度会发生相互增长的作用。所以充电设备应有温度补偿功能，即在温度升高时调低浮充电压。

④ 浮充电压过高。浮充电压设置过高，会使浮充电流增大，导致电池温度升高。

(3) 热失控的预防

① 充电设备增设温度补偿和限流功能；

② 严格控制安全阀质量和设计合理的开阀压力，以通过多余气体的排放来散热；

③ 合理安装电池，在电池之间留出适当空间；

④ 将电池放置于通风良好的房间内，并保持合适的室内温度。

6.2.6 早期容量损失

电池的早期容量损失是指因正极板栅中缺乏某些元素或使用方法不当引起电池容量在使用寿命早期就发生容量下降的现象。

(1) 早期容量损失的现象

① 负极正常但正极容量下降；

② 正极板栅或集液体无明显腐蚀；

③ 正极活性物质无软化和脱落；

④ 充电后正极 PbO_2 含量正常（$PbO_2 > 85\%$）；

⑤ 低倍率放电时仍能给出正常容量；

⑥ 容量衰减速度快（最高可达 5%/循环，慢者也远高于传统正常电池）；

⑦ 具有可逆性，即容量可设法恢复。

(2) 早期容量损失的原因

① 正极板栅中缺乏某些元素。为了减小阀控式密封铅蓄电池的自放电，必须采用无锑或低锑的合金（如铅钙合金）作正极板栅的材料，结果导致电池容易发生早期容量损失，专业研究人员普遍认为是合金中缺乏锑造成的。后来发现在合金中加锡，即使用铅钙锡合金，能减少电池的早期容量损失。所以正极板栅中缺乏某些元素（如 Sb 或 Sn）等会引起早期容量损失。

② 使用方法不当。以下不良的使用方法会引起电池的早期容量损失：a. 在循环使用过程中，起始充电电流密度过低；b. 浮充时充电电压不够高；c. 经常深度过放电；d. 充电量经常大于 120% 电池容量并连续地高速率放电。

(3) 早期容量损失的处理

产生早期容量损失的电池的容量是可以恢复的。具体方法为：首先将起始充电电流增加到 0.3～0.5C，然后采用小电流补足充电，最后将充满电的电池搁置在 40～60℃ 的环境条件下贮存，以小于 0.05C 的小电流放电到 0V。当电池电压达到标称电压一半以后的放电速度会很慢。这样反复几次，电池容量即可恢复。

6.2.7 负极板栅及汇流排腐蚀

一般情况下，电池的负极板栅及汇流排不存在腐蚀问题，但在阀控式密封蓄电池中，当发生氧复合循环时，电池上部空间充满了氧气，当隔膜中电解液沿极耳上爬至汇流排时，汇流排的合金会逐渐被氧化而形成硫酸铅。如果汇流排焊条合金选择不当或焊接质量不好，汇流排中会有杂质或缝隙，腐蚀会沿着这些缝隙加深，致使极耳与汇流排断开，使阀控式密封蓄电池因负极板腐蚀而失效。

6.2.8 引起失效模式的因素

由上可见，阀控式密封蓄电池的各种失效模式可能由多种因素引起，包括使用因素、结构因素以及其他失效模式的影响等。

（1）使用因素

各种不良的使用因素如浮充电压和电流偏高或偏低、环境温度过高或过低、电解液密度过高、过量充电、过量放电、充电维护方法不当等均会引起一种或多种失效模式。

浮充电压偏低、放电后未及时充电、长期充电不足、长期处于放电状态、电解液密度过高、温度过高、极板外露等均会引起硫化。

温度过高或浮充电压过高，会引起失水或热失控。因为温度过高导致水的蒸发，浮充电压过高即浮充电流过大将导致氧复合效率下降，进而引起电池失水；而温度和浮充电流的相互增长作用则会引起热失控。

温度过高和长期过量充电会导致正极板栅的腐蚀。

循环使用时起始充电电流密度过低、浮充电压偏低、深度过放电、充电量大于120%和连续地高速率放电等是引起早期容量损失的主要因素。

过量充电会导致蓄电池负极板铅枝晶的生成，铅枝晶会沿着隔膜中垂直于隔板的大孔生长，并最终引起电池的微短路。

（2）结构因素

阀控式密封铅蓄电池的结构特点如密封、贫电解液、紧装配、超细玻璃纤维隔膜和无锑合金板栅等都可能是引起某种失效模式的潜在因素。其中密封结构使电池不能通过加水来补充电池因水的蒸发和氧复合效率下降导致的失水；贫电解液结构使极板上的活性物质部分暴露在空气中，并且随着水的不断损失而暴露部分逐渐增多，这部分活性物质因得不到充电而发生硫化；密封、贫电解液、紧装配和超细玻璃纤维结构不利于散热，而氧复合循环反应是放热反应，当浮充电压过高时，易导致热失控的发生；超细玻璃纤维结构在提供氧气扩散通道的同时，也促使了铅枝晶沿着该通道生长，并最终导致电池的内部短路。

（3）其他失效模式的影响

阀控式密封铅蓄电池的各种失效模式之间有着十分密切的联系，只要出现了其中一种失效模式，就有可能出现另一种或几种失效模式，如图6-13所示。

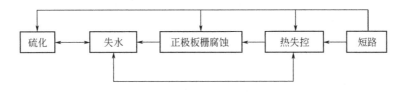

图6-13 各种失效模式之间的关系

6.3 铅蓄电池使用与维护

蓄电池是供电系统中不可缺少的设备，固定型阀控式密封铅蓄电池因具有不需加水，逸气和酸雾少等特点而被广泛使用。蓄电池是有一定使用寿命的，如果不了解其电特性，不注意日常维护，就会引起电池的容量损失而提前失效。一旦蓄电池容量下降而达不到预定的放电时间，就不能保证通信设备的正常工作，甚至造成重大的责任事故，因此我们必须了解蓄电池的主要技术指标与性能，并能对其进行正确的使用和维护。

6.3.1 电池的安装

新电池的安装质量会直接影响阀控式密封铅蓄电池日后的运行和维护工作，对蓄电池的性能和使用寿命都起着十分重要的作用，正确的安装涉及以下几个方面。

① 电池的选择：应选择同一厂家同型号、同批次的电池，以保证各电池间各种性能的一致性；尽量选择单体电池，以方便在使用维护过程中能监测到每只电池的有关数据；禁止将不同厂家、不同型号、不同种类、不同容量、不同性能以及新旧程度不同的蓄电池串、并联使用，因为性能不一致的电池不便于维护，而且性能差的电池会影响其他电池的寿命。

② 连接方式：最好只对电池进行串联，即选择合适容量的电池，通过串联组成自己所需要电压等级的电池组。只有超过 $1000A\cdot h$ 的大容量电池才允许采用并联方式。

③ 安装位置：蓄电池应放置在通风、干燥、远离热源处和不易产生火花的地方，电池排列不可过于紧密，单体电池之间应至少保持 10mm 间距。

④ 环境温度：阀控式密封铅蓄电池应在适宜的环境温度下工作，其允许的工作温度范围是 $10\sim30℃$。在条件允许的情况下，蓄电池室应安装空调设备并将温度控制在 $22\sim25℃$ 之间。这不仅可延长蓄电池的使用寿命，而且可使蓄电池有最佳的容量。

⑤ 电池的放置方向：为了使阀控式密封铅蓄电池的电解液上下均匀地吸附在隔膜中，在安装时应根据极板的不同几何形状，采用不同的放置方向，长极板（高型）的蓄电池宜采用卧式放置，短极板（矮型）的蓄电池宜采用立式放置。

⑥ 极柱的连接：阀控式密封铅蓄电池的极柱之间是用连接条相互连接在一起的，在紧固极柱时，所用的力量既不能太大也不能太小。力量太大会使极柱内的铜套溢扣，力量太小又会造成连接条与极柱接触不良，因此安装中最好采用厂家提供的专用扳手，或者使用套筒扳手紧固到厂家提供的数据。

⑦ 安全事项：由于电池串联后电压较高，故在装卸导电汇流排时，应使用绝缘工具，戴好绝缘手套，以防因短路导致设备损坏和人身伤害。

⑧ 补充电与容量测试：安装完毕的蓄电池在启用前是否补充电依贮存期限而定。通常出厂时间不长，可随时安装使用；若贮存时间超过 6 个月，则应先补充电再使用；若贮存时间超过一年，则需经补充电，作容量测试并达到要求后再投入使用。

在补充电和容量测试过程中，应认真记录单体电池的电压、内阻和放电容量等数据，作为原始资料妥善保存。在之后的运行中，每半年需将运行的数据与原始数据进行比较，如发现异常情况应及时进行处理。

6.3.2 日常维护

传统的防酸隔爆铅酸蓄电池是 20 世纪 60 年代末就开始使用的，人们对它的维护已积累了十分丰富的经验，而阀控式密封铅蓄电池是 20 世纪 90 年代初才开始逐渐取代防酸隔爆式铅蓄电池进入通信电源领域，对它的维护经验较少，特别是厂家对这种电池的优点夸大宣传，让使用者忽略了对电池的日常维护，使电池寿命受到了严重影响。实际上，阀控式密封铅蓄电池的一些优点也是以牺牲电池的寿命为代价的，为此对它的维护要求更高。

为了更清楚地了解阀控式密封铅蓄电池（GMF）的维护工作的重要性，现将它与防酸隔爆式铅蓄电池（GF）的特点比较于表 6-4 中。

表 6-4 GF 和 GMF 电池的特点比较

电池种类	防酸隔爆式铅蓄电池	阀控式密封铅蓄电池
结构特点	富液式（$d_{15}=1.20\sim1.22kg/L$） 排气式（防酸隔爆帽）	贫液式（$d_{15}=1.28\sim1.31kg/L$） 密封式（安全阀）
散热性能	好	差
环境温度	范围宽，不需空调	需空调控制在 20～25℃
$U_浮$ 的温度补偿	不需要	需要
纯水的补充	需要经常补加纯水	不需补加纯水
电池内部情况	可观察到	不能观察
电池室	需要（酸雾逸出对环境与设备有腐蚀）	不需要（无酸雾逸出）
自放电	严重	小
比能量	较小	较大
失效模式	少	多
使用寿命	长（15～20 年）	短（几年）
维护工作	简单、繁重	智能化、少

由表 6-4 可见，阀控式密封铅蓄电池的优点主要表现在：①对环境和设备几乎无污染和腐蚀；②不需补加纯水，维护工作量少；③可以不单设蓄电池室，电池可多层放置，占地面积少；④电池的比能量高；⑤自放电小等。这些优点正好能满足通信设备对分散式供电的要求，也是阀控式密封铅蓄电池得到广泛应用的主要原因。

但是，阀控式密封铅蓄电池的缺点与它的优点一样十分突出，如：①不能观察到电池内部的情况；②不能补加纯水；③散热性能差；④失效模式多；⑤使用寿命短等。这些缺点主要是由阀控式密封铅蓄电池的结构特点决定的，使得它对温度特别敏感，所以对它的维护要求更高，即要求智能化的管理和维护。

由以上讨论可见，为了保持阀控式密封铅蓄电池的性能和延长其使用寿命，必须做好以下几个方面的日常维护工作。

（1）保持清洁卫生

每周定期擦拭蓄电池和机架上的灰尘，保持蓄电池的清洁。灰尘积累太多，会使蓄电池组连接点接触不良，改变蓄电池充放电时的电压值，容易引起故障。擦拭蓄电池时切记要用干布或毛刷，最好使用吸尘器。

（2）每天巡视一次

每天要定时察看蓄电池，一要闻空气中是否有微酸气味，如果有微酸气味，则有可能是浮充电压设置过高，导致蓄电池排出酸雾，此时要及时调整电压和进行通风处理；二要看蓄电池的外形有无变形、温度是否正常、蓄电池的端子和安全阀有无渗液、安全阀能否正常开启等，如果有异常则要及时更换蓄电池。

如果有空调设备，应检查空调的温度控制情况，保证温度控制在 25℃ 左右为宜；如果没有空调设备，则应根据室内温度及时调整浮充电压。

（3）每周测试电压值

25℃时蓄电池的浮充电压值应设置为（2.25±0.02）V/只。如果浮充电压值选择过低，则个别电池会由于长期充电不足造成硫化而失效；如果浮充电压值选择过高，则电池的氧复合效率低，气体逸出量增加，电池容易失水。

蓄电池的均充电压值应设置为 2.35V/只，不应超过 2.40V/只，充电电压过高将引起充电电流过大，产生的热量会使电解液温度升高，温度升高又会导致充电电流增大，如此循环会使蓄电池发生热失控而变形、开裂。

（4）每月测量单体蓄电池的电压值

蓄电池串联使用易出现电压不均衡现象，电压低者易成为落后电池。如果落后电池得不到及时充电，则在以后的充放电或者浮充过程中，其落后程度会越来越深，最终导致落后电池失效。所以每月应测量每个单体电池的电压值，对低于 2.20V 的电池要进行均衡充电，使其恢复到完全充电状态，以免个别落后电池失效。

（5）定期进行均衡充电

每季度对全组电池进行一次均衡充电，充电方法如前所述。

（6）每半年测量内阻和开路电压

电池的内阻在电池的剩余容量大于 50% 时，几乎没有什么变化，但在剩余容量小于 50% 后，其内阻呈线性上升。当电池的内阻出现明显上升时，即表明电池的容量已显著下降。所以，可通过测量电池的内阻发现落后或失效电池。

在有条件（不会对通信造成中断）的情况下，可让蓄电池脱离充电设备，静置 2h 后测量其内阻和开路电压。内阻大和开路电压低的蓄电池，应及时对其进行容量恢复处理，若不能恢复（容量达不到额定容量的 80% 以上），则应对其进行更换。

（7）注意放电深度

阀控式密封铅蓄电池的寿命与放电深度有关，当蓄电池单独给负载供电时，尽量不要放电过，否则在浮充时要提高充电电压来补足放掉的容量，而这意味着电池可能在此过程中会损失一些水分，时间一长就会使其失水而失效。所以，当市电停电或整流设备故障时，应及时启动油机发电机组对负载进行供电，以减少蓄电池的放电时间。

如果蓄电池必须长时间放电，则应严格控制放电终止电压，防止电池过放电。因为在通信领域中，蓄电池的放电速率大都在 $0.02\sim0.05C_{10}$ 范围内，所以应将放电的终止电压设置在 1.90V/只左右。如果过放电，就必须过量充电，这会加速水的损失，而不过量充电又会使电池充电不足。因此要严防过放电。

（8）检查连接部位

每半年应检查一次连接导线和螺栓是否松动或腐蚀污染，松动的螺栓必须及时拧紧（螺栓与螺母的扭矩约为 11N·m），腐蚀污染的接头应及时清洁处理。电池组在充放电过程中，若连接条发热或压降大于 10mV 以上，应及时用砂纸对连接条接触部位进行打磨处理。

（9）放电测试

每年进行一次核对性放电试验（实际负荷），放电容量为额定容量的 30%～40%，记录各单体电池的电压，检查是否存在落后电池；每三年进行一次容量试验（六年后每年一次），放电容量为额定容量的 80%。

（10）搁置蓄电池的维护

搁置不用的蓄电池应在干燥、通风的地方贮存，贮存温度不宜太高，最好在室温（25℃）以下，否则电池自放电严重，易使电池发生失水和硫化。搁置的蓄电池应定期进行充电维护，否则会因长期闲置而发生硫化，引起蓄电池过早失效。通常每半年充电一次，充电方法为限流恒压法，电压为 2.35V/只（25℃），若温度过高或过低，则应对电压进行温度补偿。

6.3.3 剩余容量的测量

通信用阀控式密封铅蓄电池通常以浮充运行方式运行，平时靠浮充电压来保持其充电状态，但长时间的浮充状态不利于对电池性能的了解。在蓄电池的日常维护与保养工作中，为了估算电池在市电停电期间能持续放电的时间，或了解电池在长期浮充运行后的性能，需要对电池的容量进行测试。

（1）核对性放电和容量测试

如前所述，在阀控式密封铅蓄电池的维护工作中，要定期对其做两种放电测试，一是核对性放电试验，每年一次，放电量为 $30\%\sim40\%C_{10}$；二是容量测试，每三年一次（六年后每年一次），放电量为 $80\%C_{10}$。

核对性放电和容量测试的意义在于：a. 可对蓄电池的容量进行检测，评估蓄电池的容量，即可用电池的剩余容量作为铅蓄电池使用寿命是否终结的判据；b. 可以消除电池的硫化。若经过 3 次测试，蓄电池组的容量均达不到额定容量的 80% 以上，可认为此组蓄电池的寿命已终止，应予以更换。

容量测试分为离线测试和在线测试两种，前者为蓄电池脱离实际通信负载进行的容量测试，后者为蓄电池在实际运行中进行的容量测试。

阀控式密封铅蓄电池放电前应做好以下几个方面的准备工作：a. 检查电池组的各连接点是否拧紧；b. 准备好原始记录和前一次放电记录，以备用作与本次放电记录作比较；c. 对将做放电测试的电池组充足电，以便能测试出真实容量；d. 对另一组电池也充足电，使供电系统在放电测试期间能保证供电不间断。

① 离线测试。当负载较小时，必须用假负载作离线放电测试，假负载为可变电阻器。测试步骤为：

a. 将电池组脱离供电系统，并将假负载并联到蓄电池组的两端；

b. 用 10h 率电流对负载放电，定时测量每个电池的电压；

c. 核对性放电的放电量控制在 $30\%\sim40\%C_{10}$，容量测试的放电量控制在 $80\%C_{10}$；

d. 由于电池组中可能存在落后电池，所以在放电过程中要认真监测电池的电压，特别要注意电压下降过快的电池，当电池组中有一只电池的电压降到终止电压 1.8V/只时，应立即停止放电，并找出落后电池；

e. 根据放电电流和放电时间计算出电池组的容量，并换算成 25℃ 时的容量；

f. 放电后应及时对电池组进行充电，并对落后电池进行处理，不能恢复者做更换处理。

离线测试具有如下特点：

a. 电池组需脱离系统，如果通信局（站）只有一组蓄电池，当市电突然停电，则可能会造成系统瘫痪；容易因工作失误造成过度放电；

b. 工作量过大，难以全面进行测试；

c. 需用离线整流器均充二十几小时，易造成某几个电池过充；

d. 需消耗大量电能，并产生大量热量。

② 在线测试。当负载较大时，阀控式密封铅蓄电池可以采用在线测试法进行放电测试。在线测试不必将蓄电池组脱离系统，只需将整流设备（高频开关电源）关闭，让蓄电池组直接对系统放电即可。其余步骤与离线测试基本相同，只是放电电流不一定是 10h 率的电流，而是由负载大小来决定的。放电终止电压的大小应根据负载电流的范围来确定，同样当蓄电

池组中有一只电池的电压降到终止电压时，就应停止放电。

与离线测试相比，在线测试具有劳动强度较小、操作简单、节省电能等优点。但同样存在如下问题：

a. 需人工进行电压的测量，两次测量的间隔期存在某些单体电池过度放电的可能性（可装上监控系统解决这个问题）；

b. 如果在放电期间发生停电，则有可能使系统瘫痪，所以为了系统的安全，经常只放电20%左右，而失效电池在放电深度20%的情况下不一定能检测出来；

c. 由于放电电流不能恒定，测得的容量不够准确。

（2）在线测试落后电池

定期的核对性放电或容量测试都存在对系统的安全威胁，所以能在日常的维护中及时发现落后电池，并消除其硫化和失水故障，就能提高整组电池的性能，从而提高电源系统对通信设备的安全保障能力。

在线测试落后电池是一种新的蓄电池维护技术，即用专用的设备对电池组的在线放电情况进行监测，找出落后电池，然后用单体电池容量测试设备对落后电池进行容量的检测和恢复处理。具体步骤如下：

① 关断整流设备（开关电源）→利用电池监测设备对蓄电池组进行5～10min的在线放电监测→找出落后电池；

② 开启开关电源→用单体电池容量测试设备（可充电和放电的设备）对落后电池做在线容量试验（先用10h率电流放电至1.8V，再用20h率电流充电），整个过程自动完成→实验结束时，落后电池恢复原有状态；

③ 若落后电池容量仍然偏低，可利用单体电池容量测试设备对其进行在线小电流的反复充放电，恢复其容量；

④ 当某一电池要报废时，可利用单体电池容量测试设备对单一落后电池进行在线容量试验，所得结果作为报废依据，不需对整组蓄电池放电，从而减少工作量。

在线测试落后电池具有如下优点：

① 电池组不需脱离系统，操作安全可靠，降低系统瘫痪的风险；

② 不需要使用庞大的试验设备，人工调整假负载电流以及测试记录各项数据资料；

③ 只对落后电池作深放电，不需对整组电池深放电（其放出的电能小，大约为整组充放电的1/24），以免降低其使用寿命；

④ 在集中监控与维护时更显优越性，并可提高维护工作效率，节省电能。

6.4 蓄电池充电电路

为了使UPS在市电中断时真正起到保障作用，一方面要求UPS具有良好的切换功能和切换时间，同时还必须让UPS所配置的蓄电池具有良好的荷电状态，否则很难达到预期效果。因此，在UPS蓄电池每次放电后以及日常使用过程中，必须注意使UPS中的蓄电池具有良好的荷电状态，这就要求UPS设计者和使用人员考虑蓄电池的充电问题。蓄电池常用的充电电路有恒压充电和先恒流后恒压充电两种。

6.4.1 恒压式充电电路

为了简化电路、降低成本，后备式UPS常采用由降压变压器、整流桥模块、集成稳压芯片、电阻、电位器及电容器等组成的恒压式充电电路。其电路如图6-14所示。

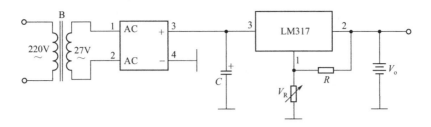

图 6-14 恒压式充电电路

市电通过变压器 B 后变为 27V 交流电压，该电压通过整流模块变成脉动直流电压后，又通过滤波电容器 C 变成 33V 的平滑直流电压。此直流电压通过集成稳压芯片变成稳定可调的直流电压。集成芯片输出电压 V_o 为：

$$V_o = 1.25(V_R/R + 1)$$

当 $V_R = R$ 时 $V_o = 2.5V$

当 $V_R = 21R$ 时 $V_o = 27.5V$

若后备式 UPS 采用 12V、6Ah 密封蓄电池两块，该蓄电池放电终了电压为 21V，充电终了电压为 27.5V。充电电压选择过高，充电初期的充电电流过大，易损坏蓄电池；充电电压选择过低，充电后期充电电流过小，会造成充电不足，故选择充电终了电压为 26～27V。此时，充电初期的充电电流不应超过 0.2C，充电后期充电电流接近 0.05C。

6.4.2 先恒流后恒压式充电电路

先恒流后恒压式的充电又称为分级式充电。这种电路的形式很多，本节选择其中一种电路讨论。该电路组成框图如图 6-15 所示。

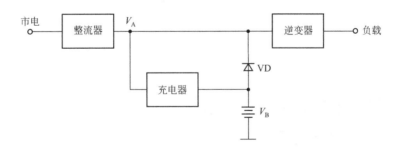

图 6-15 分级充电电路框图

图中整流器作为逆变器、充电器的共用直流电源。整流器既向逆变器提供稳定电压、平滑电流，又通过充电器为蓄电池提供变化的电流、电压。当市电正常供电时，蓄电池两端电压 V_B 小于整流器输出端电压 V_A，隔离二极管 VD 截止。当市电中断供电时，整流器输出端电压 V_A 为零，隔离二极管 VD 导通，蓄电池为逆变器提供工作电压。

该分级式充电电路如图 6-16 所示。主要由主回路、脉宽调制器、电流调制电路、电压调制电路及保护电路等组成。

（1）主回路

在图 6-16 中，充电主回路由整流桥 $VD_1 \sim VD_6$，隔离二极管 VD_7、VD_8，开关管 VT_1，电流取样电阻 R_1，电流传感器 CS，电感 L，续流二极管 VD_9、VD_{10} 组成。其简化电路如图 6-17(a) 所示。图中 V_d 表示三相整流桥的输出电压，E 表示蓄电池两端电压，VD 表示续流二极管，VT 表示开关管。开关管栅极所加信号如图 6-17(b) 所示。

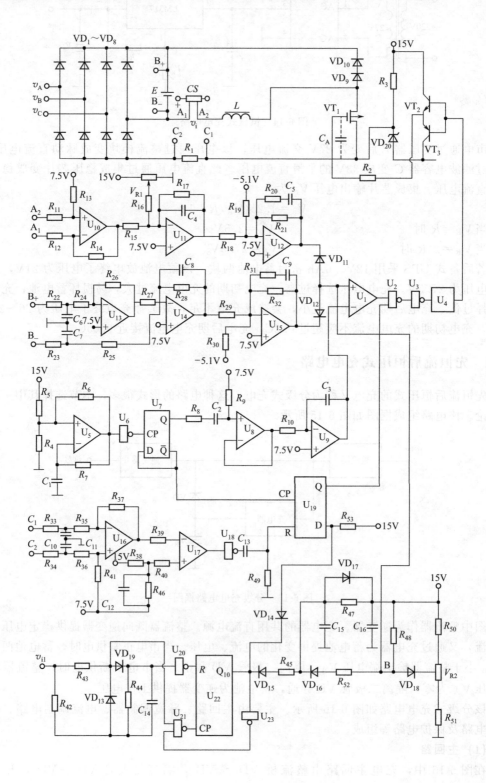

图 6-16 分级式充电电路

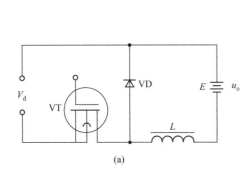
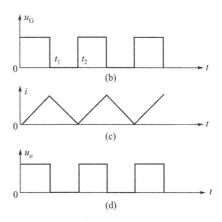

图 6-17　充电主电路及其波形

其工作过程如下：在 $t_0 \sim t_1$ 期间，开关管 VT 的栅极加上脉冲，VT 饱和导通，$V_T \approx 0$，限流电感 L 两端电压为：

$$V_L = V_d - E$$

$$L \frac{di}{dt} = V_d - E$$

$$i = (V_d - E)Lt$$

i 随时间呈线性增长，其波形如图 6-17(c) 所示。它向蓄电池充电，将电能转化为化学能储存起来；同时，将电能转化为磁能储存在限流电感中。

在 $t_1 \sim t_2$ 期间，VT 的栅极未加脉冲，VT 截止，通过限流电感的电流呈线性下降趋势，它两端产生反电势 e_L，其极性为左"＋"右"－"。由于 $e_L > E$，续流二极管 VD 导通，$V_D \approx 0$，限流电感中磁能转化为电能向蓄电池充电。

以后便以 T_1 为周期重复上述过程，输出波形如图 6-17(d) 所示。

由上述可见，主回路的功能是将稳定的直流电压 V_d 变换为脉冲电压，将平滑的电流变换为变化的电流。通过蓄电池的电流平均值不能超过蓄电池额定容量的 1/10。

主回路输出电压平均值 V_0 为：

$$V_0 = \frac{1}{T_1} \int_0^{t_{on}} V_d \, dt = \frac{t_{on}}{T_1} V_d = \delta V_d$$

由上式可看出，改变占空比 δ，便可以改变输出电压，也就改变了充电电流。

（2）脉宽调制器

在图 6-16 中，脉宽调制器是由比较器 U_1 组成。它的同相端接调制信号 u_G，反相端接三角波信号 $u_\triangle$，其简化电路如图 6-18(a) 所示。

$u_\triangle$ 是单极性三角波，u_G 是直流信号。其工作过程为：当 $u_G > u_\triangle$ 时，比较器输出端为高电位；当 $u_G < u_\triangle$ 时，比较器输出端为低电位。比较器输出信号 V_0 波形如图 6-18(c) 所示。由图可以看出：u_G 增大，脉冲变宽；u_G 减小，脉冲变窄。

（3）三角波发生器

在图 6-16 中，三角波发生器是由方波发生器、分频器、跟随器及积分器构成。其功能是产生频率为 20kHz 的三角波，工作过程如下。

设比较器 U_5，同相端为 $V_{TH(+)}$，输出端为高电位，该电位通过 R_7 向 C_1 充电，V_{C1} 逐渐上升。当 $V_{C1} > V_{TH+}$ 时，比较器输出端由高电位变成低电位，同相端由 $V_{TH(+)}$ 跳到 $V_{TH(-)}$。于是 C_1 通过 R_7 放电，V_{C1} 逐渐下降。当 $V_{C1} < V_{TH(-)}$ 时，电路又发生跳变。如

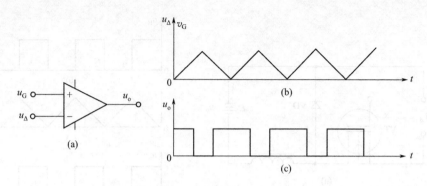

图 6-18　脉宽调制波形

此循环反复，便在比较器输出端获得方波，其波形如图 6-19(a) 所示。方波的频率为：

$$f = \frac{1}{2R_7 C_1 \ln 2}$$

因为　　　　　　　　　　　　$R_7 = 9k\Omega,\ C_1 = 0.002\mu F$

所以　　　　　$f = \frac{1}{2 \times 9 \times 10^3 \times 0.002 \times 10^{-6} \times \ln 2} = 40kHz$

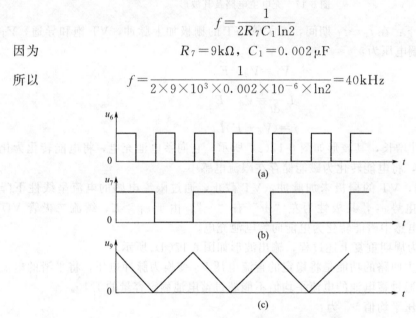

图 6-19　三角波形成电路波形图

　　方波通过非门 U_6 加在分频器输入端，分频器是由 D 触发器 U_7 构成。D 触发的 D 端与 $\overline{Q}$ 连在一起构成二分频器；CP 端接非门 U_6 的输出端；输出端 Q 通过 R_8、C_2 接跟随器 U_8 的同相端。U_7 的功能是将 40kHz 的方波变成 20kHz 的方波。

　　图中 R_8、C_2、R_9 的作用是将频率为 20kHz 方波中的直流成分隔离，使单极性方波变成双极性方波。U_8 采用单电源，7.5V 电源作为偏置电压通过 R_9 加在 U_8 的同相端。

　　跟随器由运放 U_8 组成，其任务是将分频器与积分器分离。

　　积分器由 R_{10}、C_3、U_9 构成。当 20kHz 方波为正最大值时，它便通过 R_{10} 向 C_3 充电，V_{C3} 按线性规律上升，U_9 输出端电位按线性规律下降；当 20kHz 方波为最小值时，C_3 通过 R_{10} 放电，V_{C3} 按线性规律下降，U_9 输出端电位按线性规律上升。其波形如图 6-19(c) 所示。由图可知，从 U_9 输出端获得三角波。

(4) 闭环电流调节系统

　　分级充电的前期采用恒流充电，故需设置闭环电流调节系统。在图 6-16 中，闭环电流调节系统是由主回路、电流检测电路、电流误差放大电路、脉宽调制器及驱动电路组成。

① 电流检测电路。电流检测电路由运放 U_{10} 和 U_{11}、电阻 $R_{11} \sim R_{17}$、电位器 V_{R1} 及电容器 C_4 组成，U_{10} 及 $R_{11} \sim R_{14}$ 构成差动放大器。v_i 是充电电流 I_0 经过电流传感器 CS 后的对应电压，即 $v_i = KI_0$。U_{10} 采用单电源，7.5V 电源作为偏置电压通过 R_{13} 加在 U_{10} 的同相端。由于 $R_{11} = R_{12} = R_{13} = R_{14}$，故差动放大器的输出电压 v_{10} 为：

$$v_{10} = -v_i$$

由上述可见，差动放大器仅起隔离作用。图中，由 U_{11}、$R_{15} \sim R_{17}$、V_{R1}、C_4 构成反相放大器，7.5V 是 U_{11} 的偏置电压；从 V_{R1} 中取出的电压用于抑制 U_{11} 的失调；C_4 可抑制 U_{11} 的高频振荡。反相放大器的输出电压为：

$$v_{11} = -\frac{R_{17}}{R_{15}} v_{10} = \frac{R_{17}}{R_{15}} KI_0$$

由上式可见，电流检测信号 v_{11} 与充电电流成正比。

② 电流误差放大电路。电流误差放大电路是由 U_{12}、$R_{18} \sim R_{21}$、C_5 以及给定电压 $-5.1V$ 组成，7.5V 是 U_{15} 的偏置电压。其输出电压 v_{12} 为：

$$v_{12} = -R_{21} \left(\frac{v_{11}}{R_{18}} - \frac{5.1V}{R_{19}} \right)$$

设 $R_{18} = R_{19}$，则：

$$v_{12} = \frac{R_{21}}{R_{18}} (5.1 - v_{11})$$

令 $K_1 = R_{21}/R_{18}$，则：

$$v_{12} = K_1 (5.1 - v_{11})$$

由上式可见，v_{12} 随 v_{11} 增大而下降。

③ 驱动电路。在图 6-16 中，驱动电路是由两个晶体管 VT_2、VT_3 组成，其工作过程如下。

光电耦合器 U_4 输出端为 "1"，晶体管 VT_2 导通，VT_3 截止。15V 电源通过晶体管 VT_2 向开关管 VT_1 的输入电容 $C_入$ 充电。当 $V_{C入} > V_{th}$ 时，开关管 VT_1 由截止转为导通，并随 $V_{C入}$ 上升，VT_1 由放大区进入饱和区。光电耦合器 U_4 输出端为 "0"，晶体管 VT_3 导通，VT_2 截止，输入电容 $C_入$ 通过 R_2、VT_3、稳压管 VD_{20} 放电、反充电。当 $V_{C入} < V_{th}$ 时，开关管 VT_1 由导通转为截止。

驱动电路的功能是放大脉冲的功率。

④ 调节过程。由于某种原因使充电电流增大→电流传感器 CS 输出电压 v_i 增大→电流检测信号 v_{11} 随之增大→电流误差放大信号 v_{12} 随之减小→脉宽调制器输出脉冲变窄→开关管 VT_1 导通时间缩短→充电电流减小。于是维持充电电流不变，以恒定电流向蓄电池充电。为了防止闭环电流调节系统产生寄生振荡，特在电流误差放大电路中设置 PI 校正环节 R_{20}、C_5。

(5) 闭环电压调节系统

分级充电的后期采用恒压充电，故需要设置闭环电压调节系统。它与闭环电流调节系统共用主回路、脉宽调制器及驱动电路；它与闭环电流调节系统的不同之处在于采用了电压检测电路、电压误差放大电路。

① 电压检测电路。在图 6-16 中，电压检测电路是由 $U_{13} \sim U_{14}$、$R_{22} \sim R_{28}$、$C_6 \sim C_8$ 构成的两级反相放大器。蓄电池两端电压 E 经过 R_{22}、R_{23} 加在 C_6、C_7 两端，变成 v_{C6}、v_{C7}。v_{C6} 通过 R_{24} 加在 U_{13} 的反相端；v_{c7} 通过 R_{25} 加在 U_{14} 的反相端。U_{13} 的输出电压为：

$$v_{13} = -(R_{26}/R_{24}) v_{c6}$$

v_{14} 输出电压为：

$$v_{14} = -R_{28} (v_{13}/R_{27} - v_{c7}/R_{25})$$

其中，$R_{26} = R_{27} = R_{28} = 30k\Omega$；$R_{25} = R_{24} = 100k\Omega$

所以
$$v_{14}=\frac{30\mathrm{k}}{100\mathrm{k}}(v_{C6}+v_{C7})$$

电容器两端电压与蓄电池两端电压 E 的关系是：
$$v_{C6}+v_{C7}=CE$$

式中，C 为比例常数。

故
$$v_{14}=\frac{30}{100}CE$$

由上式可见，电压检测信号 v_{14} 与蓄电池两端电压 E 成正比。

② 电压误差放大电路。在图 6-16 中，电压衰减放大电路由 U_{15}、$R_{29}\sim R_{32}$、C_9 以及给定电压 $-5.1\mathrm{V}$ 组成。其输出电压为：
$$v_{15}=-R_{32}\left(\frac{v_{14}}{R_{29}}-\frac{5.1\mathrm{V}}{R_{30}}\right)$$

设 $R_{29}=R_{30}$，令 $K_v=\dfrac{R_{32}}{R_{29}}$，则 $v_{15}=K_v(5.1-v_{14})$

由上式可见，v_{15} 随 v_{14} 增大而减小。

③ 调整过程。由于某种原因使充电主回路输出电压升高→蓄电池两端电压随之升高→检测电压 v_{14} 随之升高→电压误差放大器输出信号 v_{15} 减小→脉宽调制器输出脉冲变窄→充电主回路输出电压 v_0 降低，于是充电电路以恒定电压向蓄电池充电。

（6）隔离二极管的作用

电流误差放大信号 v_{12} 通过隔离二极管 VD_{11} 加在脉宽调制器输入端，电压误差放大信号 v_{15} 通过隔离二极管 VD_{12} 加在脉宽调制器输入端。充电的初期，蓄电池两端电压低，电压检测信号 v_{14} 也低，电压误差放大信号 v_{15} 比较高，此时，v_{15} 大于电流误差放大信号 v_{12}。隔离二极管 VD_{11} 导通，隔离二极管 VD_{12} 截止。电流误差放大信号通过隔离二极管 VD_{11} 加到脉宽调制器输入端，脉宽调制器输出脉冲宽度受电流信号控制。充电的后期，蓄电池两端电压高，电压检测信号 v_{14} 也高，电压误差放大信号 v_{15} 比较低，此时，v_{15} 小于电流误差放大信号 v_{12}。VD_{12} 导通，VD_{11} 截止。电压误差放大信号通过 VD_{12} 加到脉宽调制器输入端，脉宽调制器输出脉冲宽度受电压信号控制。

（7）过电流保护

过电流保护电路的功能是防止充电期间，过大的充电电流损坏蓄电池。在图 6-16 中，过电流保护电路是由差动放大器、比较器及控制门组成。

① 差动放大器。差动放大器由 U_{16}、$R_{34}\sim R_{35}$、$C_{10}\sim C_{11}$ 组成。充电电流流过电阻 R_1（0.5Ω）时，在 R_1 两端产生对应电压 v_{i0}，该电压通过 $R_{33}\sim R_{34}$ 加在 C_{10}、C_{11} 两端，变成 v_{10}、v_{11}。v_{10} 通过 R_{35} 加在 U_{16} 的反相端，v_{11} 通过 R_{36} 加在 U_{16} 的同相端，$7.5\mathrm{V}$ 是 U_{16} 的偏置电压。由于 $R_{35}=R_{36}=R_{37}=R_{41}$，故 U_{16} 的输出端电压为：
$$v_{16}=v_{C10}+v_{C11}$$

因为 $v_{C10}+v_{C11}=kv_{i0}$；$v_{i0}=IR_1$；所以 $v_{16}=kR_1I$；令 $kR_1=C$；则 $v_{16}=CI$；由此可见，过电流检测信号与充电电流成正比。

② 比较器。比较器由 U_{17}、$R_{38}\sim R_{40}$、R_{46}、C_{12} 组成。v_{16} 通过 R_{39} 加在比较器反相端；$15\mathrm{V}$ 电源、$7.5\mathrm{V}$ 电源通过 R_{38}、R_{46} 分压后，得到比较电压 V_K。V_K 通过 R_{40} 加在比较器 U_{17} 同相端。

当充电电流过大时，$V_{16}>V_K$，比较器输出端为"0"，非门 U_{18} 输出端为"1"，它通过 C_{13} 和 R_{49} 变成微分波加在 D 触发器 U_{19} 的 R 端，D 触发器输出端 Q 为"0"，封锁与非门

U_2，脉宽调制器输出脉冲无法通过 U_2 加在驱动电路输入端，开关管 T_1 截止，充电停止。

当充电电流正常时，$V_{16} < V_K$，比较器输出端为"1"，非门 U_{18} 输出端为"0"，D 触发器在频率为 20kHz 时钟脉冲作用下，其输出端 Q 为"1"，与非门 U_2 打开，脉宽调制器输出脉冲通过 U_1、驱动电路加在开关管 VT_1 的栅极，VT_1 正常工作，充电电路正常工作。

（8）软启动

在图 6-16 中，软启动电路由计数器 U_{22}、与非门 U_{21}、非门 U_{20} 和 U_{23}、电阻 $R_{42} \sim R_{45}$ 和 $R_{50} \sim R_{52}$、电位器 V_{R2}、二极管 $VD_{14} \sim VD_{19}$、稳压管 VD_{13} 组成。

图中，v_{i1} 是频率为 100Hz 的全波整流电压。v_{i1} 经过电阻 R_{43}、稳压管 VD_{13}，在 VD_{13} 获得梯形波电压，该电压经过与非门 U_{21} 加在 U_{22} 的 CP 端。V_{D13} 经过二极管 VD_{19}、电容器 C_{14}、电阻 R_{44} 变成直流电压，该电压通过非门 U_{20} 加在 U_{22} 的 R 端。U_{22} 的输出端 Q_{10} 一方面通过非门 U_{23} 加在与非门 U_{21} 输入端；另一方面通过二极管 VD_{14} 与 D 触发器的 D 端相连。

计数器 U_{22} 的输出端 Q_{10} 为"0"时，非门 U_{23} 输出端为"1"。该电位加在与非门 U_{21} 输入端。稳压管 VD_{13} 两端上升沿及下降沿到来时，与非门 U_{21} 输出端为"1"；VD_{13} 两端电压为其工作电压 V_Z 时，与非门 U_{21} 输出端为"0"，其波形如图 6-20(c) 所示。电路工作过程如下：

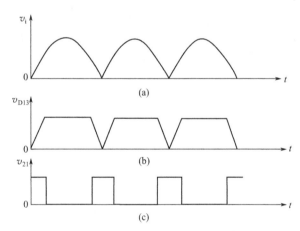

图 6-20　三角波形成电路波形图

在开机的瞬间，电容器 C_{14} 两端电压为"0"，非门 U_{20} 的输出端为"1"。计数器 U_{22} 被清零，其 Q_{10} 端为"0"。二极管 VD_{14} 导通，D 触发器的 D 端为"0"，D 触发器 U_{19} 在时钟脉冲作用下，其输出端 Q 亦为"0"，与非门 U_2 被封锁。

由于 U_{22} 的 Q_{10} 为"0"，二极管 VD_{15}、VD_{16} 导通，故电路中 B 点为"0"，电容器 C_{15} 两端电压被抑制在 0V 左右。比较器 U_1 的 $V+ < V-$，其输出端为"0"。

稳压管 VD_{13} 两端电压通过二极管 VD_{19} 向电容器 C_{14} 充电，V_{D14} 逐渐升高。当 V_{D14} 大于非门 U_{20} 转折电压时，非门 U_{20} 输出端由"1"变成"0"，即计数器 U_{22} 的 R 端为"0"。在时钟脉冲作用下，计数器 U_{22} 开始计数，经过 $2^9 \times 10ms$ 延时后，其 Q_{10} 端由"0"变为"1"。

由于 Q_{10} 端为"1"，二极管 VD_{14} 截止，D 触发器的 D 端为"1"，D 触发器 U_{19} 在时钟脉冲作用下，其输出端由"0"变为"1"，与非门 U_2 被打开。

由于 Q_{10} 端为"1"，二极管 VD_{15} 截止，15V 电源通过 R_{47} 向 C_{15} 充电，故电路中 B 点电

位随 V_{D15} 升高而升高。脉宽调制器 U_1 输出的脉冲宽度随时间延长而逐步加宽，充电电流逐渐增大，这样便防止了启动时过大充电电流损坏蓄电池。

6.4.3 采用智能芯片的充电控制器

目前，世界上各国的半导体厂商已推出许多铅酸蓄电池充电器专用集成电路，下面选择具有代表性的 bq2031 作一简要介绍。

单片 COMS 集成电路 bq2031 组成的充电器可以根据蓄电池充电电压和充电电流自动转换充电状态，从而完成对铅酸蓄电池的充电控制。

bq2031 内部框图如图 6-21 所示。它是由通电复位电路、温度补偿基准电压、最长充电时间定时器、充电状态控制器、电压/电流调整器、振荡器和显示控制电路等部分组成。

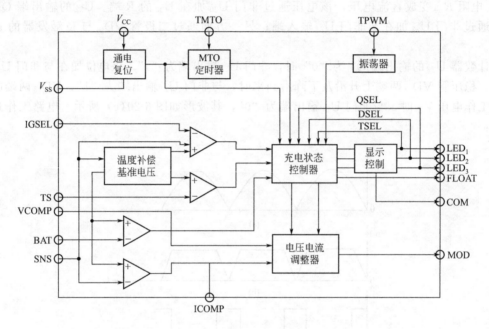

图 6-21 bq2031 结构框图

（1）bq2031 的管脚排列及其功能

bq2031 采用 16 脚 DIP 封装或 SOIC 封装，管脚排列如图 6-22 所示。各脚名称及功能如表 6-5 所示。

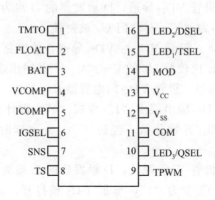

图 6-22 bq2031 管脚排列

表 6-5　bq2031 的管脚功能表

引脚	名称	功能描述
1	TMTO	定时关断时基输入端,用于确定最长充电时间。在 V_{CC} 脚与该脚之间应接入定时电阻 R_{MTO},在该脚与 V_{SS} 脚之间应接入定时电容 C_{MTO}
2	FLOAT	状态控制器输出。该脚为开漏极输出,外接分压网络,以控制浮充单体电池电压门限
3	BAT	单体蓄电池电压输入。该脚应加入蓄电池组的单体蓄电池电压,为此,在蓄电池组的正极和负极间应接入电阻分压网络
4	VCOMP	电压补偿输出。为了提高电压回路的稳定性,该脚应外接补偿电容
5	IGSEL	电流增益选择。为了设定要求的 I_{min},该脚应外接电阻
6	ICOMP	电流补偿输出。为了提高电流回路的稳定性,该脚应外接补偿电容
7	SNS	充电电流取样输入。该脚和 V_{SS} 脚之间应接入电流取样电阻 R_{SNS}。取样电阻两端的电压控制开关控制器的占空比,以调整充电电流
8	TS	温度取样输入。该脚应接蓄电池温度监控热敏电阻或蓄电池温度检测器、外接电阻和装在蓄电池内的热敏电阻组成的网络,用来设定最低和最高温度门限值
9	TPWM	时基调整输入。该脚外接定时电容器,用于设定脉宽调制器(PWM)的频率
10	QSEL	恒压、恒流充电模式选择输入。用来选择恒压充电模式或恒流充电模式
11	COM	LED 公共输出端。该脚为发光管 $LED_{1\sim3}$ 的公共输出端,当开始读出程序时,该端为高阻抗
12	V_{SS}	接地脚
13	V_{CC}	输入电源电压。输入电源电压为 5.0V+10%
14	MOD	电流开关控制输出。MOD 用来控制蓄电池和充电电流,MOD 脚为高电平时,蓄电池充电;MOD 脚为低电平时,蓄电池停止充电
15 16 10	$LED_{1\sim3}$	充电状态指示输出。可直接驱动 LED,显示各种充电状态
15	TSEL	终止方法选择。可编程,用于选择恒流快速充电终止方法
16	DSEL	显示选择。可编程,三态输入,控制 $LED_{1\sim3}$ 以显示充电状态

(2) bq2031 的主要功能

恒压/恒流选择脚 QSEL 和快速充电终止方法选择脚 TSEL 的接法不同。bq2031 可以采用多种充电模式和快速充电终止方法。采用两级恒压限流充电模式时,bq2031 使蓄电池电压保持与充电状态无关的恒定数值。两阶段恒压限流充电模式的充电曲线和各种电压门限如图 6-23 所示。

当电源加到 V_{CC} 脚并且接入蓄电池后,充电过程开始。bq2031 时刻都在检测蓄电池的温度,当 TS 脚电压在 LTF(低温故障)和 HTF(高温故障)之间时,充电器进入预充电工作过程。在此过程中,充电电流保持较小的恒定数值(I_{cond}),蓄电池电压迅速上升。当单体蓄电池的电压上升到快速充电允许的最低电压 V_{min} 时,充电器转入快速充电状态。在快速充电状态下,充电电流限制在最大值 I_{max} 以下。当单体蓄电池电压达到快速充电终止电压 V_{blk} 的 0.94 倍时,蓄电池的容量已达到额定容量的 80% 以上,此时,充电器转入补足充电状态。在补足充电状态下,限流充电一直持续到单体蓄电池电压 v_{cell} 等于快速充电终止电压 V_{blk}。然后蓄电池电压稳定在 V_{blk},充电电流按指数规律逐渐减小,当充电电流(i_{SNS})下降到外部设定的补足充电最小电流 I_{min} 时,补足充电状态结束。采用恒压限流充电模式时,充电安全定时器(MTO)可以终止快速充电和补足充电状态。进入补足充电状态以后,充电定时器(MTO)复位。达到规定的时间后,MTO 终止补足充电,充电器进入维护充电状态。在该状态下,蓄电池电压维持在浮充电压(V_{flt})。

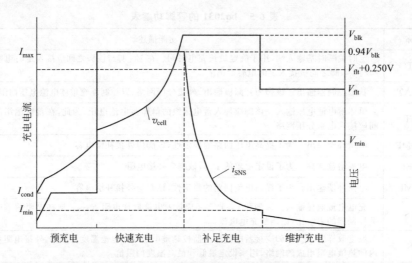

图 6-23　两阶段恒压限流充电曲线

恒压充电模式的优点是：能够根据蓄电池的充电状态，自动调整蓄电池的充电电流，并且所有电压值都具有温度补偿。恒压充电模式适用于循环充电和浮充充电。在快速充电状态下，充电器输出较高的恒定电压，然后下降到温度补偿浮充电压。

两阶段恒流充电模式的充电曲线如图 6-24 所示。采用恒流充电模式时，预充电后，充电器以较高的充电速率（充电电流为 I_{max}）对蓄电池充电，一直到蓄电池电压上升到接近充足电电压。当单体蓄电池的电压 v_{cell} 等于或大于快速充电终止电压 V_{blk} 时，快速充电终止，然后转入维护充电状态。在该状态下，充电电流稳定在涓流充电电流 I_{min}。

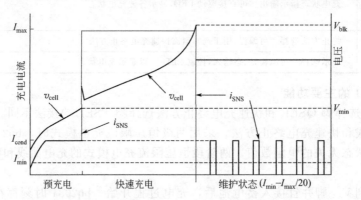

图 6-24　两阶段恒流充电模式的充电曲线

恒流脉冲充电模式的充电曲线如图 6-25 所示。采用该充电模式时，限流快速充电状态与上述恒流充电模式相同，但是充电电流不是连续电流。在充电过程中，当单体蓄电池的电压 v_{cell} 超过快速充电终止电压 V_{blk}，或者当单体蓄电池电压的二阶增量 $\Delta^2 V < 0$ 时，快速充电状态立即终止，充电器转入维护状态。在该状态下，充电电流为零（$i_{SNS} = 0$），因此蓄电池电压开始下降。当单体蓄电池的电压低于或等于设定的浮充电压 V_{flt} 时，则快速充电状态重新开始，单体蓄电池的电压 v_{cell} 迅速上升，当 v_{cell} 等于 V_{blk} 或 v_{cell} 的二阶增量 $\Delta^2 V < 0$ 时，充电器又转入维护状态，单体蓄电池电压 v_{cell} 缓慢下降到浮充电压 V_{flt}。此后，重复上述过程。在整个充电过程中，快速充电电流脉冲的宽度逐渐减小，维护充电状态持续的时间逐渐增加。应当说明，在快速充电状态下，定时器（MTO）能够终止快速充电状态。

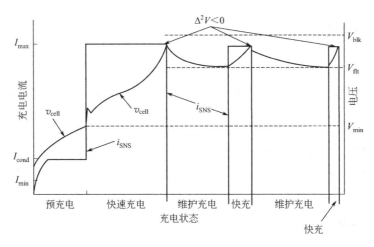

图 6-25 恒流脉冲充电模式的充电曲线

（3）bq2031 的主要参数

① 极限参数。bq2031 的极限参数值如表 6-6 所示。

表 6-6 bq2031 的极限参数

符号	参数	最小值	最大值	单位	备注
V_{CC}	电源电压	-0.3		V	
V_T	除 V_{CC} 和 V_{SS} 脚外的任意脚电压	-0.3		V	
T_{OPR}	工作环境温度	-20	$+70$	℃	民品
		-40	$+85$	℃	工业品
T_{STG}	储存温度	-55		℃	
T_{SOLDER}	焊接温度		$+260$	℃	10s

② 直流门限电压。当环境温度 T_A 在规定范围内，电源电压 $V_{CC}=5V\pm1\%$ 时，各直流门限电压如表 6-7 所示。

表 6-7 直流门限电压值

符号	参数	额定值	单位	公差	说明
V_{BEF}	内部基准电压	2.2	V	1%	$T_A=25℃$
	基准电压温度系数	-3.9	mV/℃	10%	
V_{LTF}	TS 最高门限电压	$0.6V_{CC}$	V	$\pm0.03V$	低温故障
V_{HTF}	TS 最低门限电压	$0.44V_{CC}$	V	$\pm0.03V$	高温故障
V_{TCO}	最低关断电压	$0.4V_{CC}$	V	$\pm0.03V$	温度关断
V_{MCV}	最高关断电压	$0.6V_{CC}$	V	$\pm0.03V$	
V_{min}	BAT 起始脚电压	$0.34V_{CC}$	V	$\pm0.03V$	
V_{INT}	充电起始电压	0.8	V	$\pm0.3V$	
V_{SNS}	电流取样脚电压	0.27	V	10%	最大值
		0.05	V	10%	最小值

6.5　锂离子电池

锂离子电池是指以锂离子嵌入化合物为正、负极材料的一类电池的总称，锂离子电池是在传统锂二次电池的基础上发展起来的。锂二次电池是以金属锂作负极，以具有层状结构的硫化物（如 TiS_2）为正极，有机电解质溶液作电解液的蓄电池。但金属锂负极在充、放电过程中容易形成锂枝晶，刺穿电池隔膜，引起电池内部短路，使电池充放电效率降低，循环寿命缩短，安全性能变差。所以，锂二次电池至今尚未实现产业化，而锂离子电池的发展速度很快，其在通信、交通（电动汽车）、新能源、航空航天等领域应用广泛。

6.5.1　分类与命名

(1) 分类

锂离子电池按电解质溶液的状态一般分为：①液态锂离子电池。即通常所说的锂离子电池。②聚合物锂离子电池。通常指电解质呈凝胶状的聚合物电解质的锂离子电池，但必须指出它也属于锂离子电池的范畴；除了电解质由液态转化为凝胶状，从而可以包装在密度较低的铝塑复合包装袋中，并可以按需要制成各种形状和尺寸外，与液态电池并无本质的差别。然而，由于壳体很轻，这类电池容易设计得到更高的比能量。因此，聚合物锂离子电池对研究人员和市场消费者都具有极大的吸引力。③全固态锂离子电池。它是真正的固体电解质锂离子电池，但由于固体电解质的常温电导率非常低（一般为 $10^{-6}\Omega^{-1} \cdot cm^{-1} \sim 10^{-8}\Omega^{-1} \cdot cm^{-1}$），因此目前只能制备成薄膜状电池，又称为微电池。

其中，液态锂离子电池已得到大规模生产与应用；液态锂离子电池的产量与应用仍在不断扩大之中；而全固态电池依然处于开发实验阶段。

锂离子电池按照采用正极材料体系的不同又可分为钴基（以 $LiCoO_2$ 为代表）、锰基（以 $LiMn_2O_4$ 为代表）和镍基（以 $LiNiCoO_2$）等。

另外，锂离子电池从外形上一般可分为圆柱形和方形两种（聚合物锂离子电池可以根据需要制成任意形状）。

(2) 特点

与其他蓄电池相比，锂离子电池具有下列优点：

a. 比质量高，锂离子电池的质量比能量和体积比能量分别可以达到 350W·h/L 和 125W·h/kg以上；

b. 平均输出电压高，一般大于 3.6V，是 Cd-Ni 和 MH-Ni 电池的三倍；

c. 自放电率低，每月自放电率不超过 10%，不到 Cd-Ni 和 MH-Ni 电池的一半；

d. 无记忆效应；

e. 循环性能好、放电时间和使用寿命长，锂离子电池在 100%DOD（放电深度，deep of discharge）下充放电循环寿命可达 2000 次以上；

f. 充放电效率高，化成后的锂离子电池充放电安时效率一般在 99% 以上；

g. 工作温度范围宽，一般可达到 $-25 \sim 60℃$；

h. 环境友好，没有环境污染，锂离子电池被称为"绿色电池"；

与其他二次电池相比，锂离子电池在比能量、循环性能以及荷电保持能力等方面存在明显的优势（详见表 6-8）。

表 6-8　锂离子蓄电池与其他蓄电池的性能比较

电池类型	工作电压/V	体积比能量/（W·h/L）	质量比能量/（W·h/kg）	循环寿命（100%DOD）/次	自放电率（室温，月）/%
（液态）锂离子电池	3.70	300	110	1200	10
聚合物锂离子电池	3.70	250	120	1200	10
阀控式铅酸电池	2.00	80	35	300	5
Cd-Ni	1.20	120	40	500	20
MH-Ni	1.20	120	50	1000	30

（3）型号

由于锂离子电池产品应用广泛，所以国际电工委员会（IEC——International Electrotechnical Commission）和我国都制定了锂离子电池的型号命名标准（国内标准等同采用 IEC 相应标准），锂离子电池的命名一般是由英文字母和阿拉伯数字组成。具体命名方法如下：

① 第一个字母表示电池采用的负极体系，字母 I 表示采用具有嵌入特性负极的锂离子电池体系，字母 L 表示金属锂负极体系或锂合金负极体系。

② 第二个字母表示电极活性物质中占有最大质量比例的正极体系。字母 C 表示钴基正极，字母 N 表示镍基正极，字母 M 表示锰基正极，字母 V 表示钒基正极。

③ 第三个字母表示电池形状，字母 R 表示圆柱形电池，字母 P 表示方形电池。

④ 圆柱形锂离子电池在三个字母后用两位阿拉伯数字表示电池的直径，单位为 mm，取为整数。三个字母和两位阿拉伯数字后用两位阿拉伯数字表示电池的高度，单位为 mm，取为整数。当电池上述两个尺寸中至少有一个尺寸大于或等于 100mm 时，在表示直径的数字和表示高度的数字之间添加分隔符"/"，同时该尺寸数字的位数相应增加。

例如：ICR1865 表示直径为 18mm，高度为 65mm，以钴基材料为正极的圆柱形锂离子电池［如图 6-26(a) 所示］；又如：ICR20/105 表示直径为 20mm，高度为 105mm，以钴基材料为正极的圆柱形锂离子电池。

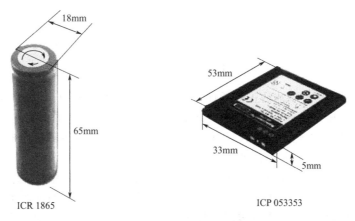

ICR 1865	ICP 053353
(a) 圆柱形锂离子电池的型号及实物图	(b) 方形锂离子电池的型号及实物图

图 6-26　锂离子电池的型号及其实物图

⑤ 方形锂离子电池在三个字母后用两位阿拉伯数字表示电池的厚度，单位为 mm，取为整数。三个字母和两位阿拉伯数字后用两位阿拉伯数字表示电池的宽度，单位为 mm，取为整数。最后用两位阿拉伯数字表示电池的高度，单位为 mm，取为整数。

当锂离子电池的上述三个尺寸中至少有一个尺寸大于或等于100mm时，在表示其厚度、宽度和高度的数字之间添加分隔符"/"，同时该尺寸数字的位数相应增加。当电池的上述三个尺寸中至少有一个尺寸小于1mm，用mm×10（取为整数）来表示该尺寸，并在该整数前添加字母τ。

例如：ICP 053353表示厚度为5mm，宽度为33mm，高度（长度）为53mm，以钴基材料为正极的方形锂离子电池［如图6-26(b)所示］；又如：ICP08/34/150表示厚度为8mm，宽度为34mm，高度为150mm，以钴基材料为正极的方形锂离子电池。再如ICPτ73448表示厚度为0.7mm，宽度为34mm，高度为48mm，以钴基材料为正极的方形锂离子电池。

6.5.2 结构与工作原理

(1) 结构

常见的小型锂离子电池主要有圆柱形和方形两种，内部皆由正极、负极、隔膜、电解质溶液、外壳以及各种绝缘、安全装置组成，其典型结构如图6-27(a)、(b)所示。如图6-28所示为典型聚合物锂离子电池的结构示意图，实际上聚合物电池的电极群可以是叠片结构，也可采用与方形液体电池相同的卷绕式结构。

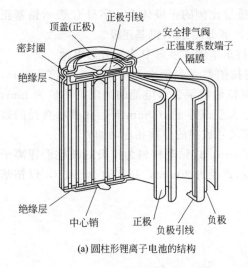
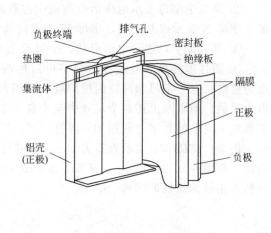

(a) 圆柱形锂离子电池的结构　　　　　(b) 方形锂离子电池的结构

图6-27　锂离子电池的结构

① 正极。锂离子电池的正极活性物质有钴酸锂（$LiCoO_2$）、镍酸锂（$LiNiO_2$）、锰酸锂（$LiMn_2O_4$）和磷酸铁锂（$LiFePO_4$）等，它们均具有层状结构，有锂离子嵌入和脱嵌的扩散通道。在正极活性物质中加入导电剂、树脂黏合剂，然后涂覆在铝基体上，使之呈细薄层分布，即可制成锂离子蓄电池的正极。

② 负极。负极活性物质采用的是碳材料，如石墨、石油焦、炭纤维、热解炭、中间相沥青炭微球、炭黑和玻璃碳等，这些材料也具有层状结构，能与锂离子生成锂离子嵌入化合物。将碳材料与黏合剂和有机溶剂一起调和成糊状，然后涂覆在铜基体上，使之呈薄层状分布，即可制成锂离子电池的负极。

③ 电解质溶液。是由电解质锂盐溶解在有机溶剂中形成的有机电解液。常用的电解质锂盐有$LiClO_4$、$LiPF_6$、$LiBF_4$、$LiAsF_6$、$LiCF_3SO_3$和$LiN(SO_2CF_3)_2$等，其中$LiPF_6$以较好的电导率、电化学稳定性和环境友好性而在商品化的锂离子电池中获得了广泛应用；有机溶剂主要有EC（碳酸乙烯酯）、PC（碳酸丙烯酯）、CMC（碳酸二甲酯）、DEC（碳酸二

乙酯）以及 EMC（碳酸甲乙酯）等，为了获得具有高离子导电性的溶液，一般都采用混合有机溶剂，如 PC+DME、PC+EC、EC+DEC 和 EC+DMC 等。有时为提高电池的性能，也可采用三元及三元以上电解质溶液，例如，在 EC+DEC+LiPF$_6$ 电解质溶液体系中加入 DMC 或 EMC 可以提高电池的低温性能。一般情况下，它们都能与正极相匹配，因为它们都能在 4.5V 或以上电位下耐氧化；而对负极而言，则更关心的是电解质溶液能不能在比较高的电位下还原形成致密、稳定的钝化膜。

④ 隔膜。电池隔膜的作用是使电池的正、负极分隔开来，防止两极接触而短路，此外还要作为电解质溶液离子传输的通道。一般要求其电绝缘性好，电解质离子透过性好，对电解质溶液化学和电化学稳定，对电解质溶液浸润性好，具有一定机械强度，厚度尽可能小。根据隔膜材料的不同，可分成天然或合成高分子隔膜和无机隔膜等，而根据隔膜材料的特点和加工方法的不同，又可分成有机材料隔膜、编织隔膜、毡状膜、隔膜纸和陶瓷隔膜等。对于锂离子电池体系，需要与有机溶剂有相容性的隔膜材料，一般选用高强度薄膜化的聚烯烃多孔膜，如聚乙烯（PE）、聚丙烯（PP）以及 PP/PE/PP 复合膜等。

⑤ 电池壳。采用钢或铝作电池壳材料，对于软包装系列电池则采用铝塑复合膜。聚合物锂离子电池的正极、负极与液态锂离子电池基本一样，只是原来的液态电解质改成聚合物电解质。聚合物锂离子电池的结构不同于传统电池，它没有刚性的壳体，不需昂贵的隔膜，而是由薄层软塑料层组合而成。采用工业化的塑料制膜技术，再将压合层剪切成需要的任意形状和尺寸，活化后用铝塑膜包装成产品（如图 6-28 所示）。

（2）工作原理

当对电池进行充电时，电池的正极上有锂离子生成，生成的锂离子通过电解液运动到负极。而作为负极的碳呈层状结构，它有很多微孔，达到负极的锂离子就嵌入到碳层的微孔之中，嵌入的锂离子越多，电池的充电容量就越高。同样，当对电池进行放电时（即用户使用电池的过程），嵌在负极碳层中的锂离子脱出，又运动回正极。返回正极的锂离子越多，电池放出的电容量就越高。人们将这种靠锂离子在正、负极之间转移来完成电池充、放电工作的锂离子电池形象地称其为"摇椅式电池"。锂离子电池的充放电过程可用图 6-29 表示。图的右半部是碳负极材料的结构，左半部是正极材料的结构，它们都是层状结构，锂离子就是在正负极材料的层间进行嵌入和脱嵌。

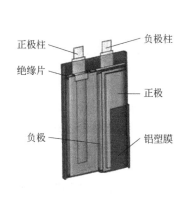

图 6-28　聚合物锂离子电池的结构

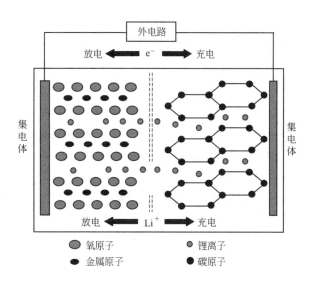

图 6-29　锂离子电池充放电过程示意图

6.5.3 基本性能

（1）充电特性

典型锂离子电池的充电特性曲线如图 6-30 所示。从图中可以看出，锂离子电池采用恒流与恒压相结合的方法进行充电（先恒流后恒压）。当电池先以恒流充电时，电池电压逐渐上升，一旦电池电压达到 4.2V 时，即转为恒定 4.2V 电压继续充电。除选择 4.2V 恒压外，在恒定电压下，电池的充电电流先急速下降然后缓慢下降并稳定下来，当电流降至一定数值时，即可停止充电，并视为充电完成。选择上述充电方法是由锂离子电池本身固有特性所决定的，这是因为锂离子电池不具有水溶液电解质蓄电池中常有的过充电保护机制。一旦过充电，不仅在正极上由于脱嵌过多锂而发生结构不可逆变化，负极上可能形成金属锂的表面析出，而且可能发生电解质的分解等副反应。由此导致电池循环寿命的急速衰减，甚至由于反应激烈导致热失控引起电池燃烧与爆裂等严重安全事故。由此可知，锂离子电池的充电特性和充电控制是必须予以特别了解与重视的问题。

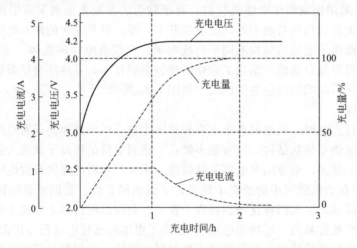

图 6-30　小型锂离子电池的典型充电特性曲线

（2）放电特性

锂离子电池典型放电曲线分别如图 6-31 和图 6-32 所示。其中图 6-31 显示出电池的典型倍率放电能力，而图 6-32 显示出电池的放电特性与温度的关系。显然，锂离子电池常温下具有高放电倍率能力，以 2C 连续放电，仍可获得接近 95％的标称容量和高的放电电压平台（3.5～3.7V）；宽广的工作温度区间（25～60℃），经过特别设计和选择合适的电解质配方，还可延至－40℃环境下工作。

（3）温度特性

锂离子电池可在－25～60℃温度范围内使用，但大于 45℃时其自放电比较严重，容量下降，同时也不宜快速充电。锂离子电池的温度特性曲线如图 6-32 所示。

（4）自放电特性

锂离子电池的自放电特性曲线如图 6-33 所示。由图可见，20℃时，当电池放置 90d 后，容量保持率仍在 90％，即容量损失仅为 10％，说明锂离子电池的自放电速度比较小。但是温度过高会使其自放电速度加快。

（5）循环寿命特性

锂离子电池的循环寿命特性曲线如图 6-34 所示。由图可见，额定容量为 1400mA·h 的电池在经过 500 次循环后，其容量仍有 1200mA·h 以上。正常情况下，锂离子电池的循环寿命最高可达1200次。一般便携式电器要求循环寿命300～500次，电动汽车要求500～1000次，因此，锂离子电池在通信、交通（电动汽车）、新能源等领域得到广泛应用。

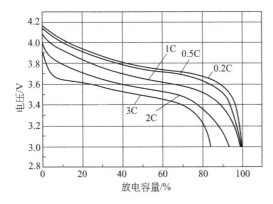

图 6-31　不同电流条件下的放电特性曲线

充电：4.2V（max），1C（max），2.5h

温度：25℃

放电：终止电压3.0V

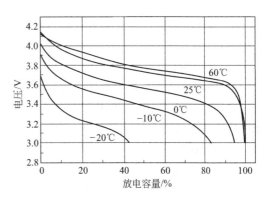

图 6-32　不同温度条件下的放电特性曲线

充电：4.2V（max），1C（max），2.5h

温度：20℃

放电：0.5C，终止电压3.0V

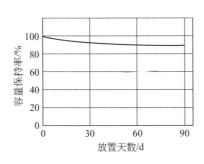

图 6-33　自放电特性曲线

充电：4.2V（max），1C（max），2.5h；温度：20℃

放电：200mA，终止电压2.50V

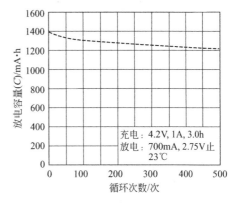

图 6-34　循环寿命特性曲线

6.5.4　使用与维护

正确的使用方法对于锂离子电池的寿命起着至关重要的作用。有很多因素影响锂离子电池的寿命，其中最重要的是电池化学材料、充放电深度、使用温度和电池容量终止值等。因此在使用过程中，要注意以下几点。

① 充电方法。锂离子电池的充电方式采用先恒流后恒压，即4.20V恒压，恒流电流一般为0.1～1.0C。其充电方法为：开始阶段采用恒流方法，在充电后期当电池电压接近4.2V时，改为恒压方式充电，当电流逐渐减少到接近零时，充电终止。

② 放电方法。放电电流一般为0.5C以下，电池的放电平台在3.60～3.80V。

③ 新电池充电方法。锂离子电池出厂时已充电到约50%的容量，新购的电池有一部分电量可直接使用。当电池第一次完全放电完毕后应充足电后再使用，这样连续三次，电池方可达到最佳使用状态。

④ 防止过放电。对锂离子电池来说，单体电池电压降到3V以下，即为过放电。如果长

期不用，请以 40%～60% 的充电量储存。如果电池电量过低时，可能因电池自放电导致其过放电。储存期间要注意防潮，每 6 个月检测电压一次，并进行充电，保证电池电压在安全电压值（3V 以上）范围内。

⑤ 防止过充电。锂离子电池任何形式的过充都会导致电池性能受到严重破坏，甚至发生爆炸事故。

⑥ 锂离子电池充电必须使用专用充电器。

⑦ 使用环境条件。锂离子电池要远离高温（高于 60℃）和低温（−20℃）环境，如果在高温条件下使用电池，轻则缩短寿命，严重者可引发爆炸。不要接近火源，防止剧烈振动和撞击，不能随意拆卸电池，禁止用榔头敲打新、旧电池。

⑧ 电池的串联与并联。并联是为了提高电池容量，并联的电池必须采用相同的化学材料，而且是来自同一制造商的同批次同规格产品。串联时则更需要小心，因为常常需要电池容量匹配和电池平衡电路，最好直接从电池制造商购买已装配了恰当电路的多节电池组。

6.6 锂离子电池管理系统

UPS 用锂离子电池管理系统（BMS）通常使用同口型（所谓同口型是指充电和放电用同一个接口，总共两根线；另外 BMS 还有分口型，是指充电和放电用不同的接口，总共三根线）BMS，以 MOSFET 作为电流切断开关，采用一体化 BMS 的设计方案，以 16 串 UPS 锂电池管理系统为例，通常分为 MCU（micro control unit，微控制单元）控制电路、模拟前端采集模块（电压、电流和温度）、充放电 MOSFET 控制电路、电源电路、外部通信接口电路以及均衡电路等。BMS 工作原理框图如图 6-35 所示。

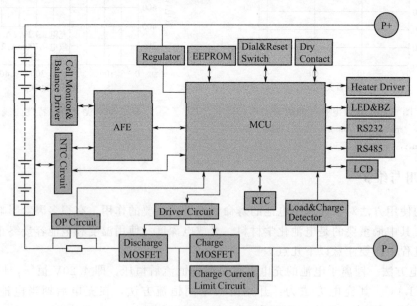

图 6-35　BMS 工作原理框图

6.6.1　MCU 控制电路

BMS 选用了性价比极高的基于 ARMCortex-M3 内核的单片机 STM32F103，MCU 将很多外围功能整合芯片内部，如定时器、A/D 转换器、串行外设接口（SPI——serial peripheral interface)、I^2C 和 USART（universal synchronous/asynchronous receiver/transmitter，通用同步/异步串行接收/发送器）等，提供最多 80 个 I/O 端口，所有 I/O 口都可以映像到 16 个外部中断，极大地方便了相关开发工作。基于上述特点，在进行电路设计时可以减少很多外围器件，节省空间，同时由于该 MCU 良好的兼容性和成熟的技术，也会改善 PCB 板整体的电磁兼容性。STM32F103 VCT6 的芯片管脚图如图 6-36 所示。

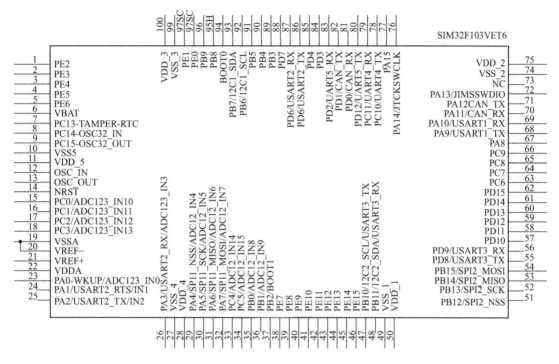

图 6-36　STM32F103 VCT6 的芯片管脚图

6.6.2　电压采集电路

在电压、电流、温度三种监测对象之中首先讨论电压的监测问题，事实上，温度、电流的监测最终也需要转化为电压的监测问题，因此，电压的监测和采集非常重要。

在设计 BMS 过程中，考虑到成本和监测的方便性，电压采集方式通常选择基于专用芯片的电压采集方式。而对于已经淘汰的单电池单 ADC 方式、基于精密电阻的分压方式、基于继电器及共享 A/D 芯片的轮流采集方式等不再予以考虑。

近年来，全球众多大型半导体器件生产企业高度重视 BMS 专用芯片的研发，推出了多款用于锂电池电压采集的芯片，如 Linear Technology 公司的 LTC680X 系列，Analog Devices 公司的 AD7280 系列，O2Micro 公司的 OZ890 系列以及 ROHM 公司的 ML523X 系列等。下面逐一介绍一下这些芯片的主要技术指标和应用领域。

LTC680X：以其代表型号 LTC6802-2 为例，最多可实现 12 串锂离子电池的测量（最高电压 60V）；13ms 可完成 12 通道的电压测量；支持主动或被动均衡；支持两路温度传感器输入；内置 12 位 ADC 和高精度参考电压源；标准 SPI 总线传输，最高传输速度 1MHz，主要应用于电动汽车、高功率及高电压设备。

AD7280 系列：12 位 ADC，每通道 1μs 的转换时间，6 个模拟输入通道，测量范围从 0.5V 到 27.5V，6 个温度采集检测通道，转换精度高，温度漂移仅为 3ppm，工作温度范围

—40～105℃，主要应用于电动汽车以及通用锂离子电池。

OZ890 系列：支持 5～13 串锂电池，内置多通道 ADC，可用于电流、电压和温度测量，并具有多种保护功能，内置 64 * 16 位 EEPROM 用于存储参数，支持 MOSFET 驱动，使用 I^2C 通信模式，主要用于便携式设备、备用电源及电动自行车等对精度要求不高的场合。

ML523X 系列：以 ML5238 为例，支持 5～16 串锂电池，可外接电阻测量电流，并可提供过流及短路保护，支持充放电控制，可实现充电器及负载连接检测，支持均衡功能，最大 100mA，芯片本身提供 3.3V 的调制电压，可为外部 MCU 供电，支持 SPI 总线通信，高效高速，与 OZ890 应用领域类似。

从上面的介绍可以看出，可以用于电压采集的专用芯片可选范围较大，但是对应用于通信磷酸铁锂电池的 BMS 而言，需要考虑以下几个因素。

① 模拟输入通道的个数：对于目标产品而言，主要是由 15～16 串的电芯组成的 48V 电池系统，能够支持 15、16 串磷酸铁锂电池串联的电压采集芯片具备技术优势。如果芯片支持的串数较少，就必须使用 2 个或多个芯片进行分别采集，这样就加大了解决问题的复杂度，同时成本也会增加。

② 成本因素：专用采集芯片除了提供电压采集功能以外，通常还具有些附加功能，这些附加功能如电流测量与过流保护，温度测量与过温保护等，可以简化电路设计，降低板卡的体积，同时也会减少成本，因此功能越丰富的芯片越具优势。

③ 精度因素：A/D 转换器器件的精度及分辨率，是由参考电压精度以及 ADC 的转换位数决定的。显然，精度越高的 ADC 成本越高，转换所需要的系统资源（功耗，时间等）也会增加，因此，选择 ADC 时，性价比高的为最佳。

结合以上因素，在电压采集过程中选择性价比最高的集成专用芯片 ML5238 作为电池监视 IC，从简介中可以看到，该芯片能够测量多达 16 串单独的电池，采集端无需使用光耦进行隔离，由于芯片本身不具备 ADC 功能，因此采集精度由与其匹配的 ADC 决定的。这里选用与之匹配的是同样具有高性价比的 STM32F103VCT6 芯片，该芯片是由意法半导体出品的基于 Cortex-M3 内核的 32 位高速 ARM 微处理器，内置 2 路 16 通道 12 位 ADC 转换器，电压采集分辨率高达 0.805mV（3.3V/4095＝0.805mV），完全满足电池管理系统对电压采样的精度要求。ML5238 为 44 脚 QFP（plastic quad flat package，方型扁平式封装技术）塑料封装。其原理框图如图 6-37 所示。

其中引脚 V_0～V_{16} 即为电池的输入连接点，对于 15 或 16 串的磷酸铁锂电池组而言，其中 V_0 接 1 号单体电池的负极，V_1 接 1 号单体电池的正极和 2 号单体电池的负极，V_2 接 2 号单体电池的正极和 3 号单体电池的负极，以此类推，V_{15} 接 15 号单体电池的正极和 16 号单体电池的负极，V_{16} 接 16 号单体电池的正极（也是总正极）。为了使电池管理系统具有一定的通用性，使得电池管理系统能够同时适应 15 串和 16 串两种模式，在第 16 节的位置加装一个跳线，如果是 15 串，将 V_{15} 和 V_{16} 短接，如果是 16 串，则将跳线悬空，同时在 MCU 参数初始化时根据电池的串数设置不同的参数。从图 6-37 中可以看到，电压采集的原理是输入的模拟电压量通过 Cell Selection 选通指定电芯的电压输入端（由 MCU 通过 SPI 协议向 ML5238 发送需要选通的电芯编号指令），然后相应的电芯电压模拟量就被连接到 Cell Voltage Monitor 模块，并由此模块向 VMON 引脚输出该电芯的电压值（模拟量），最后 MCU 控制 ADC 将来自于 VMON 引脚的模拟量转化为数字信号，就完成了一个电芯的电压数据采集。按顺序依次完成上述循环，就可以采集到所有电芯的电压值，由于同一时间从 VMON 只能输出一个模拟电压信号，因此只需要在 MCU（这里使用的是 STM32F103）连

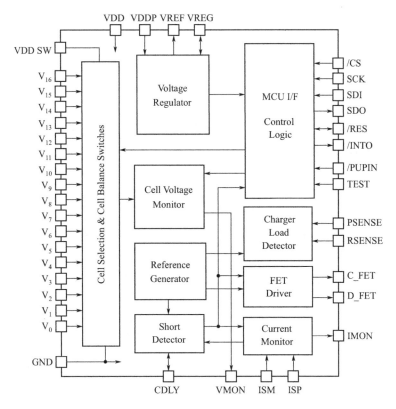

图 6-37 ML5238 原理框图

接 1 个复用模拟输入的 I/O 口就可以满足需要。由于配置的锂电池电芯最高电压可能会超过 4.2V，这一电压对于 MCU 而言可能太高，ML5238 在向 VMON 输出电压时，将电芯的电压值修正为原来电压值的 1/2，以确保安全。在进行软件设计时，需要将采集到的电压值再反向修正回来，就可以得到精度符合要求的结果。

6.6.3 电流采样电路

本方案使用低温漂的运放 MCP6284 形成差分放大电路对系统充放电电流进行采样。差分放大器的特点是放大差模电压，抑制共模电压，能把两个输入电压的差值加以放大，也称其为差动放大器。这是一种零点漂移很小的直接耦合放大器，常用于直流放大。它可以是平衡输入和输出，也可以是单端（非平衡）输入和输出，常用来实现平衡与不平衡电路的相互转换，是各种集成电路的一种基本单元。如图 6-38 所示为双电源差分运放电路示意图。

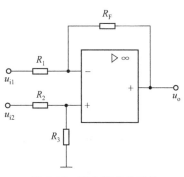

图 6-38 双电源差分运放电路示意图

由差分运放电路的"虚短"和"虚断"特性可以推出如下公式。

$$u_+ = \frac{R_3}{R_2 + R_3} u_{i2}$$

$$u_- = \frac{1}{R_1 + R_2}(R_1 u_o + R_F u_{i1})$$

进而推出

$$u_+ = u_-$$

$$u_o = \left(1 + \frac{R_F}{R_1}\right)\frac{R_3}{R_2 + R_3}u_{i2} - \frac{R_F}{R_1}u_{i1}$$

若 $R_1 = R_2 = R_3 = R_F$

$$u_o = u_{i2} - u_{i1}$$

若使用双电源的话，运放 V_+ 则不需要加入偏置电压，本系统采用单电源所以加入偏置电压以满足轨对轨需求，如图 6-39 所示。

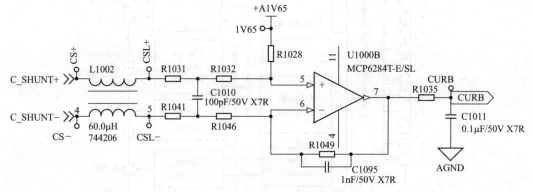

图 6-39　单电源差分运放电路

6.6.4　温度采样电路

系统由 8 路外接 NTC 温度传感器与 10k 的分压电阻构成，完成系统对电池温度、环境温度、功率器件温度的采样，如图 6-40 所示。

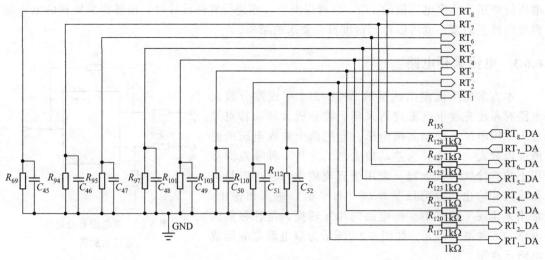

图 6-40　温度采样电路

6.6.5　充放电 MOSFET 控制电路

BMS 主回路采用 N-MOSFET 控制负极电路通断，根据实际电流大小调节 MOSFET 的对数，MOSFET 在 BMS 中因为其工作环境相对其他器件来说比较差，安全等级要求和产品的耐高温性能要求也比较高，BMS 中 MOSFET 通常选用 $V_{ds} \geqslant 100V$，$I_d \geqslant 100A$，$R_{DS(ON)} \leqslant 5m\Omega$ 的 MOSFET。常规 50A 电流建议 5 对 MOSFET，100A 电流建议 10 对 MOSFET，不同过流能力的 MOSFET 在用量上可适当增减，若要求 BMS 具备反接保护功能，MOSFET 耐压等级建议采用 120V，防止电池在满充状态下反接导致 MOSFET 击穿。每个 MOSFET 需放置驱动电阻，驱动电阻阻值需在 50~100Ω 左右，保证 MOSFET 能够快速关断。

为了使电流能够均衡分配，可采取以下措施。

① 批次要求。对于要并联的 MOSFET 管，严格匹配器件的 R_{ds}，需为同一厂家的同一批次产品。

② 散热要求。对具有独立外壳的 MOSFET 管并联工作时，应置于同一个散热片上，并且尽量靠近。

③ 均流。并联 MOSFET 的跨导曲线应大致一致，B-和 P-到每对 MOSFET 的铜箔距离应大致相等。

④ 同步控制。电路的对称设计对平衡动态电流很重要，控制电路应对称设计。

6.6.6 电源电路

本方案电源模块分三级电源，第一级为由 TI 的 LM5017 为拓扑构成的开关变换电源，从 48V 降压至 12V，第二级是由 TI 的 TPS54228 为拓扑构成的开关变换电源，从 12V 降压至 5V，第三级是由 TLV1117LV33 构成的线性电源，为系统芯片提供稳定的电压输出。

LM5017 电压输入范围为 7.5~100V，完全能够满足 48V 锂离子电池的应用，同时该芯片可不用肖特基二极管，具有接近恒定的开关频率，无需环路补偿，体积小、重量轻、效率高、自身抗干扰性强、输出电压范围宽、模块化，应用非常方便。由 LM5017 电源模块构成的电源电路如图 6-41 所示。

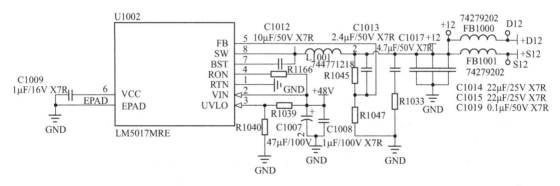

图 6-41 由 LM5017 构成的电源电路

TPS54228 电源转换芯片具有轻载效率的 4.5V 至 18V 输入，同时支持 2A 同步降压，主要架构为 BUCK 电路，系统电源经过开关变换从 12V 降至 5V，转换效率达到 90% 以上，再通过线性 LDO（low dropout regulator，低压差线性稳压器）降压处理得到系统所需的 3.3V 电源，主要作用是将 12V 电源转换成系统模拟 5V 电源＋A5V 及系统数字 5V 电源＋D5V，其中＋A5V 为后级基准电压 4.096V 芯片及 MAX14921 提供模拟供电电源，＋D5V 电源为系统线性 LDO 转换芯片提供 5V 电源。由 TPS54228 构成的电源电路如图 6-42所示。

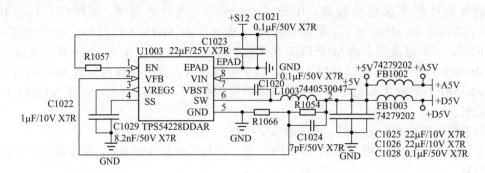

图 6-42　由 TPS54228 构成的电源电路

纹波是叠加在直流稳定量上的交流分量。输出纹波越小，也就是说输出直流电纯净度越高，这也正是电源品质的重要标志。过高纹波的直流电将影响收发信号的正常工作。目前高档线性电源纹波可达到 0.5mV 的水平，一般产品可做到 5mV 水平。线性电源没有工作在高频状态下的器件，所以如果输入滤波做得好的话几乎没有高频干扰/高频噪声。本方案使用线性 LDO 芯片 TLV1117LV33 将 5V 电源转换为低噪声的系统数字电源＋D3V3 与系统模拟电源＋A3V3，其中＋D3V3 为系统数字器件提供供电电源，＋A3V3 为系统模拟器件提供电源。结构相对简单、输出纹波小、高频干扰小。完全满足系统电源需求，如图 6-43 所示。

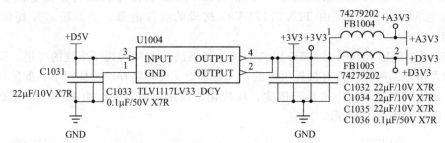

图 6-43　由 LDO 芯片 TLV1117LV33 构成的电源电路

6.6.7　RS232 和 RS485 接口电路

RS232 接口是 1970 年由美国电子工业协会（EIA）联合贝尔系统、调制解调器厂家及计算机终端生产厂家共同制定的用于串行通信的标准。其全名是"数据终端设备（DTE）和数据通信设备（DCE）之间串行二进制数据交换接口技术标准"。

本方案 RS232 收发单元采用 RS232 接口芯片转换电平通信接口进行 EMC 防护处理，保证通信过程的稳定和数据的正常传输。通信接口芯片参考电路如图 6-44 所示。

由于 RS232 接口标准出现较早，难免有不足之处，主要有以下四点。

① 接口的信号电平值较高，易损坏接口电路的芯片，又因为与 TTL 电平不兼容，故需使用电平转换电路方能与 TTL 电路连接。

② 传输速率较低，在异步传输时，波特率为 20kbit/s。

③ 接口使用一根信号线和一根信号返回线而构成共地的传输形式，容易产生共模干扰，所以抗噪声干扰能力弱。

④ 传输距离有限，最大传输距离标准值为 50ft（15.24m），但在实际应用过程中，也只能用在 15m 左右。

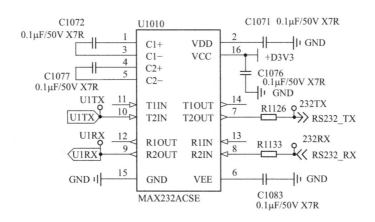

图 6-44　通信接口芯片参考电路（RS232 电路单元）

由于为了兼容部分比较陈旧的设备之间的通信，故本方案保留了 RS232 通信接口。与此同时，为了满足更高标准的通信需求，在 RS232 接口的基础上加入了 RS485 接口标准，RS485 是一个定义平衡数字多点系统中的驱动器和接收器的电气特性的标准，该标准由电信行业协会和电子工业联盟定义。使用该标准的数字通信网络能在远距离条件下以及电子噪声较大的环境下有效传输信号。

RS485 有两线制和四线制两种接线方式，四线制只能实现点对点的通信方式，现在很少采用，现在多采用的是两线制接线方式，这种接线方式为总线式拓扑结构，在同一总线上最多可以挂接 32 个节点。它具有以下特点：

① RS485 的电气特性：逻辑 "1" 以两线间的电压差为＋(2～6)V 表示；逻辑 "0" 以两线间的电压差为 (2～6)V 表示。接口信号电平比 RS232 降低了，就不易损坏接口电路的芯片，且该电平与 TTL 电平兼容，可方便与 TTL 电路连接。

② RS485 的数据最高传输速率为 10Mbit/s。

③ RS485 接口是采用平衡驱动器和差分接收器的组合，抗共模干扰能力增强，即抗噪声干扰性好。

④ RS485 接口的最大传输距离标准值为 4000ft（1219.2m），但在实际应用过程中，可达 1200m，另外 RS232 接口在总线上只允许连接 1 个收发器，即单站能力。而 RS485 接口在总线上是允许连接多达 128 个收发器。即具有多站能力，这样用户可以利用单一的 RS485 接口方便地建立起设备网络。

因为 RS485 接口组成的半双工网络，一般只需二根连线（一般称其为 A、B 线），所以 RS485 接口均采用屏蔽双绞线传输。

本方案 RS485 收发单元采用 RS485 接口芯片转换电平，通信接口进行 EMC 防护处理，保证通信过程的稳定和数据的正常传输。通信接口芯片参考电路如图 6-45 所示。

6.6.8　均衡电路

实际检测数据表明，当电池组发生明显的一致性差异问题后，电池的技术参数差异表现最为明显，主要体现在电压、内阻、容量、自放电率、放电曲线等参数差异，借助检测仪器会发现，这样的电池组，电压的一致性表现最为糟糕，无论是充电期间还是放电期间，电压差通常都比较大，特别是充放电中后期。这种表现下的电池组，实际充放电容量取决于容量最小衰减最严重的电池，而与其他电池的容量无关，其他电池的容量即使再大也起不到任何

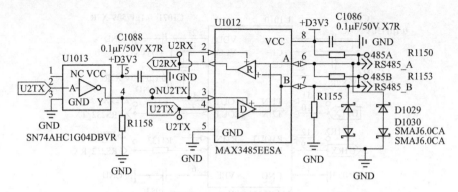

图 6-45　通信接口芯片参考电路（RS485 电路单元）

作用，电池组的串数越多，容量浪费问题越严重。

单块电池的使用寿命长，成组后使用寿命短的实际问题由来已久，一直成为广大用户难以解决的问题，使用中的主要表现如下。

一是输出功率大幅度下降。同样的负载，特别是动力负载，动力性能快速下降，满功率运行时间明显缩短。

二是容量大幅度降低。有效放电时间很短，很快就提示放电结束，实际放电容量严重缩水；充电时很快就显示充满电，实际充电时间大幅度缩水。

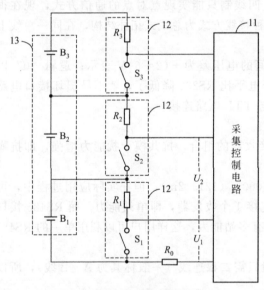

图 6-46　电压采集和均衡电路示例

三是充放电期间发热严重。发热严重的电池主要集中在容量衰减严重的电池上，并通过热传递使周围电池的温度快速上升，容量衰减严重电池的温度之所以最高，主要是由于这类电池的内阻最大，在较大电流的作用下产生的热量多。当热量在短时间内积累过多无法得到有效控制时，就极易发生热失控，并引发电池爆炸和火灾事故。

本方案能够实现外部 MOSFET 被动式均衡，可通过调节均衡电阻控制均衡电流的大小，均衡电流在电池电压 3.5V 时能达到 50mA 或以上，均衡时负载电阻温度不超过 50℃。均衡电阻的选择应根据实际需要的均衡电流值来确定均衡电阻的功率大小，电压采集和均衡电路示例如图 6-46 所示。

习题与思考题

1. 铅酸蓄电池由哪几部分组成？各部分的作用是什么？

2. 写出铅酸蓄电池的电化学表达式、铅酸蓄电池的充放电反应以及充电后期分解水的反应，并根据上述反应说明电池在充放电过程中会发生哪些现象？

3. 铅酸蓄电池的理论容量、额定容量和实际容量之间的关系是什么？电解液的密度和温度对铅酸蓄电池的容量有什么影响？为什么大电流放电时，铅酸蓄电池的容量要减小？

4. 影响铅酸蓄电池自放电的因素有哪些？简述减少铅酸蓄电池自放电的措施。

5. 影响铅酸蓄电池的寿命有哪些？如何延长铅酸蓄电池的使用寿命？

6. 什么叫恒流充电和恒压充电？它们各有什么特点？画出它们的充电曲线并说出它们的充电终止标志。

7. 什么叫两阶段恒流充电法和限流恒压充电法？画出它们的充电曲线示意图。

8. 什么叫快速充电？简述快速充电的原理。

9. 什么叫全浮充运行方式？简述其特点。

10. 什么叫浮充电流？浮充电流的作用是什么？影响浮充电流的因素有哪些？

11. 阀控式密封铅酸蓄电池的结构特点有哪些？

12. 说出阀控式密封铅酸蓄电池的密封原理，并写出有关的氧复合循环反应。

13. 阀控式密封铅酸蓄电池的失效模式有哪几种？引起这些失效模式的使用因素和结构因素分别有哪些？各种失效模式之间的联系是怎样的？

14. 如何区别阀控式密封铅酸蓄电池的硫化和短路故障？处理硫化故障的方法有哪些？

15. 如何处理阀控式密封铅酸蓄电池的失水故障？为什么失水一定伴随有硫化？

16. 什么叫反极？引起反极的原因是什么？铅酸蓄电池反极后有什么现象？

17. 如何对阀控式密封铅酸蓄电池进行补充电和正常充电？

18. 在哪些情况下必须对阀控式密封铅酸蓄电池进行均衡充电？简述其步骤。

19. 请说出阀控式密封铅酸蓄电池的日常维护的要点。搁置不用的阀控式密封铅酸蓄电池的维护方法是什么？

20. 对电池进行容量测试的意义是什么？请说出在线测试落后电池的方法。

21. 什么叫锂离子电池？它有哪些特点？

22. 锂离子电池的型号是如何规定的？举例说明。

23. 锂离子电池的充电方法是什么？为什么锂离子电池的充电电压不能高于4.2V？

24. 为什么锂离子电池存在安全问题？解决锂离子电池安全问题的措施有哪些？

25. 如何正确地使用锂离子电池？

26. 简述锂离子电池的主要性能。

第 **7** 章

UPS选型、安装、使用与维护

UPS 发展至今，技术上包括了当代许多先进的电子技术，其应用领域遍及国民经济的各行各业，起着极为重要的作用。正因为 UPS 的技术密集，地位突出，我们一方面应尽可能理解和掌握其原理与技术，另一方面在安装、使用与维护时必须熟知其操作程序及维护管理方法，以达到安全合理地使用 UPS 并延长其使用寿命的目的。

7.1 UPS 的选型与安装

7.1.1 UPS 的选型

(1) 选择 UPS 应考虑的因素

用户在挑选 UPS 时，应根据自己的要求和可能来确定自己的挑选标准，一般来说，用户应考虑三个因素：产品的技术性能、可维护性以及价格。

① 在考虑产品技术性能时，一般用户都特别注意：输出功率、输出电压波形、波形失真系数、输出电压稳定度、蓄电池可供电时间的长短等因素。然而，经常忽视产品输出电压的瞬态响应特性。因为，就目前的电子技术水平而言，保证 UPS 交流输出电压的静态稳定度不成问题。但对有的 UPS 品种而言，其电压输出瞬态响应特性却很差，这主要表现在：当负载突然增加或减少时，UPS 的输出电压波动较大，当负载突变时，有的 UPS 根本不能正常工作。除了 UPS 的瞬态响应特性外，用户还需注意 UPS 的负载特性和承受瞬间过载的能力等性能参数，应特别指出，准方波输出的 UPS 不能带任何超前功率因数的负载。

② 用户在购买 UPS 时，还应注意产品的可维护性。这就要求用户在购买 UPS 时，应注意 UPS 是否有完善的自动保护系统及性能优良的充电回路。完善的保护系统是 UPS 得以安全运行的基础，性能优良的充电回路是提高 UPS 蓄电池使用寿命及保证蓄电池的实际可供使用容量尽可能接近产品额定值的重要保证。需要指出的是，就 UPS 本机而言，蓄电池的成本一般为整个 UPS 成本的 $1/4 \sim 1/3$ 左右。当有长延时功能而需另外附加蓄电池柜时，其价格可与 UPS 主机相当，甚至更高。所以，选好、用好蓄电池也是用户应考虑的重要因素。

③ 价格是用户在挑选 UPS 时要考虑的一个非常重要的因素，但用户在比较产品价格时，不要仅仅从表面上看产品价格的多少。由于目前在 UPS 的整个生产成本中，蓄电池所占的比例相当高。所以，在比较产品价格时，必须要注意到 UPS 所配备的蓄电池的容量到底是多少。比较客观的和科学的比较方法是看蓄电池的两个技术性能指标：a. 蓄电池的性

能价格比，也就是 UPS 所配备的蓄电池平均每 Ah 容量的电池到底花多少钱；b. 蓄电池的放电效率比，也就是 UPS 所配备的蓄电池平均每 Ah 到底能维持 UPS 工作多长时间。显然，维持时间越长，蓄电池的利用效率也就越高。当然还要特别注意 UPS 机内到底配置的是什么类型的蓄电池（包括生产厂家）。

（2）负载容量、负载功率因数对选型的影响

选购 UPS 时，首先要知道负载的总容量，同时还要考虑负载的功率因数才能确定 UPS 的额定容量。UPS 的额定容量一般是在考虑负载功率因数为 0.8 的情况下确定的，而在 UPS 用户中，80% 以上都是计算机负载，而计算机内部的电源大多采用开关电源，其实际功率是各瞬时电压值与瞬时电流值乘积的平均值。因此，瞬时功率（峰值功率）很高，但平均实际功率却很小，故一般 UPS 在以开关电源作负载时功率因数只能达到 0.65 左右，而市场上的各种 UPS 负载功率因数指标为 0.8，若按此指标选购的 UPS 来带动开关电源负载，势必造成 UPS 损坏。因此，在选择 UPS 容量时，一定要考虑功率因数（或电流峰值系数）。由于负载功率因数很难计算，故在 UPS 技术规范中要求 UPS 有电流峰值系数指标，电流峰值系数越高，UPS 承受非线性负载的能力越强。一般电流峰值系数比应在 3∶1 以上。

（3）蓄电池后备时间对选型的影响

在中小型 UPS 中被广泛使用的蓄电池是阀控式密封铅酸蓄电池。根据有关资料统计，由于蓄电池故障而引起 UPS 不能正常工作的比例占 40% 以上。因此，在选择 UPS 时，一定要清楚 UPS 内部所配蓄电池的情况，如满载工作时间、半载工作时间、蓄电池电压、容量、生产厂家、使用寿命以及质量保证等。

一般情况下，在选择蓄电池后备时间时，通常选取满载工作时间为 10min、15min 或 30min 即可。而长延时 UPS 则由于大容量蓄电池价格昂贵，一般仅在一些停电时间较长的特殊场合选用，此时最好选择有外接大容量蓄电池功能的 UPS（或外接大功率充电器），以确保在市电停电后能长时间供电。

（4）集中供电与分散供电对选型的影响

如果有多台计算机需要 UPS，那么是用一台大功率 UPS 集中供电，还是由多台小功率 UPS 分散供电呢？若负载比较集中，为便于管理，一般是用一台大功率 UPS 集中供电；如果要增加可靠性，可考虑两台同容量大功率 UPS 双机冗余并联供电，当然成本也相应增加；若负载比较分散，且各负载之间比较独立，对供电质量要求较高，并且要求互不干扰，此时可考虑用多台小功率 UPS 分散供电，成本也相对较低。

7.1.2　UPS 的安装

（1）UPS 的安装条件

① UPS 的安装场地与环境。对于场地及环境的选择，既要考虑 UPS 的安全运行，又要考虑负载的实际情况，保证 UPS 运行正常，供电可靠。一般考虑 UPS 安装场地和环境时，要注意以下几个方面。

a. 场地应清洁干燥，UPS 的左右侧至少要保持 50mm 的空间，后面至少要有 100mm 的空间，以保证 UPS 通风良好，湿度和温度适宜（15～25℃最佳）。

b. 无有害气体（特别是 H_2S、SO_2、Cl_2 和煤气等），因为这些气体对设备元器件的腐蚀性较强，影响 UPS 的使用寿命，沿海地区还应防止海风（水）的侵蚀。

c. 外置电池柜应尽可能与 UPS 放在一起。

② UPS 与市电电源及负载的连接

a. 检查 UPS 电源上所标的输入参数，是否与市电的电压和频率一致。

b. 检查 UPS 输入线的相线与零线是否遵守厂家规定。

c. 检查负载功率是否小于 UPS 的额定输出功率。

③ 电缆截面的选择。UPS 一般均安装于室内，而且离负载较近，其走线多为地沟或走线槽，所以一般采用铜芯橡皮绝缘电缆。其导线截面积主要考虑三个因素：

a. 符合电缆使用安全标准；

b. 符合电缆允许温升；

c. 满足电压降要求。

UPS 要求最大电压降为：交流 50Hz 回路≤3%；交流 400Hz 回路≤2%，直流回路≤1%，如果电压降超过上述范围，必须加粗导线截面积。计算方法如下：

先求电流值。

因为

$$P = 3U_相 I_相 \cos\varphi \quad （单相输出者则为：P = UI\cos\varphi）$$

所以

$$I_相 = P/(3U_相 \cos\varphi) = S/(3U_相)$$

如 380V、50Hz、250kV·A UPS 的输出电流为：

$$I_相 = 250 \times 10^3/(3 \times 220) \approx 380 \ （A）$$

查表 7-1 确定导线截面：当输出线约 100m 长时，可选择 185mm² 的铜芯电缆，超过 100m 长时则需加粗些，因为 100m 的线路电压降可达 2.7%。如果输出线在 80m 以下时，可选 150mm² 的铜芯电缆，此时电压降为 3.1×80/100=2.48%。

同理，可确定蓄电池输出线的最小截面积。

直流输出电流 $I = P/U$，这里要注意的是 U 应取最小值。

逆变器输入电压为 362～480V 的 3 相 380V、250kV·A UPS，蓄电池的最大放电电流为：

$$I = 250 \times 10^3/362 = 690 \ （A）$$

所以电池输出线应选 300mm² 以上的铜芯线。

100mm 长回路的电压降比率（铜芯电缆）见表 7-1 和表 7-2，供选用时参考。

表 7-1　三相线路（铜芯导体）的电压降比率（50/60Hz，3 相，380V，导线长 100m）　单位：%

电流	截面积/mm²								
	35	50	70	95	120	150	185	240	300
50A	1.3	1.0							
63A	1.7	1.2	0.9						
70A	1.9	1.4	1.0	0.8					
80A	2.1	1.6	1.2	0.9	0.7				
100A	2.7	2.0	1.4	1.1	0.9	0.8			
125A	3.3	2.4	1.8	1.4	1.1	1.0	0.8		
160A	4.2	3.1	2.3	1.8	1.5	1.2	1.1	0.9	
200A	5.3	3.9	2.9	2.2	1.8	1.6	1.3	1.2	0.9
250A		4.9	3.6	2.8	2.3	1.9	1.8	1.4	1.2
320A			4.6	3.5	2.9	2.5	2.1	1.9	1.5

续表

电流	截面积/mm²								
	35	50	70	95	120	150	185	240	300
400A				4.4	3.6	3.1	2.7	2.3	1.9
500A					4.5	3.9	3.4	2.9	2.4
600A						4.9	4.2	3.6	3.0
800A							5.3	4.4	3.8
1000A								6.5	4.7

表 7-2　直流线路（铜芯导体）的电压降比率　　　　　单位：%

电流	截面积/mm²									
	25	35	50	70	95	120	150	185	240	300
100A	5.1	3.6	2.6	1.9	1.3	1.0	0.8	0.7	0.5	0.4
125A		4.5	3.2	2.3	1.6	1.3	1.0	0.8	0.6	0.5
160A			4.0	2.9	2.2	1.6	1.2	1.1	0.8	0.7
200A				3.6	2.7	2.2	1.6	1.3	1.0	0.8
250A					3.3	2.7	2.2	1.7	1.3	1.0
320A						3.3	2.7	2.1	1.6	1.3
400A							3.4	2.8	2.1	1.6
500A								3.4	2.6	2.1
600A								4.3	3.3	2.7
800A									4.2	3.4
1000A									5.3	4.2
1250A										5.3

（2）UPS 的安装要求及注意事项

UPS 安装前，UPS 供应商会向用户提供完整、详细的 UPS 安装要求与注意事项，只有符合这些要求，UPS 接入用户供电系统后才会正常工作。这里根据 UPS 输入输出的不同类型整理了 UPS 的安装要求与注意事项，在实际应用中，工程技术人员可根据实际情况将相关参数填入空格内发给用户，以使用户按此要求施工（以单相 UPS 为例）。

① 要求 UPS 供电为单相三线制（零、火、地），市电波动范围在 220V±_____% 以内，零地电压小于_____V。

② UPS 前级及负载回路不能安装带漏电保护的断路器。

③ UPS 输入零线不能接断路器或保险（如需要断零线，则零火双断）。

④ UPS 输入零线与输出零线（即 UPS 负载零线）要分开，不能混接。

⑤ UPS 输入火线不能与其他用电设备的火线共接一个断路器下口。

⑥ 输入断路器额定电压_____V，额定电流_____A，分断能力_____kA；输出断路器额定电压_____V，额定电流_____A，分断能力_____kA。

⑦ 输入零、火线用_____mm²、输出零、火线用_____mm²、地线用_____mm² 多股铜软线。

⑧ 用户如为 UPS 外配长延时电池（建议用户将电池与 UPS 主机并排放置），电池与主机之间连线长度不超过_____m。

⑨ 建议用户负载配电采用分级多路控制方式，且下一级断路器总额定容量不应大于上一级的 130%。

⑩ 建议用户为 UPS 及其负载单独设置配电盘，防护等级要达到 IP30。

⑪ UPS 负载插座与其他非 UPS 负载插座要区分开。

⑫ UPS 负载插座零、火线不能接反(左零、右火、上面为地线)。

⑬ 建议 UPS 及电池工作环境干燥,温度在 20℃到 25℃之间。

⑭ 地板的承重不小于_____ kg/m²,安装面积不少于_____ m²。

① 用户为 UPS 提供的输入市电波动值一般要小于 UPS 标称的允许市电波动范围,例如某型号 UPS 标称允许市电输入电压波动在 220V±20%,可要求用户市电波动在±15%,这样有利于 UPS 正常运行;零地电压一般要求在不带负载时小于 1.5V,带满载时小于 2V,工程技术人员也可根据现场情况及负载要求提出此值。

② UPS 为了消除共模干扰,零、火线对地之间通常加有滤波电容,可能造成零、火线上电流不相等,从而使带漏电保护的断路器跳闸。所以 UPS 前级及负载回路不能装带漏电保护的断路器,以免造成 UPS 及其负载意外掉电。这里要指出的是,用户配装 UPS 的主要目的是保证重要负荷(如计算机)的安全运行,同时要保障人员安全,所以不应该对线路中带电部分如插座、断路器等频繁插拔、开合。

③ 从安全用电角度出发,零线(尤其是干线中的零线)不能断开,即使要断,也要零线与火线同时断开。

④ 为了消除电磁干扰,大多数 UPS 的输入零线与输出零线是隔离的或者是经过扼流圈的,所以在做 UPS 配电时不能把 UPS 输出(即负载)的零线接到输入配电的零线母排上。用户可将 UPS 输出(负载)零线接到单独一条零线排上。但有些品牌的 UPS 在其内部输入与输出零线直通,就可把输入零线与输出(负载)零线接到同一母排上。

⑤ UPS 输入断路器是专门用来控制 UPS 输入电源通断的,所以 UPS 输入断路器的下口不要再接其他用电设备,以免影响 UPS 输入电的正常通断。这里要说明一点,有些用户要求 UPS 在市电掉电后,UPS 靠电池后备工作的时间很长,这样,UPS 所配的外接长延时电池的容量很大,为保证外接电池有足够的充电电流(一般为电池总容量的 10%),厂家会给 UPS 另外配备一台电池充电器,此充电器的交流输入电源要与 UPS 的输入电源同时通断,才能保证在有市电时,充电器对外接电池充电,市电断时,电池通过充电器立即向 UPS 逆变器放电。所以这种充电器的交流输入要与 UPS 的输入电源接在同一断路器的下口。

⑥ 在为 UPS 选配输入输出断路器时,首先要求断路器标称的额定电压要符合 UPS 的额定输入输出电压,如单进单出 UPS 可选单极(或 $N+1$,或两极)额定电压为 220V 或 250V 的断路器,三进三出 UPS 可选三极(或 $N+3$,或四极)额定电压为 380V 或 415V 的断路器。要注意断路器的额定分断能力 I_{cu} 要符合 UPS 厂家的要求,一般小型 UPS 断路器的额定分断能力为 10kA 或 6kA,大中型 UPS 都要求在 30kA 以上。

断路器的标称额定电流要大于 UPS 的最大输入电流和输出电流,一般 UPS 厂家会直接给出输入输出断路器的额定工作电流值或 UPS 的最大输入输出电流值,如厂家未在说明书中给出,也可通过以下公式算出:

$$I_{inmax} \approx \frac{P \times PF_{out} + P_C}{\eta_{AC\text{-}AC} \times PF_{in} \times U_{inmin}}$$

$$I_{outmax} \approx P / U_{outmin}$$

式中,I_{inmax} 为最大输入电流,A;P 为 UPS 标称容量,V·A;PF_{out} 为负载功率因数;P_C 为充电功率,:W,如 P_C 值厂家未给出,可通过公式 $P_C \approx U_C I_C$ 计算出,这里 U_C 为 UPS 均充电压,V;I_C 为 UPS 均充电流(或最大充电电流),A;$\eta_{AC\text{-}AC}$ 为 UPS 满载时交流输入至交流输出的效率(是 UPS 带线性满负荷时输出有功功率与输入有功功率之比),

为一常数；PF_{in}为输入功率因数；U_{inmin}为厂家给出的UPS满载工作时允许（不转电池供电）最低市电输入电压；I_{outmax}为UPS最大输出电流，A；U_{outmin}为UPS最小输出电压，V。

在线式UPS是稳压输出的，所以U_{outmin}可取220V。某些在线互动式UPS，当市电输入电压在一定范围之内时（如某型号UPS为192~250V），UPS是直接将此电压输出给负载的，只有在市电输入电压超出此范围时，UPS才将输入电压调整后（如自动升压或降压12%）输出给负载，所以这种情况下UPS最小输出电压应为UPS不做调整时的最低输入电压。

另外，许多厂家都会允许UPS短时过载工作（为UPS标称功率的100%~125%），断路器也允许在过流125%时1~2min后才动作，所以这种过载情况一般不予考虑。

例：一台某型号16kV·A单进单出UPS，其输入电压范围155~276V（满载），输入功率因数0.98，负载功率因数0.7，充电功率1.2kW，满载时整机效率为0.91，那么其最大输入电流$I_{inmax}=(16000\times0.7+1200)/(0.91\times0.98\times155)=89.7(A)$，最大输出电流$I_{outmax}=16000/220=72.7(A)$。此UPS输入输出断路器的额定工作电流可分别选100A和80A。

UPS所带负载（计算机开关电源是整流型负载）通常是感性的，功率因数一般为0.6~0.7，UPS输入端即使加入了功率因数校正电路，但在UPS旁路工作时，由于负载的缘故，输入端也是呈感性的，而感性负载的启动电流较大，所以在选择输入、输出断路器时，其脱扣曲线应选择D类（10~20倍额定电流脱扣）。

有些UPS厂家考虑到断路器在某些情况下可能产生误动作，从而引发输入电和输出（负载）配电的意外断电，所以会要求使用负荷隔离开关或带熔丝的负荷隔离开关。在选取开关和熔丝时，其额定电流也要大于最大输入电流和最大输出电流。

特别值得注意的是，大多数三进单出UPS机型，在转旁路工作时，全部负载是由输入三相电中的一相来负担的，所以在选择输入断路器（多极）时其额定工作电流应不小于满载工作时单相最大输入电流。

⑦对于UPS输入输出连线线径的选取也要参考每相通过的最大电流，考虑到三相设备中，中线上也可能存在三次谐波电流，所以三进单出及三进三出的零线（尤其是UPS的输出零线）线径不应小于A相（三进单出的UPS，A相通常被设定为旁路用电）线径。保护地线线径一般也要求与A相线径相同。

UPS的连接线一般选用BVR线，YZ、YC多芯软橡套线或RVV多芯软塑套线。

电流密度（每mm²截面积内可流过电流强度）可按以下值估算：1.5mm²/8A，2.5mm²/7A，4mm²/6.5A，6mm²/6A，10mm²/5.5A，16mm²/5A，25mm²/4A，35mm²/3.5A，50mm²/3A，70mm²/2.5A，95mm²以上最大不超过2A。

⑧UPS与外接长延时蓄电池之间的连线不宜过长，否则在蓄电池连线上损失的压降比较大。另外，用户往往十分注意UPS主机工作的环境温度，蓄电池与主机一同放置可使蓄电池也得到良好的工作环境。

⑨用户的负载配电最好采用分级多路控制方式。当末端某一支路发生过流或短路保护时，不会导致同一级中其他支路或上一级用电设备掉电，且下一级断路器的总额定电流值不应大于上一级的130%，以避免出现下一级每个支路断路器都没满载或过载工作时（断路器不跳闸），上一级断路器却因过载而跳闸，以至全部负载都失去供电。另外，上一级断路器的脱扣曲线和脱扣时间要大于下一级断路器的脱扣曲线和脱扣时间，以免下一级中支路有尖峰、浪涌或发生短路时上一级断路器先于下一级断路器脱扣，导致全部负载断电。

对于三进三出 UPS 要求用户尽量平均分配三相负载，以避免因 UPS 输出三相中某一相过载而使 UPS 转入旁路状态，降低 UPS 对负载的保护等级。

⑩ 建议用户为 UPS 及其负载单独设置配电盘，以便于对 UPS 及其保护的负载进行集中、可靠的控制。此配电盘所选元器件要符合国家的阻燃和绝缘要求。

第一类防护形式：防止固体异物进入电器内部及防止人体触及内部的带电或运动部分的防护。第一类防护形式的分级方式及定义见表 7-3。

表 7-3　第一类防护形式分级及定义

防护等级	简称	定义
0	无防护	没有专门的防护
1	防护直径大于 50mm 的固体	能防止直径大于 50mm 的固体异物进入壳内，能防止人体的某一大面积部分(如手)偶然或意外触及壳内带电或运动部分，但不能防止有意识地接触这些部分
2	防护直径大于 12mm 的固体	能防止直径大于 12mm 的固体进入壳内，能防止手触及壳内带电或运动部分
3	防护直径大于 2.5mm 的固体	能防止直径大于 2.5mm 的固体异物进入壳内，能防止厚度(或直径)大于 1mm 的工具、金属线等触及壳内带电或运动部分
4	防护直径大于 1mm 的固体	能防止直径大于 1mm 的固体异物进入壳内，能防止厚度(或直径)大于 1mm 的工具、金属线等触及壳内带电或运动部分
5	防尘	能防止灰尘进入，达到不影响产品运行的程度，完全防止触及壳内带电或运动部分
6	尘密	完全防止灰尘进入壳内，完全防止触及壳内带电或运动部分

第二类防护形式：防止水进入内部达到有害程度的防护。第二类防护形式的分级方式及定义见表 7-4。

表 7-4　第二类防护形式分级及定义

防护等级	简称	定义
0	无防护	没有专门的防护
1	防滴	垂直的滴水应不能直接进入产品内部
2	15°防滴	与铅垂线成 15°角范围内的滴水，应不能直接进入产品内部
3	防淋水	任何方向的喷水对产品应无有害的影响
4	防溅	猛烈的海浪或强力喷水对产品应无有害的影响
5	防喷水	任何方向的喷水对产品应无有害的影响
6	防海浪或强力喷水	猛烈的海浪或强力喷水对产品应无有害的影响
7	浸水	产品在规定的压力和时间内浸在水中，进水量应无有害的影响
8	潜水	产品在规定的压力下长时间浸在水中，进水量应无有害的影响

表明产品外壳防护等级的标志由字母"IP"及两个数字组成。第一位数字表示上述第一类防护形式的等级，第二位数字表示上述第二类防护形式的等级。如需单独标志第一类防护形式的等级时，被略去的数字的位置，应以字母"X"补充，如 IP3X 表示第一类防护形式3级，工程技术人员可根据设备安装的场所、位置和 UPS 厂家要求提出防护等级。

⑪ 用户都知道不能将空调、照明等设备接入 UPS 输出端，但如果用户在做 UPS 负载配电时，UPS 负载专用插座与非 UPS 负载插座没有明显的区分标志，就可能造成用户误将非 UPS 负载插入 UPS 负载专用插座中，影响 UPS 的正常运行，所以要在 UPS 负载专用插座上做出明显区别于其他插座的特殊标志。

⑫ 某些需要单相三线制供电的 UPS 负载，在其设备内部，零线与保护地线是接在一起

的，如果 UPS 负载插座的零、火线接反，则有可能造成 UPS 和负载的损坏，所以以用户在做负载配电时一定要检查 UPS 负载插座零、火线的极性，不能接反。对于插座来说，面对插座，以保护地线为起点，按顺时针顺序，依次为地、火、零。对于插头来说，面对插头，以保护地线为起点，按顺时针顺序，依次为地、零、火。

⑬ 对于 UPS 外接蓄电池，正确安装及安全运行的基本条件如下：

UPS 及电池工作环境干燥，温度在 20℃到 25℃之间。

在蓄电池组的充放电回路中必须装有过流保护断路器或熔断器，而且此保护装置离电池越近越好，有些熔断器甚至可以串接在蓄电池组内，这样当蓄电池组的输出线绝缘损坏或输出短路时，蓄电池组的输出电压可被迅速切断。

过流保护断路器或熔断器的额定工作电压（直流）应大于 UPS 蓄电池组的浮充电压，因为虽然 UPS 正常工作时充电器与蓄电池组之间压差不是很大，但如果充电器内部或充电器输出端正负极连线发生短路，那么有可能接近于整个蓄电池组浮充时电压值的电压就会全部加到此断路器上，为了保证此时断路器还能有效分断，此断路器的额定工作电压值一定要大于 UPS 蓄电池组的浮充电压。

过流保护断路器或熔断器的额定工作电流应大于蓄电池组的最大放电电流，蓄电池连接线线径的选取也要参考蓄电池组的最大放电电流，最大放电电流的计算公式如下

$$I_{\text{Batmax}} \approx \frac{P \times PF_{\text{out}}}{\eta_{\text{DC-AC}} \times U_{\text{Batoff}}}$$

式中，I_{Batmax} 为蓄电池组最大放电电流，A；P 为 UPS 标称容量，V·A；PF_{out} 为负载功率因数；$\eta_{\text{DC-AC}}$ 为 UPS 在电池逆变状态下，带纯阻性满负荷工作时，从蓄电池组直流至 UPS 交流输出的效率，为一常数；U_{Batoff} 为 UPS 在电池逆变工作时的蓄电池组关机电压，V。

要注意，某些生产厂家设定在大电流放电时的关机电压值小于小电流放电时的关机电压值，如某型 UPS 直流工作电压为 120V/DC，在 50% 以下负载时，电池关机电压设置为105V，在 50% 以上负载时，电池关机电压设置为 100V。

⑭ 由于 UPS 主机及其蓄电池一般都比较重，应计算地面的载荷能力是否达到 UPS 及其蓄电池重量的分布载荷。安装面积的要求：对于 20kV·A 以下的 UPS，其工作间面积应不小于 $10\sim20\text{m}^2$；对于 $20\sim60\text{kV·A}$ 的 UPS，工作间面积应不小于 20m^2；对于 60kV·A以上的大型 UPS，工作间面积应不小于 40m^2。

对于要求 UPS 24h 不间断运行的用户，为 UPS 单独配置一个维修旁路配电箱是非常必要的。通过对 UPS 及其维修旁路配电箱的正确操作，用户可将 UPS 负载无间断地切换到此配电箱的手动维修旁路上，然后使 UPS 主机彻底不带电，工程技术人员就可安全地对 UPS进行维修。当维修工作完成后，再通过对 UPS 及此维修旁路配电箱进行操作，用户同样可将 UPS 负载无间断地从手动维修旁路切换回 UPS 在线输出回路。维修旁路配电箱的结构及操作方法如图 7-1 和图 7-2 所示（以单进单出式 UPS 为例）。

S_1 为 UPS 输入断路器，S_2 为 UPS 输出断路器，S_3 为 UPS 维护旁路开关。

a. 正常开机顺序（初始状态 S_1、S_2、S_3 均为 OFF）。

（a）将 S_1 扳到 ON，正常启动 UPS；

（b）确认 UPS 输出电压正常后，将 S_2 扳到 ON；

（c）开启负载，此时 S_3 保持 OFF 状态。

b. 转维护旁路顺序（初始状态 S_1、S_2 为 ON，S_3 为 OFF）。

（a）确认市电供电正常，将 UPS 主机切换到旁路状态（内部旁路）；

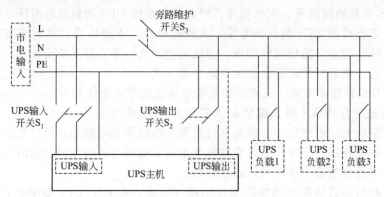

图 7-1 维修旁路原理框图

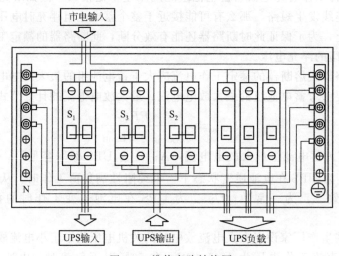

图 7-2 维修旁路结构图

(b) 确认 S_3 上、下口电压差不超过 2V 后，将 S_3 扳到 ON；

(c) 确认负载运行正常后，将 S_2 扳到 OFF；

(d) 将 S_1 扳到 OFF，此时 UPS 设备已与整个配电回路断开，可进行维护。

如果 UPS 不能切换到内部旁路，则需按正常顺序将 UPS 彻底关机，将 S_2 扳到 OFF，S_1 扳到 OFF，此时负载将关闭；如负载还需继续工作，在确认 S_1、S_2 为 OFF 状态后，将 S_3 扳到 ON，然后再开启负载。

c. 转回正常工作顺序（初始状态 S_1、S_2 为 OFF，S_3 为 ON）。

(a) 将 S_1 扳到 ON；

(b) 启动 UPS，确认 UPS 进入旁路状态（内部旁路）；

(c) 确认 S_2 上、下口电压差不超过 2V 后，将 S_2 扳到 ON；

(d) 将 UPS 从旁路切换到在线状态，此时 UPS 恢复到正常工作状态。

7.2 UPS 的使用

7.2.1 UPS 使用方法

由于一般负载在启动瞬间存在冲击电流，而 UPS 内部功率元件都有一定的安全工作区范围，尽管我们在选用器件时都留有一定的余地，但过大的冲击波还是会缩短元器件的使用寿命，甚至造成元器件的损坏，因此在使用 UPS 时应尽量减少冲击电流带来的影响。一般的 UPS 在旁路工作时抗冲击能力较强，我们可利用这一特点在开机时采用以下方式进行：先送市电给 UPS，使其处于空载工作状态，再逐个打开负载，先开冲击电流较小的负载，再开冲击电流较大的负载，然后使 UPS 处于逆变工作状态。应注意：在开机时千万不能将所有的负载同时开机，也不可带载开机。

关机时先逐个关闭负载，再将 UPS 关机，使 UPS 处于旁路工作而充电器继续对电池组充电。如果不需要 UPS 投入，可将 UPS 关闭，再将输入市电断开即可。

后备式 UPS 在市电正常情况下，皆为旁路供电，只能靠输入保险丝来保护；如用户使用时不注意这点而超载使用，虽然市电断电时 UPS 还可继续工作，但当市电异常转电池逆变工作时，就会因过载保护而关机，严重时会造成 UPS 损坏，给用户带来不必要的损失，因此在使用后备式 UPS 时应特别注意不要超载使用。

长延时 UPS 由于采用外接电池组以延长供电时间，所以外接电池的好坏直接影响 UPS 的供电时间。由于长延时 UPS 外置电池和内置电池是分开的，相互之间由电池连线连接，一般正常使用时不会有什么问题，但当用户在装机或移机时就需要进行重新连线，应注意电池连接时电压极性要正确；外置电池与主机之间的连线先不要接上，等 UPS 市电输入产生充电电压后再连接，即 UPS 开机后再接外置电池。

在正确使用的基础上，UPS 还需定期维护与保养，才能更好地延长其使用寿命。蓄电池是 UPS 设备的支柱之一，使用不当容易损坏。因此对蓄电池的正确维护显得尤为重要。要定期（通常为 6 个月）检查 UPS 内电池组的端电压，若电池端电压较低时就需要进行维护。蓄电池组应在 0～30℃的环境中使用，温度过高时，蓄电池寿命将大大缩短；温度过低时，蓄电池可释放的容量将大大减少。蓄电池存放一段时间后要进行充电，对于 UPS 长期处于市电供电而很少用电池供电的情况，要定期让蓄电池进行充放电。蓄电池深度放电时对电池有很大的影响，一般情况下要避免电池深度放电。UPS 中所使用的免维护蓄电池不能用快速充电器来充电，否则将很容易损坏蓄电池。

UPS 不宜长期工作在 30℃以上的环境中，否则会大大缩短电池的使用寿命。不要将磁性介质放在 UPS 上，否则容易导致 UPS 机内信息丢失而损坏机器。此外，UPS 最好不要一直处于满载和轻载状态下运行，一般选取额定容量的 50%～80% 为宜。

在使用 UPS 之前，请用户务必仔细阅读随机的 UPS 用户使用手册。

7.2.2　UPS 应用技巧

所有 UPS 中的蓄电池实际可供使用的容量与蓄电池的放电电流大小、蓄电池的环境工作温度、储存时间的长短及负载性质（电阻性、电感性、电容性）密切相关。为此用户在使用蓄电池时需注意以下几点。

① 蓄电池的过度放电和蓄电池长时间的开路闲置不用都会使蓄电池的内部产生大量的硫酸铅，并被吸附到蓄电池的阴极上，形成所谓的阴极"硫酸盐化"，其结果是造成电池内阻增大，蓄电池的可充放电性能变坏。

② 要想恢复蓄电池的充放电特性，应采用均衡充电法。目前市售容量为 3kV·A 以下的 UPS，蓄电池组的浮充电流大多数控制在 1A 以内。

③ 为保证蓄电池具有良好的充放电特性，对于长期闲置不用的 UPS（经验数据是 UPS 停机 10d 以上），在重新开机使用前，最好先不要加负载，让 UPS 利用机内的充电回路对蓄电池浮充 10～12h 以后再用。对于后备式 UPS 用户来说，若 UPS 长期工作在后备式工作状态时，建议每隔一个月，让 UPS 处于逆变器工作状态至少 3min，以便激活电池。

对于后备式 UPS 来说，当其处于由市电供电的后备工作状态时，虽然它具有抗干扰自动稳压功能，但它不具备输出短路自动保护功能（一般用交流输入保险丝来实现限流）。因此，对这种类型 UPS 用户来说，不得随意加大交流输入回路中保险丝的容量。只有当这种电源处于逆变器供电状态时，它才同时具有自动稳压和输出短路自动保护功能。

对于后备式 UPS 来说，一般都为用户设置如下电位器来调整工作点：

① 调整 UPS 市电供电-逆变器供电工作转换电压的大小；

② 调整 UPS 逆变器输出交流电压的大小；

③ 调整电池充电回路的充电电压的大小。

对在线式 UPS 来说，用户不要轻易地去调整机内电位器，弄不好会造成 UPS 控制线路失调，UPS 无法正常工作。

选购长延时 UPS 时，为保证蓄电池能得到高效利用，提高其有效可供使用的容量及延长蓄电池的使用寿命，应选用具有改进型的恒流充电特性的充电器。如果使用一般的截止型恒压充电器必将导致蓄电池性能的迅速恶化。对长延时 UPS 而言，蓄电池组的成本往往超过 UPS 主机的成本，所以用户应注意到这一点。

如果用户在市电停电期间，使用自备的柴油发电机组供电时，由于柴油发电机组的内阻比市电电网的内阻大得多，因此，有可能导致后备式 UPS 在市电供电与柴油发电机组供电时，UPS 的交流稳压线路的输出电压值有较大差异。在遇到这种情况时，用户应重新调整 UPS 的交流稳压工作点。

对于方波输出的后备式 UPS 来说，其市电供电-逆变器供电的转换时间大约在 4～9ms。这种 UPS 不能百分之百地保证对负载可靠供电，对于这种 UPS 来说，若偶然出现一次故障使计算机的工作程序中断或破坏，即计算机产生"自检"操作并不意味着出故障。因此，方波输出的 UPS 不宜用于重要的计算机网络的供电系统中。

7.2.3 UPS 日常维护

当今的 UPS 系统因其智能化程度高，又采用了免维护蓄电池，给使用带来许多便利，但在使用过程中还应在多方面引起注意，才能保证使用中的安全。

UPS 主机对环境温度要求不高，0～40℃都能正常工作，但要求室内清洁、少尘，否则灰尘加上潮湿会引起主机工作不正常。蓄电池对温度要求较高，标准使用温度为 25℃，平时不能超出 15～30℃范围。温度太低，会使蓄电池容量下降，温度每下降 1℃，其容量下降 1%。其放电容量会随温度升高而增加，但寿命降低。如果在高温下长期使用，温度每升高 10℃，电池寿命约减少一半。

主机中设置的参数在使用中不能随意改变。特别是电池组的参数，会直接影响其使用寿命，但随着环境温度的改变，对浮充电压要做相应调整。通常以 25℃为标准，环境温度每升高 1℃时，浮充电压应增加 18mV（相对于 12V 蓄电池）。在无市电，靠 UPS 系统自行供电时，应避免带负载启动 UPS，应先关断各负载，等待 UPS 系统启动后再开启负载。因负载瞬间供电时会有冲击电流，多个负载的冲击电流再加上其他设备所需的供电电流会造成 UPS 瞬间过载，严重时将损坏变换器，如果可能，最好将多个负载分组，再逐一开启。

UPS 系统按使用要求功率余量不大，在使用中要避免随意增加大功率的额外设备，也尽量不要在满负载状态下长期运行。

由于大功率 UPS 的电池组电压很高，存在电击危险，因此在安装电池连接和输出线时应具有安全保障，工具应采取绝缘措施，特别是输出接点应有防触摸措施。

不论是在浮充工作状态还是在充电、放电检修测试状态，都要保证电压、电流符合规定要求。过高的电压或过大的电流可能会造成电池的热失控或失水，电压、电流过小会造成电池亏电，这都可能影响电池的使用寿命，当然前者的影响更大。

在任何情况下，都应防止电池短路或深度放电，因为电池的循环使用寿命与放电深度密切相关。放电深度越深，其循环使用寿命越短。在容量试验或放电检修过程中，通常使蓄电池的放电容量达到其额定容量的50%即可。

对电池应避免大电流充放电，虽说在充电时可以接受大电流，但在实际操作中应尽量避免，否则会造成充电极板膨胀变形，使得极板上活性物质脱落，内阻增大，温度升高，严重时将造成电池容量下降，寿命提前终止。

UPS的日常维护通常有如下几项。

UPS在正常使用情况下，主机的维护工作主要是防尘和定期除尘。其次就是在除尘时检查各连接件和插接件有无松动和接触不牢的情况。

蓄电池组目前都采用了免维护电池，但这只是免除了以往的测比、配比、定时添加蒸馏水的工作。而外因工作状态对电池造成的影响并没有改变，这部分的维护和检修工作仍然是非常重要的，UPS系统的维护检修工作主要在电池部分。

平时每组电池中应有几只电池作标示电池，作为了解全电池组工作情况的参考，对标示电池应定期测量并做好记录。

蓄电池维护中需经常检查的项目有：清洁并检测电池两端电压、电池温度；连接处有无松动、腐蚀现象，检测连接条压降；电池外观是否完好，有无外壳变形和渗漏；极柱、安全阀周围是否有酸雾溢出。

不能把不同容量、不同性能、不同厂家的电池连在一起，否则可能会对整组电池带来不利影响。对寿命已过期的电池组要及时更换，以免影响到主机。

再好的设备也有寿命，也会出现各类故障，但维护工作做得好可以延长寿命，减少故障的发生，这与人的寿命长短、生老病死是一样的道理。不要因为高智能、免维护而忽略了本应进行的维护工作，预防工作在任何时候都是安全运行的重要保障。

7.3 UPS故障分析

当UPS系统出现故障时，应先查明原因，分清是负载还是UPS系统，是主机还是电池组。虽说UPS主机有故障自检功能，但要维修故障点，仍需做大量的分析与检测工作。

当重要负载的UPS发生故障时，不要盲目关机，应利用其旁路继续供电，然后查明原因，判断故障是发生在负载还是UPS系统中。若是UPS系统故障，再进一步判断故障是在UPS主机还是在蓄电池组。另外，如自检部分发生故障，显示的故障内容则可能有误。对主机出现击穿、断保险或烧毁器件的故障，一定要查明原因并排除故障后才能重新启动，否则会使UPS系统的故障进一步扩大。

7.3.1 故障检修方法

UPS设备作为一种不间断电源，其负载都要求供电不能中断，UPS一旦出现问题，势必影响所接负载，所以UPS操作维护人员必须熟悉所使用的设备，除能对其进行日常维护外，还应能对其常见故障进行及时处理。下面介绍几种排除故障的基本方法。

（1）观察法

观察法是设备排除故障中最简单、最直接、最实用的方法。这种方法是利用人体感官对设备故障进行初始的判断与排除，采用观察法检测故障时，可以从简单到复杂，从外部到内部，再根据适当的经验积累，对故障高发电路或部位进行重点检查，则必然起到事半功倍的效果，观察法重点体现在看、听、嗅、摸四个方面。

"看"是接触故障的第一步，它包括：一看设备有无外物搭接引起的短路；二看设备有无断路情况，或者有无严重损伤或折断的导线，特别要注意导线或其他元器件的绝缘部分是否受到严重损伤；三看有无元器件发生变形或开裂；四看设备的连接螺钉有无松动、各接插件的接触是否良好；五看有无烧焦、烧黄、发黑或冒烟的情况。看的内容还包括接触器、继电器的吸合情况、各种指示灯的亮暗情况、电解电容和交流电容的爆裂情况等，通过看可以发现相当一部分的故障，以便使设备尽早恢复工作。

"听"就是听设备在运行过程中有无异常声音，UPS设备在运行过程中接触器、继电器的吸合会发出声响，变压器、电抗器和其他带电线圈工作时都会发出特有的声音，这些声音都有一定的规律和节奏，如果这些元器件发生故障时，其声音都会发生变化，根据这些变化可以发现UPS设备故障之所在。

"嗅"就是在一定范围内利用人的嗅觉器官去感知设备，如导体或某些元器件的绝缘外层因通过电流过大而烧焦或脱落后，产生一种刺鼻又难闻的气味，因而在一定范围内这种异常气味可提醒维护人员设备运行出现了异常情况，仔细查找怪味发生源即可排除故障。

"摸"就是使用手与一些易出现故障的元器件或经过判断可能引发故障的元器件相接触，从而帮助操作维护人员发现并排除故障，例如：对于所怀疑的虚焊或冷汗故障，可通过轻轻触及或轻轻摇动来发现，对于温度的感知，可凭经验来判定。UPS发热元件较多，设备工作时有电流流过，部分元器件的温度会上升，只要温度不超过允许值，设备的工作状态将不受影响。但若发现某处元器件发热过度，温度突然升高，则设备可能出现了故障或将要发生故障，这时我们可以根据热源查找故障，分析原因。"摸"在平时工作中要积累一定的经验，但也不可随意乱动，对温度、电压较高或其他不便于触摸的地方，不可轻易乱动，防止伤及人身或影响设备的正常运行。

总之，观察法可直接、快速地对故障给予处理，其中的"看、听、嗅、摸"方法并非相互独立，使用时可单独使用一种，也可将其结合起来使用，例如因短路电流过大造成某导线烧焦，则可通过看来发现其颜色的变化，也可通过嗅来感知异味的传播，发现故障源。

最后要说明的是：对于一些故障率高的电路应重点观察。

（2）分级压缩测试法

在UPS故障检修中，尽管观察法较行之有效，但有许多故障是不能被观察法所发现，必须通过一定的测试手段来判断，才能查清故障原因并采取必要的压缩方法，以便将故障范围缩小，直到排除故障。

分级压缩是对一些范围不明确的故障先进行分析判断，再逐级测试，压缩查找。根据设备故障类型的不同或个人检修方法的差异而存在不同的压缩法。比如，有中分＋测阻法，中分＋测压法等等。这些方法都离不开静态和动态两种方法。静态用测阻法，检查电路是否正常，最后把故障压缩到点；动态通过设备工作时检测相关电路的电压、波形是否正常，来压缩故障。这两种检修方法都是通过采用分段压缩方法来提高检修速度的。

采用分段压缩的检修方法就是通过测试一些电压值、电流值和波形，来分析确定相关电路是否异常。因此检修人员要能熟记和正确测试一些重要工作点的正常波形、电压值与电流值的范围，一般的重要工作点有：交流电源输入端、整流器的输入（出）端、逆变器的输入（出）端、滤波装置的输出端、蓄电池的输出端、大功率开关器件及各印刷电路的工作电源等，其次是各控制电路中的有关电压点、波形点，将测试情况与正常值比较，就可分析故障的范围，有经验者还可根据异常情况变化的大小来判断故障的类别，更快地排除故障。

对电压值、电流值及波形的测试，如果对正常值不清楚，如条件许可，可测试工作正常的相同设备对应点的电压、电流以及波形。两者进行比较来分析判断故障。

（3）其他特殊方法

对于某些特殊的故障现象或故障点用普通的方法较难排除，我们就可利用一些特殊方法进行检查压缩。例如，一些冷焊、虚焊、触点磨损、氧化、锈蚀等引起的接触不良，易造成 UPS 设备运行时好时坏，当其出现异常时，检修人员检查压缩到那里，故障有可能突然消失，像这种间歇性的故障，一般用轻敲振动法检查比较奏效。轻敲振动法要注意敲击振动不能过重，对某一部分怀疑，不能因敲击该部而引起其他地方振动过大，更不能因敲击过重引发新的故障，只能适度地进行。敲击时，不能用金属物体，要防止刮痕或引起短路。

UPS 设备可能因环境温度的升高或设备内部本身工作温度的升高而导致系统运行出现故障，停机一段时间后，随着温度的降低而重新开机，设备又可正常工作。但随着工作温度的升高，设备又出现故障，像这类因温升而出现的异常现象，最好的检修压缩方法就是采用局部加热法，局部加热法是指对设备进行排障压缩时，对某些有疑问的局部采用加热手段，人为使其升温来进行检查的方法，热源可以用安全加热体或电吹风等，局部加热时，如果系统出现故障，表明热性能已坏的那只元件就在加热区，局部加热时，对温度应适当控制，不能太低，低了效果差；也不能太高，过高易损坏元件，人为造成新故障。

对于某些复杂故障，尤其是对某些元件内部工作原理不甚了解的情况下，当检查压缩至一级或某一段时，怀疑某些元件出了故障，这时我们可采用替代法进行判断，替代法适用于同一块印刷电路板，同一电路单元或某个具体元器件。例如当对某个元件的正常与否持怀疑时，可用同型号、同规格的元件替换上去。看设备故障现象是否消失，对于一些难以进行型号规格判断的元器件，我们可以采用相近的元器件替代使用，能消除故障现象的则说明故障确实在此。替代法应用范围非常广泛，特别是常用于那些无参考电路图纸，又无具体参数指标的进口 UPS 设备。

UPS 故障的检修方法多种多样，在此不可能总结得很详细，要靠大家在实际排障过程中去不断完善，总结出一套适合自己思维方式的维修方法。

7.3.2　UPS 常见故障

一般情况下，UPS 主板的常见故障有不并机、不逆变、不稳压、不充电、不能使用市电、蓄电池故障、电容故障、干扰故障、死机等几种。在检修 UPS 时，应首先检查蓄电池，其次是主板电路。当确定主板电路故障后，应先查市电稳压供电电路，然后查逆变电路。

（1）不逆变

不逆变是指 UPS 用市电能正常工作，但市电中断时蓄电池直流电压不能转变为 220V（或 380V）交流电压。遇到这种情况时，应首先测量蓄电池电压，因为若蓄电池电压过低，控制电路检测到蓄电池电压过低信号后，就会中断逆变电路工作；其次检查辅助电源是否正常以及逆变管和驱动管有无损坏；最后检查输出保护电路。一般情况下，通过上述步骤即可检查到 UPS 的故障点，并予以排除。

（2）不稳压

对于非在线式 UPS，不稳压分为交流输入时输出不稳压和逆变输出不稳压两种情况。当市电输入时，输出稳压过程是通过调压电路控制继电器与变压器的不同抽头进行连接来实现的；逆变输出电压的稳压过程是通过检测逆变器反馈电压高低来控制方波信号的脉冲宽度来实现的。如果 UPS 出现不稳压故障，只要检查相应的调压控制电路即可。

(3) 不充电

不充电故障在市电不经常中断的环境里比较难发现，而它的危害很大，很可能使蓄电池因长期得不到充电而提前报废。判断此故障的方法很简单，只要断开充电电路与蓄电池的连接，通过测充电电路的空载电压即可判断。正常时，对单块 12V 的蓄电池来说此电压为 13.5V，串联的两块蓄电池是 27V，若此电压不正常，就应检查充电电路及相应的控制电路，特别是与此相关的控制电路；当市电电压过低或中断时，充电电路在控制电路的作用下会停止工作；控制电路有故障而误动作，也会使充电电路不工作。

(4) 不能用市电

逆变输出正常，用市电输入时无输出。遇到此类故障时应首先检查市电检测电路，因为当市电检测电路检测出市电电压过低或过高时，就会发出相应信号给控制电路，使控制电路发出控制脉冲，切断市电输入通路，并使 UPS 处于逆变状态。当检测电路正常后，最后检查继电器转换电路。由于机型不同，其控制关系和保护电路类型也千差万别。此处同一故障现象的原因还有很多，但根据经验，其检查方法都基本相同。

(5) UPS 不能正常启动

在正常情况下，在线式 UPS 只要合上输入开关便自动工作在旁路供电方式，这时负载由市电直接提供电源。当 UPS 启动一段时间后自动由旁路供电转为逆变器供电（正常工作方式）。若不能正常启动，代表电池或逆变器有问题，检查电池或逆变器即可找出原因。

UPS 不能正常启动的原因除机器内部的因素外，首先应检查输入电压是否正常，对三相输入的 UPS，还要检查是否"缺相"。因为在 UPS 内部有一个检测电路对输入电压进行实时监测，若存在"缺相"，输入电压的三相平均值必然低于正常值的下限，检测电路便发出信号封锁 UPS 的正常启动；若检查输入电压正常，UPS 仍未正常启动，则对于单相输入的 UPS 要检查输入电压的火线与零线接线是否接反，对于三相输入的 UPS 则要检查其输入电压的相序是否正确。

(6) UPS 在运行中频繁地转换到旁路供电方式

UPS 正常工作转到旁路状态通常有 3 种原因：一是 UPS 本身出现故障；二是 UPS 暂时过载；三是过热。如当 UPS 本来负载就比较重，再启动其他负载，UPS 就会因"过载"而转到旁路，等负载冲击电流过去后，UPS 又自动转换到正常工作方式。这种情况的频繁出现对 UPS 的稳定工作是不利的，应做相应处理。

例如，微机在开机瞬间的负载电流比较大，随着加电时间的延长，其负载电流逐渐趋于正常值。经计算，微机在开机瞬间的负载电流约是正常工作时的 2~3 倍。这样的控制方式在加载的瞬间必然造成 UPS 过载而转换到旁路。为了避免其发生，应在 UPS 正常工作情况下逐步增加负载，分散负载同时启动的冲击电流。

此外，对比环境温度及 UPS 显示屏上显示的温度，有助于判断是否因温度异常而使 UPS 频繁地转换到旁路供电方式。

(7) 当市电中断时，UPS 也自动停机

当市电中断时 UPS 立即关机，是因为蓄电池不能维持对负载的供电，从而造成负载供电中断。这时，由于蓄电池失效或性能严重变坏，以致当市电中断时蓄电池没有足够的能量来维持对负载的供电，此时只要更换不良蓄电池就可恢复正常。在检查蓄电池时，不能以测量蓄电池空载时端电压的高低来衡量其好坏，而应让蓄电池稍带负载，视其端电压变化情况而定。当蓄电池失效或性能严重变坏时，其空载端电压虽然基本正常，但只要放电，其端电压就会大幅度下降，下降幅度往往超出蓄电池的允许范围。检查蓄电池时，蓄电池带的负载值与蓄电池容量有关，推荐以蓄电池额定容量的 70% 作为放电电流值。

7.3.3　UPS 人为故障

所谓"人为故障"是指由于人们的不恰当行为所导致或错觉所认为的故障，有些是真正的故障，而有些却根本就不是故障。UPS 的人为故障大致可分为：怀疑故障、经验故障、知识性故障、交接故障、操作故障、环境故障、延误故障、选型故障及维护故障等。

（1）怀疑故障

顾名思义，所谓怀疑故障，实际上不是故障。这种情况通常是由于值班人员的错觉引起的。如在双机并联冗余 UPS 系统正常工作时，值班员打开机柜前门，突然发现一控制板上有两盏灯亮了，而在他的印象中应该是亮一盏，于是他认为 UPS 出现了故障，慌忙将这台 UPS 的逆变器关闭，急招厂家来修。维修工程师到场后发现 UPS 启动后一切正常，值班员认为故障的那台 UPS 控制板仍有两盏指示灯亮，原来这台 UPS 作为主机运行时就应该点亮两盏灯，当作为副机运行时才点亮一盏灯。这种情况的出现多半是由于原来经过培训的值班员不在场，或者与未经正规培训的值班员轮流值班所致的。

（2）知识性故障

这类情况的出现主要是由于某些用户缺乏基本的理论知识所致。这样的例子很多，而且用户也同样当成真正的故障，要求商家修理或赔偿。比如有一台三相 30kV·A 的 UPS 向一台新购置的设备供电，设备接入后发现该设备中一个电源模块被烧坏。于是用户确认是由于 UPS 的三相电压"零点漂移"所致的，并向 UPS 商家交涉，说 UPS 有问题，需要马上检查或更换。既然用户提出这样严肃的问题，供应商当然要认真对待。经过对 UPS 三相输出电压的检查，为 220V、219V、219V，对称性很好，零点并未漂移。新设备电源模块的损坏是因为其质量有问题，经更换后再也没有出问题。

一般地说，三相电压差值小于 2% 可忽略不计。目前大多数 UPS 都具有三相负载 100% 不平衡时，其相电压不平衡度小于 2% 的自动调节能力。所谓三相负载 100% 不平衡，是指在 UPS 三相输出中其中一相或两相满载（即每相带满 1/3UPS 额定容量），而另两相或一相空载时的情况。比如 30kV·A 的 UPS，一相的满载值是 10kV·A。并不像有些人理解的那样：一相电流为 1A，另一相电流为 2A，就认为它们的不平衡度是 50%，实际上不能这样理解。反过来说，如果一相的电流为 1A，另一相电流为零呢，岂不是它们的不平衡度也是 100% 了！从字面上理解是对的，但从定义上看并非如此。

又如，有的用户给 UPS 配的是工作寿命为 3～5 年的电池，而用电环境的温度在夏天经常超过 30℃，而且使用两年多市电从未停过电，装机后也从未放过电，电池的状况可想而知，恰在此时市电停电，电池的放电时间不到额定时间的 1/3 就停机了。这主要是用户没有按照 UPS 操作说明书上的相关要求，定期维护蓄电池所致。

（3）操作故障

为了 UPS 安全可靠的运行，各种产品都有自己的一套安全操作程序，并写进说明书以供用户参照执行。按照这个程序操作，就能保证 UPS 安全运行，否则就有可能出问题。可有的用户按照自己的理解任意操作，结果有时就出了问题；也有无意识的操作故障，比如在维修期间因拆卸某一器件时不小心将邻近的器件碰坏而未被发现，再次加电时形成二次故障；在检查故障时测量用的表笔探头误将某两点短路；连接外部电池时误将正负极搞错，则会击毁逆变器；有一个或几个电池连接端未拧紧或电池开关忘了闭合，在市电故障时因电池放不出电而停机；输入/输出连线未拧紧，会造成交流电故障的假象；供电局进行线路改造或维修时将原来的相序搞错，会导致 UPS 无法启动或切换失败；UPS 加电后忘了启动逆变器，在市电断电时会导致停机故障；由于值班人员在机房内或附近值班室乱放食物而招来老鼠，啃咬电缆或窜入机内导致故障；或者由于机箱不严密，蜥蜴钻入机器将电路板某些部位短路，形成故障；无屏蔽的远程信号电缆与交流功率线并行走向，发生耦合干扰而导致故障等。

（4）延误故障

由于值班人员的疏忽未及时发现故障苗头，或发现了并未及时处理而导致的故障。也就是说这类故障如果及时发现、及时处理就可避免后来的故障。

比如在 UPS 双机并联冗余系统中，负载被均分到两台机器上，有的 UPS 有时会由于某种条件的巧合而导致其中的一台逆变器关机，这时的负载就被转移到未关机的那一台 UPS 上，这种情况都会显示在面板上，如果值班人员及时发现，只要将关机的那一台逆变器启动按钮重新按一下，将逆变器启动即可。如果值班人员未及时发现，当市电中断时，就变成单机供电，一来过载能力减弱，二来电池后备时间减半（在每一台 UPS 均有相同容量的电池时），此时一旦过载，就会全部停电。

又如电池在不理想的情况下运行时，尤其是长期没有充放电，应加强监视，一经发现有容量明显降低的电池，应立即更换。再如在车载或舰载 UPS 中的保险丝和接插件由于不停地振动，容易松动，从而造成故障；熔丝由于长期处于加电运行中，因发热而软化并在振动时使中间下垂弯曲，这时如果不及时更换，随时都有断裂的可能，造成不应有的故障。

（5）维护故障

对 UPS 的定期维护是必要的，但这种维护应当有一套严格的程序。

不按要求定期或不定期维护机器是导致故障的重要原因。比如有的 UPS 长期不维护不保养，因此发现机器工作不稳定或停机或无法启动，只好请求修理。待打开机壳一看，夹杂着导电离子的尘埃充满了全机，覆盖了电路板，混合着水蒸气，破坏了电路的正常工作状态，而用吹风机将这些异物清理掉，机器一切恢复正常。

另一方面在维护中出现的问题还有：在 UPS 维修完毕，维修人员将交流市电加到输入端，而忘了启动逆变器或闭合电池开关，等到下一次市电停电时，UPS 因逆变器未启动或无电池电源而关机；电池组因环境关系已有相当一部分损坏时，用户不恰当地仅仅将明显有问题的电池更换，待下一次市电停电时，有可能因未被更换的电池中有一个断极而放不出电，或即使能放出电，也会因原来旧电池的影响，在容量上大打折扣，新电池的容量不但得不到充分发挥，反而会使寿命缩短；更换电池后，忘了将连接端拧紧，到使用时也会放不出电来。

如果维修后将工具、元器件、螺钉、螺母、垫圈遗忘在机内，或未将插头座紧固等，都会导致故障。

（6）经验故障

经验是宝贵的财富，然而在解决问题时还应具体情况具体分析，否则单凭经验的一概而论，往往会出问题。比如一次，有一个具有甲种品牌 UPS 经验的用户去操作乙种品牌的 UPS，也不看说明书，就着手进行直流启动，因为他熟悉的 UPS 都可直流启动，即使启动不了他也有办法。哪知这台机器本身就没有直流启动功能，当然启动不了，于是他就打开机箱用螺丝刀见继电器就捅，逆变器果然开始启动，但马上又冒出一股白烟，功率管就这么损坏了。他不知道具有直流启动功能的 UPS 在启动时是有一定程序的：直流启动开关合上后，控制电路工作状态首先建立，待正常后，才去驱动逆变器功率管，达到正常启动的目的；但在这里因无直流启动功能，控制电路工作状态正在建立过程中的同时逆变器也在启动，过渡过程的不稳定状态导致逆变器同一臂上的两个功率管同时导通而烧毁。

(7) 交接故障

这类故障主要是由于值班人员不了解情况而造成的。比如有一家证券公司，购置了双机热备份连接的 UPS，延时总共为 4h（即每台 UPS 延时为 2h），不到一年，该公司搬家时未通知该 UPS 厂家就擅自将系统拆成两个单台 UPS 使用，使原来的 4h 延时变成了单台 2h 延时。不久后，一次市电较长时间的停电使该公司遭受了严重损失。

习题与思考题

1. 简述选择 UPS 应考虑的因素。

2. 简述 UPS 电缆截面选择的方法与步骤。

3. 简述 UPS 的使用方法。

4. 简述 UPS 的常见应用技巧。

5. 简述 UPS 日常维护过程中的注意事项。

6. 简述常用的 UPS 故障检修方法。

7. UPS 的常见故障有哪些？UPS 在运行中频繁地转换到旁路供电方式的可能原因有哪些？简述其故障排除方法。

8. 常见的 UPS 人为故障有哪些？简述产生操作故障的原因。

第 **8** 章

科华UPS实例剖析

　　科华数据股份有限公司（以下简称科华公司）创立于 1988 年，三十多年来专注电力电子技术的研发与设备制造。科华公司拥有信息设备用 UPS、工业动力用 UPS 等数十个系列产品，产品容量覆盖 0.5～1200kV·A，广泛应用于金融、工业、交通、通信、政府、国防、医疗、云计算中心等行业，服务于全球 100 多个国家和地区的用户。本章主要讲述科华公司目前市场占有率较高的高频在线式 KR11 系列、KR33 系列、工频在线式 FR-UR33 系列和高频模块化 MR 系列 UPS 的性能参数、技术特点、工作原理及其使用与维护等方面的内容。

8.1　科华 KR11 系列小型 UPS

　　科华 KR11 系列 UPS 是 1～3kV·A 小型 UPS，主要包括六种机型：KR1000、KR1000L、KR2000、KR2000L、KR3000、KR3000L。

8.1.1　性能参数

　　科华 KR11 系列主要性能参数详见表 8-1。

表 8-1　科华 **KR11** 系列 （1～3kV·A)小型 **UPS** 性能参数

指标		型号					
		KR1000	KR1000L	KR2000	KR2000L	KR3000	KR3000L
输入特性	电压范围/V	176～295V(AC)可以带 75％以上负载；154～176V(AC)可以带 75％以下负载；120～154V(AC)可以带 50％以下负载。					
	频率范围/Hz	50/60±10％(50/60 自适应)					
	输入方式	单相三线					
	电池电压/V	24	36	48	72	72	96
输出特性	容量/(V·A/W)	1000/900		2000/1800		3000/2700	
	电压/V	220±2％					
	频率/Hz	50/60±0.2％(电池模式)					
	波形	正弦波					
	电压失真度	THD<3％(线性负载)					

指标		型号					
		KR1000	KR1000L	KR2000	KR2000L	KR3000	KR3000L
输出特性	功率因数	0.9(环境温度30℃以下时,可以通过串口指令设置为1.0)					
	切换时间/ms	0					
	过载能力 小过载1min	≤1300V·A/1040W		≤2600V·A/2080W		Load≤3900V·A/3120W	
	过载能力 中过载1s	1300V·A/1040W<Load≤1500V·A/1200W		2600V·A/2080W<Load≤3000V·A/2400W		3900V·A/3120W<Load≤4500V·A/3600W	
	过载能力 大过载200ms	>1500V·A/1200W		>3000V·A/2400W		>4500V·A/3600W	
机械部分	尺寸(宽×深×高)/mm	145×360×225		190×400×330			
	质量/kg	9.2	4.5	17.7	8.5	22.9	9.2
其他特性	备用时间	满载3min	长延时任意配置	满载3min	长延时任意配置	满载3min	长延时任意配置
	充电恢复时间	标准型<10h,长延时型取决于外接电池组容量					
	通信界面	RS232接口支持UPS电源管理软件					
	面板显示	LCD显示UPS的运行状况					
	报警功能	电池低压,市电异常、UPS故障、输出过载					
	保护功能	过载保护、短路保护、过温保护、输入过压保护、电池欠压保护					
	音频噪声/dB	<50				<55	
	工作温度/℃	-5~40					
	相对湿度	0~95%,无冷凝					
执行标准		YD/T 1095—2018					

8.1.2 技术特点

① 全数字控制技术。先进的DSP控制技术,数据处理精确迅速,具备快速的故障自我诊断和处理能力,自我保护功能完善,可靠性更高。提高电路集成度,优化电路设计,提高抗干扰能力,性能更加稳定。

② 超强电网环境适应性。超宽的电压输入范围,能适应不同使用环境的电压范围,轻松应对恶劣用电环境。输出208/220/230/240V(AC),兼容性强,更具灵活性满足多国家负载供电需求。输入频率50/60Hz自适应,时刻感应电网频率,智能免设置。市电优先,避免频繁市电/电池切换,延长蓄电池工作寿命。

③ 完美兼容发电机。适应发电机作为交流源输入,有效隔离发电机产生的不良电力,避免电网污染,为负载提供纯净、安全、稳定的电源。

④ 绿色安全。所有器件均符合国际环保RoHS标准,绿色无害,品质保证。可靠的电磁兼容特性,通过权威机构认证,可以适合高频通信、广电声像系统场合的专业应用。具备泰尔认证、抗震认证与网络安全认证等权威机构认证。

⑤ 完善的告警保护功能。开机自动自我检测,隐性故障及时发现,保障设备安全,避免不必要的损失。完善的保护告警功能,第一时间发出声光报警,并切断危害。可支持输入零火线侦测功能,避免零火线反接发生火灾,保障人员财产安全。具有输出过压保护、电池欠压保护、输入过压保护、三重过流保护等功能,克服了以往高频化UPS对电网适应性差和抗冲击能力弱的缺点。

⑥ 绿色电源双向保护。输入功率因数>0.99，输入电流谐波<5%，电能利用率高，有效避免额外能量损失，消除对电网污染，降低耗能费用。

⑦ 卓越性能优异指标。本系列产品符合国家行业标准 YD/T 1095—2018 通信用不间断电源 UPS 一类产品标准。采用业界先进的高效三电平技术，整机满载效率高达 95%，极大地节省了能量消耗，大幅减少客户运行成本。输出功率因数最高可达 1.0，业界领先，同等功率下，带载能力更强，性价比更高，系统投入成本低。高功率密度，结构设计更加优化，体积更小巧，降低用户空间成本。电池配置灵活，6～10kV·A 支持 16～20 节任意配置，全生命周期提升电池利旧能力与维护效率。

⑧ 蓝光大 LCD 高清显示（如图 8-1 和图 8-2 所示），完美视觉体验。采用蓝光大 LCD 显示，黄金比例视觉效果，图形化、流程化显示，提升用户体验。参数信息显示丰富，工作状态一目了然，方便用户设备管理。支持主机温度显示，方便监测温度状况，设备安全更为可控。机架式产品具备可旋转显示界面，完美支持立式与卧式安装。

图 8-1　塔式蓝光 LCD

图 8-2　机架式蓝光 LCD

⑨ 智能风机高效制冷。多种模式智能调节转速，延长风机使用寿命，进一步提高整机效率，降低损耗。降低整机噪声，为客户营造绿色舒适的工作环境。

⑩ 丰富的干接点信号和通信功能。通信功能标配 RS232，可支持 USB、SNMP、干接点、EPO 等。多种通信方式实现计算机与不间断电源的智能监控，满足客户远端管理需求完善的通信管理功能。

⑪ 智能电池管理。支持来电自启动功能，一旦市电恢复即可自动连接用电设备。支持电池温度补偿，延长电池使用寿命。

8.1.3　工作原理

UPS 工作原理框图如图 8-3 所示。DC/AC 逆变器采用三电平拓扑结构，DC/DC 升压采用类推挽电路或 BOOST 升压电路。PFC 是有源功率因数校正电路。其工作原理如下。

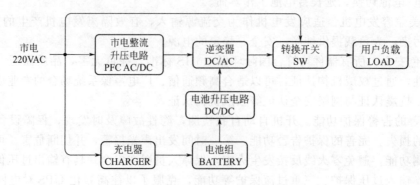
图 8-3　科华 KR 系列 UPS 结构框图（1～3kV·A）

市电态：UPS开机后，市电经过 PFC "AC/DC" 电路，将交流电压升为±360V稳定的直流电压，再通过 "DC/AC" 逆变电路，逆变成交流电压后，经 "转换开关" 输出给负载使用；同时市电通过 "充电器" 实现对电池的充电功能。UPS关机后，UPS停止 PFC 和逆变工作。此时，如果旁路电压符合可工作范围，UPS将通过 "转换开关"，把旁路电压通过 "转换开关" 输出给负载。

电池态：当UPS处于市电运行过程中，市电意外掉电或者其他异常情况，UPS快速判断出市电异常信息，立即启动 "DC/DC" 工作，将电池电压升压为±360V的直流电压，提供给 "DC/AC" 逆变使用；市电零切换到电池工作。当市电电压恢复正常时，UPS将关闭 "DC/DC" 电路，并同时开启 "AC/DC" 工作，此时 UPS 工作模式从电池态零切换回市电态工作。

① AC/DC电路工作原理。其工作原理框图如图8-4所示，二极管 VD_1、VD_2 组成单相全波整流电路。电感 L_1、开关管 VT_1、二极管 VD_1 组成市电正半周的升压电路；电感 L_1、开关管 VT_2、二极管 VD_2 组成市电负半波的升压电路。

② DC/AC电路工作原理。其工作原理框图如图8-5所示，采用的是三电平拓扑，将正负母线转变为交流输出。逆变采用 I 型三电平拓扑，开关损耗低、电感纹波小，提升效率的同时实现电感、散热部件的小型化，同时降低输出电容纹波。

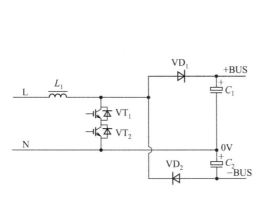

图8-4　PFC拓扑电路

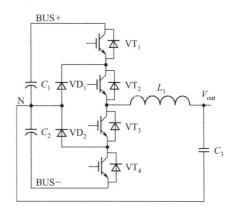

图8-5　三电平拓扑电路

③ 电池充电电路工作原理。其工作原理框图如图8-6所示，采用的是反激式充电电路，将市电通过单相桥式整流后，变为直流电压，然后通过变压器隔离变换，输出较低的充电电压给蓄电池充电。

④ 电池升压电路工作原理。其工作原理框图如图8-7所示，采用的是推挽电路，将低电压的电池电压，通过变压器隔离变换，输出较高的直流电压，提供给 DC/AC 逆变使用。

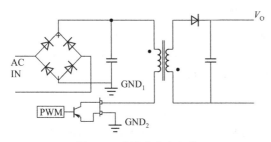

图8-6　反激式充电电路

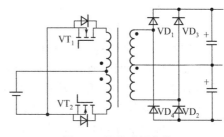

图8-7　推挽升压电路

8.1.4 使用维护

(1) 预防周期性维护

为了提高 UPS 运行的效率和可靠性，建议定期完成以下维护操作：①定期使用干布清洁 UPS，请勿使用液体或喷雾清洁剂，清洁前需关闭 UPS。②定期检查输入、输出电缆接线端子接触是否良好。③定期检查排热风扇的工作状态，防止被杂物堵住出风口。如有损坏，应及时更换。④定期检查电池电压及 UPS 系统的工作状态，确保及时发现故障。

(2) 电池维护

电池的寿命取决于环境温度与放电次数。长期高温下使用或深度放电都会缩短其使用寿命。使用前，请先充电 10h。在充电期间，仍可开机使用本机，但若同时发生停电，该次放电时间可能少于标准值。正常使用时，电池每 4 至 6 个月充、放电一次，放电至电池欠压关机后再充电。在高温地区使用时，电池每隔 2 个月充、放电一次，标准机充电时间每次不得少于 10h。若长期未使用 UPS，建议每隔 3 个月充电 10h 以上。正常情况下，电池使用寿命为 3 至 5 年，如果发现状况不佳，则必须提早更换，电池更改必须由专业人员操作。

(3) 常见故障 （详见表 8-2）

表 8-2　科华 KR11 系列 （1～3kV·A） 小型 UPS 常见故障

故障现象	可能原因
市电未停电,开机以后 UPS 输出正常,但处于电池逆变状态,蜂鸣器间歇鸣叫	检测 UPS 交流输入线路各个接点、插座等接触是否良好;查看 UPS 面板 LCD 显示的市电输入电压幅值或频率是否超出 UPS 允许的输入范围;排查 UPS 后板中过流保护器是否弹起,如有则重新按下过流保护器开关
UPS 安装完毕以后,合上电闸会烧保险或跳闸	UPS 输出短路或者输出的三根线接错
开机后显示和输出正常,但接入负载立即停止输出	UPS 严重超载或输出回路短路,应减轻负载至合适量或查明短路原因。常见的是输出转接插座发生短路或者设备损坏后发生输入短路故障。没有按照负载从大功率设备→小功率设备的开机顺序启动负载,应重新启动 UPS,待 UPS 稳定后,先启动大功率设备,依次启动较小功率的设备
蜂鸣器长鸣故障灯亮,UPS 转由旁路供电	输出负载过载,超过 UPS 额定功率,应减轻负载或选用更大功率容量的 UPS。如果由于负载开机冲击引起暂时旁路并自动恢复,则仍属正常工作。UPS 过热保护,排查 UPS 的进风和出风通道是否被堵塞;或者 UPS 工作环境温度是否超出允许范围
UPS 平时正常工作,停电时没有转换到电池供电,或转到电池供电后很快电池欠压保护	电池老化,容量减少,需更换电池;电池充电器故障,平时无法对电池充电;电池连接线未接好或接线端子接触不良
UPS 负载为电脑操作时,一切均正常,但停电后 UPS 正常操作而电脑死机	接地工程不良,由于零线与地线浮动电压太高的影响

(4) 典型故障分析

下面以 KR3000L 为例，分析一个典型故障的检修过程。

故障现象：市电状态，UPS 开机延时后故障长鸣；电池状态，开机可正常逆变。

初步排查：电池状态测量，机内基础工作电源及各驱动信号均正常，电池状态测试，可正常升压及逆变，证明电池升压及逆变电路可正常工作；市电状态测试，驱动信号均正常，但在升压试逆变时，UPS 开机延时后故障长鸣。

二次锁定故障范围：上市电，测量正负 BUS 母线缓冲电压基本为 0V，且市电输入继电器不吸合，分析测量相应信号，发现市电输入继电器 RLY_1 无供电电压，故而无法吸合，测量 RLY_1 的供电线圈＋12V 对地电压为＋12V（正常），测量 RLY_1 的控制线圈信号 INR-

LY_1+ 也为 $+12V$（异常），往前级逐步排查到主板芯片电压 $0V$（正常），怀疑继电器的控制线圈 $INRLY_1+$ 与主板控制信号芯片连接的线路开路，于是下电测量，发现功放板此段线路的正反面连接点孔化开路（如图 8-8 所示）。

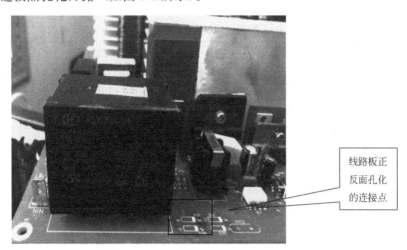

图 8-8 功放板的正反面连接点孔化开路

修复过程：用导线将孔化的线路进行连接（如图 8-9 所示），上市电，继电器 RLY_1 延时后吸合，正负 BUS 母线电压缓冲至 300V 左右，开机试升压正负 BUS 稳定在 365V 左右，延时后正常逆变，旁路切逆变输出，带载调试，设备恢复正常。

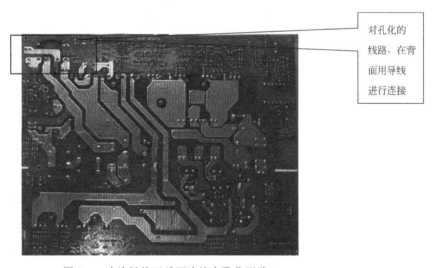

图 8-9 功放板的正反面连接点孔化开路

原因分析：线路使用年限已长达 6 年多，线路板老化导致线路铜箔正反面的线路过位孔腐化开路。

纠正和预防措施：此类产品更新换代较快，可淘汰该系列产品，或更新该产品线路板的过位孔铜箔面积等，以减少该类故障再次发生。

8.2 科华 KR33 系列中型 UPS

科华 KR33 系列中型 UPS 主要有两种机型：KR（/B）3330-J 和 KR（/B）3340-J。

8.2.1 性能参数

科华 KR（/B）3330-J 和 KR（/B）3340-J 的主要性能参数见表 8-3。

表 8-3 科华 KR33 系列（30～40kV·A）中型 UPS 性能参数

<table>
<tr><td rowspan="2" colspan="2" align="center">特性参数</td><td colspan="2" align="center">型号</td></tr>
<tr><td align="center">KR（/B）3330-J</td><td align="center">KR（/B）3340-J</td></tr>
<tr><td rowspan="9">输入特性</td><td>输入制式</td><td colspan="2">3W+N+PE</td></tr>
<tr><td>相电压范围(AC)/V</td><td colspan="2">176～280 可以带 100%负载；80～176 线性降额</td></tr>
<tr><td>频率范围/Hz</td><td colspan="2">40～70</td></tr>
<tr><td>旁路同步跟踪范围/Hz</td><td colspan="2">50/60±10%（50/60 自适应）</td></tr>
<tr><td>旁路输入电压范围(AC)/V</td><td colspan="2">208/220/230/240±20%（相电压）（默认出厂配置为 220）</td></tr>
<tr><td>输入功率因数</td><td colspan="2">≥0.99</td></tr>
<tr><td>输入 THDI</td><td colspan="2">阻性满载：≤3%；非线性满载：≤5%</td></tr>
<tr><td>电池电压(AC)/V</td><td colspan="2">±144～±240（±12 节～±20 节可选，默认±16 节，其中±12 节～±15 节时带载能力降额到 75%）（单节电池 12Vdc）</td></tr>
<tr><td>充电电流/A</td><td colspan="2">1～20 可设（默认 15）</td></tr>
<tr><td rowspan="10">输出特性</td><td>输出制式</td><td colspan="2">3W+N+PE（可设置为 1W+N+PE）</td></tr>
<tr><td>容量/(kV·A/kW)</td><td>30/27</td><td>40/36</td></tr>
<tr><td>电压(AC)/V</td><td colspan="2">L-N：208/220/230/240（默认出厂配置为 220）
L-L：360/380/400/415（默认出厂配置为 380）</td></tr>
<tr><td>频率/Hz</td><td colspan="2">市电正常，跟踪旁路输入
市电异常，本机 50±0.1 或 60±0.1（默认出厂配置为 50）</td></tr>
<tr><td>波形</td><td colspan="2">正弦波</td></tr>
<tr><td>电压失真度</td><td colspan="2">阻性满载≤1%；非线性满载≤4%</td></tr>
<tr><td>功率因数</td><td colspan="2">0.9（PF=1.0 可长期带载）</td></tr>
<tr><td>旁路逆变转换时间/ms</td><td colspan="2">同步<1；不同步<10</td></tr>
<tr><td>系统效率</td><td colspan="2">高达 96%</td></tr>
<tr><td>过载能力</td><td colspan="2">逆变：115% 以下：不保护；115%～130%：15min；130%～155%：1min；>155%：200ms
旁路：130% 以下：不保护；130%～155%：1min；>155%：200ms</td></tr>
<tr><td rowspan="10">其他特性</td><td>直流启动功能</td><td colspan="2">具备</td></tr>
<tr><td>面板显示</td><td colspan="2">LCD 显示 UPS 的运行状况</td></tr>
<tr><td>通信接口</td><td colspan="2">RS485</td></tr>
<tr><td>报警功能</td><td colspan="2">电池低压、市电异常、UPS 故障、输出过载等</td></tr>
<tr><td>保护功能</td><td colspan="2">电池欠压保护、过载保护、短路保护、过温保护、输入过压保护、通信异常等</td></tr>
<tr><td>音频噪声/dB</td><td colspan="2"><55（常温）</td></tr>
<tr><td>工作温度/℃</td><td colspan="2">−5～40</td></tr>
<tr><td>相对湿度</td><td colspan="2">0～95%，无冷凝</td></tr>
<tr><td>尺寸(宽×深×高)/mm</td><td colspan="2">438×680×130</td></tr>
<tr><td>质量/kg</td><td colspan="2">34</td></tr>
<tr><td colspan="2" align="center">执行标准</td><td colspan="2" align="center">YD/T 1095—2018</td></tr>
</table>

8.2.2　技术特点

① 全数字化智能控制。该系列机型支持三进三出、三进单出输入输出制式。50Hz/60Hz 电网频率自适应侦测，208V/220V/230V/240V 等多种电压可设置输出，应用灵活。

② 节能高效。采用三电平逆变技术和 PFC 控制技术，输出电压波形质量好，整机效率高达 96%；输入功率因数大于 0.99，大大提高电能利用率、减轻电网负荷。

③ 智能风机调速控制。风机转速随负载大小自动调节。智能调速设计大大延长风机寿命，降低整机的工作噪声。

④ ECO 节能模式设计。设计了 ECO 节能模式。当用户电网质量较好时，若 UPS 在该模式下运行，旁路优先输出，效率高达 99%。当旁路电压或频率偏离正常范围，不能满足用户供电需求时，切换到逆变输出，既保证了供电的可靠，又节约了能源。

⑤ 低市电投入电压。采用独立的快速检测技术，输出轻载时电池即使在市电下限 80V 时，仍不放电，因而市电状态时 UPS 全部输出能量取自电网，保证电池时刻处于 100% 储能状态，同时减少电池放电次数，延长其寿命。

⑥ 可立可卧安装方式。用户可根据 UPS 使用的空间环境自由选择塔式（立式）或机架式（卧式）放置，且面板 LCD 也可以根据放置方式选择相应的显示方向。

⑦ 无主从自适应并联技术。采用高可靠的无主从冗余并机，智能容错、析错功能，并机系统组成闭环模式，即使其中一个并机通信线缆断开，并机系统仍然可以正常输出。若三台并机，当其中 2 个并机通信线缆同时断开，仍然还能够实现 2 台并机输出。

8.2.3　工作原理

KR-J 系列（30～40kV·A）UPS 系统包括整流/PFC、逆变器、充电器、旁路静态开关等功能模块（如图 8-10 所示），输入源有市电输入、旁路输入、电池输入；输出模式有逆变输出、旁路输出和维护旁路输出（如有配置）。

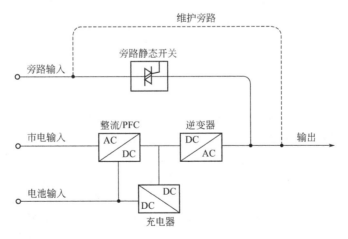

图 8-10　科华 KR 系列 UPS 结构框图（30～40kV·A）

当市电正常时，整流器启动，同时充电器给电池充电。在 UPS 关机态时，若旁路正常，则 UPS 由旁路输出；在 UPS 开机后，市电经过整流/PFC 升压后输出直流母线电压，然后经过逆变器输出纯净的正弦交流电，UPS 输出由旁路输出（如有旁路时）转为逆变器输出，给负载供电。当市电异常时，电池电压经过整流/PFC 升压后输出直流母线电压，然后经过逆变器输出纯净的正弦交流电，给负载供电。当市电恢复正常时，UPS 自动从电池供电模式转回市电供电模式。

① AC/DC & 电池升压电路（如图 8-11 所示）。此电路为市电与电池共用的双 BOOST 升压电路；市电态工作时，SCR_3 关闭，SCR_1、SCR_2 工作，剩余器件完成市电的升压整流功能。电池态工作时，SCR_3 开通，SCR_1、SCR_2 关闭，剩余器件完成电池的升压功能。

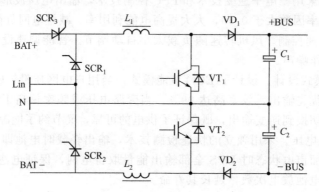

图 8-11　双 BOOST 升压电路

② DC/AC 逆变电路（如图 8-5 所示）。采用的是三电平拓扑，将正负母线转变为交流输出。

③ 电池充电电路（如图 8-12 所示）。采用的是 BUCK 电路，将母线电压变换输出较低的充电电压给电池充电。

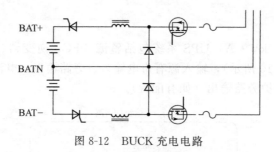

图 8-12　BUCK 充电电路

8.2.4　运行模式

本系列 UPS 有五种工作模式：正常市电供电模式、电池供电模式、旁路电源供电模式、ECO 供电模式（仅适用于单机系统）和维护旁路供电模式。

① 正常市电供电模式。在市电正常情况下，整流器开始工作，交流市电转换为直流电源后，对电池充电。同时提供电能给逆变器，转化为纯净交流电供负载使用。

② 电池供电模式。当市电发生异常或整流器停止工作时，电池通过 DC/DC 电路进行升压，提供电能给逆变器，使交流输出不会有中断现象，进而达到保护输出负载的作用。

③ 旁路电源供电模式。在旁路电压正常的情况下，UPS 处于关机态或开机态时系统发生故障（如逆变输出过载、过流冲击、输出电压异常或者 IGBT 过温等），逆变器会自动关闭以防止损坏，UPS 会由旁路供电输出。当 UPS 处于开机态且故障解除时，UPS 会重新转回逆变输出。若短时间内连续发生同类故障超过 5 次，则 UPS 故障保护持续维持旁路输出，直至人为关机或下电解除故障，重新开机后方可恢复正常工作。

④ ECO 供电模式（仅适用于单机系统）。在 ECO 模式下，当旁路电压、频率均正常

时，负载优先由旁路供电，此时逆变器工作在冷备份；当旁路电压、频率出现异常时，负载再由逆变器供电。ECO模式是一种经济运行模式，对电网质量要求不高的用电设备，用户可选择ECO模式使用，减少电能损耗。ECO模式下UPS的效率可高达99%。

⑤ 维修旁路供电模式（适用于有选配配电模块的系统）。当不间断电源要进行维修或更换电池而且负载供电又不能中断时，用户可以先关机，将逆变器关闭，然后开启维修旁路开关，再将市电、旁路、输出开关及外接电池柜开关切断。在手动维护旁路转换过程中，交流电源经维护旁路开关继续供应电源给负载，此时不间断电源内部将没有电（除N外），维护人员可以安全地进行维护。

8.3　科华 KR33 系列大型 UPS

科华KR33系列大型UPS主要包括五种机型：KR（/B）33300、KR（/B）33400、KR（/B）33500、KR（/B）33600、KR（/B）33800。

8.3.1　性能参数

科华KR(/B)33300、KR(/B)33400、KR(/B)33500、KR(/B)33600、KR(/B)33800大型UPS的主要性能参数如表8-4所示。

表 8-4　科华 KR33 系列 （300～800kV·A） 大型 UPS 技术参数

特性参数			型号				
			KR(/B) 33300	KR(/B) 33400	KR(/B) 33500	KR(/B) 33600	KR(/B) 33800
	整流器 输入特性	额定输入电压(AC)/V	380/400/415(L-L)				
		输入电压范围(AC)/V	−40%～25%				
		相数	三相四线＋PE				
		输入频率/Hz	45～55(54～66)				
	旁路 输入特性	额定输入电压(AC)/V	220/230/240				
		旁路同步跟踪范围/Hz	50(60)±10%(可选±5%)				
		相数	三相四线＋PE				
输入	电压(AC)/V		220/230/240±1%				
	频率/Hz		同步状态,跟踪旁路输入(正常模式) 50(60)±0.5%(电池模式)				
	波形		正弦波,THDV<1%(线性负载)				
	功率因数		0.9/1.0				
	切换时间/ms		1(逆变模式切旁路模式);0(市电模式切电池模式)				
	过载能力	逆变态	105%额定负载:只告警,长时间工作				
			125%额定负载:10min后转旁路工作			110%额定负载:1h后转旁路工作	
						125%额定负载:10min后转旁路工作	
			150%额定负载:1min后转旁路工作				
			150%以上额定负载:1s后转旁路工作			170%额定负载:10s后转旁路工作	
						170%以上额定负载:1s后转旁路	

特性参数			型号				
			KR(/B) 33300	KR(/B) 33400	KR(/B) 33500	KR(/B) 33600	KR(/B) 33800
输入	过载能力	旁路态	150%以下额定负载:只告警,长时间工作			125%以下额定负载:只告警,长时间工作	150%以下额定负载:只告警,长时间工作
			170%额定负载:10min后关闭旁路			140%额定负载:10min后关闭旁路	170%额定负载:10min后关闭旁路
			170%以上额定负载:10s后关闭旁路			140%以上额定负载:10s后关闭旁路	170%以上额定负载:10s后关闭旁路
环境	工作温度		−5～40℃				
	工作海拔高度		不超过1500m;若超过1500m时应按GB/T 3859.2—2013规定降额使用				
	噪声/dB		<72				<75
标准	EMC		符合CE(EN/IEC 62040-2)、GB7260.2—2009				
	安全标准		符合CE(EN/IEC 62040-1)、GB7260.1—2008				
机械特性	尺寸(宽×深×高)/mm		1400×900×1800		1600×1000×1800		1900×1000×1800
	质量/kg		950	1000	1300		1700
其他特性	告警功能		市电异常、UPS故障、电池欠压、输出过载等				
	保护功能		电池欠压保护、过载保护、短路保护、过温保护、输入过欠压保护等				
	通信功能		RS232、RS485、SNMP卡(选配)、干接点通信				

8.3.2 技术特点

① 关键电路的冗余设计（如图8-13所示）。电源板为UPS主机中各个工作电路板提供工作电源，科华UPS采用逻辑电路冗余设计。2个电源板冗余设计，外部3路电源（主电源输入、旁路电源输入、直流电源输入）只要其中一路电源有电，2个电源板中只要一个电源板正常，UPS主机中各个电路板就能有稳定的电源输入。

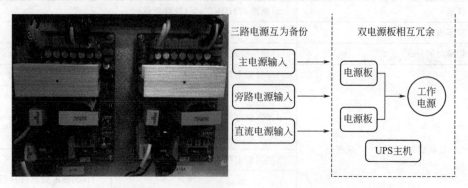

图8-13　UPS电源板实物及其工作原理框图

② 与发动机兼容性强。速率跟踪、相角跟踪和电压跟踪等用户可编程功能使UPS能够

在应急备用期间快速与发电机组同步，采用 IGBT 整流技术降低 UPS 与发动机的功率匹配比（详见表 8-5）。

表 8-5　不同整流技术的 UPS 与发动机的匹配比

整流技术类型	输入功率因数	输入谐波电流比例	无功损耗	与发动机的功率匹配
6 脉冲	0.65～0.8	27%～35%	20%～30%	1∶2.5
12 脉冲	0.8～0.9	10%～15%	10%～15%	1∶1.5
IGBT 整流	0.99	<3%	<1%	1∶1.1

③ 功能强大的大尺寸触摸屏显示界面。可支持中/英语言选择显示，大触摸屏液晶显示，铝合金外框，美观简洁，LED 指示灯显示 UPS 工作状态，同时具有直观的实时模拟流程图指示。可在线修改用户配电环境、电池设置等功能。具有 EPO 一键关机按钮，该按钮具有防误动作保护盖。UPS 动作记录（整流器关闭、逆变器关闭、整流器开启、逆变器开启、跳转旁路、UPS 输出关闭等）、报警信息记录，信息存储量高达 10000 条。

④ 可编程的整流器软启动和并机分时启动功能。整理器允许采用灵活的功率缓入，可编程时间（0 至 30s）间隔以免出现启动冲击电流。允许接到同一个电源的多台 UPS 分步启动，减少对电网的冲击。同时该功能能够使机组、过流保护装置无需过大的冗余设计。

⑤ 输出功率因数高达 1。以同样的价格获得更大有用功输出，具有更高的性价比。符合 IT 产品功率因数提高的发展趋势。向阻性负载供电，不会出现容量衰减。

⑥ 整机效率高达 97%。极大地节省了能量消耗（UPS 自身热耗和空调的耗能），减少了运行成本。

⑦ 散热风扇速度自动调节。热风扇的运转速度依所接负载的大小及其环境温度自动调节，使得设备的运转噪声降低并能有效延长风扇寿命。这一特点自然也会进一步提高设备效率，降低损耗。

⑧ 体积小，节省设备安装空间。

⑨ 内置操作系统，多功能个性化设置。LED 状态指示＋大 LCD 触摸屏显示＋按键全触摸操作，丰富的参数显示，人性化的操作。多语言选择，显示参数值精确度高，电压、电流显示。提供了一系列先进可设置操作的功能，如密码保护的个性化菜单，可对 UPS 进行测试、功能设置、事件查询等。具有错误设置保护功能，如：最大电池充电电流的错误设置保护可避免用户写入错误的电池充电电流值，避免误设置造成 UPS 故障。个性化功能设置包括：语言/额定输出电压值/电池参数/电池放电终止预告警/低于设定功率关机（功率自动关机）/每日按时关机（时间自动关机）/旁路电压和频率正常范围/旁路频率范围/工作模式/日期和时间等。具备可编程干接点功能，可以根据用户自身对输入、输出干接点通信的需求，编辑干接点信号，满足用户定制化需求。具备智能录波功能，可以记录故障前后输入、输出等电路的波形信息，快速判断故障点，降低维护难度，提高维护效率。

⑩ 功能强大的宽输入范围整流器。宽交流输入电压和频率范围可以避免出现不必要的电池放电，即使在使用不稳定的交流电源（如工业临时用电、柴油发电机组）供电也能够避免不必要的切换电池状态。

⑪ 采用表面装贴（SMD）、数字信号处理（DSP）、矢量空间调制（SVM）、数字锁相技术。采用以上技术使 UPS 抗电干扰能力增强，集成度高。提高了电路的可靠性，性能改善，整机可靠性提高，低负荷下效率仍然很高，延长电池后备时间。

SMD 技术：KR/B33 系列的控制电子电路板采用表面装贴技术制造，大大改善了电路的信噪比以及调试的稳定性，因此大大提高了系统抗电干扰能力。该技术还可提高电路板的集成度，因此提高了可靠性并易于服务。

DSP 技术：一个高效的在线式 UPS 应具备电子电路的高采样率以确保取得一个恰当电流及电压控制所需的带宽，DSP 使之成为可能。此外，DSP 可取代多个模拟控制器，降低了元/部件的数目，从而提高了电子电路的可靠性，DSP 还为 UPS 的电源操作系统预留了未来增加其他性能的数字空间。

矢量空间调制技术（SVM）：比传统的脉宽调制技术（PWM）具有更高的效率，大大降低了开关损耗，从而使得同样的电池容量和数目能提供更长后备时间。

100％数字化的锁相回路提供了精确度极高的频率，从而保证逆变器与市电之间最好的同步。在并联系统中，每台 UPS 保证输出精确同步。所有系统控制参数可在面板上调整。

⑫ 超级电池管理技术。电池是 UPS 系统中至关重要的部件，对 UPS 的电池系统进行定期的维护和监视，确保其在意外中断市电时，UPS 系统能够起到后备延时的作用。超级电池管理系统主要有以下功能：

优异的均充、浮充双阶段充电功能；测量真正的电池后备时间；凭借 DSP 精确的实时处理计算出兼顾温度与负载大小的真正电池后备时间，并在液晶显示屏直接显示出来；温度补偿：可根据环境温度自动调整充电电压，当实际温度超过编程设定的允许时发出报警；独一无二的电池测试方式：采用降低整流器（输出）电压的方式对电池进行测试是技术上的一项大突破，减小了在电池测试过程中出现电池故障导致负载中断的可能性；保护功能包括：根据电池放电周期及电池隔离电路开关，防止电池深度放电；可对电池放电终止时间（临近关机）做可编程声光报警。

⑬ 真正的正面安装和维护。背面无需预留进出风口。从正面进行操作和维护，减少运行占地面积。

⑭ 卓越的短路能力。逆变器分别为相间和 L-N/PE 短路提供相当于标称电流的 3 倍和 4 倍的电流（持续 200ms）。

⑮ 多种运行模式。在线式：逆变器一直给负载供电，当市电停电时，逆变器使用存储在电池中的电能维持给负载供电。在线后备式/智能模式/ECO：负载由市电供电，如果市电发生故障，逆变器使用存储在电池中的电能给负载供电。离线后备式：正常情况下，负载不供电，如果市电故障，逆变器使用存储在电池的电能给负载供电。稳压器，无电池的在线工作模式：负载由逆变器供电，如果市电发生故障，负载将断电，没有电池。变频器，50～60Hz 转换：逆变器向负载提供与输入不同频率的电源；市电发生故障时，如果有电池，逆变器可使用存储在电池的电能给负载供电。

⑯ 独立双风道结构。整流、逆变、旁路静态 SCR 开关、滤波电感独立风道设计，冷却效率高。

⑰ 高可靠的无主从冗余并机。智能容错、析错功能，并机系统组成闭环模式，即使其中一个并机通信线缆断开，并机系统仍然可以正常输出。三台并机，当其中 2 个并机通信线缆同时断开，仍然还能够实现 2 台并机输出。

⑱ 高品质风扇，独立风扇管理。每个风扇均采用高品质进口德国 EBM 轴流风机，每个风扇配备独立电源保险，安全可靠。

8.3.3 工作原理

如图 8-14 所示，UPS 系统主要有输入开关、旁路开关、维护开关、输入 EMI 模块、接触器、三相整流模块、三相逆变模块、输出开关、晶闸管等部件组成。

① AC/DC 电路。整流拓扑为三相三电平 T 型结构（如图 8-15 所示）；输入 U、V、W

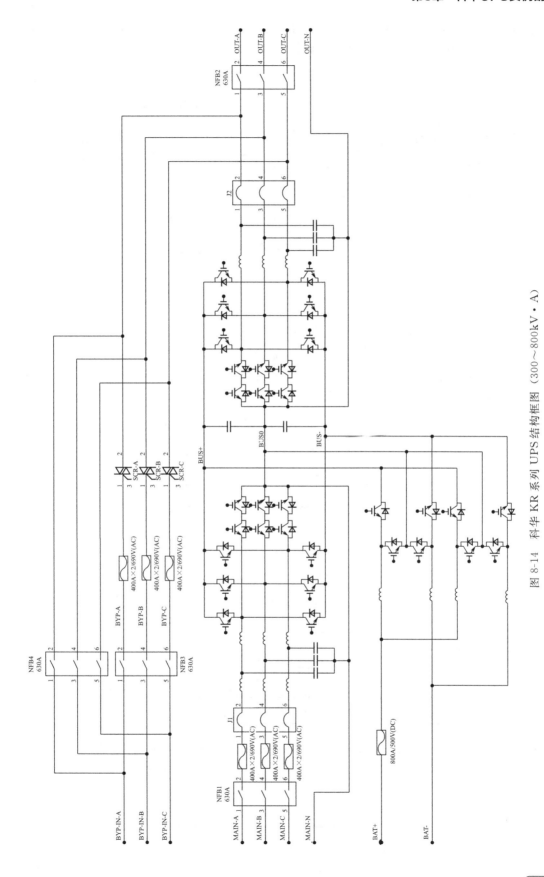

图 8-14 科华 KR 系列 UPS 结构框图（300～800kV·A）

三相市电带 N 线，经过隔离开关、保险丝、接触器以及 LCL 滤波器，然后通过三相三电平 T 型 IGBT 进行功率因数校正，并把交流转换成稳定的直流母线电压。

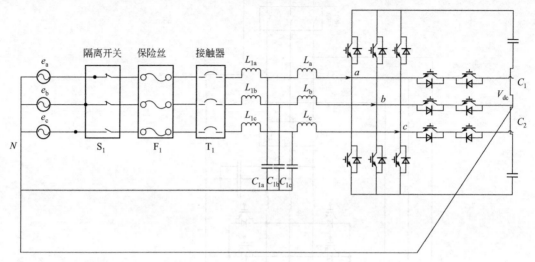

图 8-15 AC/DC 电路（T 型三电平拓扑）

② DC/DC 电路（如图 8-16 所示）。电池充放电电路的拓扑选型，系统采用 Buck/Boost 模式，当市电正常时，通过 Buck 电路对电池进行充电；当交流输入异常时，系统由电池进行 Boost 交错并联升压供电。

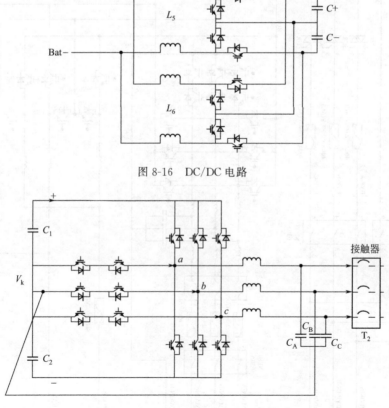

图 8-16 DC/DC 电路

图 8-17 DC/AC 电路（T 型三电平拓扑）

③ DC/AC 逆变电路（如图 8-17 所示）。采用的是 T 型三电平拓扑，将正负母线转变为交流输出。

8.3.4 运行模式

本系列 UPS 有五种工作模式：正常市电供电模式、电池供电模式、旁路电源供电模式、ECO 供电模式（仅适用于单机系统）和维护旁路供电模式。

8.3.5 常见故障

科华 KR33 系列（300～800kV·A）大型 UPS 常见故障详见表 8-6。

表 8-6 科华 KR33 系列（300～800kV·A）大型 UPS 常见故障

序号	异常现象	故障诊断及检查要点	解决办法
1	面板整流器～/═红色指示灯亮	市电开关未闭合；保险丝断开	检查市电开关闭合否，保险丝正常否
		市电电压范围不正常	万用表测量确认输入电压值
		交流输入相位错误	更改整流器市电输入线的相序
2	逆变器无法正常输出，蜂鸣器长鸣	整流器未启动完成，蜂鸣器长鸣；电池欠压灯亮；电池输入开关未合	一般情况下，等待整流器缓启动结束，蜂鸣器长鸣解除
		输出负载有超载现象，操作面板输出过载⚠灯亮	减少输出负载
3	市电停电时，无输出	电池输入开关未开启；电池回路异常告警	待市电重新来电，整流器完全启动时，开启电池开关；检查电池回路
4	触摸屏及 LED 不亮	旁路/市电空开未闭合；电源板故障	检查旁路/市电空开闭合情况；电源板故障需专业人员维修
5	面板逆变器═/～红色指示灯亮，蜂鸣器长鸣	负载是否有短路现象	关闭逆变器，完全下电，排除短路点，再重新开启逆变器
		电池放电是否出现欠压保护	检查电池放电情况以及电池充电电路
6	正常上电时机器不能正常输出	旁路 SCR 驱动板是否故障；逆变器的输出接触器是否故障	交由专业维修人员进行检查维护
7	无法正常通信	通信线插入位置不对	将通信连接线插好
		通信软件未安装成功	将软件正确安装
		计算机通信窗口设定错误	将通信口正确设定

8.3.6 故障实例

① 产品基本信息：机型为 KR33500；配置信息为 100A·h 电池 40 节/组×3 组；其他为空载调试阶段。

② 问题描述：设备在上电调试过程中出现主板冒烟，外观有击穿打火痕迹。故障具体出现时刻为：在面板工程模式中设置电池"Boost"驱动调试完成时，主板冒烟，故障部位如图 8-18 所示。

③ 处理情况：现场发现冒烟时紧急下电，待面板无显示后，观察主板芯片周围无明显扩展故障，进行排查测试如下。

主板示意图

故障部位

图 8-18 主板冒烟,故障部位

找到对应故障芯片,该芯片应用于 Boost 与 Buck 前级 IGBT 驱动产生电路。下电分别测量芯片各引脚对地阻抗,发现 5P 及 7P 对地阻抗为 0(异常),采用断路法,断开芯片 5P 及 7P 外围电路,重新测量芯片 5P 及 7P 对地阻抗依旧为 0,后级对地阻抗均为 10kΩ 左右(正常),证明短路点应在芯片上。测量主板外围各路供电电源均未发现明显异常现象。

为了进一步判断且避免扩大故障范围,用烙铁拆下芯片,上电,测试各路电源均在正常范围内,将排查重点锁定在 Boost 及 Buck 驱动产生电路;测量芯片前级输入信号,芯片的与门信号 10P/11P 输出均为低电平(正常),面板进入工程模式,打开 Buck 驱动,此时芯片 11P 输出驱动信号,往后测量芯片的 Buck 输入信号也正常。面板关闭 Buck 信号,对应驱动信号消失(正常),开启 Boost 信号,测量芯片均有 Boost 驱动信号,关闭面板 Boost 信号,驱动信号随之消失(正常),证明前级驱动信号均正常。

下电,将对应芯片拆下,换上新芯片,一并补焊先前芯片的 5P 及 7P 断开的电路,测量芯片 5P 及 7P 对地阻抗恢复到 10kΩ 左右(正常),上电调试,一切恢复正常。

④ 原因分析:根据电路原理图锁定并确定故障范围,发生该芯片故障可能是由于器件本身存在一定质量瑕疵,在工厂老化测试均正常,发货时经过一路颠簸运输,再次上电调试时才引发故障,符合电子元器件"浴缸曲线"通病现象,在设备使用初期即刻体现出来。

⑤ 纠正和预防措施:电子元器件的使用初期故障,只能通过工厂在出厂前加强设备老化带载测试,使隐患在设备出厂前得到有效遏制,或者加强供应商的器件质量评比,筛选出更为可靠的器件或供应商取代之。

8.4 科华 FR-UK33 系列大型 UPS

科华 FR-UK33 系列(200~600kV·A)大型 UPS 共有三个品种系列:FR-UK(/B)33(200~250)(-12P/12PH)、FR-UK(/B)33(300~400)(-12P/12PH)、FR-UK(/B)33(500~600)(-12P/12PH)。

8.4.1 性能参数

科华 FR-UK33 系列大型 UPS 有三个品种系列,共计十八种机型,各机型除了容量、尺寸规格和质量有差别外,其主要性能参数基本相同,本节主要以 FR-UK(/B)33(200~

250)(-12P/12PH) 系列为例，讲述其主要技术参数（详见表 8-7 所示）。

表 8-7 FR-UK（/B）33（200～250）（-12P/12PH）系列性能参数

性能参数			机型		
			FR-UK(/B)33 200/250	FR-UK(/B)33 200/250-12P	FR-UK(/B)33 200/250-12PH
输入特性	整流器	额定输入电压(AC)/V	380/400/415(L-L)		
		输入电压范围(AC)/V	±25%		
		相数	三相四线+PE		
		输入频率/Hz	40～70		
	旁路	额定输入电压(AC)/V	380/400/415(L-L)		
		旁路同步跟踪范围/Hz	50/60±10%(可选±5%)		
		相数	三相四线+PE		
输出特性	额定功率/(kV·A/kW)		200/180、250/225		
	电压(AC)/V		380/400/415±1%		
	频率/Hz		同步状态，跟踪旁路输入(正常模式);50/60±0.1%(电池模式)		
	波形		正弦波,THD<2%(线性负载)		
	切换时间/ms		1(逆变模式切旁路模式);0(市电模式切电池模式)		
	过载能力	逆变态	125%额定负载:10min后转旁路工作		
			150%额定负载:1min后转旁路工作		
			170%以上额定负载:立即旁路工作		
		旁路态	130%以下额定负载:长时间工作		
			130%～170%额定负载:10min后关闭旁路		
			170%～200%额定负载:1min后关闭旁路		
			200%以上额定负载:立刻关闭旁路		
	输出方式		铜排		
环境	工作温度		0～40℃		
	储存温度		−20～55℃(在−20℃运输及储存后,在安装开机前需裸机静置让机器回温至0℃保持4h以上)		
	相对湿度		0～95%(无冷凝)		
	工作海拔高度		不超过1500m;若超过1500m时应按GB/T 7260.3—2003规定降额使用		
	噪声		<70dB(A)		
标准	EMC		IEC 62040-2CLASS C3		
	安规		IEC 60905-1、IEC 62040-1-1、UL 1778		
	设计与测试		IEC 62040-3		
机械特性	尺寸(高×宽×深)/mm		1850×1400×1000	1850×1400×1000	1850×1400×1000
	质量/kg		1280 | 1568	1650 | 1880	1730 | 1950
其他特性	告警功能		市电异常、UPS故障、电池欠压、输出过载等		
	保护功能		过载、短路、过温、输入过欠压、电池欠压等		
	通信功能		支持RS232/485、SNMP、干结点通信		
执行标准			YD/T 1095—2018		

8.4.2 技术特点

① 真正的双变换在线式 UPS。采用高效 IGBT 功率器件，彻底解决雷击、零地电压、电网的各种脉动和干扰等电力系统问题，保证用户设备可以安全无忧地工作。

② 关键电路的冗余设计。电源板为 UPS 主机中各个工作电路板提供工作电源，科华 UPS 采用逻辑电路冗余设计。2 个电源板冗余设计，外部 3 路电源（主电源输入、旁路电源输入、主流电源输入）只要其中一路电源有电，2 个电源板中只要一个电源板有电，UPS 主机中各个电路板就能有稳定的电源输入。

③ 输入输出电气隔离，可靠性更高。标准配置输出隔离变压器，具有更强的抗负载冲击和短路保护能力，即使逆变器故障击穿时也能保护负载完全不受威胁。

④ 数字化 DSP 控制技术和无主从自适应并联技术

a. 双 DSP 数字化控制。采用 DSP 芯片对整流、逆变、静态旁路进行控制，DSP 为德州仪器品牌（型号 TMS320F2808），优点是：运算速度更快、精度更高；整机电路集成度提高，简化电路；避免模拟器件固有的参数漂移；整机功能更强，保护更完善。

b. 自主专利的无主从自适应并联技术（专利号：ZL 200320116839.9）。可在线扩容，增加 UPS 系统的带载能力；提高系统的可靠性，实现 $N+X$ 冗余。各台机器无主从之分，没有单点故障点。无需任何附件可实现 $N+1$ 并联。理论上无并机数量限制，工程实际 6 台并机运行。自适应技术可以保证并联各机输出偏差较大的情况下均流并联成功，使得机器在运行多年后技术参数漂移引起的输出偏差不会导致并机失败。

⑤ 超宽的电压、频率输入范围。能适应不同使用环境的电压范围，电网适应性强。电压输入范围可达 $\pm25\%$，允许频率范围 $40\sim70Hz$。

⑥ 功能强大的大尺寸触摸屏显示界面。可支持多国语言选择显示，大触摸屏液晶显示，铝合金外框，美观简洁，LED 指示灯显示 UPS 工作状态，同时具有直观的实时模拟流程图指示。具有工程模式，可在线修改用户配电环境、电池设置等。具有 EPO 一键关机按钮，该按钮具有防误动作保护盖。UPS 动作记录（整流器关闭、逆变器关闭、整流器开启、逆变器开启、跳转旁路、转逆变器工作、UPS 输出关闭等）、报警信息记录，信息存储量高达 10000 条。支持 U 盘烧录功能、历史记录备份。

⑦ 智能型电池充电及电池测试。自主专利技术智能多模式电池管理技术，可以解决常规充电方式下电池极板腐蚀较为厉害，导致寿命缩短的难题，保证电池只在需要充电时才进行充电，可延长电池使用寿命。该电池管理技术包括以下内容。

智能无风险电池测试功能：在保证负载不会有断电风险的情况下，可以安全在线地对电池进行测试。通过面板 LCD 操作可以选择标准测试和深度放电测试，可以在短时间内判断出电池组状态和了解实际负载下电池的可供电时间。

充电电压温度补偿功能：可根据环境温度，自动设置最佳充电电压，保证电池不过充或欠充电，UPS 具有外接电池监控温度探头，可方便安装到电池箱中。

电池放电保护电压智能调节：随着负载大小不同，UPS 能够自动调节电池保护电压的高低，彻底避免小负载深度放电导致电池寿命非正常缩短的现象。

可编程自动定期放电激活功能：在 UPS 中文 LCD 大屏幕面板可以进行编程设定放电周期，UPS 能自动对蓄电池进行激活放电。

均充浮充自动转换：保证电池在最短的时间内充满电。

采用先恒流后恒压 2 阶分级充电技术：确保电池不过压、过流充电。

蓄电池多级保护：具有充电电压软件、硬件多级保护功能，防止充电电压过高损坏电池。

具有充电电流过大保护功能：当发现充电电流大于正常值时，锁死整流器，防止过大的充电电流损坏电池。

电池欠压告警、自动关机保护。

来电自启动功能：当市电停电后，UPS电池放电，当电池放电完毕，UPS进入保护状态；当市电恢复时，UPS可以自行启动，自行对电池进行充电，自行开机。

大电流充电能力：在满载情况下，可以提供最大输出功率的20％充电功率，保证在电池放电后及时充满电。

⑧ 可靠的逆变器调制技术。采用三相独立调制技术，允许三相负载100％不平衡，负载适应性强，系统可靠性高，输出配电方便。

⑨ 智能风机故障检测及调速技术。可以对冷却风扇的运行情况实时进行智能监控，当风机故障时可以及时给出提示信息，为提高风机使用寿命和降低UPS运行时的噪声，冷却风机可随着负载的大小和UPS机器温度进行变速运行。

⑩ 完善的保护功能。包括逆变器输出短路保护、输入过电压保护、旁路超限保护、电池极性反接保护、过温保护、电池过充保护、手动维修旁路误操作保护等。

⑪ 工业级IP防护等级。工业生产环境相对恶劣，风尘、温度、噪声、辐射等超出一般UPS应用设计，需针对工业生产环境相应地提高UPS设备的IP防护等级。KELONG®UPS完全达到工业生产环境应用要求，能够为生产制造行业提供高可靠的电源保障。

⑫ 独立双风道设计。科华UPS独到的进风方式在于功率器件和变压器部分分道进风，提高了冷却效率，从而提高整机性能。

⑬ 灵活的组网监控方案

a. 单机近程监控管理。UPS通过RS232接口与计算机串口连接，计算机与UPS建立通信联系，即时监控UPS运行状态，执行UPS自我诊断程序，定时发送查询指令，当电源异常时，可弹出告警界面或自动中止各种程序的运行，自动存盘，并即时通报有关信息。

b. 多计算机监控管理。网络中指定的某一台服务器或工作站（称本地机），通过RS232串口线与UPS通信，网络上其他服务器或工作站（远端机）与本地机通信，本地机与远端机都运行UPS电源管理软件，由本地机控制管理一台或多台远端机的报警关机等功能

c. UPS网络化管理。支持SNMP网络管理协议，通过SNMP网络适配器，UPS系统作为一个独立节点接入网络，即可实现网络管理功能。用户可通过浏览器访问远程的UPS（Web功能），也可通过网络平台进行远端监控和管理UPS（SNMP功能）。

⑭ 手动维护旁路设计。设计手动维护旁路通道，保证机器在维修时仍然可以对负载进行不间断供电，大大提高系统运行的可靠性和可维护性。

⑮ 可靠的电磁兼容特性。通过权威机构和专业电磁兼容测试，包括传导干扰、辐射干扰、传导抗扰性、辐射抗扰性、电源跌落、群脉冲、静电放电、浪涌等专项内容，优异的电磁兼容特性不仅可以完全滤除各种电网干扰，同时能够有效降低和消除UPS自身产生的干扰，适合高频通信、广电声像系统的专业应用。符合国家标准（GB 7260.2—2009）EMC电磁兼容特性，降低、避免各类辐射、传导干扰，构建纯净电网环境。

8.4.3　工作原理

本产品选取技术成熟可靠的工频UPS方案，整流器采用12脉冲相控整流技术，逆变采用三相桥式逆变技术，电池直挂直流母线进行充电，输出通过静态开关进行切换，保证旁路/逆变正常输出。UPS将输入的三相交流电变换成稳定输出的三相交流（也可分出单相交

流电输出），为各类负载提供不间断供电。如图 8-19 所示为该产品系统原理框图。

① 整流器部分设计方案。整流器主回路采用 12 脉冲相控整流方式，如图 8-20 所示为整流部分系统图，该部分主要由电感、变压器、晶闸管（SCR）及电容器组成，通过 DSP 软

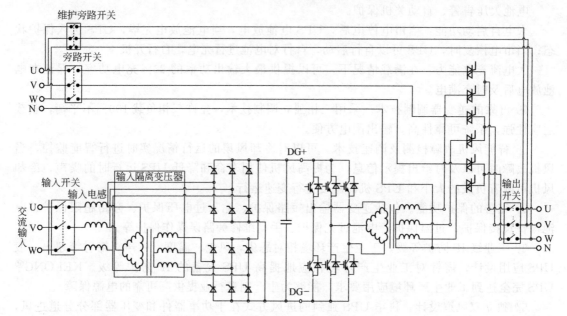

图 8-19　科华 FR-UK33 系列 UPS 系统原理框图（200～600kV·A）

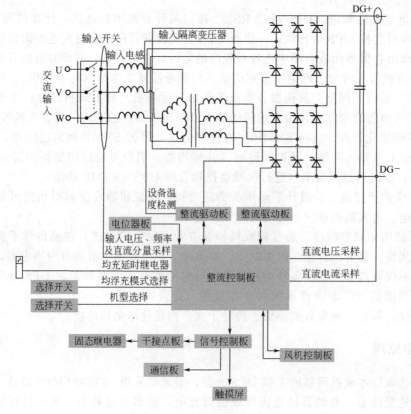

图 8-20　12 脉冲整流器拓扑

件控制 12 个脉冲的时序，并通过闭环控制来保证输出直流电压稳定在设定值。

　　② 逆变器部分设计方案。逆变器采用三相桥式控制方式，如图 8-21 所示为逆变器系统图，该部分主要由电容器、IGBT 模块、变压器及滤波器等组成，该变压器独特的结构设计，使系统可带 100％三相不平衡负载运行，并且滤波电感集成于变压器中，大大减小了设备尺寸及重量。逆变器带有隔离变压器可实现有效电气隔离，降低输出谐波，可提高抗干扰能力，提升负载的抗冲击能力。

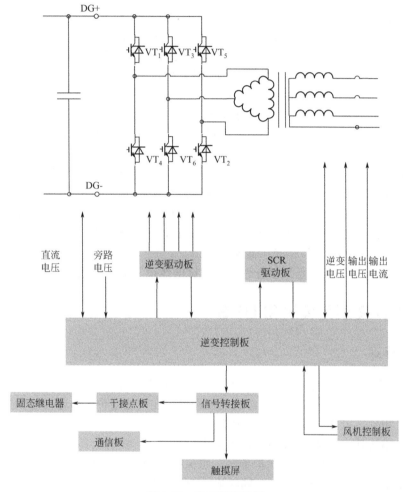

图 8-21　逆变器系统图

　　③ 蓄电池部分设计方案。蓄电池直接并接在整流器输出侧，整流器为其充电。充电器有自动均浮充转换功能，整流器工作时先进入均充阶段，当电池电压达到均充电压值时自动转为浮充。整流器控制 DSP 检测电池的充电电流值后，通过软件的闭环调节来保证充电电流的恒定。

　　④ 操作部分设计方案。本产品使用触摸屏，DSP 与触摸屏间直接通信来实现控制，通过触摸屏显示界面、指示灯和便于用户操作的菜单驱动操作系统，用户可方便浏览 UPS 输入、输出、负载和电池参数，及时获得 UPS 当前状态和告警信息，并进行相关功能设置和控制操作。触摸屏还可提供历史告警记录备用户查询，给故障诊断提供可靠依据。系统采用 DSP 与上位机的通信，实现 RS232/RS485 通信及干节点通信。操控部分主要包含 7 英寸触摸显示屏、开关机按键、紧急停机按键及故障指示灯等。

8.4.4 运行模式

该系列 UPS 有四种工作模式：市电模式、电池模式、旁路模式及维护旁路模式。

8.4.5 故障实例

① 产品基本信息：FR-UK33300-12P。

② 问题描述：新机器安装完成后，开机调试，开机过程中整流电压异常，整流电压上升到 96V 就停止，查看显示板电池工作参数，显示充电电流有 40A。

③ 处理情况：检查并柜连接线，均是按编号连接，顺序正确。取消电池充放电霍尔检测，闭合市电开关，整流电压会缓慢上升，但整流电压越高，设备变压器声音越来越大，当整流到 230V，关闭市电开关。拔除整流驱动板 CN5、CN6、CN7 的驱动线，让 UPS 处于 6 脉冲整流状态，同时取消电池充放电霍尔检测，闭合市电开关。但整流电压高时机器依旧有异常声音。测试电池正、负极阻值正常，测试电池正、负极与地线阻值，负极与地线阻值只有 14 欧，拆除地线、正极、负极线后，开机整流、逆变器正常。

④ 原因分析：通过检查发现，电池开关箱有根地线从地排与负极接线排之间穿过，地排与负极接线排间距较小，地线线径较大，导致地线破皮，地线与负极短路。重新接线，并做好绝缘后设备工作正常。设备是三相全控桥 12 脉冲整流，电池正、负极直接母线上，电池负极对地线短路时，负极对地电压为零，会造成整流变成单相半波整流，会造成充电过流，使得母线电压起不来，移相变压器异响。

⑤ 纠正和预防措施：在开机检查时应该测试电池正、负极与地线阻抗。

8.5 科华 MR 系列模块化 UPS

8.5.1 技术特点

① 模块热插拔。系统功率模块采用无主从并联控制技术，各功率模块相互独立，无需严格匹配，可任意在线投入或退出，实现功率模块的在线热维护。边建设边投资，具有更高的适应性、可用性、可扩展性并使得维护费用更低。

② IGBT 整流技术。从 SCR 整流器到 IGBT 整流器，技术上具有重大突破。使用 IGBT 整流技术 UPS 保护是双向的，即保护负载，也保护电网。这种电流型整流器可确保输入谐波电流总畸变率（THDI）小于 3%，同时输入功率因数 $PF=0.99$。

③ 三电平逆变技术。MR 系列产品，采用先进的三电平控制技术及控制算法，更加有效节约电能。三电平技术由于横管仅承受一半电压，因此开关损耗相对于两电平较低；三电平技术由于细分成了更多电平叠加，可以减少输出谐波的分量，从而降低滤波电感损耗；通过降低开关损耗与滤波电感损耗，可以减少整体工作损耗，从而提高设备的运行效率，达到节能的效果。

④ 全数字化 DSP 控制。功率模块的逆变控制、相位同步、输出均流、逻辑控制等全部采用 DSP 数字化控制，精度高、速度快、整机综合性能好。

⑤ 节能高效。采用先进的 PFC 控制技术，输入功率因素大于 0.99，大大提高电能利用率、减轻电网负荷、节省配电成本。整机体积小、重量轻、发热量小，提高了环境的利用率、降低投资成本。

⑥ 智能风机调速控制。风机转速随负载大小可自动调节，当负载较小时风扇转速自动

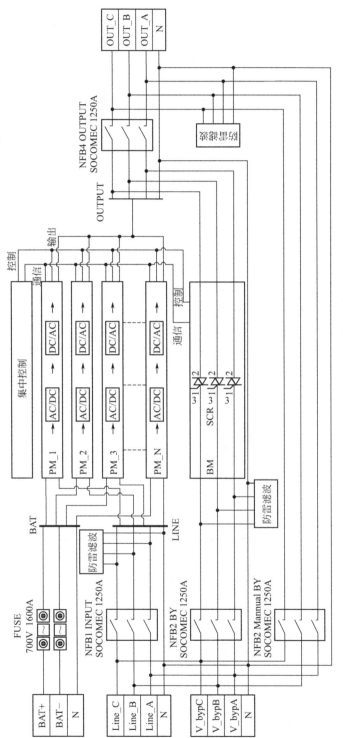

图 8-22 MR 系列整机工作原理框图

降慢，当负载较大时风机转速自动加快。智能调速设计大大延长风机寿命，降低整机的工作噪声。

⑦ ECO节能模式设计。设计了ECO节能模式。当用户电网质量较好时，若UPS在该模式下运行，旁路优先输出，效率高达99%。当旁路电压或频率偏离正常范围，不能满足用户供电需求时，切换到逆变输出，既保证了供电的可靠，又节约了能源。

⑧ 可靠性电磁兼容。通过权威机构和专业电磁兼容测试，包括传导干扰、辐射干扰、传导抗扰性、辐射抗扰性、电源跌落、群脉冲、静电放电、浪涌等内容。优异的电磁兼容特性不仅可完全滤除各种电网干扰，同时能够有效降低和消除UPS自身产生的干扰。

⑨ 7英寸触摸屏大屏幕显示。7英寸触摸屏大屏幕显示，操作简便，方便日常管理和维护，可实时显示UPS系统及各功率模块的运行参数和运行状态，并记录历史事件和报警信息，信息存储量高达10000条。

8.5.2　工作原理

MR系列整机工作原理框图如图8-22所示。主要包括功率模块、旁路模块、集中控制模块以及人机交互模块等。

① 功率模块。功率模块由多个不同的拓扑构成，实现UPS的功率变换，包括市电/电池升压（如图8-23所示）、充电（如图8-24所示）、逆变（如图8-5所示）等。市电/电池升压采用SCR切换的双Boost拓扑。在市电输入正常时，工作于市电态，VT_2、VT_3导通，双Boost拓扑通过升压实现正负母线稳压和输入功率因数校正。在市电输入异常时，工作于电池态，VT_1、VT_4导通，双Boost拓扑通过升压实现正负母线的稳压。电池充电拓扑采用双Buck拓扑，转换效率高，控制容易。

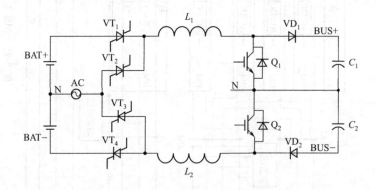

图8-23　市电/电池升压拓扑（其中一相，共三相）

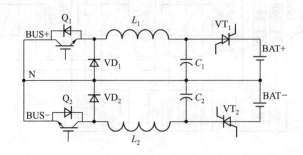

图8-24　电池充电拓扑

② 旁路模块。旁路模块主要实现旁路的输出开关，由三个大功率 SCR 构成。SCR 作为旁路输出开关，具有控制简单、抗冲击能力好、技术可靠等优点。

③ 集中控制模块。在模块化 UPS 中，为了实现多个功率模块的并联均流、旁路逆变的切换等，采用集中控制方式。同时，对集中控制模块采用冗余备份技术，解决集中控制模块单一失效问题。此时，两个控制器同时搜集功率模块的信息，但只有一个控制器处于激活状态，运算控制算法并向功率模块发送控制指令，另一个控制器处于待命状态，备份运算结果并监视激活状态控制器的工作状态，随时接替工作。

④ 人机交互模块。监控系统方案包含通信与显示方案、软件在线升级方案、故障录波方案等功能。

8.5.3　常见故障

科华 MR 系列模块化 UPS 常见故障见表 8-8。

表 8-8　科华 MR 系列模块化 UPS 常见故障

序号	异常现象	可能原因
1	市电正常,但 UPS 工作在电池逆变状态,蜂鸣器间歇鸣叫	连接 UPS 的电网馈电线路的各个接点、插座等接触不良,导致交流电源输入不畅通
2	UPS 安装后,闭合空开或电源开关会烧断保险或跳闸	UPS 的输入三线接错,如零线与地线或火线与地线(机壳)接反或输出的三线接错
3	UPS 开机后可输出 220V 交流电,但 UPS 工作在旁路状态	(1)所连接的负载容量过大,超过 UPS 的额定输出容量,应减少负载或选用更大输出容量的 UPS (2)如果是由于负载开机冲击引起暂时旁路并自动恢复,仍属正常
4	UPS 开机后输出正常,但一开启负载,UPS 立即停止输出	(1)UPS 严重超载或输出回路短路,应减轻负载至合适量或查明短路原因。常见的是输出转接插座发生短路或者设备损坏后发生输入短路故障 (2)没有按照"大功率设备→小功率设备"的开机顺序启动负载,应重新启动 UPS。待 UPS 运行稳定后,按照"大功率设备→小功率设备"的开机顺序启动负载
5	UPS 开机后工作正常,但经若干时间后 UPS 自动关机	在电池供电状态下,因电池放电终了而发生电池欠压保护,系统自动关机。此类现象属于正常现象,当市电恢复时,系统将自动开机并对电池充电。警告:如果电池长期欠压会影响电池的使用寿命。在发生电池欠压保护后,若长时间内市电无法恢复正常,应断开电池空开以保护电池,并在市电恢复正常时重新开机对电池充足电
6	UPS 开机后工作一段时间,蜂鸣器长鸣,触摸屏显示电池欠压	市电电网的电压太低所致,使得 UPS 工作于电池逆变状态,终因电池欠压而产生电池欠压保护动作
7	有市电时 UPS 输出正常,无市电时 UPS 却没有输出	(1)电池故障或电池组已严重损坏 (2)充电器故障,平时无法对电池充电,造成电池电力不足 (3)电池连接线未接好或接线端子接触不良 (4)未闭合电池空开 (5)发生严重超载之后未重新启动 UPS,造成 UPS 一直处于旁路输出状态
8	蜂鸣器长鸣,UPS 转旁路供电	具体见触摸屏上故障信息
9	有市电,但蜂鸣器间歇性鸣叫	市电的电压或频率超出 UPS 允许的范围
10	在市电状态下 UPS 工作正常,但停电后 UPS 正常工作而设备死机	接地工程不良,造成零线与地线之间的浮动电压太高
11	某功率模块面板上的 FAULT 指示灯亮	该功率模块发生故障,更换该模块

习题与思考题

1. 简述科华 KR11 系列 UPS 的技术特点。

2. 画出科华 KR11 系列 UPS 结构框图，并简述其工作原理。

3. 画出科华 KR33 系列 UPS 结构框图，并简述其工作原理。

4. 画出科华 KR33 系列 UPSAC/DC&电池升压电路，并简述其工作原理。

5. 简述科华 KR33 系列（300～800kV·A）大型 UPS 常见故障分析。

6. 简述科华 MR 系列模块化 UPS 的技术特点。

7. 简述科华 MR 系列模块化 UPS 功率模块电路工作原理。

8. 简述科华 MR 系列模块化 UPS 常见故障分析。

第**9**章

科士达UPS实例剖析

深圳科士达科技股份有限公司成立于1993年。产品涵盖UPS不间断电源、蓄电池、精密配电及衍生产品、精密空调、网络服务器机柜、机房动力环境监控等数据中心关键基础设施设备,同时研发制造太阳能光伏逆变器、充电桩等储能系统产品。本章主要讲述YDC系列(60～200kV·A)塔式UPS、YMK-T系列(200～600kV·A)塔式UPS、YMK系列(100～800kV·A)模块化UPS的性能参数、技术特点、工作原理及其使用与维护等方面的内容。

9.1 YDC系列塔式UPS

科士达YDC系列(60～200kV·A)塔式UPS共有5种机型:YDC3360、YDC33100、YDC33120、YDC33160、YDC33200。

9.1.1 性能参数

各机型的主要性能参数见表9-1。

表9-1 科士达YDC系列(60～200kV·A)塔式UPS各机型主要性能参数

	型号	YDC3360	YDC33100	YDC33120	YDC33160	YDC33200
	容量	60kV·A 54kW	100kV·A 90kW	120kV·A 108kW	160kV·A 144kW	200kV·A 180kW
输入	输入方式	三相四线+接地				
	额定电压	380/400/415V(AC)				
	电压范围	138～485V(AC);305～485V(AC)不降额,138～305V(AC)线性降额				
	频率范围	40～70Hz				
	功率因数	≥0.99				
	输入谐波	输入电流谐波≤3%(100%非线性负载)				
	旁路范围	旁路保护电压上限:220V:+25%(可选+10%、+15%、+20%); 230V:+20%(可选+10%、+15%);240V:+15%(可选+10%)				
		旁路保护电压下限:-45%(可选-10%、-20%、-30%)				
		旁路频率保护范围:±10%				

型号			YDC3360	YDC33100	YDC33120	YDC33160	YDC33200
输出	输出方式		三相四线＋接地				
	额定电压		380/400/415V(AC)				
	功率因数		0.9				
	电压精度		±1%				
	输出频率	市电模式	与输入同步；当市电频率超出最大±10%(可设置±1%、±2%、±4%、±5%)时，输出频率(50/60±0.1%)Hz				
		电池模式	(50/60±0.1%)Hz				
	负载峰值比		3:1				
	输出电压失真		≤2%线性负载				
			≤4%非线性负载				
效率			正常模式:95.5%				
电池	电池电压		±180V/±192V/±204V/±216V/±228V/±240V/±252V/±264V/±276V/±288V/±300V(DC)(30/32/34/36/38/40/42/44/46/48/50节);360～600V(DC)(30节～50节可选，默认32节)				
	充电电流		20A(max)		40A(max)		60A(max)
切换时间			市电模式转旁路模式:0ms(跟踪);市电模式转电池模式:0ms				
保护	过载能力	正常模式	负载≤110%,60min;负载≤125%,维持10min;负载≤150%维持1min;负载＞150%立即关机				
		旁路模式	30℃环境，负载≤135%可长期运行;40℃环境，负载≤125%可长期运行;负载1000%,100ms				
	过温保护		正常模式:切换到旁路模式;电池模式:立即关闭输出				
通信界面			USB、RS232、RS485、旁路反灌(或电池开关脱扣)接口;并机(选件)、SNMP卡(选件)、继电器卡(选件)				
工作环境	工作温度		0～40℃				
	相对湿度		0～95%不结露				
	储存温度		-25～55℃				
	海拔高度		1500m,超过1500m时按GB/T 3859.2—2013规定降额使用				
物理特性	外观尺寸$(D×W×H)$/mm		828×250×868		850×442×1100		850×442×1200
	质量/kg		80	150	160	200	230
执行标准			YD/T 1095—2018				

9.1.2 技术特点

① 三进三出 UPS。该系列 UPS 是大功率三进三出 UPS，输出可以接完全不平衡负载，当输出接不平衡负载时，输入电流三相均衡，可以均衡三相电网的负荷。

② 数字化控制。该系列 UPS 各部分架构全部采用数字化控制，UPS 各项性能指标都非常优异，系统稳定度高，具备自我保护和故障诊断能力，同时也避免了模拟器件失效带来的风险，使得控制系统更加稳定可靠。

③ 外接电池数量可选。该系列 UPS 工作的外接电池数量，可以根据用户需要选择不同的节数，电池节数可选 30/32/34/36/38/40/42/44/46/48/50 节。

④ 充电电流可设定。该系列 UPS 可通过面板设置用户配置的电池容量，自动分配合理的充电电流。也可以通过面板设定充电电流的大小，设定用户需要合适的充电电流。恒压充电模式、恒流充电模式和浮充模式能自动平滑的切换。

⑤ 智能充电方式。该系列 UPS 采用先进的两段式三阶段充电方法，第一阶段大电流恒流充电，快速回充约 90% 的电量；第二阶段恒压充电，可以活化电池特性并将电池完全充饱；第三阶段浮充模式。这样可以很好地兼顾快速充电与延长电池使用寿命的目标，节约用户电池投资。

⑥ LCD 和 LED 双重显示。该系列 UPS 采用 LCD 和 LED 双重显示，使用户更直观地了解 UPS 的各种工作状态和运行参数。如输入/输出电压和频率、负载大小、电池容量以及机内温度等，使所有操作一目了然。

⑦ 智能监控功能。该系列 UPS 当选配 SNMP 卡时，可实现对 UPS 的远程监控。

⑧ EPO 功能。UPS 单元后面板上嵌入一紧急关机（EPO）按键接口，用户可以外接 EPO 按键。在紧急情况下按下 EPO 按键就可以达到紧急关机的目的，并且具有远程紧急关机（REPO）的功能。

⑨ 维护方便。该系列 UPS 提供维修旁路功能，当出现紧急情况时，可以切换到维修旁路供电，维修人员可以安全地在线维修。

9.1.3 工作原理

如图 9-1 所示，UPS 有输入空开。当合上空开后，UPS 的旁路电源即会送入 UPS。UPS 检测输出空开和旁路电压、频率、相序的状态，如果输出空开合上且旁路电压频率在允许的范围内，则 UPS 会发出旁路输出命令，同时旁路指示灯点亮。

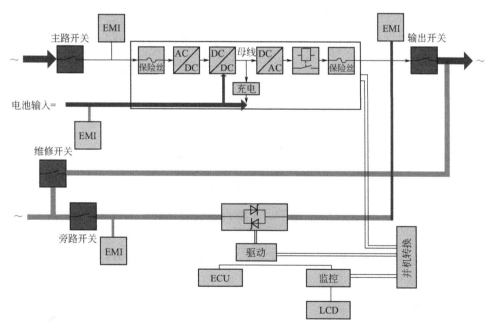

图 9-1 科士达 YDC 系列 UPS 结构框图（60～200kV·A）

合上主路空开，如果主路电源电压、频率、相序都符合条件，UPS 开始软启动，当母线电压上升到 310V 左右，PFC 升压电路开始工作，母线电压会继续上升到 370V 左右。逆变器启动，当逆变器准备好后切换至逆变状态。如果旁路电压、频率、相序正常，逆变电压跟踪旁路电源后无间断切换至逆变输出，否则 UPS 会间断切换至逆变器输出。逆变指示灯亮，旁路指示灯熄灭，UPS 逆变器供电输出。如果电池正常，UPS 会启动充电器对电池充电。

  UPS 随时检测维修空开状态，当去掉维修空开挡板后，UPS 即会转入旁路状态，此时可以打开维修空开由旁路电源直接供电。维修完毕后需要确认 UPS 在旁路状态才能断开维修空开，否则可能造成负载断电。

  ① AC/DC & DC/DC 原理方框图。如图 9-2 所示，A 框内为市电整流电路，B 框内为电池输入电路，C 框内则为公共升压电路，A 与 C 组成市电 PFC 整流电路，B 与 C 组成电池升压电路。

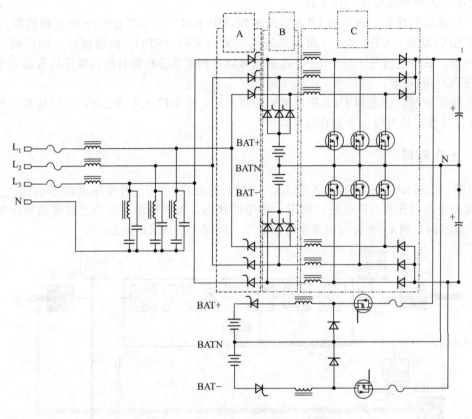

图 9-2 AC/DC & DC/DC 原理框图

  ② 逆变 DC/AC 原理。如图 9-3 所示，A 框内逆变器电路，它将 BUS 电容上的电压转变为交流电输出。

  ③ 充电原理。与图 8-12 所示完全相同，充电器将 BUS 电压降为合适的充电电压后给电池充电。

9.1.4 运行模式

  该系列 UPS 是一种在线的双变换的 UPS，它有下面 5 种可选的运行模式。

  ① 正常模式（如图 9-4 所示）。UPS 由逆变器持续供电，整流器将市电转换为直流源供给逆变器，同时，通过电池充电器对电池进行均充或浮充。

  ② 电池模式（储能模式，如图 9-5 所示）。当市电掉电时，通过电池放电，逆变器不间

断地给负载供电，在市电掉电或市电恢复发生时，正常模式与电池模式之间的切换是完全自动而不需要任何人为介入的。

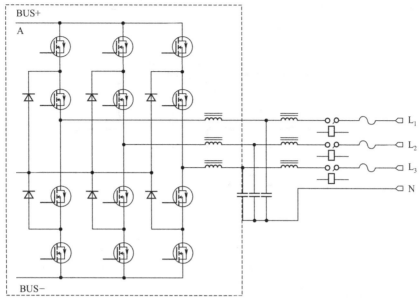

图9-3 逆变器工作原理框图

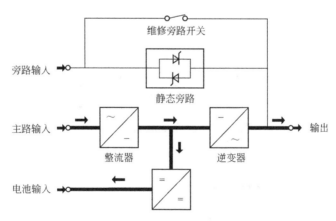

图9-4 正常模式

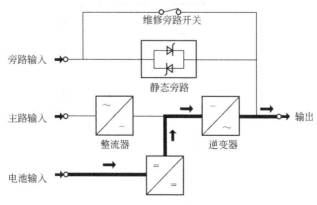

图9-5 电池模式

③ 旁路模式（如图9-6所示）。若逆变器发生故障或逆变器过载，且逆变供电与旁路供电同步时，静态开关将会发生动作，将系统由逆变供电不间断地转为旁路供电。若逆变供电与旁路供电不同步，系统将会通过静态开关由逆变供电间断切换到旁路供电。间断时间在25ms以内。

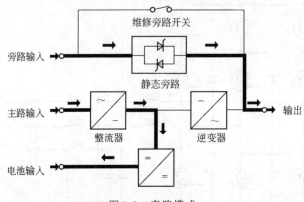

图9-6　旁路模式

④ 经济模式（如图9-7所示）。在市电供电模式下，若负载对供电质量要求不高，为了提高供电效率，可设置UPS工作在经济（ECO）模式，UPS将转为旁路供电。当市电超限时，UPS转为电池逆变供电，LCD显示屏会显示相关信息。

⑤ 维修模式（手动旁路，如图9-8所示）。当UPS内部发生故障需维修时，为了对负载持续供电可以切换到手动旁路模式，且手动旁路能够承受相应的额定满载。

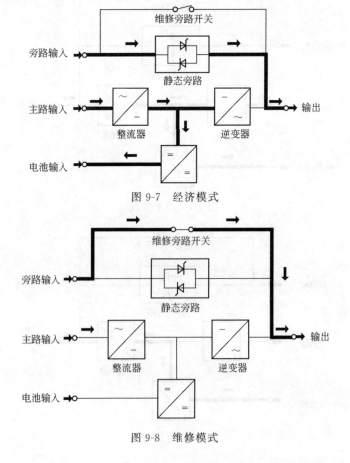

图9-7　经济模式

图9-8　维修模式

9.1.5 常见故障

科士达 YDC 系列（60～200kV·A）塔式 UPS 常见故障如表 9-2 所示。

表 9-2 科士达 YDC 系列（60～200kV·A）塔式 UPS 常见故障

序号	问题	可能原因	解决方法
1	UPS 接上市电,开不了机	输入电源未接入;输入电压过低;UPS 的输入开关未闭合	用仪表检查 UPS 输入电压/频率是否符合规格要求;检查 UPS 的输入开关是否打开
2	市电正常但其指示灯不亮,UPS 工作在电池供电模式	UPS 的输入开关未闭合;输入电源线连接不良	合上输入开关;确保输入电源线连接妥当
3	UPS 未报故障但输出无电压	输出连接电源线连接不良;输出开关未闭合	确保输出连接电源线连接妥当;闭合输出开关
4	市电指示灯闪烁	市电电压超过 UPS 输入范围	如果 UPS 正工作于电池模式,请注意电池后备时间
5	电池指示灯闪;没有充电电压和充电电流	电池开关未闭合/电池组已损坏或电池线接反;电池节数以及容量设置不正确	闭上电池开关,若电池损坏,则需整组电池全部更换;正确连接电池线;进入电池节数/容量设置界面,设置好对应的参数
6	蜂鸣器发出每 0.5s 一声的告警,LCD 显示"输出过载"	负载过载	卸除部分负载
7	只工作在旁路模式不转逆变	设置工作模式为经济模式	将工作模式设置为单机模式
8	不能冷启动	电池未接;电池保险烧断;电池电压低;电池数量设置不正确;未闭合后面板电源开关	将电池开关闭合;更换电池保险;用市电开启 UPS 对电池充电;市电模式下开机设置电池数量和容量;闭合电源开关

9.2 YMK-T 系列塔式 UPS

科士达 YMK-T 系列（200～600kV·A）塔式 UPS 共有 6 个容量等级：200kV·A、250kV·A、300kV·A、400kV·A、500kV·A、600kV·A。

9.2.1 性能参数

各机型的主要性能参数见表 9-3。

表 9-3 科士达 YMK-T 系列（200～600kV·A）塔式 UPS 各机型主要性能参数

型号		200kV·A	250kV·A	300kV·A	400kV·A	500kV·A	600kV·A
额定容量/(V·A/W)		200000	250000	300000	400000	500000	600000
输入参数							
主路输入	额定输入电压(AC)/V	380/400/415					
	输入电压范围	138～485V(AC);305～485V(AC)不降额,138～305V(AC)线性降额					
	接线制式	三相五线					
	输入频率范围/Hz	40～70					
	输入功率因素	≥0.99					
	输入电流谐波(THDi)	≤2%(100%非线性负载)					

型号		200kV·A	250kV·A	300kV·A	400kV·A	500kV·A	600kV·A
旁路输入	额定输入电压(AC)/V	
	输入电压范围(AC)/V	220 上限：25％(可选＋10％、＋15％、＋20％)；230 上限：20％(可选＋10％、＋15％)；240 上限：15％(可选＋10％)。下限：−45％(可选−10％、−20％、−30％)
	接线制式	三相五线
	旁路同步跟踪范围/Hz	±10％
PowerWalkingIn(延时启动)		支持
旁路反灌		支持
发电机接入		支持
输出规格							
电压(AC)/V		380/400/415±1％
功率因数		1
频率/Hz	市电模式	±1％/±2％/±4％/±5％/±10％可设置
	电池模式	(50/60±0.1％)
波形		正弦波
电流峰值比		3∶1
输出电压谐波(THDV)		≤2％(100％线性负载)；≤3％(100％非线性负载)
切换时间/ms		0
整机效率/％		95.5％
过载能力		110％负载，持续 60min 后转旁路；125％负载，持续 10min 后转旁路；150％负载，持续 1min 后转旁路
电池							
最大充电电流/A		80	100	100	140	180	200
电池电压		可选电压：±180V/±192V/±204V/±216V/±228V/±240V/±252V/±264V/±276V/±288V/±300V(DC)(30/32/34/36/38/40/42/44/46/48/50 节)；(30～50 节可选，默认 36 节，36 节和 50 节输出功率不降额；32 节和 34 节输出功率降额至 0.9；30 节时输出功率降额至 0.8)
环境							
工作温度		0～40℃
存储温度		−25～55℃(不含电池)
湿度范围		0～95％(不凝露)
工作海拔高度		＜1500m(超过 1500m 按 GB/T 3859.2 规定降额使用)
噪声(1m 的距离)/dB		＜60	＜63	＜66	＜68	＜70	
其他功能							
告警功能		过载、市电异常、UPS故障、电池欠压等多种告警功能
保护功能		短路、过载、过温、电池欠压、输出过欠压、风扇故障报警、防雷、旁路反灌
通信功能		CAN、RS485、RS232、干接点、并机接口、LBS接口、智能插槽、温度传感器接口
机械特性							
尺寸(W×D×H)/mm	标准版	600×850×1600		600×850×2000		1200×850×2000	
	满配版	1200×850×2000
UPS 机柜净重/kg		340	380	400	540	800	890
执行标准		YD/T 1095—2018

9.2.2 技术特点

科士达 YMK-T 系列（200～600kV·A）塔式 UPS 除了具备科士达 YDC 系列（60～200kV·A）塔式 UPS 基本技术特点（三进三出 UPS、数字化控制、外接电池数量可选、充电电流可设定、智能充电方式、LCD 和 LED 双重显示、智能监控功能、EPO 功能、维护方便）外，还具有如下特点。

① 19 英寸标准机柜。该系列 UPS 采用 19 英寸标准机柜外观，美观大方，可以完美匹配机房应用环境，节省机房使用面积。

② 并机共用电池。该系列 UPS 并联工作的 UPS 可以共用电池，电池数量不受并机数量的限制，大大减少了电池配置的数量，用户可以完全根据后备时间进行电池配置。

③ 系统超大 LCD 显示（带触摸屏）。该系列 UPS 采用超大 LCD 显示，中英文双语言可供选择，提供了丰富的 UPS 状态信息、警告信息、故障信息等。配合菜单式的显示方式，用户可以非常直观地操作 LCD。

④ 可构建中小型配电系统。该系列 UPS 提供了丰富的选配件，用户可根据需求选择安装隔离变压器、配电盘、SNMP 卡、继电器干接点卡等组成一个中小型配电系统。

⑤ 集中监控模块。该系列提供集中监控模块，模块具备热插拔功能，当拔出监控模块时，系统可以正常工作。

9.2.3　工作原理

科士达 YMK-T 系列（200～600kV·A）塔式 UPS 工作原理与科士达 YDC 系列（60～200kV·A）塔式 UPS 基本相同，在此不再赘述。但此系列有两种机柜：标准版机柜和满配版机柜。其工作原理框图如图 9-9 和图 9-10 所示。

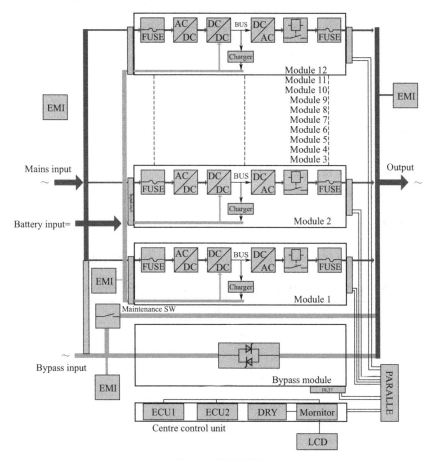

图 9-9　标准版机柜

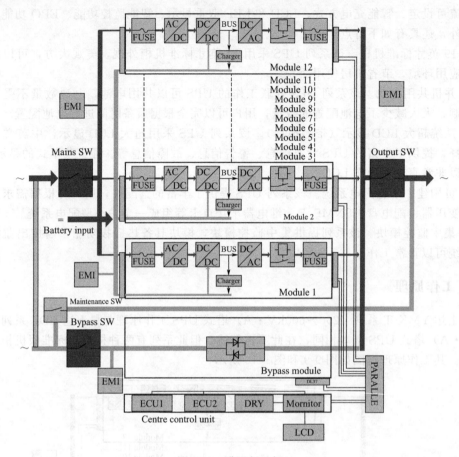

图 9-10　满配版机柜

9.2.4　运行模式

该系列 UPS 是一种在线双转换的 UPS，它有 5 种可选的运行模式：正常模式；电池模式（储能模式）；旁路模式；经济模式；维修模式（手动旁路）。

9.2.5　常见故障

科士达 YMK-T 系列（200~600kV·A）塔式 UPS 常见故障见表 9-4。

表 9-4　科士达 YMK-T 系列（200~600kV·A）塔式 UPS 常见故障

序号	问题	可能原因	解决方法
1	LCD 不显示	网线没有插好；与前门连接的电话线没有插好	将网线或电话线拔出再插好
2	LCD 蓝屏	LCD 受干扰大	将网线拔出再插好
3	UPS 接市电后开不了机	输入电源未接入；输入电压过低	用电压表检查 UPS 输入电压/频率是否符合规格要求
4	市电正常但市电指示灯不亮，UPS 工作在电池供电模式	输入开关未闭合；输入电源线连接不良	合上输入开关确保输入电源线连接妥当
5	UPS 未报故障但输出无电压	输出连接电源线连接不良	确保输出连接电源线连接妥当

序号	问题	可能原因	解决方法
6	UPS 不能切旁路或逆变	输出开关未闭合	闭合输出开关
7	市电指示灯闪烁	市电电压超过 UPS 的输入范围	如果 UPS 正工作于电池模式,请注意电池后备时间
8	电池指示灯闪; 没有充电电压和充电电流	电池开关未闭合/电池组已损坏或电池线接反;电池节数以及容量设置不正确	闭上电池开关,若电池损坏,则需整组电池全部更换,正确连接电池线;进入电池节数/容量设置界面,设置好对应的参数
9	蜂鸣器发出每 0.5s 一声的告警,LCD 显示"输出过载"	负载过载	卸除部分负载
10	蜂鸣器长鸣故障指示灯亮,LCD 显示"输出短路"	UPS 输出短路	请确保负载无短路情况,重新启动
11	只工作在旁路模式不转逆变输出	设置工作模式为经济模式或旁路切换次数已到	将工作模式设置为单机模式;将旁路切换次数设置大或重新启机
12	不能冷启动	电池未接;电池保险烧断;电池电压低	将电池开关闭合;更换电池保险;用市电开启 UPS 对电池充电
13	蜂鸣器长鸣,故障指示灯亮,LCD 显示"整流器、逆变器故障"或"输出故障"等	UPS 内部故障	UPS 需要维修,请与经销商联系

9.3 YMK 系列模块化 UPS

科士达 YMK 系列（100～800kV・A）模块化 UPS 共有 9 个容量等级：100kV・A、150kV・A、200kV・A、250kV・A、300kV・A、400kV・A、500kV・A、600kV・A、800kV・A。

9.3.1 性能参数

科士达 YMK 系列（100～800kV・A）模块化 UPS 各机型的主要性能参数除了容量、尺寸规格和重量有差别外,其主要性能参数基本相同,本节主要以 100kV・A、150kV・A、200kV・A、250kV・A 系列为例,讲述其主要性能参数（详见表 9-5）。

表 9-5 科士达 YMK 系列（100～800kV・A）模块化 UPS 各机型主要性能参数

	型号	100kV・A	150kV・A	200kV・A	250kV・A
额定容量	机柜/(kV・A/W)	50～100	50～150	50～200	50～250
	模块/(V・A/W)	50k			
	最大模块数量	2+1	3	4	5
输入参数					
主路输入	额定输入电压(AC)/V	380/400/415			
	输入电压范围	138～485V(AC);305～485V(AC)不降额,138～305V(AC)降额至 40%			
	接线制式	三相五线			
	输入频率范围/Hz	40～70			
	输入功率因素	≥0.99			
	输入电流谐波(THDi)	≤3%(100%线性负载)			

型号		100kV·A	150kV·A	200kV·A	250kV·A
旁路输入	额定输入电压(AC)/V	380/400/415			
	输入电压范围(AC)/V	220 上限:25%(可选＋10%、＋15%、＋20%)230 上限:20%(可选＋10%、＋15%);240 上限:15%(可选＋10%)下限:－45%(可选－10%、－20%、－30%)			
	接线制式	三相五线			
	旁路同步跟踪范围/Hz	±10%			
PowerWalkingIn(延时启动)		支持			
旁路反灌		支持			
发电机接入		支持			
输出规格					
电压(AC)/V		380/400/415±1%			
功率因数		1			
频率/Hz	市电模式	±1%/±2%/±4%/±5%/±10%可设置			
	电池模式	(50/60±0.1%)Hz			
波形		正弦波			
电流峰值比		3:1			
输出电压谐波(THDV)		≤2%(100%线性负载);≤4%(100%非线性负载)			
切换时间/ms		0			
过载能力		110%负载,持续60min后转旁路;125%负载,持续10min后转旁路;150%负载,持续1min后转旁路			
电池					
模块最大充电电流/A		20			
电池电压		可选电压:±180V/±192V/±204V/±216V/±228V/±240V/±252V/±264V/±276V/±288V/±300Vdc(30/32/34/36/38/40/42/44/46/48/50 节);(30～50 节可选,默认36节,36节和50节输出功率不降额;32节和34节输出功率降额至0.9;30节时输出功率降额至0.8)			
环境					
工作温度		0～40℃			
存储温度		－25～55℃(不含电池)			
湿度范围		0～95%(不凝露)			
工作海拔高度		<1500m(超过1500m 按 GB/T 3859.2—2013 规定降额使用)			
噪声(1m 的距离)/dB		<60	<62	<64	<65
其他功能					
告警功能		过载、市电异常、UPS故障、电池欠压等多种告警功能			
保护功能		短路、过载、过温、电池欠压、输出过欠压、风扇故障报警、防雷、旁路反灌			
通信功能		CAN、RS485、RS232、干接点、并机接口、LBS接口、智能插槽、温度传感器接口			
机械特性					
尺寸(W×D×H)/mm	UPS 机柜(标准版)	600×850×1200		600×850×1600	
	UPS 机柜(满配版)				
	YMK 模块	440×620×130			

续表

型号		100kV·A	150kV·A	200kV·A	250kV·A
净重 /kg	UPS 机柜	180		230	240
	YMK 模块	34			
执行标准		YD/T 2165—2017			

9.3.2 技术特点

科士达 YMK 系列（100～800kV·A）模块化 UPS 各机除了具备 YMK-T 系列塔式 UPS 的各项性能特点外，还具有如下特点。

① 模块化设计。该系列 UPS 采用模块化设计，模块容量为 50kV·A（kW），UPS 系统由 1 至 16 个 UPS 模块并联组成，最大功率 800kW，用户可以根据负载的逐步投入而弹性地增加 UPS 模块数量。模块与机柜间采用热插拔技术，UPS 模块可以在线加入、在线拔出，实现"零"检修时间。

② 高功率密度设计。该系列 UPS 单模块高度为 3U（U 是 unit 的缩略语，其尺寸是由美国电子工业协会制定的，1U＝44.45mm）。

③ $N+X$ 并联冗余。该系列 UPS 采用 $N+X$ 并联冗余设计，用户可根据负载重要程度配置不同的冗余程度，当冗余模块数达两个以上时，UPS 系统可用性达 99.999％，MTBF（平均无故障时间）长达 25 万 h 以上，可充分满足关键负载对供电系统的高可靠性需求。通过 LCD 可以设定 UPS 冗余数量，当负载量超过冗余设定时，UPS 可及时报警。

④ 弹性的并联冗余设定。该系列 UPS 可以任意设定冗余 UPS 模块数，UPS 可以最大容量提供输出。当负载超出冗余设定时，只要负载量没有超过模块的总容量，UPS 能够正常工作，并可以发出相应的警告。

⑤ 机柜并联台数。该系列 UPS 最大可以 6 台并机。

⑥ 控制系统并联冗余。该系列 UPS 控制方式为分散控制，集中管理，每个模块独立控制运行，由集中控制单元统一管理运行，集中控制单元为冗余并联，其中一个失效不影响整机运行。

⑦ 优化的分布汇流机柜。该系列 UPS 改进了模块化 UPS 的系统布局，创新引入分布汇流概念，保障了系统并联的安全性。

⑧ 集中旁路。该系列 UPS 采用集中旁路供电，提高旁路供电的供电能力。

⑨ 单模块 LED 显示。该系列 UPS 单个模块采用 LED 显示，用户可以通过模块 LED 灯了解模块的工作状态。

⑩ 停机检修时间短。如果故障的 UPS 模块数少于等于冗余的 UPS 模块数，可在不影响其他模块工作的情况下在线更换故障的 UPS 模块，这种情况下停机检修时间为零；如果故障的 UPS 模块数大于冗余的 UPS 模块数，由于是采用更换 UPS 模块的方式进行维护，所以停机检修时间不会超过 5min。

9.3.3 工作原理

科士达 YMK 系列（100～800kV·A）模块化 UPS 工作原理与科士达 YDC 系列（200～600kV·A）塔式 UPS 基本相同，在此不再赘述。此系列也有两种机柜：标准版机柜和满配版机柜。其工作原理框图如图 9-11 和图 9-12 所示。

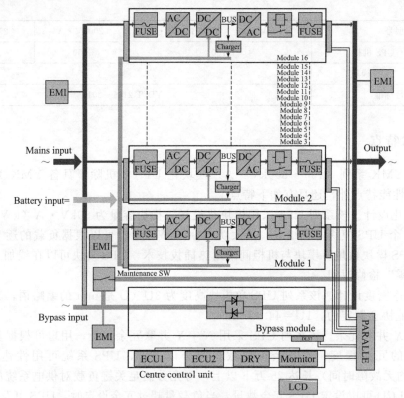

图 9-11 标准版机柜

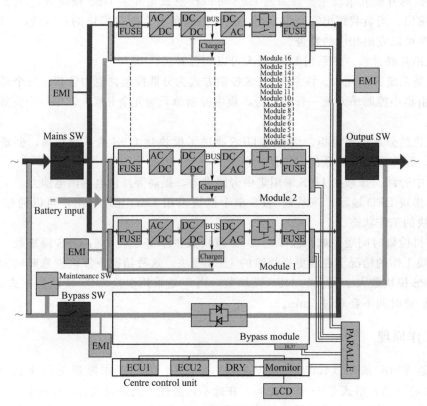

图 9-12 满配版机柜

9.3.4　运行模式

该系列 UPS 是一种在线的双转换的 UPS，它有下面 5 种可选的运行模式。

① 正常模式（如图 9-13 所示）。UPS 由逆变器持续供电，整流器将市电转换为直流源供给逆变器，同时，通过电池充电器对电池进行均充或浮充。

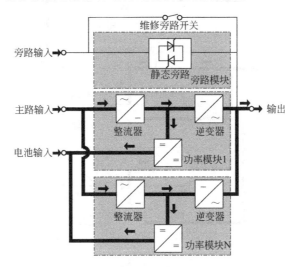

图 9-13　正常模式

② 电池模式（储能模式，如图 9-14 所示）。当市电掉电时，通过电池放电，逆变器不间断地给负载供电，在市电掉电或市电恢复发生时，正常模式与电池模式之间的切换是完全自动而不需要任何人为介入。

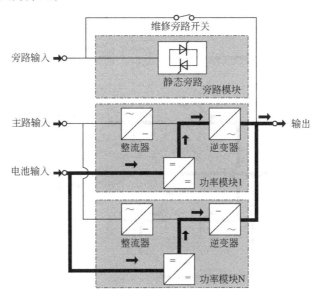

图 9-14　电池模式

③ 旁路模式（如图 9-15 所示）。如果逆变器发生故障或逆变器过载，且逆变供电与旁路供电同步时，静态开关将会发生动作，将系统由逆变供电不间断地转为旁路供电。如果逆

变供电与旁路供电不同步，系统将会通过静态开关由逆变供电间断切换到旁路供电。间断时间在15ms内。

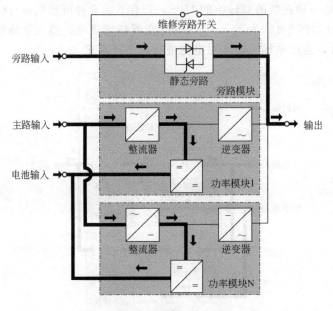

图9-15　旁路模式

④ 经济模式（如图9-16所示）。在市电供电模式下，如果负载对供电质量的要求不高，为了提高供电效率，可设置UPS工作在经济（ECO）模式，UPS将转为旁路供电。当市电超限时，UPS转为电池逆变供电，LCD显示屏会显示相关信息。

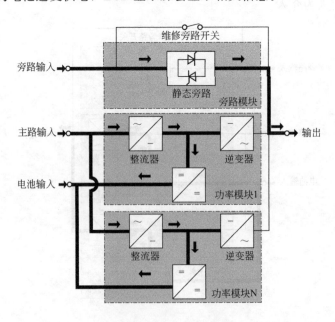

图9-16　经济模式

⑤ 维修模式（手动旁路，如图9-17所示）。当UPS内部发生故障需维修时，为了对负载持续供电可以切换到手动旁路模式，且手动旁路能够承受相应的额定满载。

9.3.5 常见故障

科士达 YMK 系列（100～800kV·A）模块化 UPS 常见故障见表 9-6。

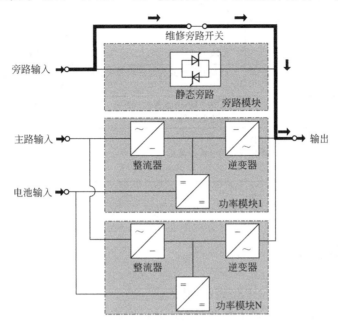

图 9-17 维修模式

表 9-6 科士达 YMK 系列（100～800kV·A）模块化 UPS 常见故障

序号	问题	可能原因	解决方法
1	LCD 不显示	网线没有插好 与前门连接的电话线没有插好	将网线或电话线拔出再插好
2	LCD 显示不正常	LCD 受干扰大	将网线拔出再插好
3	LCD 不能正常触摸	LCD 触摸未校正	重新校正触摸屏
4	UPS 接市电后开不了机	输入电源未接入； 输入电压过低； 主路开关未闭合	用电压表检查 UPS 输入电压/频率是否符合规格要求； 检查所有模块输入开关是否
5	UPS 未报故障但无输出	输出连接电源线连接不良	确保输出电源线连接妥当
6	UPS 模块不能切换到旁路或逆变供电	UPS 模块未插到位； 模块左边的旋钮未旋到 ON 状态； 输出开关未闭合； 旁路模块旋钮未旋到 ON 状态	抽出 UPS 模块重新插到位； 将旋钮旋到 ON 状态； 闭合输出开关； 将旁路模块旋钮旋到 ON 状态
7	UPS 模块故障指示灯长亮	该 UPS 模块已损坏	抽出该 UPS 模块，换上新的 UPS 模块
8	市电指示灯闪烁	市电电压超过 UPS 输入范围	如果 UPS 正工作于电池模式，请注意电池后备时间
9	电池指示灯闪； 没有充电电压和充电电流	电池开关未闭合/电池组已损坏或电池线接反； 电池节数以及容量设置不正确； 是否设置禁止充电	闭上电池开关，若电池损坏，则需整组电池更换，正确连接电池线； 进入电池节数/容量设置界面，设置好对应的参数； 将充电设置由禁止，修改为允许

序号	问题	可能原因	解决方法
10	蜂鸣器发出每0.5s一声的告警，LCD显示"输出过载"	负载过载	卸除部分负载
11	蜂鸣器长鸣故障指示灯亮LCD显示"输出短路"	UPS输出短路	请确保负载无短路情况，然后重新启动
12	模块亮红灯	模块未插好	将模块拔出再插到底
13	只工作在旁路模式不转逆变输出	设置工作模式为经济模式或旁路切换次数已到	将工作模式设置为单机模式；将旁路切换次数增大或重新开机
14	不能冷启动	电池未接；电池保险烧断；电池电压低	将电池开关闭合；更换电池保险；用市电开启UPS对电池充电
15	蜂鸣器长鸣故障指示灯亮LCD显示"整流器、逆变器故障"或"输出故障"等	UPS内部故障	UPS需要维修，请与经销商联系

 习题与思考题

1. 简述科士达YDC系列UPS的技术特点。
2. 画出科士达YDC系列UPS结构框图，并简述其工作原理。
3. 简述科士达YDC系列UPS有哪几种可选的运行模式？并简述其工作过程。
4. 简述科士达YMK-T系列塔式UPS常见故障分析。
5. 简述科士达YMK系列模块化UPS的技术特点。
6. 画出科士达YMK系列模块化UPS结构框图，并简述其工作原理。
7. 简述科士达YMK系列模块化UPS有哪几种可选的运行模式？并简述其工作过程。
8. 简述科士达YMK系列模块化UPS常见故障分析。

第**10**章

其他品牌UPS实例剖析

UPS 的生产厂家及其品牌很多，除了前面所讲述的科华和科士达 UPS 外，本章 UPS 实例剖析是从编者接触较多的产品中选取的，通过 UPS 实例剖析，读者可掌握典型 UPS 的技术参数、基本结构、电路工作原理及常见故障检修。

10.1 山特 TG 系列 UPS

10.1.1 技术参数

TG（Twin Guard）系列 UPS 是山特电子有限公司针对 PC 级用户设计的后备式方波输出型不间断电源，其造价低廉、稳定性高，体积小巧，非常适用于 PC 机以及打印机、扫描仪等外围设备，得到了广泛的应用。

TG 系列 UPS 有 500V·A 和 1000V·A 两种，其主要技术参数如表 10-1 所示。

表 10-1　TG 系列 UPS 技术参数

技术参数	型号	
	500V·A	1000V·A
最大负载输出容量	500V·A/300W	1000V·A/600W
输入电压(AC)/V	(160~265)±7	
输入频率/Hz	45~55	
输出电压(AC)/V	220±10%(逆变模式)	
输出频率/Hz	50±1(逆变模式)	
电池备用时间/min	≥7min(半载)	
电池充电时间/h	≤16h	
转换时间/ms	≤10	
尺寸(长×宽×高)/mm	80×232×232	91×283×240
质量/kg	3.3	6.5

TG 系列 UPS 的技术特点如下：

① 采用高频变换技术，无输出工频变压器，体积小，重量轻，使用方便；

② 集成数字化控制，提高系统可靠性；

③ 宽电压输入范围，适用于电力环境恶劣的地区，也可搭配发电机使用；

④ 完善的开机自检功能，对逆变器、蓄电池状态做出准确判断，提高负载的安全性；

⑤ 内置高品质阀控免维护蓄电池，有效提高了 UPS 的可靠性；

⑥ 完善的电池管理，即实现了快速充电，又能保护电池，延长其使用寿命。

10.1.2 工作原理

图 10-1 给出了 TG 系列 UPS 的原理框图。由图可以看出，TG 系列 UPS 是典型的后备式 UPS，其工作状态有两种。

当市电正常时，市电经交流旁路开关、继电器（转换开关）的常开节点直接供给负载；同时，市电通过充电器向蓄电池充电。在这种状态下，DC/DC 升压变换器和逆变器均不工作，UPS 处于旁路状态。

当市电不正常时，DC/DC 变换器和逆变器开始工作，蓄电池电压经 DC/DC 变换器升压，并通过逆变器逆变为交流方波电压，经继电器常闭节点供给负载。在这个过程中，充电器停止工作，UPS 处于逆变工作状态。

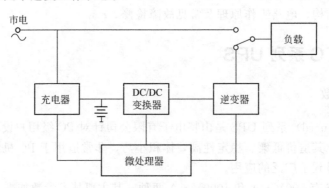

图 10-1　TG 系列 UPS 原理框图

TG500 和 TG1000 两种 UPS 的区别在于前者内部只有一块 12V/7Ah 的蓄电池，后者有两块 12V/7Ah 的蓄电池串联，其余电路除个别参数外均一致。本节以 TG1000 为例，介绍其工作原理。

(1) 单端反激式充电电路

市电正常时，后备式 UPS 旁路输出。在这种状态下，充电电路需要给蓄电池充电。TG 系列 UPS 中的以单端反激变换器构成的充电电路如图 10-2 所示。单端反激变换器由于电路拓扑简单、控制方便，非常适合于小功率开关电源系统，因而在 UPS 的辅助电源以及小容量 UPS 的充电电路中得到了广泛的应用。

① 主电路。交流电压（火线出线、零线出线）通过 VD_{102}、VD_{103}、VD_{106}、VD_{107} 整流，并通过 VD_{100}、L_{100}、C_{100}、C_{102} 组成的滤波电路变为 310V 左右的直流电，L_{100} 同时能抑制电路启动瞬间的浪涌电流。该直流电经过高频变压器 T_{101}、Q_{101}（功率 MOSFET）斩波、降压后，由二极管 VD_{101} 隔离、电容 C_{101}、C_{104} 滤波，输出 27V 直流电为 24V 蓄电池组充电。功率 MOSFET Q_{101} 由集成 PWM 芯片 UC3842 的 6 脚输出的 PWM 脉冲驱动。当 UC3843 的 6 脚有脉冲输出时（高电平），Q_{101} 被触发开通，在 300V 左右的高压直流电的驱动下，变压器初级绕组中流过电流。由于变压器同名端的关系，副边绕组在二极管 VD_{101} 的阻断下并无电流流过，能量便存储在变压器的初级绕组中，电容 C_{101} 将释放能量为蓄电池充电。当 UC3843 的 6 脚为低电平时，变压器初级绕组中将感应出同名端为正、非同名端为

负的电动势，二极管 VD$_{101}$ 将被触发开通，储存在变压器中的能量将为蓄电池充电，同时为电容 C$_{101}$ 补充充电。R$_{100}$、C$_{103}$、VD$_{104}$、VD$_{105}$ 组成的回路与变压器原边并联，构成 RCD 吸收电路，以抑制 Q$_{101}$ 关断瞬间由于变压器漏感产生的电压尖峰，保护功率 MOSFET 安全可靠工作。与 Q$_{101}$ 串联的电阻取样变压器原边的电流并输入 UC3843，若原边电流过大，则使关闭 6 脚脉冲输出，以保证原边电流在安全的工作范围之内。

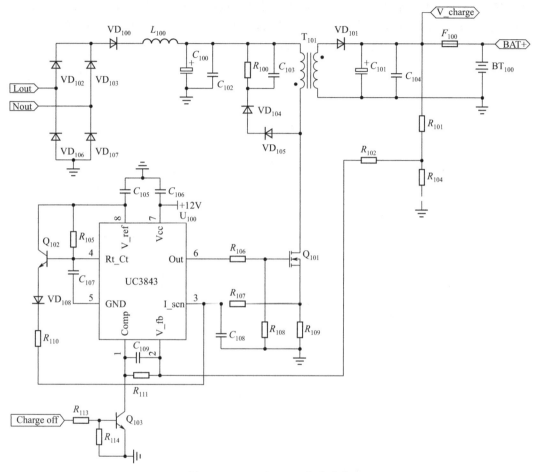

图 10-2 TG1000 UPS 充电电路

② 控制电路。充电电路的控制电路以 UC3843 为核心。在本电路中，芯片的供电电源（7 脚）为 +12V，由辅助电源提供。其 8 脚输出 5V 基准，该基准通过 R$_{105}$、C$_{107}$ 与芯片 4 脚形成振荡电路。芯片 6 脚输出 PWM 脉冲，驱动功率 MOSFET 开通和关断。1 脚和 2 脚分别为芯片内部误差放大器的输出和反相端，充电电路的输出电压由 R$_{101}$、R$_{104}$ 分压取样，反馈回给芯片 2 脚。如果输出电压偏高，则误差放大器 1 脚电位降低，芯片 6 脚输出脉冲的宽度变窄，输出电压随之降低；反之，若输出电压偏低，则脉宽变宽，输出电压随之升高，从而在网侧电压和电池充电电流变化的情况下实现闭环的稳压。C$_{109}$ 和 R$_{111}$ 构成闭环反馈电路，以补偿电压闭环的频率响应，提高系统稳定性。芯片 3 脚实现简单的电流反馈控制，如变压器初级绕组电流过大，在电阻 R$_{109}$ 上的压降大于 1V，则芯片立即置 6 脚为低电平，关断脉冲输出。芯片 4 脚通过三极管 Q$_{102}$、VD$_{108}$、R$_{110}$ 给 3 脚电流反馈端加一斜坡，改善电流反馈的响应，提高系统稳定性。

Charge off 信号来自单片机控制电路，当市电不正常时，系统需要将蓄电池电压升压逆变，提供给负载，此时充电电路必须处于不工作状态。由单片机控制电路送来的 charge off 信号为高电平，驱动三极管 Q_{103} 饱和导通，将芯片 UC3843 的 1 脚电平拉低，迫使 6 脚脉冲为低电平，从而使得充电电路不工作。

（2）推挽式 DC/DC 电路

如图 10-1 所示，DC/DC 变换电路是在市电不正常时，为将蓄电池中以低压直流电形式存储的能量变换成有效值为 220V 的交流电压提供给负载。为达到这一目的，受制于逆变电路直流电压利用率的影响，必须先将 24V 的蓄电池电压变换为 310V 左右的直流电。DC/DC 变换电路即完成这一功能，如图 10-3 所示。

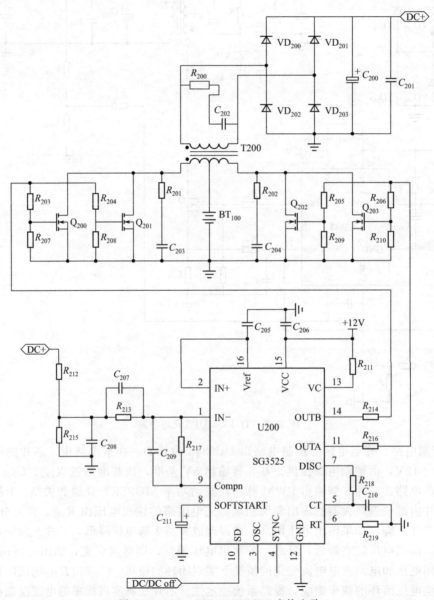

图 10-3　TG1000 UPS DC/DC 变换电路

① 主电路。DC/DC 变换电路的主电路采用推挽式变换器。推挽式变换器由于输入电压和主功率管驱动之间共地，因此非常适合于低压输入的功率变换电路。如图 10-3 所示，Q_{200}、Q_{201} 与 Q_{202}、Q_{203} 为四个功率 MOSFET，其中两两并联使用构成推挽变换器的两个

桥臂。功率 MOSFET 的通态电阻具有正温度系数特性，因而可以直接并联使用，自动均流。Q_{200}、Q_{201} 与 Q_{202}、Q_{203} 在集成 PWM 控制器 3525 的控制之下轮流导通，并通过高频变压器 T_{200} 将蓄电池能量传递给次级，同时升压、整流（$VD_{200} \sim VD_{203}$）、滤波（C_{200}、C_{201}），变换成为 310V 的直流电。功率 MOSFET 两端以及变压器次级并联的 RC 回路（$R_{200} \sim R_{202}$、$C_{202} \sim C_{204}$）为吸收电路，一方面保证功率开关器件（MOSFET 和快恢复整流二极管）的安全工作，另一方面减小系统的纹波和噪声，提高电磁兼容性。

② 控制电路。DC/DC 变换电路的控制电路以集成 PWM 控制器 SG3525 为核心，如图 10-3 所示。输出电压通过 R_{212} 和 R_{215} 分压取样，输入到 SG3525 的 1 脚，2 脚直接连接到 16 脚的 5.1V 参考电源上（V_REF），该参考电源同时为单片机片上 A/D 外设提供参考电压。SG3525 的 1 脚和 2 脚分别是内部误差放大器的反相端和同相端，9 脚是误差放大器的输出端，9 脚的电位决定了 11、14 脚的输出脉冲宽度。5、6、7 脚及其外围组成振荡电路，13 脚为脉冲输出驱动电路提供电源。8 脚为芯片软启动端口，开机后芯片内部从 8 脚输出恒流 $50\mu A$ 给电容 C_{211} 充电，随着该端口电压上升，11、14 脚输出的脉宽宽度逐渐变宽，从而达到软启动的目的。电容 C_{207}、R_{213}、C_{209}、R_{217} 改善系统闭环的频率特性，提高系统稳定性。

（3）交流旁路及全桥逆变电路

交流旁路及逆变电路如图 10-4 所示，由市电旁路、转换开关及全桥逆变电路组成。

① 转换开关。输入市电经过防浪涌（R_{301}）、差模滤波（C_{301}）和共模滤波（C_{300}、C_{302}）接到继电器的常开节点上。继电器 K_{300} 和 K_{301} 组成静态转换开关，完成市电旁路和逆变器输出的切换，单刀双掷继电器分别被三极管 Q_{300}、Q_{301} 驱动，由单片机输出控制信号 rclay on 控制其开通闭合。逆变器输出接在继电器常闭节点上，市电旁路接在常开节点上，继电器触点为 UPS 输出。市电正常时，单片机控制继电器上电，市电被旁路输出。市电异常时，控制继电器下点，逆变器输出。市电/逆变器供电转换间隔取决于继电器的动作时间，通常是 10ms 左右。在这 10ms 之内，UPS 供电实际是间断的，这也是后备式 UPS 的典型模式。齐纳二极管 VD_{300} 和 VD_{301} 用于保护驱动三极管 Q_{300} 和 Q_{301}，因为继电器线圈在关断瞬间会感应出较高电压，反并联的齐纳二极管即为防止三极管不被击穿。

② 全桥逆变电路。TG 系列 UPS 的逆变主电路采用如图 10-4 所示的全桥逆变电路。经图 10-3 所示的推挽式 DC/DC 升压变换电路得到的 310V 左右的直流电输入，由功率 MOSFET Q_{304} 与 Q_{305}、Q_{302} 与 Q_{303}、Q_{310} 与 Q_{311}、Q_{308} 与 Q_{309} 组成主功率变换桥。与推挽式升压 DC/DC 变换电路类似，八只功率 MOSFET 两两并联以提高通流能力。处于对角线上的功率管驱动脉冲同相，而同一桥臂的功率管的驱动脉冲相位相差 10ms，完成将 310V 直流电变换成 220V/50Hz 方波交流电的任务。

从单片机输出的四路驱动脉冲经过三极管驱动分别加在功率 MOSFET 的门极，其中两个上桥臂的驱动采用光耦自举式驱动电路。其工作原理为：当下桥臂功率管开通时，12V 电源通过隔离二极管（VD_{302}/VD_{303}）、下桥臂功率管为自举电容（C_{304}/C_{303}）充电，当上桥臂管开通时，自举电容为上桥臂驱动电路供电，二极管 VD_{302}/VD_{303} 保证了 12V 辅助电源与功率变换电路上桥臂之间的隔离，从而避免了桥式电路需要多路隔离电源驱动的复杂和烦琐。由于逆变电路输出 50Hz 方波，因而上桥臂电容有充分的时间充电，以保证可靠驱动上桥臂的 MOSFET。

逆变器输出电压经二极管 $VD_{306} \sim VD_{309}$、电阻 $R_{337} \sim R_{340}$、电容 C_{305} 整流、分压、滤波后，将取样信号 "V_逆变" 送到单片机 A/D 外设，对逆变器输出电压进行取样。如果输出电压过低，则增加逆变桥驱动脉冲 $PWM_1 \sim PWM_4$ 的宽度，使得逆变器输出电压升高；

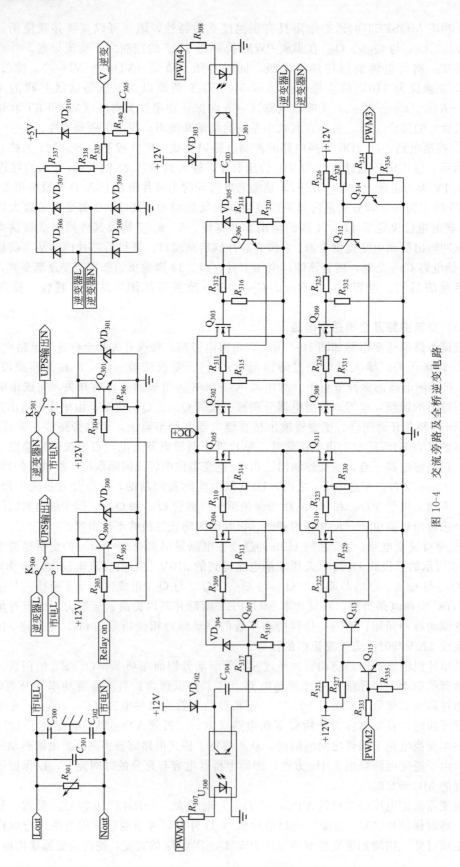

图 10-4 交流旁路及全桥逆变电路

如果检测输出电压过高，则减小脉宽，控制逆变器输出电压降低，从而达到闭环稳压的目的。

（4）辅助电源电路

TG系列UPS的辅助电源电路如图10-5所示，由于所需辅助电源只有不隔离的+12V和+5V两路，而且功率较小，故采用简单可靠的三端稳压器来实现。

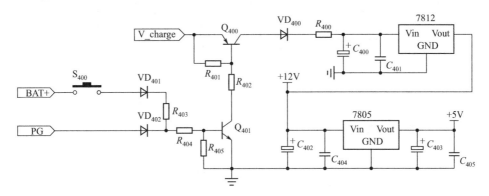

图10-5 辅助电源电路

开关S_{400}即为UPS面板开关，按下S_{400}，蓄电池电压通过二极管VD_{401}、电阻R_{403}和R_{404}触发开通三极管Q_{401}，为三极管Q_{400}提供了基极偏置电流。Q_{400}的开通使得充电电压V_charge通过Q_{400}、VD_{400}、R_{400}提供给三端稳压器7812，从而得到+12V电压；由+12V电压和7805可类似得到+5V电压。

（5）单片机控制电路

TG系列UPS采用MOTOROLA单片机MC68HC705P作为控制系统的核心。该单片机有ROM、RAM、20个I/O口以及4路8位的A/D通道，非常适合于中小容量UPS的控制与管理。根据后备式UPS工作原理，其控制系统需检测市电电压（V_市电）、蓄电池电压（V_BAT）、UPS输出电压（V_UPS）、逆变器输出电压（V_逆变）等模拟量，输出逆变器控制脉冲（$PWM_1 \sim PWM_4$）等开关量，指示灯和蜂鸣器等人机界面电路等，以及晶振（Y_{500}）、上电复位（U_{502}）等电路。其主要外围电路如图10-6所示。

① 模拟量输入。单片机的$PC_3 \sim PC_7$脚为I/O和A/D复用的几个管脚。其中PC_7（15脚）为片内A/D参考电源的输入，来自升压DC/DC变换控制电路SG3525的16脚。

市电的取样通过电阻分压（R_{505}、R_{509}、R_{514}与R_{506}、R_{510}、R_{515}），经过误差放大器U_{500}差动放大，被调理为低压信号（V_市电）被单片机采样（18脚）。单片机根据采样值来判断市电正常与否，是否需要启动逆变器等操作。

UPS输出电压通过变压器T_{500}隔离取样，经二极管VD_{503}限幅后，送入单片机17脚（V_UPS）。逆变器输出电压经整流、分压、限幅取样（如图10-4所示），送入单片机19脚（V_逆变）。蓄电池电压经过电阻R_{522}、R_{526}分压，经VD_{507}限幅变换为低压信号V_BAT送入单片机16脚。

② 开关控制量输入输出。如图10-6所示，根据UPS系统控制管理功能，单片机输出的开关量包括逆变器脉宽调制控制信号$PWM_1 \sim PWM_4$（3~7脚），充电器启动停止信号charge off（低电平启动，高电平停止充电器，如图10-2所示），继电器动作信号relay on（高电平上电，市电旁路输出；低电平下电，切换到逆变器输出；如图10-4所示），DC/DC变换器启动停止信号DC/DC off（低电平启动DC/DC变换器，高电平关断DC/DC变换器，如图10-3所示）等。

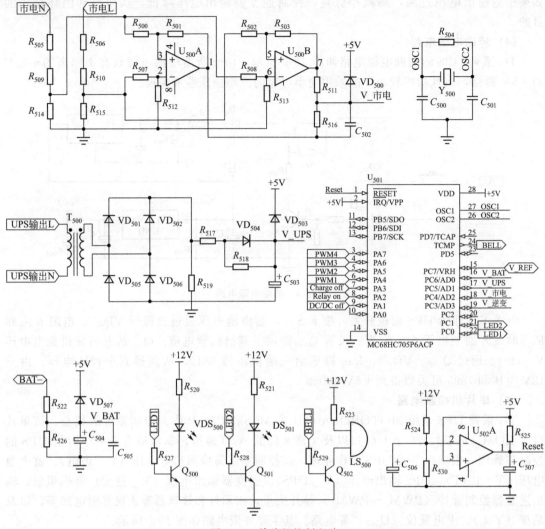

图 10-6　单片机控制电路

③ 人机界面电路。为了便于用户使用和维护，TG 系列 UPS 系统的前面板上设有启动按钮（如图 10-5 所示）和两个指示灯及蜂鸣器，指示灯和蜂鸣器电路如图 10-6 所示。

指示灯 LED_1 和 LED_2 分别由单片机 1 脚和 2 脚控制，三极管 Q_{500} 和 Q_{501} 驱动；蜂鸣器 BELL 由单片机 24 脚控制，三极管 Q_{502} 驱动。蜂鸣器和指示灯含义如表 10-2 所示。

表 10-2　指示灯及蜂鸣器含义

绿灯	红灯	蜂鸣器	输出	充电状态	含义	系统状态
灭	灭	停止	无	无	电源开关关闭,UPS 系统停止运行	停机
亮	灭	停止	正常	充电	输入市电正常,UPS 旁路输出	市电输出
亮	闪	2s 间歇	正常	充电	市电正常,蓄电池大电流补充充电	
闪	灭	4s 间歇	正常	放电	市电中断,逆变器输出,蓄电池正常供电	
闪	灭	1s 间歇	正常	放电	市电中断,逆变器输出,蓄电池放电趋于结束,输出即将关闭	逆变输出

续表

绿灯	红灯	蜂鸣器	输出	充电状态	含义	系统状态
灭	亮	长鸣	无	无	UPS发生过载、短路等严重故障	
亮	闪	2s间歇	无	无	市电中断,电池电压过低,UPS即将自动关机	报警无输出
亮	灭	2/3s间歇	无	无	电池需要更换或充电电路故障	
灭	灭	2s间歇	无	无	市电中断,电池电压过低,UPS自动关机	

10.1.3　常见故障

为了便于用户在使用TG系列UPS时能够处理一些常见的故障现象,下面给出UPS系统常见故障的原因分析及处理方法。

(1) 市电正常故障

① UPS开机后,面板上无任何显示,UPS不工作。

故障分析:从故障现象分析,其故障在市电输入或蓄电池,可按以下步骤检查:

a. 检查市电输入保险是否烧毁;

b. 若市电输入保险完好,在线检测充电电路的直流母线是否有电压,若无电压,则说明市电连接线故障;

c. 若市电输入回路正常,则检测蓄电池连接线是否完好,是否给辅助电源供电。

② 有市电时UPS输出正常,而无市电时蜂鸣器长鸣,红灯亮,系统无输出。

故障分析:市电异常时逆变器不工作,可按以下步骤检查。

a. 故障可能原因在逆变器控制电路或主电路。检查逆变器控制电路工作是否正常,用示波器或三用表检测单片机的四路PWM输出($PWM_1 \sim PWM_4$),若输出脉冲不正常,则说明逆变器控制电路故障;

b. 若逆变器控制电路工作正常,则进一步检查全桥逆变主电路的八只功率MOSFET($Q_{302} \sim Q_{305}$,$Q_{308} \sim Q_{311}$),若MOSFET不正常,说明逆变桥损坏,需要进一步查明损坏原因(过载、短路等)后更换MOSFET;

c. 若逆变桥八只MOSFET均正常,则需要检测驱动电路是否故障,特别是上桥臂的自举驱动中的光电耦合器U_{300}以及U_{301}。

③ 在市电供电正常时,UPS无法切换到逆变模式,绿灯闪烁,蜂鸣器发出间断鸣叫。

故障分析:不能完成逆变和旁路工作模式转换,故障在转换开关或市电检测回路。

a. 市电输入回路是否正常;

b. 若市电输入回路正常,检测继电器K_{300}、K_{301}及其驱动三极管Q_{300}、Q_{301};

c. 若继电器和驱动三极管正常,则故障在市电检测回路(如图10-6所示)。

(2) 市电异常故障

① 市电异常时系统无输出,面板红灯2s 3闪,蜂鸣器2s 3响。

故障分析:从现象判断为蓄电池或充电电路故障,首先断开蓄电池,按以下步骤检查。

a. 当市电正常时,检测充电电路输入电压,若输入不正常,则故障在充电电路的输入整流器,检测整流二极管VD_{102}、VD_{103}、VD_{106}、VD_{107};

b. 若充电电路输入正常,则检测充电电路输出(V_{charge}),若充电电路输出不正常,则故障在充电电路,检测单端反激变换主电路及其外围;

c. 若充电电路输出正常,则说明蓄电池已因长期未充电、过放、已到寿命期等原因而损坏,需要给蓄电池大电流补充充电或更换新蓄电池。

② 市电异常时系统无输出，红灯 2s 1 闪，蜂鸣器 2s 1 响。

故障分析：该故障是由蓄电池电压过低，导致 UPS 无法逆变而造成的。当蓄电池过放电时，需在市电正常时给蓄电池长时间补充充电，或拆下蓄电池进行均衡充电，若充电仍不成功，则需更换蓄电池。

10.2 山特 M2052L UPS

10.2.1 技术参数

M2052L 型 UPS 是山特（Santak）公司生产的单相 1kV·A 在线式 UPS。它具有外观轻巧、操作简易以及噪声低等特点。M2052L 型 UPS 采用单片机来完成正弦脉宽调制、锁相、波形反馈、数字显示、负载显示等功能。其在线式正弦波的输出保证了供电可靠，实现了全自动不间断供电，适用于家用办公系统以及小型通信设备。

M2052L 型 UPS 技术参数如表 10-3 所示。

表 10-3 M2052L 型 UPS 技术参数

输出容量	1000V·A
输入电压	184～264V
输入频率	50Hz±5％
输出电压	220V±2％
输出频率	50Hz±0.5％
蓄电池组容量	5×12V/6A·h
后备时间	20min/半载，8min/满载
尺寸（长×宽×高）/mm	4450×1900×1430

10.2.2 工作原理

图 10-7 给出了 M2052L 型 UPS 的原理结构框图。

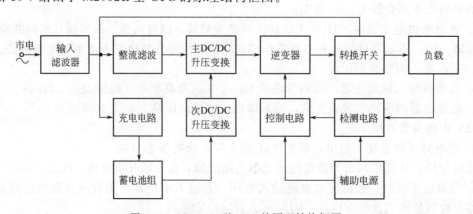

图 10-7 M2052L 型 UPS 的原理结构框图

如图 10-7 所示，市电通过输入滤波器后分为四路，分别用于逆变器故障情况下的旁路、用于向逆变器提供同步锁相信号、用于为主电路提供直流电以及为充电电路供电等。

当市电正常时，输入市电通过滤波器后被进一步整流滤波，变换为直流电，通过主

DC/DC升压变换电路变换成高压直流电，此高压直流电经逆变器变换为正弦交流电，经转换开关后提供给负载；与此同时，市电通过充电电路为蓄电池组浮充充电。

当市电不正常时，整流滤波和充电电路停止工作，蓄电池组电压通过次 DC/DC 升压变换电路升压，进入主 DC/DC 变换电路进行二次升压，提供给逆变器逆变，进而通过转换开关供给负载。可见在市电正常或不正常情况下，主 DC/DC 变换电路和逆变器始终工作，因而市电从正常到不正常的过程中，对负载而言是不存在切换过程的，这也是在线式 UPS 和后备式 UPS 的本质区别。

如果市电正常而主 DC/DC 变换器或逆变器出现故障，系统则切换到旁路输出。

此外，辅助电源为控制系统提供工作电源，控制系统控制各部分协调工作，并检测相关电压电流信号用于保护等。

（1）主电路工作原理

M2052L 型 UPS 主电路包括输入滤波电路、整流滤波电路、主 DC/DC 变换电路、次 DC/DC 变换电路、逆变电路等。

① 输入滤波电路。输入滤波电路由两级输入滤波器组成，如图 10-8 所示。差模电容 C_{12}、共模电容 C_{10} 和 C_{15} 以及共模电感 L_{11} 组成第一级滤波电路，差模电容 C_{13}、C_{14} 和差模电感 L_{10} 以及共模电感 L_{12} 和共模电容 C_{11}、C_{16} 组成第二级滤波电路。这两级滤波电路既能滤去市电中的干扰，而且能抑制逆变器工作时产生的干扰信号回馈到电网。

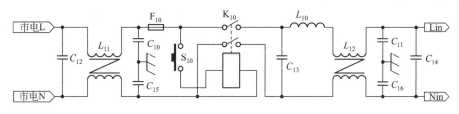

图 10-8 输入滤波电路

开关 S_{10} 是开机按钮，当按下面板上的按钮 S_{10} 时，继电器 K_{10} 上电，其两个常开接点闭合，分别将第一级滤波器的输出和第二级滤波器的输入连接起来，进而向后一级整流滤波电路供电，UPS 被启动。

② 整流滤波及主升压 DC/DC 变换电路。图 10-9 给出了系统整流滤波和主升压 DC/DC 变换电路图。该电路是将从滤波器输入的交流电变成直流电，进而将直流电进一步升压的电路。

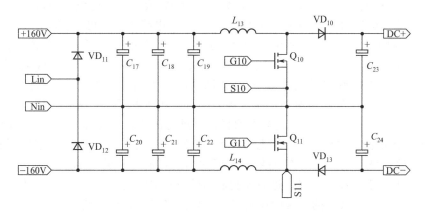

图 10-9 主升压 DC/DC 变换电路

a. 整流滤波电路。整流滤波电路是由二极管 VD_{11}、VD_{12} 以及电容 $C_{17} \sim C_{22}$ 等组成的单相二倍压整流电路。如图 10-9 所示。当市电经过输入滤波电路以后，若处于正半周（从 Lin 到 Nin），那么市电将从 Lin 通过 VD_{11}、$C_{17} \sim C_{19}$ 回到 Nin，为 $C_{17} \sim C_{19}$ 充电；若市电处于负半周，那么市电将从 Nin 通过电容 $C_{20} \sim C_{22}$、VD_{12} 回到 Lin，为 $C_{20} \sim C_{22}$ 充电。整个电路类似于两个单相半波整流电路的串联，如果滤波电容 $C_{17} \sim C_{22}$ 足够大，则会在串联的电容两端得到约 $\pm 300V$ 左右的直流电压。

b. 主 DC/DC 升压电路。主 DC/DC 升压电路的作用是在市电正常时，将市电经整流滤波后的 $\pm 310V$ 电压，或者是在市电不正常时，将次升压 DC/DC 变换电路输出的 $\pm 160V$ 电压进行进一步升压变换，从而提供给下一级逆变电路。由于下一级逆变电路采用半桥式变换拓扑，鉴于半桥式逆变电路的直流电压利用率，因此需将电压升高到 $\pm 390V$。其电路拓扑如图 10-9 所示。

主 DC/DC 升压电路采用两路 Boost 变换电路，分别将 $\pm 300V$ 或 $\pm 160V$ 的电压升高到 $\pm 390V$。其中电感 L_{13}、L_{14}，功率 MOSFET Q_{10}、Q_{11}，二极管 VD_{10}、VD_{11} 以及电容 C_{23}、C_{24} 分别构成了两路对称的 Boost 变换器。

c. 主升压 DC/DC 变换控制电路。主升压 DC/DC 变换电路采用双 Boost 变换器，每个变换只有一个功率管，电路拓扑简单，其控制电路也非常简洁，脉宽调制芯片 UC3842 是控制电路核心。

如图 10-10 所示，由驱动辅助电源得到的两路电源 $18V_1$ 和 $18V_2$ 分别加在控制芯片 U_{10} 和 U_{12}（均为 UC3842）的 7 脚上，其 8 脚上会输出 5V 基准电压，此 5V 基准电压经过 R_{11} 和 R_{19} 加到 U_{10} 和 U_{12} 的 4 脚上。根据本机的配制参数可知，在 U_{206} 的 4 脚上会输出频率为 50kHz 的锯齿波信号。于是，在 U_{10} 和 U_{12} 的输出端 6 脚就会输出脉宽调制信号。该调制信号分别经过 VD_{14}、R_{10}、R_{12}，以及 VD_{15}、R_{18}、R_{20} 后加到了功率 MOSFET Q_{11} 和 Q_{10} 的栅极和源极上，使 Q_{11} 和 Q_{10} 处于开关状态，在 Q_{11} 和 Q_{10} 的漏极 D 上就会分别输出幅值为 $\pm 390V$ 的高压，送到逆变器部分。

对于 $+390V$ 产生电路，输出电压经过 R_{22}、R_{25} 和 R_{31} 组成的电压取样电路取样，送到了 U_{12} 的 2 脚上。根据 UC3842 的调控原理可以知道，如果机器输出的 390V 电压偏高，则取样信号将增大，就会使得 U_{12} 的 6 脚输出的脉宽变窄，根据升压型 DC/DC 变换器的工作原理可以知道，将会使得输出的 390V 直流高压信号变小。同样的道理，当取样电路送来的取样信号变小，则 U_{12} 的 6 脚输出的脉宽变宽，从而使得 DC/DC 变换器输出的电压信号升高。主升压 DC/DC 变换的输入范围设计得比较宽，而且 PWM 芯片 UC3842 的脉宽变化范围在 $0 \sim 100\%$，因此，无论输入是市电整流后的 300V 或是蓄电池电压经次升压 DC/DC 变换电路后得到的 160V 电压，经过主升压 DC/DC 变换电路之后均可以被稳定在 390V。

$-390V$ 产生电路的工作原理与 $+390V$ 类似，其区别在于为了实现隔离，控制电路中增加了光电耦合器 U_{11}（TLP521）和电压调控器件 U_{13}（LM723）。$-390V$ 电压经过 R_{28}、R_{23} 以及来自 U_{12} 的 8 脚的 5V 基准电平共同组成的电压取样电路取样后，送到 U_{13} 的误差放大器的反相端 4 脚上。与此同时，由 U_{12} 送出的 5V 基准电平经过 R_{21}、R_{23} 分压，加在了 U_{13} 的 5 端，作为基准电平与 4 端送来的取样信号进行比较。比较后，从 U_{13} 的 10 端送出控制信号来控制光电耦合器件 U_{11} 的发光二极管的亮度，从而控制从光耦的光敏三极管集电极上所送出的控制信号。光敏三极管的集电极所送出的控制信号被送到 U_{10} 的补偿端 1 脚上，从而控制 U_{10} 的输出脉冲的宽度，进而控制输出的 $-390V$ 直流电压的大小。当 $-390V$ 直流高压偏高的时候，送到 U_{13} 的 4 端的控制信号的幅值将变小，从而使得从 U_{13} 输出端 10 脚送出的信号的幅值增大，光电耦合器件 U_{11} 的发光二极管的亮度将增大，使得出现在光敏三极

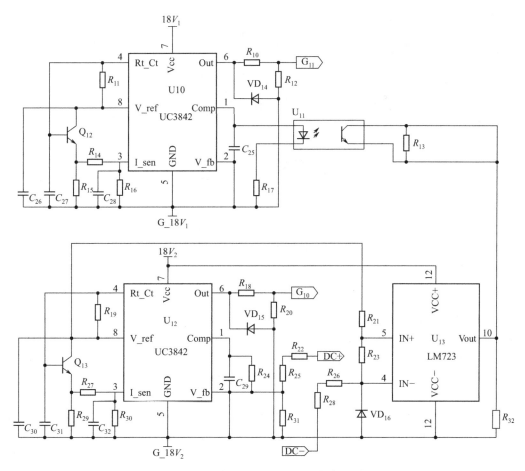

图 10-10 主升压 DC/DC 变换控制电路

管的集电极上的控制信号的幅值下降。当光敏三极管集电极上的控制信号下降时，U_{10} 的 6 脚所送出的脉宽调制信号的宽度就会变窄，从而使得升压电路所送出的 -390V 直流高压的绝对值有所下降。反过来，当 -390V 直流高压偏低时，送到 U_{13} 的 4 端的控制信号的幅值将变大，使得 U_{13} 的 10 脚所送出的信号的幅值变小，U_{11} 的发光二极管的亮度变小，从光敏三极管的集电极上所输出的控制信号将增大，则从 U_{10} 的 6 脚所送出的脉宽调制信号的宽度增大，从而使得升压电路所输出的 -390V 直流高压的绝对值有所增加。

③ 逆变主电路。逆变主电路采用半桥式变换拓扑，主要由 Q_{14}、Q_{16}、C_{23}、C_{24} 构成，如图 10-11 所示。相对于双端的推挽和全桥变换电路，半桥式功率变换电路具有自动抗不平衡能力，可靠性较高，因而在 UPS 逆变电路中应用较广。

如图 10-11 所示，当由脉宽驱动电路送来的正弦脉宽信号送到 Q_{14} 时，Q_{14} 就开始进入正常的脉宽调制工作状态，半桥功率变换电路输出正向的正弦脉宽调制电压。同样的道理，当由脉宽驱动电路送来的正弦脉宽信号送到 Q_{16} 时，Q_{16} 同样进入正常的脉宽调制工作状态，此时半桥功率变换电路输出负的正弦脉宽调制电压。经过一个周期，就能在 Q_{14} 和 Q_{16} 的漏、源极的公共点上得到一个正弦脉宽调制电压。该电压经过 L_{15}、C_{34} 组成的低通滤波器后，就会滤除掉正弦脉宽电压中的高频分量，从而得到有效值为 220V、频率为 50Hz 的纯正的正弦波电压。

在 Q_{14} 和 Q_{16} 的漏极和源极之间并接了由 VD_{17}、C_{33} 和 R_{34} 以及 VD_{18}、C_{35}、R_{35} 组成的

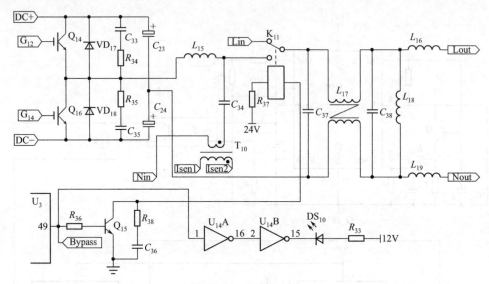

图 10-11　逆变主电路

阻容吸收电路。当单相半桥式逆变器输入端出现尖峰过电压时，过电压首先通过电阻向电容充电，由于电容两端电压不能突变，限制了电压上升率，使 IGBT 免受过电压的冲击。当 IGBT 导通的时候，电容通过电阻放电，电阻限制了放电电流，保护了 IGBT。当 IGBT 两端出现反向尖峰电压的时候，由于并接二极管的钳位作用，IGBT 两端的电压不会很大，从而保护了 IGBT。

电流互感器 T_{10} 取样输出电流，以备控制电路在输出电流过大的情况下对逆变电路实施保护（详见后续主电路工作原理部分）。单刀双掷继电器 K_{11} 用于市电旁路和逆变器输出的切换，受控于来自主控电路的控制信号 Bypass。当 Bypass 信号为低电平时，驱动三极管 Q_{15} 截止，继电器不上电，接在继电器长臂节点上的市电被旁路输出；反之，当 Bypass 信号为高电平时，三极管饱和开通，继电器线圈上电，接在常开节点上的逆变器输出被接通。之后经过电感（$L_{16} \sim L_{19}$）和电容（C_{37}、C_{38}）组成的共模和差模滤波器输出给负载。

U_3 为系统主控芯片，采用微控制器 LSC422123FCN，该芯片第 49 脚输出旁路信号 Bypass。该信号经过两级非门（U14）驱动后，控制发光二极管 DS_{10}，当市电旁路输出时（Bypass 信号为低电平），DS_{10} 亮；反之，当逆变器输出时（Bypass 信号为高电平），DS_{10} 不亮，从而指示 UPS 的输出状态。

④ 次升压 DC/DC 变换及驱动辅助电源电路。次升压 DC/DC 变换电路的目的是当市电供电不正常时，将幅值为 60V 的蓄电池组的直流电压变成两路 +160V 左右的高压直流电压，送给主升压 DC/DC 变换电路，以便给后级逆变电路提供高压直流电压（+390V）；此外，次升压 DC/DC 变换电路还要为逆变电路、主升压 DC/DC 变换电路提供驱动控制电路所需的多路辅助电源。其电路拓扑如图 10-12 所示，次升压 DC/DC 变换电路的控制核心为集成 PWM 控制器 UC3525。

在图 10-12 中，24V 电压接到 UC3525 的 15 端，为其提供工作电源。在 UC3525 的 16 端产生 5V 基准电压送到 2 端，即误差放大器的同相输入端。UC3525 的 1 端即误差放大器的反相端接地。当在 UC3525 的振荡电容输入端 5 脚、振荡电阻端 6 脚及放电控制端 7 脚接上 C_{50}、R_{54} 和 R_{53} 以后，会在 5 端产生一路锯齿波信号。UC3525 的 8 端为软启动端子，刚开机时，会从控制电路送来一个从零逐渐上升的信号（SOFT）。大约经过 0.5s 以后，UC3525 进入正常振荡状态。此时，会在 UC3525 的 11 脚和 14 脚送出两路幅值相等、相位相差 180°的 PWM 控制信号。这两组 PWM 控制信号经高频变压器 T_{11} 进行适当的升压处理以后，从它的一个副边绕组经过电阻 R_{41} 和 R_{42} 以后，送到功率 MOS 管 Q_{17} 和 Q_{18} 的栅极；并从另外一个副边绕组端经过电阻 R_{45} 和 R_{46} 以后，送到功率 MOS 管 Q_{19} 和 Q_{20} 的栅极。

如图 10-12 所示，高频变压器 T_{12} 的两个原边绕组（1、2）以及储能耦合电容 C_{41} 和功率管 Q_{17}、Q_{18} 以及 Q_{19}、Q_{20} 两条驱动臂共同构成了升压型的推挽驱动电路。当 Q_{17}、Q_{18} 导通时，幅值为 60V 的蓄电池组电压的正极加在原边绕组 1 上。当 Q_{19}、Q_{20} 导通时，蓄电池组电压会加在原边绕组 2 上。1、2 两个绕组轮流导通，从而在 T_{12} 的副边绕组上得到一系列的方波电压。

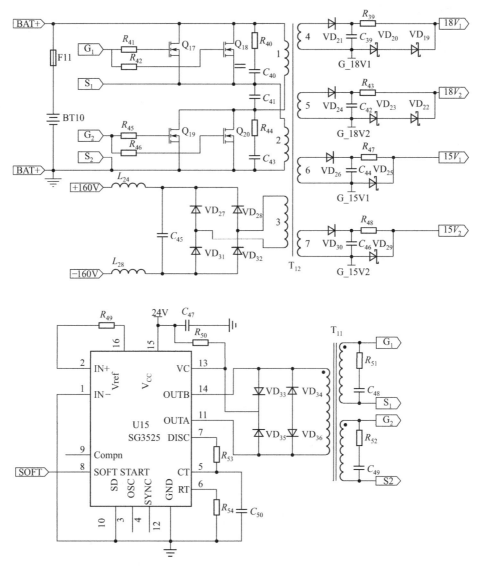

图 10-12　次升压 DC/DC 变换及驱动辅助电源电路

a. 在副边绕组 3 的两端送出方波电压，经 VD_{27}、VD_{28}、VD_{31} 和 VD_{32} 整流，再经 C_{45} 和 L_{24}、L_{28} 滤波后，就会向主升压 DC/DC 变换电路分别送出 ±160V 的两路直流电压。显然，次升压 DC/DC 变换电路是在市电出现故障、由蓄电池组供电时，提升蓄电池的电压，再经主升压 DC/DC 变换器升压后，达到与市电在主升压 DC/DC 直流变换器上同样的效果。

b. 在副边绕组 4 的两端会得到一幅值在 $-40\sim40\mathrm{V}$ 之间变化的方波，经过 VD_{21} 整流和 C_{39} 滤波以后，在串联稳压管 VD_{19}、VD_{20} 的两端会得到一个 18V 的直流电压 $18V_1$，用于主升压 DC/DC 变换电路的驱动（参见图 10-10）。

c. 在副边绕组 5 的两端会得到一幅值在 $-40\sim40\mathrm{V}$ 之间变化的方波，经过 VD_{24} 整流和 C_{42} 滤波以后，在串联稳压管 VD_{22}、VD_{23} 的两端会得到一个 18V 的直流电压 $18V_2$，用于主升压 DC/DC 变换电路的驱动（参见图 10-10）。

d. 在副边绕组 6 的两端会得到幅值约在 $-26\sim26\mathrm{V}$ 之间变化的方波，经 VD_{26} 整流和 C_{44} 滤波以后，通过 R_{47} 和 VD_{25} 稳压，在 VD_{25} 的两端会得到 15V 的直流电压 $15V_1$，用于逆变主电路的驱动（参见图 10-10）。

e. 在副边绕组 7 的两端会得到幅值约在 $-26\sim26\mathrm{V}$ 之间变化的方波，经 VD_{30} 整流和 C_{46} 滤波以后，通过 R_{48} 和 VD_{29} 稳压，在 VD_{29} 的两端会得到 15V 的直流电压 $15V_2$，用于逆变主电路的驱动（参见图 10-10）。

⑤ 充电电路。M2052L 型 UPS 所配备的蓄电池是 $5\times12\mathrm{V}/6\mathrm{A}\cdot\mathrm{h}$ 密封式免维护电池。在市电不正常的时候，由蓄电池组向负载提供能量。为了保证蓄电池组在放电以后，能够尽快恢复到标称状态，需要给蓄电池组设置专门的充电电路，充电电路如图 10-13 所示，采用简单可靠的单端反激式变换拓扑。

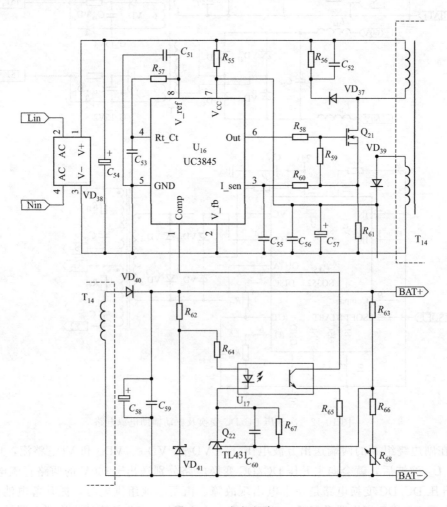

图 10-13 充电电路

a. 电路原理。市电经输入滤波电路后，加到了整流桥模块 VD_{38} 的交流输入端。从 VD_{38} 的输出端将会得到幅值为 310V 左右的脉动直流高压电。

直流高压经 C_{54} 滤波以后，再经 R_{55} 向集成脉宽调制器 U_{16}（UC3845）的 7 脚提供初始启动直流电压。UC3845 组件内部的 34V 稳压二极管将电压钳位在 34V 左右，以保证 UC3845 内部电路工作在 34V 以内。该电压使得单端反激式充电电路启动，当电路稳定工作后，则由变压器 T_{14} 的辅助绕组通过二极管 VD_{39}、电容 C_{56}、C_{57} 向 U_{16} 提供大约 10V 的稳定直流工作电压。

310V 直流高压经过变压器 T_{14} 的原边绕组送到 MOS 管 Q_{21} 的漏极 D 上。在原边绕组两端并联了由 C_{52}、R_{56} 以及 VD_{37} 所构成的阻容衰减电路，抑制在 Q_{21} 关断瞬间出现在漏极上的尖峰脉冲。M2052L 型 UPS 的充电电路相当于一个以电流脉宽调制组件 UC3845 为核心的开关电源。由 UC3845 的工作原理可知，其 8 脚输出 5V 基准电压，而 4 脚上外接了 C_{53} 和 R_{57}，使从 4 脚输出的锯齿波的振荡频率固定。根据公式 $F=1.8/(R_{57}C_{53})$ 可知，锯齿波的周期固定为 $10\mu s$ 左右。UC3845 脚输出的周期为 $20\mu s$、幅值为 10V 的脉宽调制脉冲经过 R_{58} 以后，加到了 Q_{21} 的栅极上，从而去控制 Q_{21} 的导通与关断。通过控制 Q_{21} 的导通与关断，就能够在变压器 T_{14} 的副边绕组上得到幅值为 70V 左右、周期为 $20\mu s$ 的高频交变电压。这一路电压经过 VD_{40} 和 C_{58}、C_{59} 所组成的整流滤波电路以后，向蓄电池组提供幅值为 68V 左右的充电电压。

b. 充电过程。在 M2052L 型 UPS 内，充电电路是先给蓄电池组进行恒流充电，然后再给其进行恒压充电的。如图 10-13 所示，在充电初期，蓄电池组两端的电压比较低，经过 R_{63}、R_{66} 和电阻 R_6 分压以后，送到精密电压调节器 Q_{22}（TL431）的控制极 R 上的电压就比较低，则 Q_{22} 就不能导通，电压信号就不能通过光电耦合器件加到 UC3845 的 1 脚。而从 Q_{21} 的 S 脚出来的电流经过取样电阻 R_{61} 和 R_{60} 以后，送到 UC3845 的电流检测端 3 脚上。当充电电流增大时，则经过 R_{60} 和 C_{55} 到达 UC3845 电流检测端 3 脚上的信号也会增大。根据 UC3845 的工作原理可知，此时在 UC3845 的 6 脚送出的脉宽调制信号的宽度将变窄，从而减少了 Q_{21} 的开通时间，最终降低了充电器的充电电流。反之亦然。通过上述可知，充电电路在充电初期对蓄电池组实施恒流充电。

随着充电时间的增长，蓄电池组两端电压不断上升，Q_{22} 的控制端的电压信号也在不断升高。当控制信号升高到了一定程度时，Q_{22} 开始导通，就构成了电压调节电路。假设当由于某种原因，造成充电器的输出电压升高时，根据精密电压调节器的工作原理可知，Q_{22} 的阴极上的电位将会下降，从而使得送到光敏二极管的信号增强，光敏二极管的亮度增加，于是从光敏三极管的集电极上所输出的控制信号的幅值下降，即加到 UC3845 的补偿端 1 脚的控制信号的幅值将会下降。根据 UC3845 组件的控制原理可知，从它的 6 脚所送出的脉冲的宽度将会变窄，从而减少了 Q_{21} 的导通时间，最终导致从 VD_{40} 输出的充电电压的幅值下降，保持电压在恒定状态。反之亦然。

综上所述，M2052L 型 UPS 的充电电路以脉宽调制组件 UC3845 为核心，实现了对蓄电池组的恒流、恒压充电。

（2）辅助电源电路工作原理

辅助电源是为了保证 UPS 内部控制集成芯片的正常工作，为给这些集成芯片提供工作电压的电路。在 M2052L 型 UPS 里，控制电路需要 5V、12V 以及 24V 直流电压，其辅助电源电路如图 10-14 所示。

① 24V 辅助电源。当按下面板上的开关 S_{10} 以后，60V 蓄电池组电压（BAT＋）经过 R_{71} 和 R_{79} 组成的并联降压电阻网络以后，通过稳压管 VD_{43} 送出幅值大约为 28V 的直流电

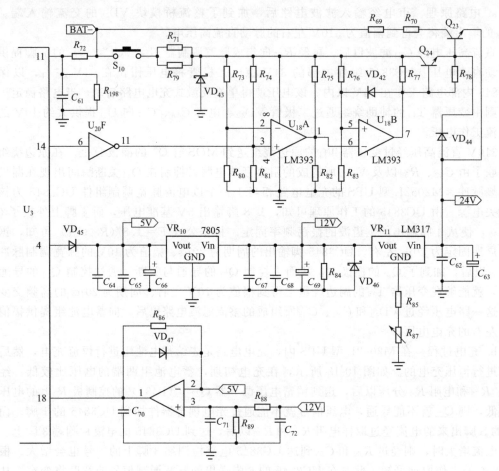

图 10-14　辅助电源电路

压，一方面给比较器 U_{18}（LM393）提供直流辅助电源，另一方面在比较器 U_{18} 的反相端（2 脚）上建立起一个参考电平（LM393 的 1、2、3 脚及其外围电路共同构成了电压比较器）。此外，60V 蓄电池电压还经过 R_{69}、R_{70} 送到三极管 Q_{23} 的集电极上。当 UPS 开机时，从主控芯片的 14 脚送来一个高电平信号经反相馈送到比较器 U_{18} 的同相端（3 脚），根据比较器的工作原理可知，比较器输出端（1 脚）会送出一个低电平信号，该信号被直接馈送到 U_{18} 的反相端的 6 脚上。而 U_{18} 的同相端（5 脚）由 R_{76} 和 R_{83} 建立起一个参考电平，因此，在 U_{18} 的输出端 7 脚上将会输出一个高电平信号。该高电平信号经过由 Q_{24} 和 Q_{23} 组成的电流复合放大型的电压跟随器电路，再经过 C_{63} 和 C_{62} 后，就会得到一个 24V 的直流电压。

② 12V 辅助电源。如图 10-14 所示，24V 直流电压加在三端可调集成稳压器 VR_{11}（LM317）的输入端。适当调节 VR_{11} 控制端所接的可调电阻 R_{87}，就会在 VR_{11} 输出端得到 12V 的直流电压。

③ 5V 辅助电源。如图 10-14 所示，12V 直流电压形成以后，经过 C_{67}～C_{69} 滤波处理，直接加到了三端稳压器 VR_{10}（7805）的输入端上。根据 7805 的工作原理可知，在 7805 的输出端将输出 5V 的直流电压。

④ 12V 与 5V 电压检测电路。如图 10-14 所示，12V 直流电压经过 C_{72}、R_{88} 和 R_{89} 的分压电路以后，加到了运算放大器的同相端 3 脚，（运算放大器的 1、2、3 脚构成了电压跟随器）。其反相端 2 脚上加了 5V 的基准电压。在正常情况下，运放的输出 1 脚送出低电平，

馈送到主控芯片 U_3 的 18 端，经过单片机内部编程处理以后，判断 12V 直流电压是否正常。

从 7805 的输出端送出的 5V 基准电压经过 VD_{45} 后，送到了 U_3 的 4 脚上，经过单片机内部编程处理以后，判断 5V 基准电压是否正常。

(3) 主控电路工作原理

M2052L 型 UPS 的主控电路完成 SPWM 的生成、驱动以及对逆变主电路的控制、输出电压和频率的闭环调整、保护与告警、测量与指示以及其他的一些控制管理功能。

① 正弦脉宽调制电路。SPWM 是由调制波（正弦波）和载波（三角波）比较产生的，因此，必须有正弦波、三角波产生电路。

a. 正弦波产生电路。正弦波产生电路如图 10-15 所示。50Hz 基准正弦波发生器主要由主控芯片 U_3（LSC422123FCN）和 U_{22}（DAC0800）以及 U_{21}（LM324）的 8 脚、9 脚和 10 脚及其外围电路来构成。

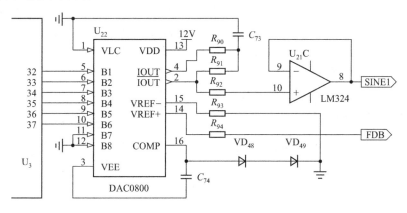

图 10-15 正弦波产生电路

主控芯片 U_3 的数据口 32、33、34、35、36、37 分别接到了 U_{22} 的 5、6、7、8、9 和 10 脚上。根据 D/A 转换器的工作原理可以知道，当 U_{22} 的输入端送入一个数字信号时，就会在 U_{22} 的输出端 4 脚上送出一个模拟信号。DAC0800 是不带锁存器的 D/A 转换芯片。经过单片机内部编程处理后，从微控芯片 U_3 的输出端送出数字信号，该数字信号送到 U_{22} 的上述几个输入脚以后，就会在 U_{22} 的输出端 4 脚上得到频率为 50Hz 的阶梯波。该阶梯波经过电容 C_{73} 以及 R_{90}、R_{93} 组成的滤波电路后，就会成为标准的 50Hz 正弦波，送到 U_{21} 的同相端 10 脚上（U_{21} 的 8 脚、9 脚、10 脚共同构成了一个电压跟随器），于是在 U_{21} 的 8 脚上就会得到一组功率放大的基准正弦波信号。

b. 同步信号产生电路。市电方波同步信号形成电路如图 10-16 所示。

当 UPS 开机后，将市电引到变压器 T_{16} 的初级绕组，经降压处理后，在 T_{16} 的副边绕组

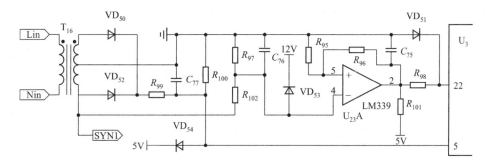

图 10-16 同步信号产生电路

上将获得幅值在−20～32V之间变化，频率为50Hz的正弦波（因为在T_{16}副边绕组的中心抽头上加上了一个6V的基准电平，所以T_{16}副边绕组上波形的幅值不对称）。这个正弦波信号经R_{102}、R_{97}降压后，加到了比较器U_{23}（LM339）的反相端4脚上（U_{23}的2脚、4脚、5脚共同构成了一个迟滞比较器）。因此，在U_{23}的2脚上就会得到一个与市电同频、同相的方波信号，被送到微控芯片U_3的22端。这个方波信号经过U_3编程处理后，如果符合要求，则选择市电方波作为同步信号；如果不符合要求，就选择内振方波作为同步信号。同步信号送入单片机以后，单片机进行编程处理，完成锁相同步工作，从而确保了从U_{21}（参见图10-15）的8脚输出的50Hz正弦波信号具有与市电同频率、同相位的锁相同步关系。

　　c. 三角波产生电路。三角波发生器如图10-17所示，从U_3的47脚输出的窄脉冲被送到U_{24}（CD74HC393E，双四位异步计数器）的1脚上，经过U_{24}的外围电路及内部计数处理以后，在U_{24}的8脚上送出周期为50μs的单极性方波脉冲信号。该脉冲信号经过C_{81}和R_{108}以后，滤除掉了其中的直流成分，变成了双极性脉冲信号，并被送到运放U_{19}（LM324）的6脚上（U_{19}的5、6、7脚及其外围电路共同构成了一个三角波发生器）的6脚（反相端）上，由于同相端5脚通过R_{106}接到了6V基准电平上，因此，在U_{19}的7脚上就会输出幅值为12V、围绕6V电压来回变动的三角波。

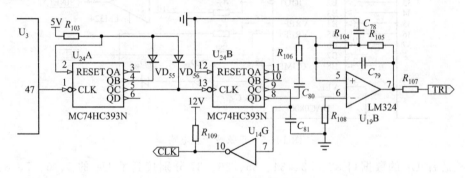

图10-17　三角波产生电路

　　d. 波形调整电路。如图10-18所示，从U_{21}的8脚出来的50Hz基准正弦波信号经过电容C_{86}和电阻R_{156}以后，加到了运算放大器U_{19}（LM324）的反相端2脚上（U_{19}的1、2、3脚及其外围电路共同构成了误差放大器）。同时，从变压器T_{16}的副边绕组引出来的50Hz正弦波信号SYN1经过电阻R_{110}、R_{115}、R_{111}分压降幅以后，得到一个与输出电压同频率的正弦波电压信号，该信号经过由R_{112}、R_{113}、C_{83}组成的校正网络以后，也加到了U_{19}的2脚上。根据误差放大器的工作原理可以知道，从U_{19}的1脚上将输出与市电保持着锁相同步关系的50Hz正弦波信号。

　　e. 正弦脉宽调制电路。M2052L型UPS的正弦脉宽调制电路主要由误差放大器、比较器、三角波发生器、延时电路以及控制门电路等组成。主要完成正弦脉宽信号的产生和死区时间设置等。

　　图10-18中产生的50Hz正弦波信号（v_s）经电阻R_{117}以后，送到了比较器U_{23}（LM339）的反相端8脚（U_{23}的8、9、14脚及其外电路共同构成比较器），如图10-19所示。同时，从图10-17的U_{19}的7脚送出来的三角波信号（v_t）经过电阻R_{107}以后，送到了U_{23}的同相端9脚。根据比较器的工作原理可以知道，将在U_{23}的14脚上得到一组正弦脉宽调制信号（v_{m1}），其波形如图10-20所示。该信号被送到U_{23}的10脚上（U_{23}的10、11、13脚及其外围电路共同构成了倒相器）。在U_{23}的11脚上有一个固定电平。因此，在U_{23}的13脚上会送出与该信号相位相差180°的正弦脉宽调制信号（v_{m2}），如图10-20所示。

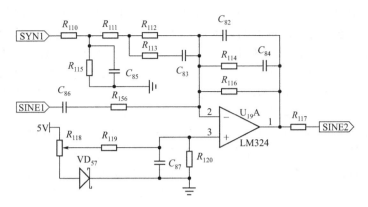

图 10-18 波形调整产生电路

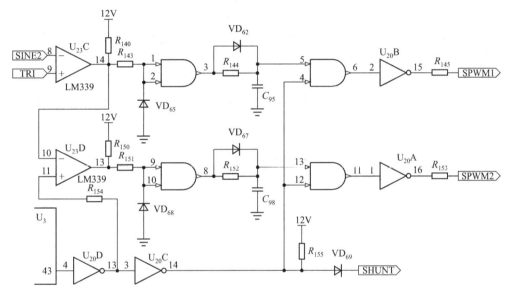

图 10-19 正弦脉宽调制电路

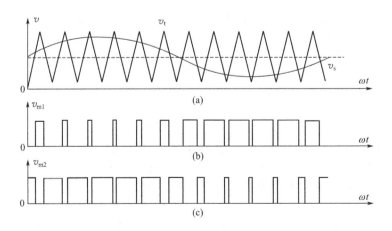

图 10-20 正弦脉宽调制波形

由于逆变器主电路为半桥式逆变电路,在逆变器运行过程中,决不允许一个桥臂的两个IGBT管出现直通的情况发生。因此,必须在两路相位相反的正弦脉宽调制信号中设置死区限制电路。如图 10-19 所示。从 U_{23} 的 14 脚出来的脉冲信号被送到与门组件的 1 脚和 2 脚上，由于与门的开通具有一定的时间，因此，从该与门 3 脚送出的信号就延迟了一定的时间。当该信号经过从 R_{144}、VD_{62} 和电容 C_{95} 的时候，由于电容两端的电压不能突变，因此送到下一个与门 5 脚的信号又被延迟了一段时间。该信号被送到了 U_{20}（ULN2003AN，非门驱动器）倒相后，送到了下一级驱动电路。同样的道理，在 U_{23} 的 13 脚上输出的正弦脉宽调制信号同样经过一段时间的延迟，被送到了下一级驱动电路。

从 U_3 的 43 脚出来的信号经过 U_{20} 的 4 脚和 13 脚以及 3 脚和 14 脚所组成的两级倒相器后，同与门组件的 9 脚和 13 脚连到了一起。当 U_3 的 43 脚送出高电平信号时，则选通两个与门，使正弦脉宽信号能够送出。当 U_3 的 43 脚送出的是低电平信号时，就会封锁两个与门，限制正弦脉宽驱动信号的输出，可以起到封锁脉冲输出，保护逆变电路的目的。

② 驱动电路。如图 10-21 所示，驱动电路主要由光电耦合器件 U_4 和 U_5 及其外围电路组成。从驱动辅助电源（图 10-12）输出的 15V 电源 $15V_1$ 加在 U_4 的 8 脚上。从正弦脉宽调制电路（图 10-19）输出的 $SPWM_1$ 信号分别送到了 U_4 的 3 脚上。根据光电耦合器的工作原理可知，在 U_4 的 6 脚上会得到一个与原信号隔离的正弦脉宽调制信号。该控制信号加到由 Q_{25} 和 Q_{26} 组成的推拉式驱动电路上，在 Q_{26} 的漏极上得到功率放大的正弦脉宽调制信号。该信号经过稳压二极管 VD_{58} 和电阻 R_{124} 以后，送到逆变主电路中的 IGBT（Q_{14}）的源极上（图 10-11），在 $SPWM_1$ 信号为低电平时，稳压管为 IGBT 栅极提供负偏压，以保证 IGBT 的可靠关断。

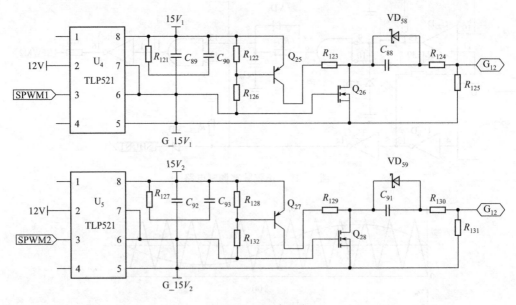

图 10-21 驱动电路

同理，从驱动辅助电源（图 10-12）输出的 15V 电源 $15V_2$ 加在 U_5 的 8 脚上。从正弦脉宽调制电路（图 10-19）输出的 $SPWM_2$ 信号分别送到了 U_6 的 3 脚上。根据光电耦合器的工作原理可知，在 U_6 的 6 脚上会得到一个与原信号隔离的正弦脉宽调制信号。该控制信号加到由 Q_{27} 和 Q_{28} 组成的推拉式驱动电路上，在 Q_{28} 的漏极上得到功率放大的正弦脉宽调制信号。该信号经过稳压二极管 VD_{59} 和电阻 R_{130} 以后，送到逆变主电路中的 IGBT（Q_{16}）的源极上（图 10-11）。

③ 电压频率闭环调整电路。为了保证输出电压的幅值、频率能够稳定在一定的范围以内，必须设置闭环电压调整电路、波形调整电路和频率调整电路等，如图 10-22 所示。

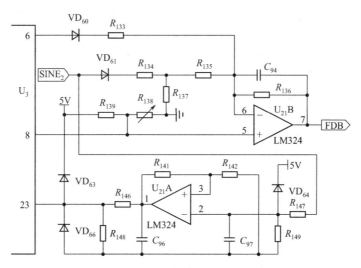

图10-22 电压频率闭环调整电路

从变压器 T_{17} 的副边绕组出来的正弦波电压信号 $SINE_2$ （图10-23）经过 VD_{61}、R_{134}、R_{137} 和 R_{135} 组成的分压电路，得到一个电压信号。该信号被送到运算放大器 U_{21}（LM324）的 6 脚（U_{21} 的 5、6、7 脚及其外围电路共同构成了反相比例放大器）。在 U_{21} 的 5 脚上由 R_{139} 和变阻器 R_{138} 分压处理后，加上了一个固定电平。U_{21} 的输出 7 脚输出反馈信号 FDB，送入正弦波产生电路（图10-15），经 R_{94} 后，接到了 U_{22} 的 14 脚上。根据反相比例放大器的工作原理可知，当输出电压增大时，在 U_{21} 的 7 脚上所送出的信号的绝对值将增大，反馈信号 FDB 增大。根据 DAC0800 的工作原理可知，当 FDB 增大以后，U_{22} 的 4 脚上所输出的阶梯波的幅值将会增大，从而减小了正弦脉宽驱动信号的宽度，也就减少了逆变主电路主管 Q_{14} 和 Q_{16}（图10-11）的导通时间，减小了输出电压，达到闭环稳压的目的。

同样，如图10-22所示，$SINE_2$ 信号经过 R_{147} 和 R_{149} 组成的分压电路后，加到了 U_{21} 的 2 脚上（U_{21} 的 1、2、3 脚及其外围电路共同构成了迟滞比较器）。在 U_{21} 的 3 脚上有一个固定电平。根据比较器的工作原理可知，正弦波信号经迟滞比较器后，在 U_{21} 的 1 脚上得到一个与输出电压同频率的方波信号。该信号经 R_{146} 以后，送到主控芯片 U_3 的 23 端，再经过 U_3 编程处理以后，去调整 U_{22} 产生的阶梯波的频率，从而调整输出电压的频率，使之稳定在 $50Hz \pm 0.5$ 以内。

④ 保护与告警电路

a. 输出过欠压保护电路。如图10-22所示，在电压闭环调整电路中，输出电压的反馈通过 R_{133} 和 VD_{60} 送到了主控芯片 U_3 的 6 脚，成为反应输出电压大小的信号。当输出电压过高时，过高的输出电压会导致 VD_{60} 截止。这时，在微控芯片 U_3 的 6 脚会得到一个信号，经过微控芯片内部编程处理以后，在 U_3 的 43 脚上送出一个低电平信号（图10-19）。该信号能够封锁了脉冲的输出，使逆变器立即停止工作。在封锁脉冲输出的同时，由 U_3 的 8 脚送出一个高电平信号，如图10-22所示，经过 U_{21} 的 5、6、7 脚所构成的反相比例放大器后，输出 FDB 信号到 U_{22}，使 U_{22} 不能输出阶梯波，从另一条途径切断了正弦脉宽调制信号的产生。

如图10-23所示，当输出电压过低或者由于逆变器故障而导致输出电压为零的时候，在变压器 T_{17} 的副边绕组上将出现一个低电平信号。该信号经过 VD_{73} 和 VD_{76} 整流以后，经过 R_{169} 和 R_{170} 送到 U_{21} 的反相端 13 脚上（U_{21} 的 12、13、14 脚及其外围电路共同构成了反相比例放大器)。由反相放大器的工作原理可知,在 U_{21} 的 14 端将会送出一个高电平信号。该信号经过电阻 R_{171} 之后,被送到微控芯片 U_3 的 13 端,经过单片机内部编程处理以后,在 U_3 的 8 端送出一个高电平信号加到 U_{21} 的 5 脚上,从而控制 U_{22} 输出阶梯波信号,切断了驱动脉冲的形成途径。

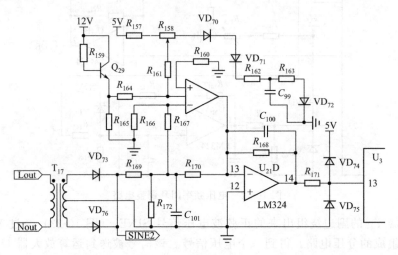

图 10-23 过欠压保护电路

b. 故障指示、蜂鸣器及过温保护电路。如图 10-24 所示,当逆变器故障导致输出电压过低时,UPS 除完成上述切断脉冲的步骤外,还要在 U_3 的 48 端送出一个高电平信号。该信号经 R_{181} 后,使 Q_{31} 导通,从而使得故障显示灯 DS_{14} 发亮。与此同时,在单片机控制芯片 U_3 的 42 端将会送出一个低电平信号,通过电阻 R_{176} 和 R_{177} 后使 Q_{30} 截止,则 12V 直流电压经过 R_{174} 以后,加到了蜂鸣器的正端,使蜂鸣器一直处于长鸣状态。

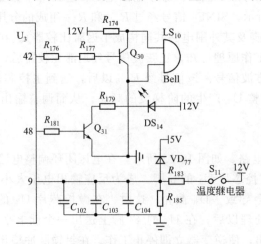

图 10-24 故障指示与蜂鸣器电路

为了防止位于逆变器半桥驱动电路中的 IGBT 管 Q_{14} 和 Q_{16} 以及位于主升压 DC/DC 变换器电路中的功率 MOS 管 Q_{10} 和 Q_{11} 因温升过高被热击穿而损坏,M2052L 型 UPS 在散热器上装了一个热保护继电器,如图 10-24 所示。在正常情况下,即当温度低于 90℃时,热保护继电器的常闭触点处于闭合状态。12V 直流电压经 R_{183} 和 R_{185} 分压后,送给主控芯片 U_3 的 9 端一高电平信号。如因故使得散热器上的温度超过 90℃时,热保护继电器的常闭接点断开，在 U_3 的 9 端会得到一低电平信号。U_3 的内部接收到这一信号以后，经过单片机内部编程处理，再经过外围电路的作用，会在 U_3 的 49 端将会送出一个低电平信号（图 10-11），使得 Q_{15} 截止，则继电器 K_{11} 的线圈掉电，使 UPS 从逆变器供电状态切换到市电通过旁路供电。与此同时，12V 直流电压还通过 R_{33} 加到了 DS_{10} 上，使得 DS_{10} 处于亮的状态。此外，从 U_3 的 42 端送出低电平信号，使得 Q_{30} 截止，则蜂鸣器处于长鸣状态。从 U_3 的 48 端送出高电平信号，使得 Q_{31} 导通，DS_{14} 处于亮的状态，提醒用户应该及时处理故障。

c. 蓄电池电压过低保护电路。如图 10-14 所示，蓄电池组的 60V 电压经 R_{72} 和 R_{198} 两个取样电阻，送到主控芯片 U_3 的 11 端。当蓄电池电压过低时，在 U_3 的 11 端将会得到一个低电平信号，经单片机内部编程处理比较以后，在 U_3 的 14 端送出一个低电平信号，经 U_{20} 的 6 脚和 11 脚所组成的倒相器以后，得到一个高电平信号，该信号将切断 12V 和 24V 直流辅助电源，使 UPS 进入自动关机状态。与此同时，经过单片机内部编程处理以后，在 U_3 的 42 端（如图 10-24 所示）将会每隔 4s 送出一个低电平信号，使蜂鸣器每隔 4s 鸣叫一次。

d. 过流保护电路。如图 10-11 所示，在 UPS 逆变主电路中，为了实现 UPS 系统过流保护，设置了电流互感器 T_{10}，以检测输出电流的大小。

电流取样信号 $ISEN_1$ 和 $ISEN_2$ 加到整流桥 VD_{80} 的交流输入端（如图 10-25 所示），从其直流输出端的电阻 R_{190} 上就会得到一个一定幅值的直流电压信号。该信号经过 R_{191} 和 R_{194} 分压以后，加到了比较器 U_{23}（LM339）的 7 脚上（U_{23} 的 6、7、1 脚及其外围电路共同构成了比较器）。当输出电流过大时，电流传感器的取样信号将会增大，最后导致送到 U_{23} 的 7 脚上的信号增大，在 U_{23} 的 1 脚上就会送出一个 12V 的高电平信号。该信号被送到 U_{26}（4013 双 D 触发器）的 10 端。根据双 D 触发器的工作原理可知，在 U_{26} 的 13 端上将送出一个低电平信号 SHUNT，该信号加到正弦脉宽调制电路中（图 10-19），使得二极管

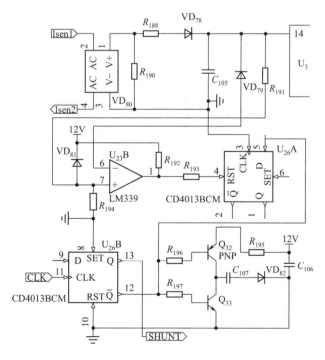

图 10-25 过流保护电路

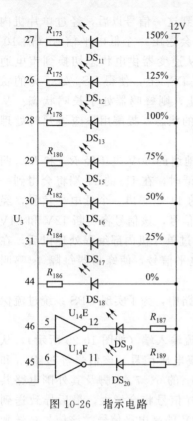

图 10-26 指示电路

VD69导通，从而将这个低电平信号送到两个与门组件的输入端，封锁驱动脉冲的输出，使逆变主电路不工作，起到了过流保护的作用。

⑤ 测量指示电路。M2052L 型 UPS 的故障指示电路在前面已有所叙述，其测量指示电路还包括工作指示、负载指示等，如图 10-26 所示。

从电流互感器线圈引出的交流电经过整流桥 VD80 后，经过 R_{188} 和 R_{191} 分压后送到了主控芯片 U_3 的 14 端，负载电流的大小就通过上述通路被馈送到单片机内部（图 10-25）。经过单片机内部处理以后，信号被送到单片机的 26、27、28、29、30、31 和 44 端。当对应的负载电流流过时，便有电流取样信号进入 U_3 的 14 端，对应的在单片机的输出端输出高电平信号，然后对应的指示灯将会发亮，从而显示 UPS 所带的负载量。

如图 10-26 所示，当输入交流电正常时，从 U_3 的 45 端会送出一个高电平信号，经过 U_{14} 的 6 脚和 11 脚构成的倒相器以后，变成低电平，使 DS20 处于发亮状态。当逆变器处于正常工作状态时，会从 U_3 的 46 端送出一个高电平信号，经过由 U_{14} 的 5 脚和 12 脚构成的倒相器以后，变成低电平，使 DS19 处于发亮状态。

10.2.3 常见故障

除 UPS 一般使用注意事项之外，对于 M2052L 型 UPS 来说，由于其逆变器的功率变换电路采用的是半桥式逆变电路，当市电供电正常时，它直接利用 220V 市电电源经整流滤波电路产生的 ±310V 直流高压来向第二级 DC/DC 直流变换器提供能量；当市电不正常时，利用第一级 DC/DC 变换电路，将 60V 的蓄电池低电压变成 ±160V 电源以后，再经第二级 DC/DC 变换电路变换成 ±390V 高压。由于位于半桥式逆变电路中的两只 IGBT 是串联在 ±390V 之间，其中直流参考地与市电的零线处于同电位上，因此，在实际使用时，必须注意正确连接 220V 电源的相线、零线和地线。

因为 M2052L 型 UPS 不带逆变器输出变压器，所以，它的抗阶跃性负载冲击的能力和抗脉动型负载冲击的能力都较差。对此，要求用户在使用时尽量不要接能产生大启动浪涌电流和需要大峰值比电流的负载，以及尽量减少开机/关机的次数。

为了便于用户在使用 M2052L 型 UPS 时能够处理一些常见的故障现象，表 10-4 列出了蜂鸣器故障灯的运行状态，表 10-5 给出了常见故障的原因及处理方法。

表 10-4　蜂鸣器故障灯告警及故障灯的运行状态

条件	市电正常 逆变器正常 蓄电池组电压正常	市电中断 其余正常	逆变器供电正常 市电中断 电池电压偏低	UPS 逆变器故障 （其余不计）
蜂鸣器	不响	以 4s 为周期鸣响	蜂鸣器响声加快	长鸣
故障灯	熄灭	熄灭	熄灭	发亮

表 10-5　常见异常情况的原因及处理方法

问　题	可能原因	处理方法
无灯亮,无告警声	UPS 未开机	打开电源开关
	后面板保险丝断	更换保险丝,重新启动
	市电中断	检查电力供给
指示灯"Line"不亮,每隔几秒发出告警声	市电中断	检查电力供给
	保险丝断	更换保险丝
故障指示灯亮蜂鸣器长鸣	逆变器故障	维修
负载指示灯亮,显示超过 100%	超载	减载运行

10.3　TDY-3kV·A 机架式 UPS

TDY-3kV·A 机架式 UPS 采用现代高频功率变换和全数字化控制技术,具有体积小、重量轻、输入范围宽、带载能力强等优点,可为各种固定场所或车载计算机、控制系统、小型通信设备等提供高质量的不间断供电。

10.3.1　基本工作原理

(1) 结构框图

如图 10-27 所示为 TDY-3kV·A 机架式 UPS 的原理结构框图。主要由输入滤波单元、PFC 单元、逆变单元、充电单元、蓄电池组、升压单元、辅助电源、转换开关、人机界面及输出滤波单元等组成。

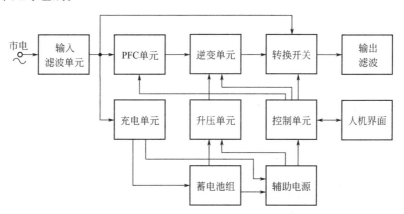

图 10-27　TDY-3kV·A 机架式 UPS 原理结构框图

从图 10-27 中可以看出,高频模块化 UPS 主要包括输入滤波单元、PFC 升压变换单元、逆变单元、充电单元、蓄电池组、控制单元、辅助电源、转换开关及输出滤波单元等。其中,PFC 单元、逆变单元和控制单元为其主要核心。

PFC 单元主要完成将输入交流电变成较高电压的直流电(380V)的功能,以满足逆变单元的需要,同时保证输入功率因数。升压单元将蓄电池组电压(标称 72V)变换为较高电压的直流电(370V),以供给逆变单元。逆变单元是 UPS 系统的核心,作用是将市电整流后的直流电压或者蓄电池的直流电压变换为交流电压。蓄电池组是 UPS 电源的心脏,没有蓄电池的 UPS 电源只是一个交流稳压稳频电源。在市电供电正常时,蓄电池由充电器对其进行充电,将电能转化为化学能储存起来;在市电供电故障或者停电时,UPS利用蓄电池中储存的能量维持逆变器的正常工作,此时蓄电池将化学能转化为电能。充电单元的作用是将市电正常时为蓄电池充电,以补充其放电损失的能量。一般充电电路和逆变器的工作是相互独立的。充电单元的功能是在市电供电正常时为蓄电池进行充电。辅助电源输入兼容充电单元输出和蓄电池输出,保证在市电正常或不正常情况下UPS均可启动正常工作,为控制系统提供工作电源。控制单元以DSP和CPLD为核心,是UPS系统的"大脑",主要作用是对逆变、PFC升压单元的控制,包括各种相应的控制算法、软件锁相技术、SPWM脉冲产生、驱动、闭环调节、A/D采样等,同时还要兼顾系统逻辑管理、保护和人机界面的控制等。转换开关是UPS系统的供电转换器件和保护设备,它一方面作为逆变器供电和交流旁路供电的转换器件,另一方面当UPS电源输出过载或故障时,将输出从逆变器端切换到旁路,以保护UPS和负载。输入输出滤波单元主要起到谐波隔离的作用,防止本机产生的谐波回馈到电网或传到负载上,同时抑制电网谐波对本机的影响。

(2)工作模式

TDY-3kV·A机架式UPS有三种工作模式,具体包括市电同步模式、电池供电模式和旁路模式三种。

市电同步模式是指当市电正常时(电压、频率均在要求范围内),输入市电通过滤波器后,由PFC单元变换为直流电,同时保证单位输入功率因数和很低的电流谐波,该直流电经逆变单元变换为正弦交流电,经转换开关后提供给负载;与此同时,市电通过充电单元为蓄电池组充电。

电池供电模式是指当市电不正常时,PFC单元和充电单元停止工作,蓄电池组通过升压变换单元升压,供给逆变单元逆变进而通过转换开关供给负载。可见在市电正常或不正常情况下,逆变单元始终工作,因而市电从正常到不正常的过程中,对负载而言是不存在切换过程的,这也是在线式UPS和后备式UPS的本质区别。

旁路模式是指如果市电正常而PFC单元或逆变单元出现故障,或者系统长时间过载,则切换到旁路输出。

(3)技术指标

表10-6给出了TDY-3kV·A机架式UPS的主要技术指标。可以看出,该款UPS变换效率高、输入范围宽,整体性能先进。

表10-6　TDY-3kV·A机架式UPS主要技术指标

类别	项目	指标
市电供电	输入电压范围	154~264V(AC)(−30%~20%)
	输入频率	50Hz±10%(45~55Hz)
	频率跟踪范围	50%±5%
	输出电压	220V±0.5%(218.9~221.1V)
	输出频率	与市电同步
	输出波形	正弦波
	输出波形失真度	<1%(线性负载),≤3%(非线性负载)
	输入功率因数	≥0.99
	总谐波畸变率	<3%
	电源效率	≥92%

类别	项目	指标
电池供电	电池逆变输出电压	220V±0.5%（218.9～221.1V）
	电池逆变输出频率	50Hz±0.1%（49.95～50.05Hz）
	输出波形	正弦波
	电池逆变输出波形失真度	<1%（线性负载）
过载能力	110%额定功率	可长期加载，过载告警
	125%额定功率	逆变输出维持不小于10min
	150%额定功率	逆变输出维持不小于1min
切换时间	市电供电转电池供电	0ms
	逆变与旁路间切换	<1ms

10.3.2　功率主电路

TDY-3kV·A机架式UPS功率主电路主要包括PFC单元、逆变单元、升压单元主电路，完成3kV·A功率的变换和处理。此外还有充电电路和辅助电源电路，两者均采用常规的反激式功率变换技术，在此不再赘述。

（1）PFC单元主电路

PFC变换单元将市电变换为适于完成单相逆变的直流电，同时保证输入功率因数达到要求，谐波电流足够小。能够完成上述功能的单相PFC拓扑有桥式整流Boost PFC、并联交错Boost PFC、无桥Boost PFC和半无桥Boost PFC。由于在线式UPS要求负载供电实现真正意义上的不间断，因而逆变输出和市电之间通常共用零线，且在市电正常时逆变输出跟踪市电并与其同步，以便逆变器故障时UPS输出无缝切换到市电旁路输出，而单相双半波Boost变换电路是实现零线共用的最佳方案。

TDY-3kV·A机架式UPS中PFC采用单相双半波Boost变换电路，其拓扑结构如图10-28所示：VD_1、VD_2、VD_3、VD_4、C_1、C_2、C_3、C_4、L_1、L_2、Q_1和Q_2组成了双半波Boost电路，而C_1、C_2、Q_1、Q_2、VD_3和VD_4构成了半桥逆变电路，这两种电路经组合后能够满足UPS输入、输出电压共零线的要求。双半波Boost电路由桥式整流Boost组合而来，上下部分分别对输入电压的正负半周进行校正。由此，对双半波Boost电路的设计、建模及分析都可以参考桥式整流Boost，这样能达到简化设计的目的。

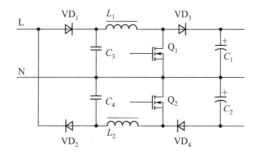

图10-28　单相双半波Boost变换电路

双半波Boost PFC电路由普通整流二极管（VD_1、VD_2）、快恢复二极管（VD_3、VD_4）、功率开关管（Q_1、Q_2）、电感（L_1、L_2）、电容（C_1、C_2）和负载组成，如图10-

29 所示。当输入交流电压为正半周期时，以 VD_1、L_1、VD_3、Q_1 和 C_1 组成的电路工作。若开关管 Q_1 导通，则电源通过 VD_1、L_1、Q_1 给电感充能，如图 10-29(a) 所示；若开关管 Q_1 关断，则电感 L_1 释放能量，输入电压和电感 L_1 通过 VD_3 给电容 C_1 和负载供电，如图 10-29(b) 所示。当输入交流电压为负半周期时，以 VD_2、L_2、VD_4、Q_2 和 C_2 组成的电路工作。若开关管 Q_2 导通，则电源通过 VD_2、L_2、Q_2 给电感充能，如图 10-29(c) 所示；若开关管 Q_2 关断，则电感 L_2 释放能量，输入电压和电感 L_2 通过 VD_4 给电容 C_2 和负载供电，如图 10-29(d) 所示。

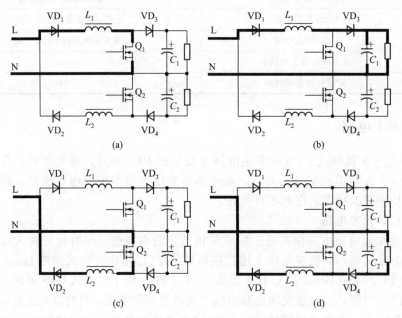

图 10-29　双半波 Boost PFC 的工作过程

（2）逆变单元主电路

逆变单元是 UPS 的核心，完成直流电（来自市电或蓄电池组）到交流电的变换。常用的逆变电路有推挽式变换器、全桥变换器以及半桥变换器。同样由于逆变输出与市电需要不隔离，因而 TDY-3kV·A 机架式 UPS 采用半桥式变换器，其电路拓扑如图 10-30 所示。

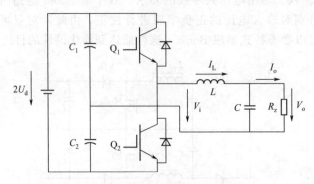

图 10-30　单相半桥逆变器电路拓扑

主要由功率开关管 Q_1、Q_2，直流母线电容 C_1、C_2，滤波电感 L、滤波电容 C 以及负载 R_z 组成。通过 SPWM 控制技术控制高频开关管 Q_1 和 Q_2 对称互补的开通和关断，将输入的直流母线电压 $2U_d$ 转换为稳定的交流电压输出。其中，L、C 构成一阶低通滤波器，滤除输出电压中的高频成分，得到纯净的正弦电压输出给负载。

如图 10-30 所示，半桥逆变器的工作过程分为以下 4 个阶段：

① 通过 SPWM 控制开关管 Q_1 导通、Q_2 关断，此时电流从 C_1 的正极经 Q_1、L、C 流到 C_1 的负极，电感 L 储能，逆变桥输出电压 V_i 为 U_d。

② 通过 SPWM 控制开关管 Q_1 和 Q_2 关断，此时电流从 C_2 的负极经 Q_2 的并联二极管（续流二极管）、L、C 流到 C_2 的正极，电感 L 释放能量，逆变桥输出电压 V_i 为 $-U_d$。

③ 通过 SPWM 控制开关管 Q_2 导通、Q_1 关断，此时电流从 C_2 的正极经 C、L、Q_2 流到 C_2 的负极，电感 L 储能，逆变桥输出电压 V_i 为 $-U_d$。

④ 通过 SPWM 控制开关管 Q_2 和 Q_1 关断，此时电流从 C_1 的负极经 C、L、Q_1 的并联二极管（续流二极管）流到 C_1 的正极，电感 L 释放能量，逆变桥输出电压 V_i 为 U_d。

根据冲量（面积）相等原理，可采用正弦脉宽调制（SPWM）波形来代替正弦交流信号。如图 10-31 所示，如果控制逆变桥输出脉宽按正弦规律变化的 SPWM 波形电压，再经过 LC 滤波器将高频信号滤掉后，则可得到标准的正弦交流电压。这种控制方式被称为双极性 SPWM 调制。

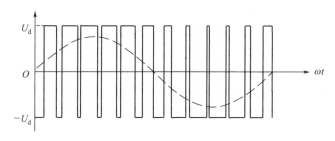

图 10-31　正弦交流电压等效波形——SPWM

（3）升压单元主电路

TDY-3kV·A 机架式 UPS 蓄电池组由 6 块单节标称 12V 的铅酸蓄电池组成，电池电压范围为 64.8～86.4V。升压变换单元的目的是将蓄电池电压升高，以满足逆变单元完成 220V 交流逆变的需要。由于逆变电路为半桥逆变，故升压电路需要将蓄电池电压升压为 ±370V 的直流电。TDY-3kV·A 机架式 UPS 采用了推挽升压变换电路，其拓扑结构如图 10-32 所示。

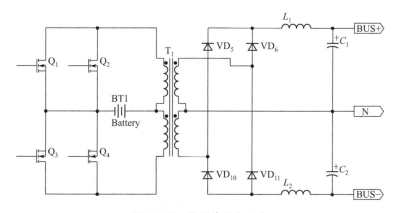

图 10-32　升压单元主电路

推挽变换器适用于低压到高压的变换，电路拓扑结构简单，原边控制不需要隔离，设计比较容易。由于输入电压低，额定负载情况下电池电流比较大，故推挽功率变换器主功率管采用两个 MOSFET 并联，以提高其电流承载能力。副边为满足半桥逆变的需要，采用变压器中心抽头与桥式整流的方式输出正负母线电压。

其工作原理简述如下：Q_1 和 Q_2 导通期间，副边二极管 VD_5 和 VD_{11} 导通，副边绕组通过中心抽头分别为 C_1 和 C_2 充电；Q_3 和 Q_4 导通期间，副边二极管 VD_6 和 VD_{10} 导通，副边绕组通过中心抽头分别为 C_1 和 C_2 充电。

10.3.3 控制单元电路

传统 UPS 的控制系统以模拟电路为基础，采用各种运算放大器、非线性集成电路、数字门电路等组成，硬件组成比较烦琐、调试复杂，且功能单一、控制不灵活，此外还存在温漂现象，难以实现精确控制。而现代 UPS 控制系统包括 PWM 信号产生、信号检测、闭环控制、状态显示等功能，大型 UPS 系统通常还有监控、通信等功能。随着各种性能不同、特点各异的单片机、数字信号处理器（DSP）等微控制器的出现，很多 UPS 需要的控制功能和闭环算法都可以通过软件技术来实现，为 UPS 的控制提供了极大的灵活性和更高的集成度，复杂的监控、通信功能对于微处理器来讲也更容易实现。因而，以单片机和 DSP 为核心的高性能的数字化 UPS 控制系统成为当前也是今后 UPS 发展的主流。

TDY-3kV·A 机架式 UPS 采用数字控制方式，控制系统比较复杂，需要具备的基本功能有：

① 能够完成 PFC 升压变换和逆变电路相应的闭环控制算法。主要包括坐标变换、数字 PI/PR 调节器、SPWM 调制算法以及各种复杂的模型计算。

② 能够完成变换器 PWM 脉冲的产生、分配，包括设置死区、最小脉宽等功能。

③ 驱动保护接口。PWM 脉冲需要经过驱动才能作为主功率开关 IGBT 和 MOSFET 的触发信号，一个良好的驱动保护接口是 UPS 电源可靠性的关键。

④ 模拟输入接口。TDY-3kV·A 机架式 UPS 系统控制输入量繁多，需要足够带宽和速度的模拟信号调理和 A/D 转换通道。

⑤ 数字输入输出接口。数字输入输出接口主要用 PWM 脉冲信号的输出、上电控制、保护逻辑、干接点接口等功能的实现。

⑥ 与上位机的通信，主要用于远程监控接口。

根据上述任务功能，TDY-3kV·A 机架式 UPS 的控制单元可分为逆变控制模块、PFC 控制模块、管理控制模块等。其中，逆变控制器与 PFC 控制器为高性能数字信号处理器（DSP），管理模块控制器为单片机。

(1) 逆变控制模块

如图 10-33 所示给出了 TDY-3kV·A 机架式 UPS 逆变控制模块原理框图。逆变控制器主要负责对逆变电路的控制，并与管理单元一起对整个 UPS 系统的运行进行管理，实现的主要功能如下。

① 通过 A/D 检测输入电压、输入电流、BUS＋电压、BUS－电压、逆变器输出电压、逆变器输出电流及温度等信号。

② 通过 PWM 模块及 CPLD 输出驱动脉冲，实现对逆变功率开关管的控制。

③ 通过 GPIO 及 CPLD 实现对充电单元、升压单元、PFC 单元的启/停控制和旁路继电器的控制，并检测逆变功率开关管等故障信号实现相关保护功能。

④ 通过 GPIO 及 CPLD 与 PFC 控制器通信，实现对 PFC 单元的状态监测。

⑤ 通过 SCI 模块，采用 RS-485 通信方式与管理单元通信，实现对整个 UPS 系统的运行进行管理。

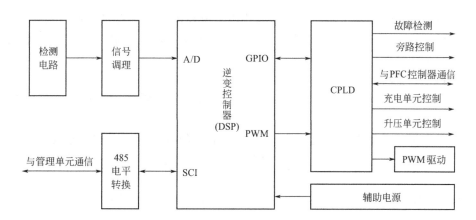

图 10-33 逆变控制模块原理框图

⑥ 完成市电同步锁相、双环逆变控制等相关控制策略。

TDY-3kV·A 机架式 UPS 选用 TI 公司推出的 TMS320F28335 DSP 和复杂可编程逻辑器件 EPM7256 组成。其中 TMS320F28335 具有 150MHz 的高速处理能力，具备 32 为浮点处理单元，6 个 DMA 通道支持 ADC、McBSP 及 EMIF，12 位 16 通道 ADC，多达 18 路 PWM 输出，其中 6 为 TI 公式特有的更高精度 PWM 输出（HRPWM）。由于采用了浮点运算单元，从而简化了软件开发，缩短了开发周期。

DSP 的实时处理速度快，在算法处理上功能很强大，但在完成控制算法的同时不易再实现一些复杂的逻辑和时序控制功能。然而，CPLD 的强项在于时序和逻辑控制，可以将多个外围设备或控制信号通过 CPLD 映射到 DSP 的 I/O 地址空间，利用 CPLD 完成一些时序和逻辑控制功能。TDY-3kV·A 机架式 UPS 选用型号为 EPM7256AETC100-10N 的 CPLD，主要用于对 PWM 的脉冲分配、死区控制以及一些开关信号的输入与输出控制等。

为实现较快的负载响应速度及高精度的输出电压，TDY-3kV·A 机架式 UPS 逆变器采用双环控制策略。电流内环常有电感电流反馈和电容电流反馈两种，两者参考电压到输出电压的传递函数相同，在输出电压跟踪效果上无差别，但电容电流反馈的抗负载扰动性能优于电感电流反馈，而电流保护能力不如电感电流反馈。TDY-3kV·A 机架式 UPS 电流内环采用电感电流反馈方式。由于电感电流受输出电压的影响，输出电流对输出电压也产生影响，对于这两种固有扰动，为了提高响应速度，需要考虑对它们进行前馈补偿。

TDY-3kV·A 机架式 UPS 逆变器的双环控制结构框图如图 10-34 所示。其中，G_V 为电压外环控制器，G_I 为电流内环控制器（这里选用比例控制器），$G_D = 1/(\tau s + 1)$ 为数字控制系统引入的延时环节。

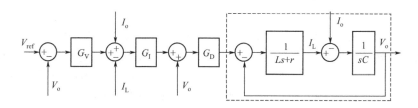

图 10-34 逆变器双环控制结构图

根据上述控制结构图，逆变控制器需要检测输出电压、输出电流和滤波电感电流三个参数。整个控制的实现流程为：首先，通过锁相算法同步市电，得到市电的幅值、频率和相位，从而得到输出电压给定值 V_{ref}（电池模式或市电异步模式下直接给定固定参考值），再通过外环控制器输出内环电流参考值，经过内环控制器后输出调制比，经 DSP 中的 PWM 模块输出 SPWM 脉冲驱动逆变功率管工作。

（2）PFC 控制模块

PFC 控制模块原理框图如图 10-35 所示。PFC 控制器主要负责对 PFC 电路的控制，实现的主要功能如下：

① 通过 A/D 模块检测输入电压、Boost 开关管上的电流和 PFC 输出直流电压等信号。

② 完成 PFC 相关控制算法，通过 PWM 模块驱动功率开关管完成功率因数校正及整流升压功能。

③ 与逆变控制器通过 GPIO 通信，将 PFC 单元工作状态（正常与否）实时告知逆变控制器。

④ 通过 GPIO 完成软启动和相关保护功能。

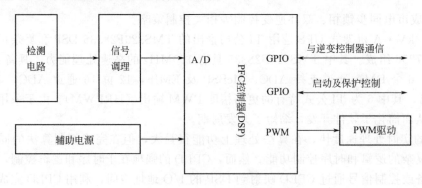

图 10-35　PFC 控制模块原理框图

TDY-3kV·A 机架式 UPS 的 PFC 主控电路采用了 TI Piccolo 系列微处理器 TMS320F28035，它具有高效 32 位中央处理单元（CPU）（TMS320C28x），集成型加电和欠压复位，两个内部零引脚振荡器，多达 45 个复用通用输入输出（GPIO）引脚，三个 32 位 CPU 定时器及片载闪存、SRAM、OTP 内存等。外设包括增强型脉宽调制器（ePWM）、高分辨率 PWM（HRPWM）、增强型捕捉（eCAP）、高分辨率输入捕获（HRCAP）、模数转换器（ADC）、片载温度传感器等，引脚和 IO 口规模适中，比较适合作为单相 UPS 的功率因数校正控制器，其正半波控制框图如图 10-36 所示。

AD1-3 为片内 12 位 AD 转换器，分别取样半波正弦电压、MOSFET 电流和输出直流电压；EPWM 为片内增强型 PWM 模块。AD 和 EPWM 是与硬件相关的，分别为数字控制器的输入和输出，除此之外的其他部分由代码实现：KmABC 为乘法器，A 为取样的正弦波形；B 是电压环路数字 PI1 的误差输出；C 为前馈环节，取样自输入电压平均值倒数的平方。乘法器的输出作为电流环的参考 I_{ref}，PI2 实现电流环误差放大和闭环调整，EPWM 模块将 PI2 的输出转换为高频脉冲信号驱动 MOSFET。使用数字控制方式后，仅有取样调理电路、驱动电路需要硬件电路实现，算法和控制部分由 TI28035 内部编码实现，在减少外围元器件数量的同时提升了可靠性，且能实现灵活、复杂的控制策略。

（3）管理控制模块

如图 10-37 所示，TDY-3kV·A 机架式 UPS 管理控制模块主要负责实时参数的显示与设置，系统开机启动和参数自检，并与逆变控制器通信，实现对整个 UPS 的运行管理。管理单元内有 EEPROM，防止相关参数掉电丢失。

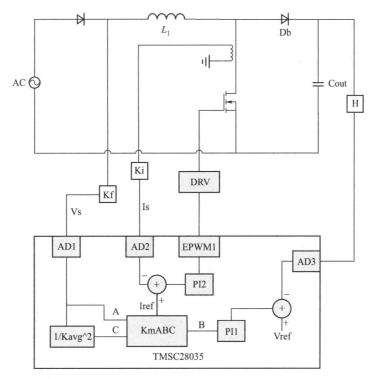

图 10-36 正半波 PFC 的控制原理框图

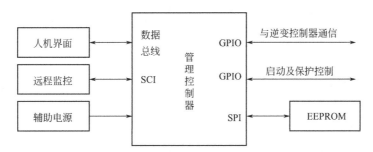

图 10-37 管理控制模块原理框图

TDY-3kV·A 机架式 UPS 主控单片机选用 MicroChip 公司生产的 PIC 18F6680，它的主要特点包括高性能精简指令集 CPU、高达 10MIPS 的执行速度、DC-40MHz 时钟输入、16 位宽指令和 8 位数据、带优先级分类的中断系统、内部自带 8×8 单周期硬件乘法器。PIC 16F6680 最大拉/灌电流可达 25mA；内部具有最大可达 12 路 10 位 A/D 转换模块，参考电压可编程配置；可编程程序空间为 64kB，数据空间为 3328（SRAM）＋ 1024（EEPROM）字节，具有 53 个数字 IO 口，能够满足充电控制和管理单元程序量大，外围接口充足的要求。

10.3.4 其他主要电路

(1) 电池充电电路

TDY-3kV·A 机架式 UPS 充电单元采用反激式功率变换电路，其控制电路以 UC3809 和 UC3909 为控制核心，完成功率变换、电池智能充电管理等功能，其电路如图 10-38 所示。

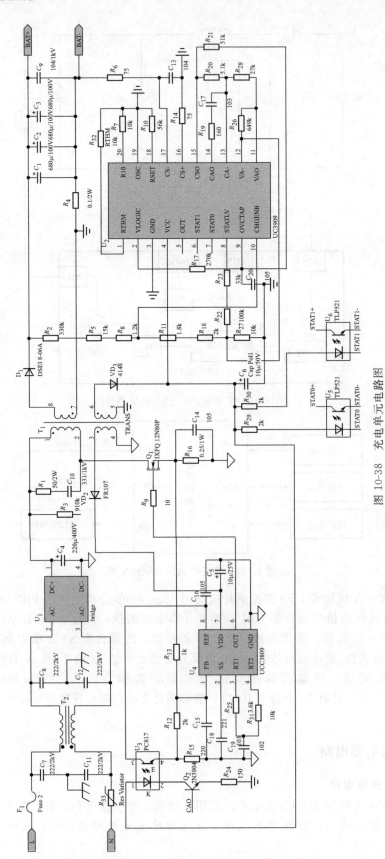

图 10-38 充电单元电路图

UC3809 和 UC3909 配合，通过反馈电流误差（3909 第 14 脚），调节 3809 的 PWM 输出（38096 脚），从而控制反激变换器的工作状态。UC3909 是一种专用铅酸蓄电池开关模式充电管理芯片，该芯片可以对蓄电池进行 4 种充电模式，比通常的恒流限压充电模式具有更精细的蓄电池充电管理功能，从而延长蓄电池的使用寿命。在 UC3909 的管理下，充电电路有四种工作模式，如图 10-39 所示。

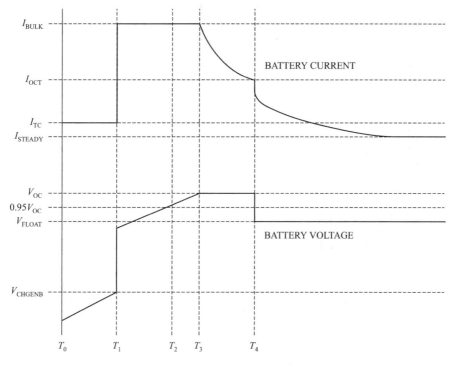

图 10-39 充电模式示意图

① Trickle Charge：在 $T_0 \sim T_1$ 时段，蓄电池电压低于放电下限电压时，芯片将控制主电路进行涓流充电。

② Bulk Charge：在 $T_1 \sim T_3$ 时段，蓄电池电压高于放电下限电压但是低于充电最高电压时，芯片将控制主电路进行恒流充电。

③ Over Charge：在 $T_3 \sim T_4$ 时段，蓄电池电压达到充电电压最大值，芯片将控制主电路进行最大输出电压的恒压充电。

④ Float Charge：在 T_4 时刻，蓄电池的充电电流减小到最大输出电压充电状态终止电流（通常设置为 $0.25 I_{Bulk}$），芯片将控制主电路输出电压降低到浮充电压值，对蓄电池进行浮充充电。

对于 UC3909 集成模块而言，其 CS-端（引脚 17）检测充电电流，CHGENB 端（引脚 10）检测蓄电池电压，根据其电压电流，按照上述工作模式进行充电控制。STAT0（引脚 6）和 STAT1（引脚 7）为几种工作状态的指示输出。图 10-38 中的光电耦合器 U5、U6 作为控制状态干接点供主控单元检测。

（2）辅助电源电路

如图 10-40 所示给出了 TDY-3kV·A 机架式 UPS 的辅助电源电路。该电路兼容充电电路的输出电压和蓄电池电压，以保证市电供电或蓄电池供电均能启动正常工作。

该电路同样采用反激式功率变换电路。主控芯片采用电流型集成 PWM 控制芯片

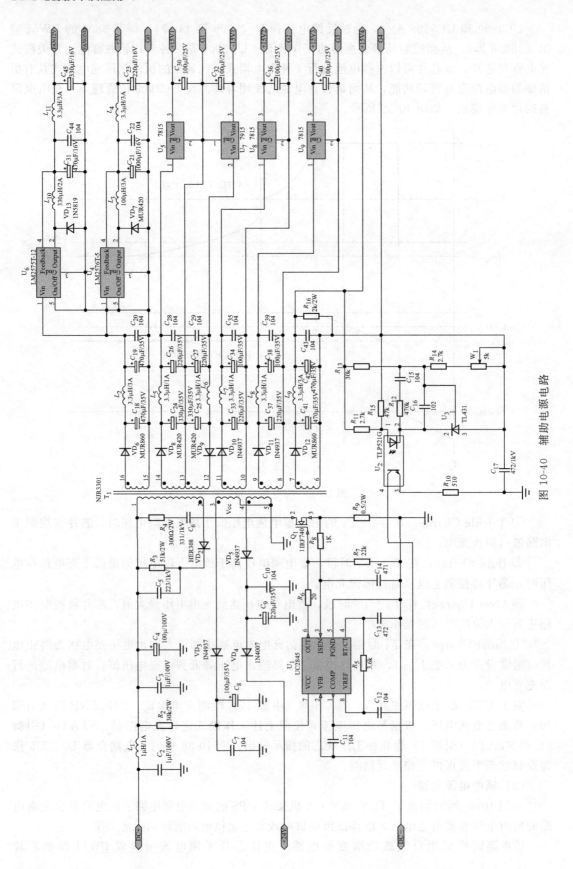

图 10-40 辅助电源电路

UC2845。由于各个单元需要的工作电源比较多，包括了逆变单元、升压单元、PFC单元、显示单元等，故变压器副边共有7路输出。除了功率需求较大的+15V主绕组外，其余绕组输出均采用三端稳压器或开关型降压变换器稳压输出，保证各路电源的稳定性和精度。

（3）信号检测电路

TDY-3kV·A机架式UPS电源设计到多个功率变换环节，这些变换环节需要相应的控制策略来驾驭，才能按照设计完成相应的功率变换功能。而控制策略的实施必然离不开信号的采样，包括电压、电流、温度等。其中温度采样主要用于保护和散热风机控制，电压和电流采样除了用于保护之外，还要为各种控制算法提供输入。电压电流信号的采样精度不仅影响控制策略的性能，进而影响UPS电源的特性，而且对系统的稳定性也会产生巨大影响。

TDY-3kV·A机架式UPS对交直流母线采样均采取差动隔离放大的方法，以市电为例，其采样电路如图10-41所示。

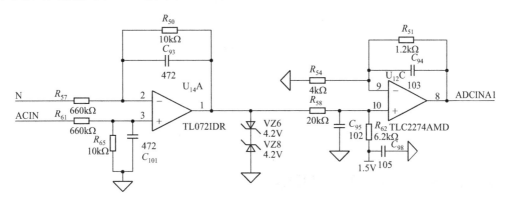

图10-41　市电输入电压检测电路图

在图10-41中，$U_{14}A$构成差分放大器，其1脚输出电压为：

$$U_1 = U_{ACIN}/66$$

其中，U_{ACIN}为输入市电电压，U_1的取值在$-5\sim5$V范围内。由于TMS320F28335的A/D模块检测电压范围为$0\sim3$V，因此，还需通过$U_{12}C$将U_1转换到A/D模块检测电压范围内。运算放大器U_{14}和U_{12}均为双电源供电。

直流母线电压取样电路如图10-42所示，同样为典型的差分降压取样电路，通过调整电阻比例，调整VDC+，VDC−的输出范围，VDC+和VDC−是送到28035的AD转换端口

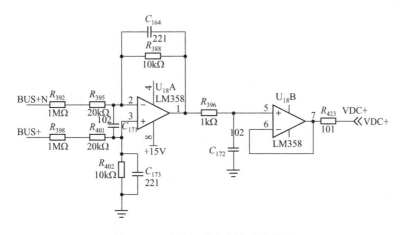

图10-42　直流母线电压检测电路图

的低压信号。运算放大器 U_{18} 为单电源供电。

PFC 电路的电流取样来自 MOSFET 串联的电流互感器，电路如图 10-43 所示。Q_1 导通时，互感器 T_1 中才有电流流过，取样电压 PFC_ R＋_ ISAM 反应的是电感电流上升段对应的电流，并不是连续分量，反应的并不是电感真实电流形状。但通过控制电流采样频率为开关频率，且在电感电流上升的中心点上取样电流值，这些离散的采样值能够近似等效为无周期纹波情况下的电感电流。

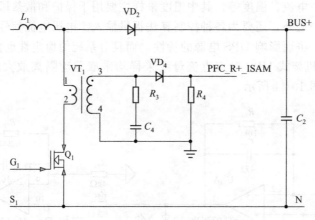

图 10-43　PFC 单元电流取样电路

10.4　CASTLE-C10KS UPS

CASTLE-C10KS UPS 是山特电子（深圳）有限公司的产品，隶属于 CASTLE-UPS 系列，是一种先进的在线式正弦波 UPS。

10.4.1　系统简介

CASTLE-C10KS UPS 带有维修开关及并联冗余的功能，用户可根据需求选购"维修开关模组"及"并机模组"。它可以为精密设备提供可靠、优质的交流电源，其适用范围广，从电脑设备、通信系统到工业自动控制设备都可以使用。

（1）系列型号说明

CASTLE-UPS 系列产品采用在线式设计，不同于后备式 UPS，它对于输入电压不断调整与滤波，在市电中断时，会无时间中断地从备用电池上提供后备电源。在过载或逆变失败情况下，UPS 会自动转回到逆变器供电状态。本系列产品中不同型号的含义如下：

① C6K/C10K 为内置电池的标准机型，简称 6K/10K，额定输出功率 6/10kV・A；

② C6KS/C10KS 为可外接电池的长效机型，简称 6KS/10KS，额定输出功率 6/10kV・A；

③ 3C10KS 为 3 相输入单相输出可外接电池的长效机型，简称 3 相 10KS，额定输出功率 10kV・A；

④ 3C15KS 为 3 相输入单相输出可外接电池的长效机型，简称 3 相 15KS，额定输出功率 15kV・A；

⑤ 3C20KS 为 3 相输入单相输出可外接电池的长效机型，简称 3 相 20KS，额定输出功率 20kV・A。

（2）外观

10KS型UPS的前后端板如图10-44所示。

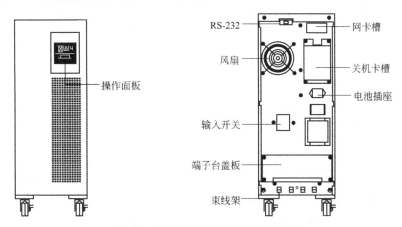

图 10-44　CASTLE-C10KS UPS 面板图

（3）常用符号说明

表10-7中所列的一些符号经常会在UPS说明书中见到，也可能在使用过程中出现，因此，UPS的操作使用人员应当熟悉它们，并知其含义。

表 10-7　常用符号及其含义

符号	含义	符号	含义
⚠	提示注意	⏚	保护接地
⚡	高压危险		报警解除
|	打开主机		过载指示
○	关闭主机		电池检验
⏻	待机或关闭主机	♲	重复循环
∼	交流		勿与杂物一同放置
⎓	直流		

（4）产品规格与性能

CASTLE系列UPS产品的一般规格如表10-8所示。

表 10-8　CASTLE 系列 UPS 产品的一般规格表

机型	负荷标准	频率	输入		输出		体积 $(W \times L \times H)$/mm	质量/kg
			电压	电流(max)/A	电压	电流/A		
6K	6kV·A/4.2kW	50 (Hz)	V AC (176~276)	31	220V AC	27	260×570×717	90
6KS	6kV·A/4.2kW							35
10K	10kV·A/7kW			50		45		93
10KS	10kV·A/7kW							38
3 相 10KS	10kV·A/7kW		V AC (304~478)					39
3 相 15KS	15kV·A/10.5kW			75		68		55
3 相 20KS	20kV·A/14kW			100		91		55

CASTLE 系列 UPS 产品的电气性能如表 10-9 所示。

表 10-9　CASTLE 系列 UPS 产品的电气性能

输入			
型号	电压	频率	功率因数
6K(S)/10K(S)	单相(220V)	46~54Hz	>0.98(满载)
3 相 10KS/3 相 15KS/3 相 20KS	三相(380V/220V)	46~54Hz	>0.95(满载)

输出					
电压误差	功率因数	频率误差	失真度	过载容量	电流峰值比(max)
±1%	0.7滞后	在正常频率输入范围(该范围可调),同步于输入频率,超过频率范围或在电池模式下,输出频率误差为额定值的±0.1%	THD<2% 在满载时 (线性负载)	10% ~ 130% 负载 10min 后转入旁路,> 130% 负载 1s 后转旁路, 1min 后关闭输出	3:1

CASTLE 系列 UPS 产品的环境适应性能如表 10-10 所示。

表 10-10　CASTLE 系列 UPS 产品的环境适应性能

环境温度	环境湿度	海拔高度	储藏温度
0~40℃	<95%	<1000m	0~40℃

注意：若客户使用在海拔为 1000m 以上，必须采用递减额定值输出，其递减的功率数值见表 10-11。

表 10-11　高海拔应用时的递减功率数值表

海拔/m	1000	1500	2000	2500	3000	3500	4000	4500	5000
减额系数	100%	95%	91%	86%	82%	78%	74%	70%	67%

10.4.2　基本结构

10KS 型 UPS 的原理结构框图如图 10-45 所示。

主回路主要包括输入滤波器，第一级、第二级 DC/DC 变换器电路，整流滤波电路和桥式逆变电路。

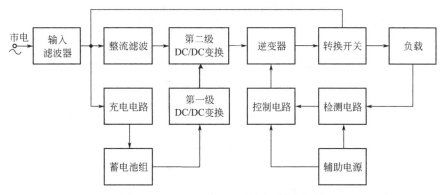

图 10-45　10KS 型 UPS 的原理结构框图

① 输入滤波电路。实际电路中，输入滤波电路由两级输入滤波器组成，其功能是滤去市电中的干扰，并抑制逆变器工作时产生的干扰信号回窜电网，因而它具有双向滤波的作用。

② 整流滤波电路。整流滤波电路是将输入的交流电变成直流电的电路。本电路中采用单相二倍压整流电路。当市电经过输入滤波电路以后，送到单相二倍压整流电路。

③ 第一级 DC/DC 变换器。设置第一级 DC/DC 变换器的目的是当市电供电不正常时，DC/DC 直流变换器电路将蓄电池组的直流电压变成高压直流电，以便与第二级 DC/DC 变换电路相匹配。

④ 第二级 DC/DC 变换器。第二级 DC/DC 直流变换器是将输入的直流电压（市电或第一级 DC/DC 变换输出）升压，以供给逆变电路进行逆变。

⑤ 逆变电路。逆变电路将输入高压直流电通过半桥式变换电路变换为正弦脉冲序列，并通过滤波电路滤除高次谐波，从而得到平滑的正弦波输出。

⑥ 转换开关。转换开关由两只双向晶闸管、一只交流继电器构成。当 UPS 故障时，转换开关将市电旁路输出。

10.4.3　操作使用

(1) 面板结构

CASTLE-C10KS UPS 操作简单，操作人员只需先阅读完使用手册，无需专门训练，按手册中指示即可操作。为了能更好地说明操作步骤与方法，请参阅图 10-44 所给出的前后面板示意、指示灯含义图（图 10-46）以及相关文字说明。

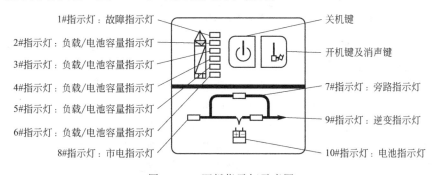

图 10-46　面板指示灯示意图

面板灯号显示与工作状态对应表如表 10-12 所示。

表 10-12　面板灯号显示与工作状态对应表

序号	工作状态	1#	2#	3#	4#	5#	6#	7#	8#	9#	10#	告警声
1	市电模式 0~35%负载量						●		●	●		无
2	市电模式 36%~55%负载量					●	●		●	●		无
3	市电模式 56%~75%负载量				●	●	●		●	●		无
4	市电模式 76%~95%负载量			●	●	●	●		●	●		无
5	市电模式 96%~105%负载量		●	●	●	●	●		●	●		无
6	电池模式 0~20%电池容量		●							●	●	1s鸣叫一次
7	电池模式 21%~40%电池容量		●	●						●	●	4s鸣叫一次
8	电池模式 41%~60%电池容量		●	●	●					●	●	4s鸣叫一次
9	电池模式 61%~80%电池容量		●	●	●	●				●	●	4s鸣叫一次
10	电池模式 81%~100%电池容量		●	●	●	●	●			●	●	4s鸣叫一次
11	旁路工作模式	↑	↑	↑			●	●	●			2min鸣叫一次
12	市电模式过载，未转旁路	●	●	●			●		●			1s鸣叫两次
13	市电模式过载，转旁路	●	●	●				●	●			1s鸣叫两次
14	市电异常		↑	↑	↑	↑	●	↑	★	↑	↑	↑
15	电池模式过载，预警中		●		●					●	●	1s鸣叫两次
16	电池模式过载，关断输出	●	●						↑			长鸣
17	过温	●					●		↑			长鸣
18	逆变异常	●				●			↑			长鸣
19	输出短路	●				●			↑			长鸣
20	BUS电压异常	●			●			↑	↑			长鸣
21	充电器/或电池损坏	●						↑	↑	↑	★	1s鸣叫一次
22	BATSCR短路	●		●			●	↑	↑			长鸣
23	风扇异常	●						↑	↑	↑	↑	1s鸣叫一次
24	逆变RLY短路	●		●				↑	↑			长鸣
25	内部通信异常	●		●	●			↑	↑			长鸣
26	并联工作异常	●	●	●			●		↑			长鸣

注：灯号显示说明：●表示持续亮；★表示闪烁；↑表示灯号显示或告警声取决于其他状态。

电源开关：持续按前面板"｜"键1s，就可以进行开机，转逆变输出；持续按前面板"⏻"键1s，就可以进行关机，至无输出。

旁路指示灯（橘黄色灯）：此灯亮表示负载电力直接由市电提供。

市电指示灯（绿色灯）：此灯亮市电输入正常。

逆变指示灯（绿色灯）：此灯亮表示负载电力由市电或电池经UPS提供。

电池指示灯（橘黄色灯）：此灯亮表示负载电力由电池经UPS提供。

故障指示灯（红色灯）：此灯亮表示UPS发生异常状况。

2#~6#灯（第2#灯为橘黄色灯，3#~6#灯为绿色灯）：表示负载容量或电池容量，在市电模式下仅表示负载容量，在电池模式下仅表示电池容量。

（2）操作

在执行 UPS 操作前，首先应当认真检查接线及负载连接情况，然后再行操作。针对 10KS 型 UPS，必须确认有 UL1015 8AWG（10mm²）黄绿线连接输入保护地端子到安全地，并连接输出保护端子到负载的保护地；确认并机或单机控制接线安装正确；若要安装漏电保护开关，请安装在 UPS 输出线上；负载与 UPS 连接时，须先关闭负载，再接线，然后再逐个打开负载；无论输入电源线是否插入市电插座，UPS 输出都可能带电，关闭 UPS 并不能保证机内部件不带电。如果要使 UPS 无输出，须先关机，再切断市电供应；建议在使用前将电池充电 8h 以上。接好线后，只要将 Input Breaker（输入开关）置"ON"，UPS 会自动给电池充电。不充电也可马上使用，但后备时间会少于标准值；需接电动机、显示器、激光打印机等感性负载时，因其运行时启动功率过大，选择 UPS 时，容量要以启动功率来计算。启动功率一般取额定功率的两至四倍。

① 接市电 UPS 开机。接市电开启 UPS，需要按照以下顺序操作。

a. 确定电源配接正确后，先将输入开关置"ON"，此时风扇会转，UPS 经由旁路对负载供电，此时 UPS 工作于旁路模式下。

b. 持续按开机键 1s 以上，UPS 开机，即开启逆变器。

c. 开机时，UPS 首先会进行自检，此时面板上的负载/电池指示灯会全亮，然后从下到上逐一熄灭，几秒钟后逆变指示灯亮，表明 UPS 已处于市电模式下运行。若市电异常，UPS 将工作在电池模式下。

② 未接市电 UPS 直流开机

a. 无市电输入，持续按开机键 1s 以上，UPS 开机（长效机请先确认电池开关置于 ON 位置）。

b. 开机过程中 UPS 动作与接市电时相同，只是市电指示灯不亮，电池指示灯亮。

③ 有市电时 UPS 关机

a. 持续按关机键 1s 以上，进行关机。

b. 关机时 UPS 进行自检，此时负载/电池指示灯会全亮，并逐一熄灭，逆变指示灯熄灭，此时 UPS 工作于旁路模式下。

c. 以上执行完关机后，UPS 仍有旁路输出，若要使 UPS 无输出，只要将输入开关断开即可，此时 UPS 会先进行自检，负载/电池指示灯全亮并逐一熄灭，最后面板无显示，UPS 无输出电压。

④ 无市电时 UPS 直流关机

a. 持续按关机键 1s 以上，UPS 关机。

b. 关机时，UPS 会先进行自检，此时负载/电池指示灯全亮并逐一熄灭，最后面板无显示，UPS 无输出电压。

（3）运行模式

① 市电模式。市电模式下运行的面板指示如图 10-47 所示，此时市电指示灯与逆变指示灯会亮，负载指示灯会根据所接的负载容量大小而增减显示的数量。

a. 若电池指示灯亮，市电灯闪烁，则表示市电的电压或频率已超出正常范围，UPS 工作在电池模式下。

b. 若负载指示灯超过 105%，则提醒接了过多的负载，蜂鸣器会半秒叫一次，应将非必要负载逐一除去，直到 UPS 负载量小于 90%，过载警告将会自动消除。

注意：若接发电机，需按以下步骤运行：☆启动发电机，待其运行稳定后再将发电机的输出电源接到 UPS 输入端。建议 UPS 先空载投入，然后按开机程序启动 UPS。UPS 启动后，

再逐个连入负载。☆建议以 UPS 两倍容量来选择发电机容量。

② 电池模式。电池模式下运行的面板指示如图 10-48 所示,此时电池指示灯与逆变指示灯亮。若市电接入异常,市电灯会同时闪烁。电池容量指示灯会根据电池容量的大小而增减显示的数量,注意市电模式下的负载指示灯会作为在后备时间内的电池容量水平指示。

　　a. 在电池模式运行时,蜂鸣器每隔 4s 鸣叫一次,若此时持续按开机键 1s 以上,UPS 执行消声功能,蜂鸣器不再鸣叫报警,再持续按开机键 1s 以上,报警恢复。

　　b. 当电池容量减少时,发光的电池容量指示灯数目会减少,当电池电压下降至预警电位时,蜂鸣器每秒鸣叫一次,提示用户电池容量已不足,将会自动关闭 UPS,应抓紧进行负载操作并逐一除去负载。

③ 旁路模式。旁路模式下运行的面板指示如图 10-49 所示,市电指示灯与旁路指示灯亮,负载指示灯会根据所接负载容量大小而增减显示的数量。UPS 2min 鸣叫一次。

图 10-47　市电运行模式

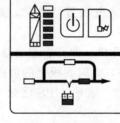
图 10-48　电池运行模式

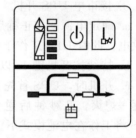
图 10-49　旁路运行模式

　　a. 若市电指示灯闪烁,表示市电的电压或频率已超出正常范围。

　　b. 其他面板指示与市电模式描述一样。

　　c. UPS 工作在旁路模式下时,不具后备功能。此时负载所使用的电源是直接通过电力系统经滤波供应的。

④ 异常模式。在 UPS 运行过程中故障指示灯亮则表示 UPS 处于异常模式。

⑤ 标准机备用时间。断电后,长效机的备用时间与电池的容量及负载的大小等因素有关。标准机备用时间视负载大小而不同。参见图 10-50 所示曲线。

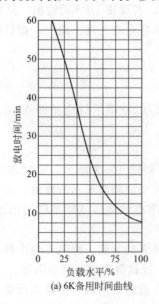
(a) 6K备用时间曲线

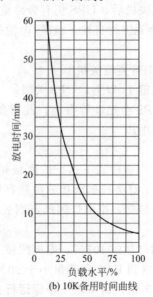
(b) 10K备用时间曲线

图 10-50　备用时间曲线

⑥ 网络通信。本系列 UPS 机型提供了网卡界面（intelligent slot），搭配专用的 web power 卡（可选构件），可实现 UPS 的远程监控。RS232 提供电脑串行通信界面，来监视输入电源和 UPS 的资料，并控制 UPS 的工作状态。

⑦ 通信界面说明

a. UPS 提供 RS232 与主电脑通信。

RS232 界面的资料形式设定为：波特率 2400bit/s；数据位 8bit；终止位 1bit；奇偶校验位 None。

RS232 界面：表 10-13 是 DB-9 连接器的脚位说明，图 10-51 是 RS232 界面图。

表 10-13　DB-9 连接器的脚位说明

Pin 号	功能说明	I/O
3	Rxd	Input
2	Txd	Output
5	GND	Ground

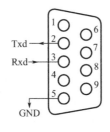

图 10-51　RS232 界面

b. 安装 AS400 卡（选购件），即可实现利用 AS400 系统的 UPS 监控功能，作为电源的监控管理。AS400 卡的界面如图 10-52 所示，其脚位说明如下：

PIN1 导通：UPS 故障（UPS failure）　　PIN2 导通：警示声响（Summary Alarm）

PIN3：接地（ground）　　　　　　　　PIN4：远程关机（Remote Shutdown）（input）

PIN5：公共端（common）　　　　　　　PIN6 导通：旁路动作（Bypass Active）

PIN7 导通：电池低电位（battery low）　　　　不导通：UPS 工作

PIN9 导通：市电停电（utility failure）　　PIN8 导通：UPS 工作（UPSON）

　　　　　　　　　　　　　　　　　　　　　不导通：旁路工作

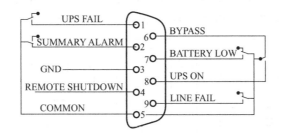

图 10-52　AS400 界面

（4）并机操作

① 冗余简介。$N+X$ 是目前最可靠的供电结构，N 代表总负载所需的最少 UPS 数，X 代表的是冗余的 UPS 数，也就是系统可以同时承受的故障 UPS 数。X 数越大，系统的可靠

度越高。对于讲究极高可靠度的使用场合，$N+X$ 是最佳的方式。只需加装并机线，既可以进行最多 3 台 UPS 并联，来实现功率冗余（$N+X$）。

② 并机安装

a. 安装好并机线，用户需自己购买标准 25 针并口线（25 芯、针脚一一对应、带屏蔽）作为 UPS 并机线，并机线长度以小于 3m 为宜；

b. 每台 UPS 输入配线遵循单机配线要求；

c. 每台 UPS 输出线接至一输出接线盘，然后由输出接线盘配线去负载；

d. 必须将输入、输出端子台上的 JP1、JP2 间的短接线或铜片拆除；

e. 每台 UPS 需单独配备电池；

f. 图 10-53 所示为 10KS 并机配线示意图，图 10-54 所示为 10KS 并机控制接线图。图示中的开关容量要求如下：6K（S）开关容量不小于 40A/250V DC；10K（S）/3 相 10KS 开关容量不小于 60A/250V AC；3 相 15KS/3 相 20KS 开关容量不小于 100A/250V AC。输出配线长度要求：当负载至并机使用的每台 UPS 间的距离小于 20m 时，要求各线长差距小于 20％；当负载至并机使用的每台 UPS 间的距离大于 20m 时，要求各线长差距小于 10％。

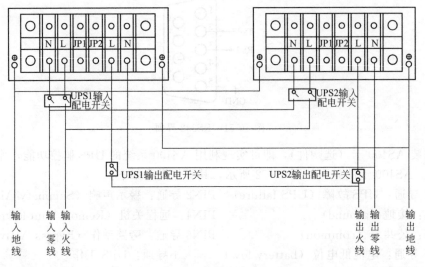

图 10-53　10KS 并机配线示意图

注意：若 UPS 单机使用，则 JP1、JP2 须用导线短接，其连接导线用至少 10AWG（6mm²）；若 UPS 并联使用，则须拆除 JP1、JP2 间的短接线。

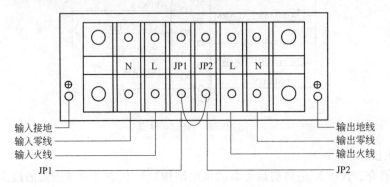

图 10-54　10KS 并机控制接线图

③ 操作/维护说明

a. 一般操作要求遵循单机操作要求。

b. 开机：市电旁路状态下依次开机后，各机会同时跳到逆变状态。关机：逆变状态下依次关机，当最后一台机器完成关机动作时，各机同时关断逆变器而转至旁路状态。

c. 维护说明遵循单机维护要求。

(5) 长效型外接电池操作程序

如图 10-55 所示为 10KS 电池接线示意图。本系列机型均采用 20 节额定电压为 12V（DC）相同规格容量电池，串联成 240V（DC）为 1 组，可多组电池并联，但每组电池不可多接或少接电池，否则会造成异常情况。所以，电池连接程序非常重要，若未依照程序进行，可能会有电击危险，请严格遵照下列步骤进行：

① 连接电池时，在电池组和 UPS 之间务必安装一个直流空气开关。开关的电压电流规格不得小于 240V（DC）/40A。

② 将电池组开关置“OFF”，将 20 个电池串联起来。

③ 电池线先接电池端（切不可先接 UPS 端，否则有电击危险）。电池正极线：10KS 用褐线和蓝线并联。电池负极接线：10KS 用黑线和白线并联；黄绿双色线为接地线，接电池箱外壳。

④ 将电池线插头接到 UPS 电池插座即完成连接，UPS 先不接任何负载，将输入电源线接好，然后将 Input Breaker（输入开关）置“ON”，将电池组开关置“ON”，UPS 开始对电池组充电。

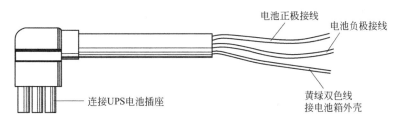

图 10-55　10KS 电池接线示意图（因机型不同形状会有差异）

10.4.4　工作原理

(1) 输入滤波电路

CASTLE-C10KS UPS 的输入滤波电路如图 10-56 所示，交流市电从机箱背板上接入，通过一个共模电感，空开以后接入到滤波板上，压敏电阻 MOV_{01}、MOV_{02} 并联，再与保险管 F_{01} 串联接在火线与零线之间，用于抑制火线与零线间的浪涌电压；压敏电阻 MOV_{03} 与 MOV_{04} 并联，再与保险管 F_{02} 串联接在火线与地线之间，用于抑制火线与地线间的浪涌电压；压敏电阻 MOV_0 与 MOV_{06} 并联，再与保险管 F_{03} 串联接在零线与地线之间，用于抑制零线与地线间的浪涌电压；C_{05}、C_{06} 与 C_{02}、C_{03} 分别组成 Y 电容（在火线与地线之间以及在零线与地线之间并接的电容，一般统称为 Y 电容），C_{01}、C_{04} 为 X 电容（在火线和零线抑制之间并联的电容，一般称之为 X 电容），R_{01}、R_{02} 串联组成放电电阻。最后火线零线分别通过 SC_{03} 和 SC_{04} 外接共模电感后将交流电送至 PFC 升压电路。

(2) PFC 升压电路

如图 10-57 所示为正负半周 Boost 电路，与前述的 Boost 电路原理类似，只是它具有更大的灵活性能处理更大的功率。正半周由输入电容 C_1、升压电感 L_1、开关管 Q_1、二极管

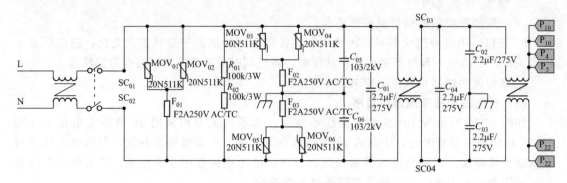

图 10-56　输入滤波电路图

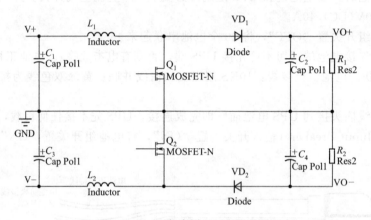

图 10-57　正负半周 Boost 原理图

VD_1 和输出电容 C_2 组成；负半周由输入电容 C_3、升压电感 L_2、开关管 Q_2、二极管 VD_2 和输出电容 C_4 组成。当正半周工作时，电容 C_1 向电容 C_2 充电；当负半周工作时，电容 C_3 向电容 C_4 充电；当正负半周同步工作时，可以将其等效为一个 Boost 电路，电容 C_1 和 C_3 串联向电容 C_2、C_4 串联充电；当负半周开关管 Q_2 处于常通状态而正半周工作时，电容 C_1 与 C_3 串联向电容 C_2 充电；同理，当正半周开关管 Q_1 处于常通状态而负半周工作时，电容 C_1 与 C_3 串联向电容 C_4 充电。

　　山特 C10K 的 PFC 升压电路如图 10-58 所示，从交流输入滤波板送来的市电火线通过两个并联的保险管，一路通过晶闸管 Q301 和并联的继电器 RY_3、RY_4 接至正半周升压电感 L_{301}，另一路通过晶闸管 Q_{302} 接至负半周升压电感 L_{302}。从交流输入滤波板送来的市电零线直接接在正负 Boost 电路的中点。MOSFET Q_{306}、Q_{308} 和 Q_{310} 并联可以视为一个开关管，三个 MOSFET 并联的目的是提高其通流能力。同理，MOSFET Q_{307}、Q_{309} 和 Q_{311} 并联也可以视为一个开关管。电流互感器 CT_{301}、CT_{302} 分别用来采样正半周输出电流和开关管电流；电流互感器 CT_{303}、CT_{304} 分别用来采样负半周输出电流和开关管电流。在市电正常情况下，该电路的工作过程为：当火线电压高于零线电压时，晶闸管 Q_{301} 导通，正半周 Boost 工作；当火线电压低于零线电压时，晶闸管 Q_{302} 导通，负半周 Boost 工作。当市电电网中断时，继电器 RY_3、RY_4 动作，将电池的正母线接入到正半周 Boost 的升压电感端，电池的负母线是直接接到负半周 Boost 的升压电感端，此时的工作模式变为需要给正半周输出电容供电时，负半周开关管常通，正半周电路工作；需要给负半周输出电容供电时，正半周开关管常通，负半周电路工作。

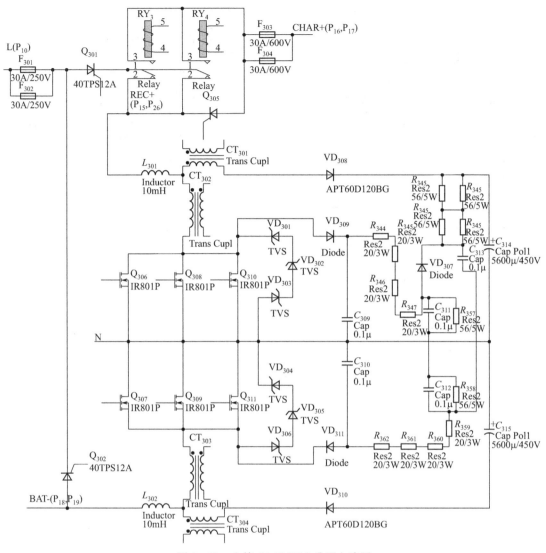

图 10-58 山特 C10K PFC 升压电路图

（3）逆变电路

CASTLE-C10KS UPS 的逆变电路图如图 10-59 所示，PFC 升压电路的输出端所外接的两个 $5600\mu F$ 的电容 C_{314} 和 C_{315} 作为半桥逆变电路的储能电容，由于每个电容两端的电压将近 $400V$，因此采用了 IGBT 并联作为功率开关管。其中，Q_{201} 和 Q_{202} 并联为半桥逆变电路的上管，Q_{203} 和 Q_{204} 并联为半桥逆变电路的下管；VD_{201}、VD_{202} 为上管和下管并联的续流二极管；VD_{203}、C_{200}、R_{216}、R_{218}、R_{219} 组成上管的吸收电路，用于抑制上管关断时的尖峰脉冲；VD_{204}、C_{201}、R_{214}、R_{215}、R_{217} 组成下管的吸收电路，用于抑制下管关断时的尖峰脉冲。L_{201}、L_{202} 为并联滤波电感，HCT_1 为霍尔传感器用于测量输出电流，继电器 RY_1 和晶闸管 Q_{207}、Q_{208} 组成转换开关。

（4）输出滤波电路

输出滤波电路如图 10-60 所示，其基本结构和工作原理与输入滤波电路类似，它由 C_{03} 和 C_{04} 组成一组 Y 电容滤波，由 C_{01}、C_{02} 分别接在共模滤波电感两端组成两个 X 电容滤波，再通过继电器 RY_{01}、RY_{02} 并联输出。

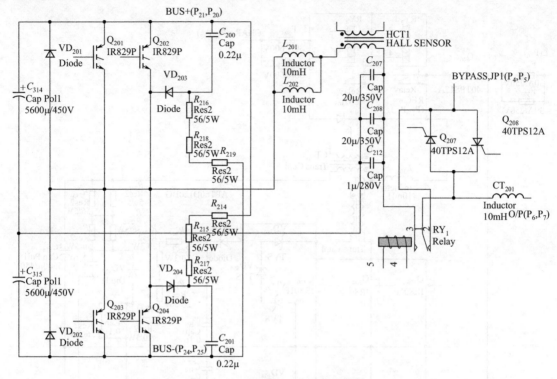

图 10-59　山特 C10K 逆变电路图

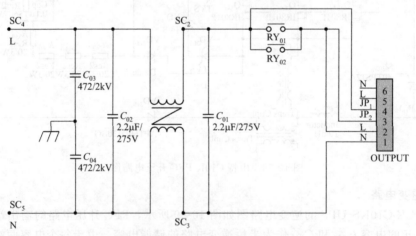

图 10-60　山特 C10K 输出滤波电路

（5）蓄电池充电电路

山特 C10K 的蓄电池充电电路如图 10-61 所示，直流输入电压取自 PFC 升压电路的输出直流母线，开关管 Q_{907}、Q_{908} 组成双端正激变换电路的两个开关管；VD_{901}、VD_{903} 组成初级续流二极管；二极管 VD_{902}、滤波电容 C_{918} 和晶闸管 Q_{909} 组成主输出回路，外接蓄电池；U_{901} 和 U_{908} 及其外围电路组成输出电压反馈电路，该电路控制核心为 U_{906}（UC3845BN）；VD_{911}、C_{919} 和 R_{948} 用于触发晶闸管 Q_{909} 导通给电池充电。

（6）辅助电源电路

CASTLE-C10KS UPS 的辅助电源电路如图 10-62 所示，其输入能量取自电池，这是一个反激变换电路，该辅助电源输出总共有＋15V、－15V、＋12V 和＋5V 四种电压。R_{110}、

R_{111}、R_{112}、R_{113}、ZD_1 和 Q_{101} 组成启动电路，当电池电压刚加上辅助电源电路时，启动电路先工作，给电容 C_{100} 充电，C_{100} 是给辅助电源控制电路供电的电容。R_6、R_7、R_{116}、C_{108} 和 VD_{102} 组成吸收电路，吸收开关管关断时漏感的剩余能量，VD_{103}、VD_{104}、VD_{105} 分别为三路输出整流二极管，各路输出最终通过 $78\times\times$ 和 $79\times\times$ 系列稳压芯片稳压输出。

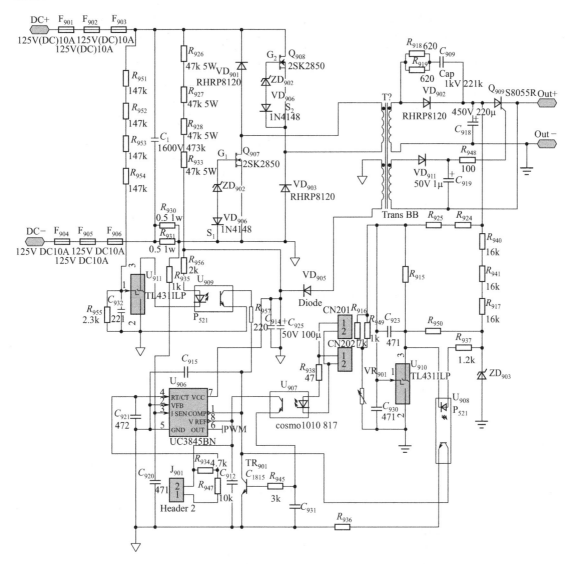

图 10-61　山特 C10K 蓄电池充电电路图

10.4.5　维护维修

正确地维护和管理 UPS 设备是确保其发挥战术技术性能的重要因素，其工作包括：提供良好的工作条件、适宜的环境、分派专人专用、进行必要的专业知识的培训、提高业务技能、制订详尽的操作使用规程、维护管理制度、建立日常和定期维修制度、妥善管理好备用部件、建立 UPS 设备系统的技术档案。只有做好这些工作，并认真实施，才能使 UPS 运行稳定性并延长其使用寿命。

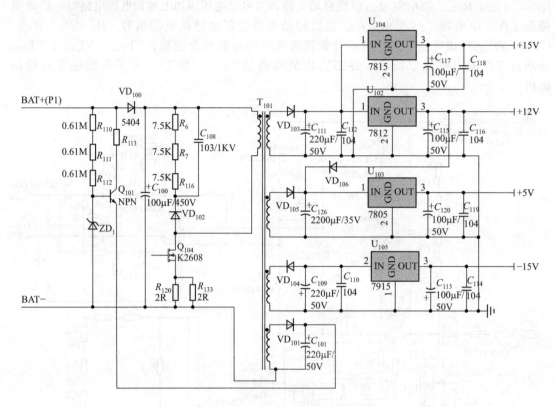

图 10-62　山特 C10K 辅助电源电路

（1）维护管理

10KS 型 UPS 因自身的管理功能比较完善，所以其维护工作量较少。具体而言，需特别注意以下两个方面的内容。

① 蓄电池的维护管理

a. 标准机的电池为阀式调节、低维护型，只需经常保持充电以获得期望寿命。UPS 在同市电连接时，不管开机与否，始终向电池充电，并且提供过充/过放电保护功能。

b. 如果长期不使用 UPS，应每隔四到六个月对 UPS 充电一次；在高温地区，电池每隔两个月充、放电一次，每次充电时间不得少于 12h。

c. 正常情况下，电池使用寿命为三到五年，如果发现状况不佳，则必须提早更换。更换电池时，必须由专业人员执行。

d. 更换电池时，应遵循数量一致，型号一致的原则。

e. 电池不宜个别更换，整体更换时应遵守电池供应商的指示。

f. 正常时（UPS 很少后备供电的前提下），电池每四到六个月充、放电一次，放电至关机后连续充电，且标准机充电时间不得少于 12h。请注意须带 50% 以上负载进行放电。

② 维护注意事项

a. 放置 UPS 的区域必须有良好通风，远离水、可燃气体和腐蚀剂。

b. 不宜侧放，应保持前面板下端进风孔、后盖板风扇出风孔通畅（确保 UPS 箱体与四周其他物体之间的距离大于 0.5m）。

c. 机器若是在低温下拆装使用，可能会有水滴凝结现象，一定要等待机器内外完全干燥后才可安装使用，否则有电击危险。

（2）常见故障处理

10KS型UPS自身具有较完善的保护功能、一定的故障自检功能和状态指示，对于比较复杂的故障，应申请更高级别的维修处理，包括厂家提供的免费保修和有偿技术服务。对于常见故障，操作使用人员可以按表10-14进行处理。

表10-14 常见故障处理

故障	原因	解决方法
1#故障指示灯与6#灯亮，蜂鸣器长鸣	UPS因内部过热而关闭	确保UPS未过载，通风口没有堵塞，室内温度未过高。等待10min让UPS冷却，然后重新启动，如失败，请与供应商联系
1#故障指示灯与2#5#灯亮，蜂鸣器长鸣	UPS输出短路	关掉UPS，去掉所有负载，确认负载没有故障。重新开机，如失败，请与供应商联系
1#故障指示灯与4#灯亮，UPS长鸣	UPS因内部故障关闭	请与供应商联系
1#故障指示灯与5#灯亮，UPS长鸣	UPS因内部故障关闭	请与供应商联系
市电指示灯闪烁	市电电压或频率超出UPS输入范围	此时UPS正工作于电池模式，保存数据并关闭应用程序，确保市电处于UPS所允许的输入电压或频率范围
1#故障指示灯与2#灯亮，UPS长鸣	UPS过载或负载设备故障	检查负载水平并移去非关键性设备，重新计算负载功率并减少连接到UPS的负载数量，检查负载设备有否故障
1#故障灯亮，电池灯闪烁，蜂鸣器一秒一叫	UPS充电部分故障	请与供应商联系维修
电池灯闪烁	电池电压太低	检查UPS电池部分，若电池损坏，更换电池或确认电池开关是否置于"ON"状态
市电正常，UPS不入市电	输入开关置于"OFF"状态	将输入开关置于"ON"状态
电池放电时间短	电池充电不足	使UPS持续连通市电10h以上，电池重新充电
	UPS过载	检查负载水平并移去非关键性设备
	电池老化，容量下降	更换电池
开机键按下后，UPS不能启动	按开机键时间太短	按开机键持续1s以上，启动UPS
	UPS没有接电池或电池电压低并带载开机	连接好UPS电池，若电池电压低，先行关电后再开机
	UPS内部发生故障	请与供应商联系进行维修

（3）内部电路故障检修

① 输入板常见故障

UPS内部电路检修一般从输入和输出端两头分别进行故障压缩分析。因此，故障维修应先从输入板和输出板开始。

a.输入板电路与实物。输入板的电路图如图10-56所示。输入板的主要作用是输入开关、输入差模滤波、输入共模滤波等功能。输入板实物如图10-63所示。根据实物，结合电路图，分析布局、结构，可能出现的故障。

b.输入板的短路故障。当出现共模滤波线圈短路的情况，则L或N短路对UPS电源几乎没有影响；L与N短路（即图中红线和黑线因老化或者过热而造成的短路）则熔断保险。原理图和实物图的对比说明如图10-64所示。

图 10-63　输入板实物图

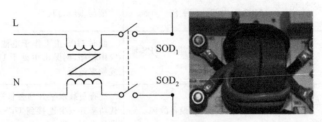

图 10-64　共模电路及实物图

当发生 X 电容和 Y 电容短路时，则都会引起熔断保险。原理图和实物图的对比说明如图 10-65 所示。串联电阻短路对 UPS 几乎没有影响（实物图如图 10-66 所示），压敏电阻短路则会引起熔断保险。

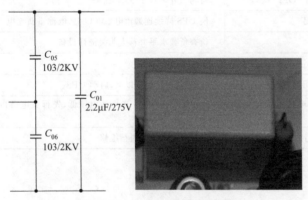

图 10-65　共模电容及其实物图

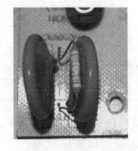

图 10-66　串联电阻实物图

c. 输入板的开路故障。共模电感线圈开路，会造成整机加不上电。X 电容和 Y 电容开路，主要是影响噪声滤波功能，对 UPS 的使用则几乎没有影响。串联电阻开路：平时没有什么影响，但整个电路就没有了防雷保护。

② 输出板常见故障

a. 输出板电路与实物。输出板电路图如图 10-60 所示。在维修过程中，通常采用从输出端往前倒推进行故障压缩维修。输出板的实物如图 10-67 所示。

b. 输出板的短路故障。共模电感线圈发生短路故障：当 L 或 N 短路对 UPS 几乎没有影响；当 L 与 N 之间短路时，熔断保险。发生 X 电容和 Y 电容短路，会熔断系统的保险（原理图和实物图的对比说明如图 10-68 所示）。

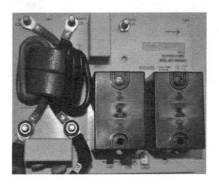

图 10-67 输出板实物图

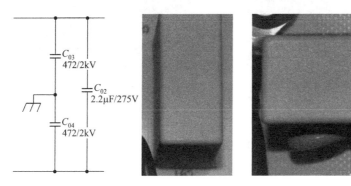

图 10-68 输出共模电容、差模电容及其实物图

c. 输出板的开路故障。共模电感线圈发生开路故障，则 UPS 没有输出。发生 X 电容和 Y 电容开路故障，对 UPS 几乎没有影响。

③ 整流电路常见故障

a. 整流电路与实物。整流电路图如图 10-69 所示。实物图如图 10-70 所示。整流电路将输入的交流变换为直流。正向可控硅半波整流，反向可控硅半波整流。根据实物，结合电路图，分析布局、结构可能出现的故障。

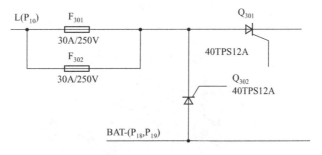

图 10-69 整流电路图

b. 整流电路的短路故障。正半周可控硅短路：无正整流电压；负半周可控硅短路：无负整流电压。用万用表的二极管挡测试短路情况。

c. 整流电路的开路故障。正半周可控硅开路：无正整流电压；负半周可控硅开路：无负整流电压。用万用表的二极管挡测试开路情况。

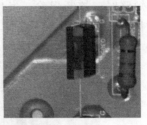

图 10-70　整流电路实物图

④ PFC 电路常见故障

a. PFC 的电路与实物。PFC 电路图如图 10-58 所示。PFC 相关器件的实物如图 10-71～图 10-73 所示。

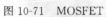

图 10-71　MOSFET　　　图 10-72　电感与电流互感器　　　图 10-73　升压二极管

b. PFC 电路的短路故障。正半周的 MOSFET 短路：熔断交流保险，正向电容上没有残留电压；负半周的 MOSFET 短路：熔断交流保险，负向电容上没有残留电压。用万用表二极管挡测试短路情况。

c. PFC 电路的开路故障。正半周的 MOSFET 开路：正向电容电压为交流电压的峰值，不能升压；负半周的 MOSFET 开路：负向电容电压为交流电压的峰值，不能升压。

⑤ 逆变电路常见故障

a. 逆变电路与实物。逆变电路图如图 10-59 所示。其特点是：半桥逆变、IGBT 并联、LC 滤波；电感 2 个并联、电解电容与 PFC 共用。逆变电路实物图如图 10-74 所示。根据实

图 10-74　逆变电路实物图

物，结合电路图，分析布局、结构及可能出现的故障。

b. 逆变电路短路故障。逆变电路中的 IGBT 短路：通常整个半桥全坏，熔断器熔断，无输出电压。其原理图和实物图的对比说明如图 10-75 所示。输出滤波电容短路：则无输出电压，UPS 过载或短路保护。其原理图和实物图的对比说明如图 10-76 所示。

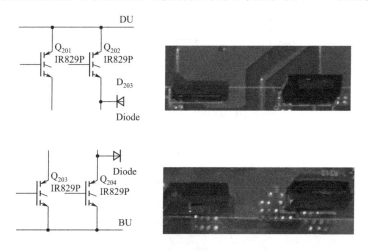

图 10-75 逆变电路中的 IGBT 电路图与实物图

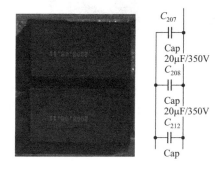

图 10-76 输出滤波电容的原理图和实物图

c. 逆变电路开路故障。逆变电路中的某只 IGBT 开路：输出交流只有半波电压；输出滤波电容开路：输出电压波形可能产生畸变。

⑥ 旁路开关常见故障

a. 旁路开关电路与实物。旁路开关电路图如图 10-77 所示。旁路开关中的可控硅实物图如图 10-78 所示。旁路用的继电器实物图如图 10-79 所示。

b. 旁路开关的短路故障。继电器触点烧蚀短路：不能切换。可控硅短路：熔断保险。

c. 旁路开关的开路故障。继电器触点烧蚀处于常开状态：不能切换。可控硅开路：不能切换。

(4) 综合故障检修

① UPS 只能工作在旁路状态。

正常功能：当市电正常时，开机后，UPS 会很快切换到市电逆变供电状态。

故障现象：始终工作在旁路状态，不能切换。

故障原因：逆变不正常、切换电路故障。

故障压缩：开机后注意听声音，如果切换继电器有切换的响声，可初步判断切换电路是

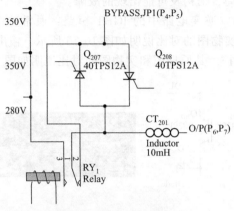

图 10-77　旁路开关电路图

图 10-78　可控硅实物图

图 10-79　继电器实物图

正常的（当然也有可能是触点烧蚀）；可用万用表的交流挡去测试逆变电容上是否有正常的逆变电压，如果没有，可以初步判断是逆变电路有故障，然后进行相应的压缩分析。

② UPS 只能工作在电池状态。

正常功能：当市电正常时，UPS 会工作在市电逆变状态；只有当市电中断或异常时，UPS 才会工作在电池状态。

故障现象：在市电正常的情况下，UPS 不能工作在市电逆变状态，只能工作在电池状态。

故障原因：整流滤波电路故障、市电与电池切换电路故障。

故障压缩：首先判断是否是市电与电池切换电路的可控硅短路造成的，可采用万用表静态测试三个可控硅是否短路，如果没有短路，则可以初步判断切换电路是正常的；其次，判断整流滤波电路是否有故障，可利用万用表的交流电压挡测试整流电压是否正常，如果不正常，则可以判断是整流滤波电路的故障。

③ UPS 在市电断电后输出电压中断。

正常功能：当市电突然中断时，UPS 会自动切换到电池供电模式，且通常是没有转换时间的。

故障现象：市电中断后，UPS 输出也中断。

故障原因：电池欠压、充电电路故障、切换电路故障。

故障压缩：检测电池电压是否欠压，如果欠压可以判断是电池或者电池的充电电路有故障；检测切换电路是否正常，人为断电后，检测电池电压是否能通过可控硅加到 PFC 电路的输入端，如果没有则可判定是市电/电池切换电路有故障。

④ UPS 加电后无任何指示。

正常功能：UPS 加电后，会按顺序开机，并从旁路状态切换到逆变状态。

故障现象：UPS 加电后无任何指示。

故障原因：市电故障，输入熔断器坏，或辅助电源故障。

故障压缩：用万用表的交流挡检测输入端市电电压是否正常，如果正常，则一般是输入熔断器坏；然后用万用表静态检测输入熔断器是否已经熔断，如果没有熔断，则有可能是辅助电源有故障。

⑤ UPS 加电后空开跳闸。

正常功能：UPS 开机会对电网有一定的冲击作用，但不会引起空开跳闸。

故障现象：UPS 加电后空开跳闸。

故障原因：输入端短路，输入等效电路短路，逆变电路故障，空开容量小或有故障。

故障压缩：用万用表静态检测输入端电阻，如果阻值很小，可以判断是输入端出现了等效的短路故障；用万用表的交流电压挡检测逆变电压是否正常，如果不正常，则逆变电路有故障；最后检测空开或更换大容量的空开。

⑥ UPS 加电后有指示但没有输出。

正常功能：UPS 加电后有指示，且输出电压正常。

故障现象：UPS 加电后，有指示，但没有输出电压。

故障原因：旁路切换电路故障。

故障压缩：根据电路原理可知，开机时，UPS 自动工作在市电旁路状态，因此，如果开机有指示没有输出电压，一般故障点都在旁路切换电路上。

习题与思考题

1. 简述山特 TG 系列 UPS 的主要技术特点。

2. 画出山特 TG 系列 UPS 结构框图并简述其工作原理。

3. 分析山特 TG 系列 UPS 单端反激式充电电路工作原理。

4. 分析山特 TG 系列 UPS 推挽式 DC/DC 变换电路工作原理。

5. 画出山特 M2052LUPS 结构框图并简述其工作原理。

6. 分析山特 M2052LUPS 输出过欠压保护电路工作原理。

7. 分析山特 M2052LUPS 蓄电池电压过低保护电路工作原理。

8. 画出 TDY-3kV·A 机架式 UPS 原理结构框图。

9. 简述 TDY-3kV·A 机架式 UPS 功率主电路工作原理。

10. 简述 TDY-3kV·A 机架式 UPS 各控制单元电路工作原理。

11. 简述 TDY-3kV·A 机架式 UPS 电池充电电路工作原理。

12. 简述 TDY-3kV·A 机架式 UPS 辅助电源电路工作原理。

13. 简述 TDY-3kV·A 机架式 UPS 信号检测电路工作原理。

14. 画出 TDY-3kV·A 机架式 UPS 逆变控制模块原理框图。

15. 画出 TDY-3kV·A 机架式 UPS PFC 控制模块原理框图。

16. 画出 TDY-3kV·A 机架式 UPS 管理控制模块原理框图。

17. CASTLE-C10KS UPS 的操作步骤有哪些？操作时的注意事项是什么？

18. CASTLE-C10KS UPS 在电池模式下运行时，其运行工作原理是什么？
19. 简述 CASTLE-C10KS UPS 外接电池操作程序。
20. 简述 CASTLE-C10KS UPS 的蓄电池维护管理事项。
21. CASTLE-C10KS UPS 市电指示灯闪烁的原因是什么？有什么解决方法？
22. CASTLE-C10KS UPS 在电池模式下运行时，其运行工作原理是什么？

◆ 参考文献 ◆

[1]　杨贵恒. 电子工程师手册（基础卷）［M］. 北京：化学工业出版社，2020.

[2]　杨贵恒. 电子工程师手册（提高卷）［M］. 北京：化学工业出版社，2020.

[3]　杨贵恒. 电子工程师手册（设计卷）［M］. 北京：化学工业出版社，2020.

[4]　张颖超，杨贵恒，李龙. 高频开关电源技术及应用［M］. 北京：化学工业出版社，2020.

[5]　杨贵恒. 电气工程师手册（专业基础篇）［M］. 北京：化学工业出版社，2019.

[6]　强生泽，阮喻，杨贵恒. 电工技术基础与技能［M］. 北京：化学工业出版社，2019.

[7]　严健，杨贵恒，邓志明. 内燃机构造与维修［M］. 北京：化学工业出版社，2019.

[8]　杨贵恒，龙江涛，王裕文. 发电机组维修技术［M］. 2版. 北京：化学工业出版社，2018.

[9]　杨贵恒，杨雪，何俊强. 噪声与振动控制技术及其应用［M］. 北京：化学工业出版社，2018.

[10]　强生泽，杨贵恒，常思浩. 通信电源系统与勤务［M］. 北京：中国电力出版社，2018.

[11]　杨贵恒，张颖超，曹均灿. 电力电子电源技术及应用［M］. 北京：机械工业出版社，2017.

[12]　杨贵恒，杨玉祥，王秋虹. 化学电源技术及其应用［M］. 北京：化学工业出版社，2017.

[13]　聂金铜，杨贵恒，叶奇睿. 开关电源设计入门与实例剖析［M］. 北京：化学工业出版社，2016.

[14]　杨贵恒，卢明伦，李龙. 通信电源设备使用与维护［M］. 北京：中国电力出版社，2016.

[15]　杨贵恒，向成宣，龙江涛. 内燃发电机组技术手册［M］. 北京：化学工业出版社，2015.

[16]　杨贵恒，张海呈，张颖超. 太阳能光伏发电系统及其应用［M］. 2版. 北京：化学工业出版社，2015.

[17]　文武松，王璐，杨贵恒. 单片机原理及应用［M］. 北京：机械工业出版社，2015.

[18]　杨贵恒，常思浩. 电气工程师手册（供配电）. 北京：化学工业出版社，2014.

[19]　文武松，杨贵恒，王璐. 单片机实战宝典——从入门到精通［M］. 北京：机械工业出版社，2014.

[20]　杨贵恒，张海呈，张寿珍. 柴油发电机组实用技术技能［M］. 北京：化学工业出版社，2013.

[21]　张颖超，杨贵恒，常思浩. UPS原理与维修［M］. 北京：化学工业出版社，2011.

[22]　王兆安，刘进军. 电力电子技术［M］. 5版. 北京：机械工业出版社，2009.

[23]　王兆安，张明勋. 电力电子设备设计和应用手册［M］. 3版. 北京：机械工业出版社，2009.

[24]　漆逢吉. 通信电源［M］. 4版. 北京：北京邮电大学出版社，2015.

[25]　董刚松，曾京文. 电力通信电源系统［M］. 北京：科学出版社，2019.

[26]　郭小婧，朱锦. 通信电源系统［M］. 成都：西南交通大学出版社，2019.

[27]　曾翎，马康波. 通信局（站）电源系统［M］. 成都：电子科技大学出版社，2018.

[28]　倪海东，蒋玉萍. 高频开关电源集成控制器［M］. 北京：机械工业出版社，2005.

[29]　刘树林，刘健. 开关变换器分析与设计［M］. 北京：机械工业出版社，2011.

[30]　张占松、张心益. 高频开关变换技术教程［M］. 北京：机械工业出版社，2010.

[31]　路秋生. 开关电源技术与典型应用［M］. 北京：电子工业出版社，2009.

[32]　刘军，赵同贺. 新型开关电源典型电路设计与应用［M］. 3版. 北京：机械工业出版社，2019.

[33]　张颖超. 中点箱位三电平双PWM变频器控制技术研究［D］. 北京：清华大学，2008.

[34]　张颖超. 软开关技术在通信电源中的应用研究［D］. 西安：空军工程大学，1998.

[35]　孙霞. 单相在线式UPS并联技术研究［D］. 青岛：青岛大学，2005.

[36]　陈息坤. 高频模块化UPS及其并联控制技术研究［D］. 武汉：华中科技大学，2005.

[37]　殷明. 基于环流阻抗的UPS逆变器并联技术研究［D］. 武汉：华中科技大学，2007.

[38]　喷洪奇，张继红，刘桂花. 开关电源中的有源功率因数校正技术［M］. 北京：机械工业出版社，2010.

[39]　赵志旺. 三电平PWM整流器控制技术研究［D］. 重庆：重庆通信学院，2010.

[40]　闫民华. 高性能三电平背靠背变频器综合控制策略研究［D］. 重庆：重庆通信学院，2011.